民國建築工程期刊匯編

MINGUO JIANZHU GONGCHENG QIKAN HUIBIAN

57

《民國建築工程期刊匯編》編寫組 編

廣西師范大學出版社
GUANGXI NORMAL UNIVERSITY PRESS
·桂林·

第五十七册目録

新工程（台灣）

目錄

新工程出版社

MODERN ENGINEERING PUBLISHING SOCIETY

歡迎批評指教

臺灣臺中第六十六信箱

28583

28584

敬告內地讀者

親愛的讀者們：

承上海大公報工業周刊介紹了『新工程』創刊的消息之後，京滬各地大學々生以及工程技術界人士紛々來函詢問關於訂閱的辦法，使我非常興奮。在臺灣辦什誌，要想推銷到內地，眞是件麻煩的事。受了法幣臺幣々制不同的影響，許多事都不能放手做去。你們寄來的五千元法幣鈔票，以及內地的郵票，在臺灣都不能應用。我們要用臺幣，要用『限臺灣省貼用』的郵票。這種々徒然增加我們這一代青年人不少的苦悶。

本社現特約上海(25)建國中路103弄37號程鶴鳴先生爲內地總經銷處，所以你們的訂閱單訂閱費可以寄到程先生處。本社隨時與程先生取得連絡，每期出版後，如係長期訂戶，都由本社直接寄發至 尊址。

學校同學或工程技術機關人員，都可受八折優待，但請在訂閱單上註明學校名稱年級，或服務機關的名稱和職位。

這個期刊是我們幾位公務員利用業餘時間創辦的。公務員的經濟情形，大家可以心照不宣。本來像我們這樣的工程雜誌，應該在內地各大報大登其廣告，但是廣告費在那裡呢？這只有請讀者們爲我們義務宣傳，假使你們認爲值得推薦介紹的話。

我願意非常坦白的告訴你們，爲本刊經常寫稿的基本幹部是二次大戰期中由某機關派送至英美各大工廠工作的青年工程師，現在他們都在國內從事各種不同的工程事業。因此我敢担保，本刊文字範圍非常廣泛，而內容方面大都切合實際需要。自然，我們亦要登載比較理論一點的作品，因爲理論與實際，對於工程事業，尤其是新工程，決不可偏廢的。

我們珍視讀者們的一切批評與指教！尤其是你們內地的讀者，因爲內地有着較多的工程科學期刊，在臺灣看到的却很少。請你們把本刊與其他的期刊比較一下，告訴我們應該改良之處。謝謝你們！

總編輯 陶家澂 謹啓

十二月一日

編者雜記

十一月第一期因爲種種關係，出版較遲，郵寄到內地，恐怕已是十二月了，深感抱歉。第二期提早幾天出版，以後每期都想提早若干天，希望能够做到在每月的下旬發行下一月的一期。

許多人常々問：中國老百姓的生活水準什麼時候才能同英美一樣呢？有人隨便的答一句：恐怕要在一二百年之後；或者說：永遠辦不到。這種答語，都不是科學的，因爲毫無根据。前些時看到觀察週刊三卷三期吳景超先生的『工業化過程中的資本與人口』一文，才算確々實々的回答了這個問題。本刊已徵得觀察主筆儲安平先生的同意，准予轉載。應向原作者及觀察週刊社深致謝忱。吳景超先生近來常發表工業經濟方面的文章，現任清華大學教授，是國內有數的學者。

二月前北大胡適校長發表充實教育的十年計劃，主張取消公私費留學制度後，一時輿論紛紜。陶家澂先生從工業化的觀點漫談留學政策，其中心思想爲一個人的生活態度，其重要性遠在其技術能力之上。所以應讓有志之士，有個留學的機會，多到海外去吸收一點新鮮空氣，多受一點偉大精神的感召。本刊特別歡迎讀者們對此文觀點的批評與討論。

第一期已經預告過曾考取美國陸海軍部五種焊接技術執照的萬德峯先生寫『泛論焊接技術』，本期能如願刊出，編者實在了却一樁極大心事。因爲萬先生始終一天到晚在工廠裏忙着工作，公餘他已精疲力盡了。這篇文章是被逼出來的，好在他經驗學識俱富，信手寫來，即成一篇內容非常豐富的作品。据萬先生之意，二次大戰同盟國的勝利應歸功於焊接技術的進步。讀者如不信，請細讀全文。

范鴻志先生原是位電機工程師，對於雷達頗有研究，因此特請他寫『雷達之基本原理及應用』一文。每位工程人員對於雷達這個新時代的寵兒，似乎都應該有個基本的認識。

曾凌先生最近自英國回來，亦是一位電氣專家。『永久磁石之新發展』取材極新，甚合『新工程』之意。

陶家澂先生的工業安全工程，上期已發表第一章基本概念及第二章美國工業安全運動簡史。本期續登第三章意外事件之損失及第四章意外事件之來源與原因，有許多非常有意義的分析與統計，都是些不可多得的資料。

本期因篇幅的關係，臨時把二次大戰時期在德國專攻透平機（Turbine）的徐君忠先生所作『氣體透平機概說』，以及陶家澂劉中恭兩先生的『製模新材料高膨脹硬性石膏製作研究』兩文，臨時抽下，以後當絡續刊載。敬請作者及讀者原諒。

本刊歡迎一千字左右報道國內外新工程建設的短文。如係譯稿，只要內容好，文筆不太生硬，都願刊登，請多投稿。

工業化過程中的資本與人口　吳景超

轉載觀察週刊三卷三期

一

我們提倡工業化的人，其中心的願望，就是想以機械的生產方法，來代替古老的筋肉生產方法。機械的生產方法，其效率超過筋肉的生產方法，事實擺在目前，實在太清楚了，不必多來討論。不過機械的生產方法，還是手段，我們想達到的目標，還是高水準的生活程度。一個國家裏的人民，其生活程度的高下，當然受很多原素的影響，但其中最重要的原素，莫過於生產方法。生產方法的優劣，決定工人的生產效率。生產效率的高低，影響工人的生活程度。在今日的中國，如想提高人民的生活程度，决不可忽略生產方法的改頁。

所謂生產方法的改頁，從另一個角度看去，就是增加資本的供給。機械是資本中最重要的部份。假如我們把各種不同的機械，都以金錢來計算，那麼每個工人所能控制的資本的多寡，就可表示機械化的深淺，也就可以表示生產方法的優劣。一個中國鄉下的鐵匠，他所控制的資本，或者說，他所利用的工具，其價值是很低的，所以他的生產效率，也隨之而低。在美國一個鋼鐵廠中，每個工人所控制的資本，也就是說，他所利用的生產工具，其價值是很高的，所以他的生產效率，也隨之而高。我們再從農業中舉一個類似的例來說明此點。一個華北的農民，他所控制的生產工具，如耡、耙、犂、鐮刀等等，其總值是有限的，决不能與美國農民所利用的曳引機，播種器，收割器等相比；因此兩個國家農民的生產效率，也大有差別。這種差別，是影響生活程度的主因。

美國的資源委員會，曾根據一九三五年的統計，算出在每項實業中，美國每個工人所能利用的資本，其數目如下：

實業名稱	每個工人所能利用的資本（單位美元）
公用事業	一一，九〇〇
鑛　業	八，七〇〇
農　業	三，九〇〇
工　業	三，七〇〇
勞務供給	三，七〇〇
商　業	二，〇〇〇
平均數	四，六〇〇

一個工人，專靠兩隻手，其生產的能力，是有限的，但是在兩隻手之外，如以資本來協助他，那麼他的生產能力，可以加增若干倍。英國鑛業工人的生產能

力，與別個國家比較，算是高的，但在美國工程師的眼光中，以爲英國鑛業中，犯了資本不足的毛病。換句話說，英國的鑛業，特別是煤鑛業，機械化的程度還不高。現在英國的煤鑛業，共用七十萬另九千工人，每年產煤一億八千二百萬噸。假如英人能在煤鑛業中，再投資二億鎊，那麼只要用四十五萬工人，每年便可產煤二億五千萬噸。每一個煤鑛工人，在投資之後，其生產效率，可以提高一倍。工業化與資本的關係，這些統計已經替我們說得很淸楚了。

二

我們無妨借用美國的統計，來算一下中國工業化中所需要的資本。假定中國的人口，爲四億五千萬人，其中就業的人數，爲百分之四十，即一億八千萬人。此一億八千萬就業的人，如每人給以四千六百元的資本，以協助其生產，即需資本總量八千二百八十億美元，此數等於美國一九四〇年的國民收入十倍以上，或一九四五年的國民收入五倍以上。

此龐大的資本需要，幾乎可以說是無法滿足的。此項資本的來源，不外兩途，一爲靠自己儲蓄，一爲向國外借貸。但中國因爲大多數的人都是貧窮的，所以儲蓄的力量很低。根據中國農業實驗所的報告，中國的農民，有一半以上是欠債的。這些人不但沒有儲蓄，而且每年的消費，還超過其收入。他們以借貸的方法來補償收入的不足，因而使那些有儲蓄的人，不能以其儲蓄來投資，而是以其儲蓄借與他人，滿足消費上的需要。在這種情形之下，如要靠我們自己的儲蓄，來滿足工業化上的需要，不知要等到何年何月了。中國有儲蓄的人，佔總人口的百分之幾，我們無法知道。美國的經驗，告訴我們，每年收入在二千元以上的家庭，才開始有儲蓄。二千元以下的家庭，每年的消費，都超過收入。收入愈少的，欠債也越多。每年收入在五百元以下的家庭，平均每年要欠債三百二十元。收入在五百元至一千元的家庭，平均每年要欠債二百另六元。假如這種情形，也在中國發現，那麼國內能够儲蓄的家庭，其百分數一定是很低的。這些人即使勤儉度日，其儲蓄所得，離我們的需要，眞是太遠了。

假如靠自己的儲蓄，不能產生我們在工業化中所需要的資本，那麼向外國借貸的希望又如何？誠然，在中國政治問題解決之後，向國外借貸成功的可能是很大的。但是我們的胃口太大了，沒有一個國家，可以塡滿我們的慾壑。美國即使每年借十億元給我們，十年也不過一百億而已，此與八千二百八十億的需要比較，相差還是很鉅的。

由於以上的分析，我們可以斷言，在最近的兩三代，我們即使朝野一心，努力於工業化，但是我們每一個工人平均所能利用的資本，其數目必遠較美國爲低，因而我國工人的生產效率，也必然不能與美國工人比較。結果也必然是：我國工人的工資低，生活程度也低，決不能達到美國勞工的生活水準。

為說明這一點，我們可以從紡織業中舉一個例子。美國現有棉紡錠二千三百萬枚，但運用此龐大紗錠之工人，只有七萬左右。中國現在的紗錠，不過美國的五分之一，但紗廠中的工人，却不只一萬四千人。朱仙舫先生，在其三十年來中國之紡織工業一文中，假定中國以後要添置棉紗錠一千萬枚，共需工人約二百萬左右。這個具體的例，說明中國的工人，將來也難希望控制像美國勞工所控制那樣多的資本，以協助其生產工作。

在這種情形之下，我們願意提出現在一般人所不願討論，或有意忽略的一個問題，那就是中國人口的量的問題。中國人口的量，與工業化所需資本的多寡，是有密切關係的。我們在工業化的過程中，需要資本那樣多，完全是因為我們人口的數目太大。假如我們不減少人口，而減少資本，那麼我們工人的生產效率，必無法與美國相抗衡，此點我們上面已經說明，不必辭贅。但是假如我們的人口減少，我們資本的需要也就減少了。假如我們的人口只有一億人，其中有四千萬人就業，那麼我們的工業化，為想達到最高的效率，也只須資本一千八百四十億美元，這是一個比較易於達到的目標。

英國以提倡社會安全出名的俾佛利支先生，曾有一篇文章，說明他的烏托邦的內容。他說，在他的烏托邦中，人口比現在要稍少些。他希望英國只有五百萬人，而中國則只有三千萬人。假如中國只有三千萬人，那是同漢唐時代的人口差不多了，我們的生活，一定比現在要舒服得多，一切的問題，也都容易解決了。不過減少中國的人口，使其退回到三千萬人，不是短時期內所能做到的事，正如使中國人民，儲蓄八千二百八十億美元，不是短時期內可以做到的事一樣。但是我們希望政府，以節制生育為其人口政策，規定各地辦衛生事業的人，凡在各地努力降低死亡率的人，都應同時努力，降低人民的生育率。換句話說，我們要各地的醫生，把節制生育的各種方法，傳佈到中國每一個角落。假如每一對成婚的夫婦，生育子女，不得超過二人，則在目前的死亡率之下，將中國的人口，降低為二億人，其可能性要比儲蓄美元八千二百八十億，要大得多。

三

我們現在願再作進一步的討論，即假定中國儲蓄八千二百八十億美元，是一件可能的事，再看此事對於中國工業化的影響如何。當然，假如中國境內，可以利用的資本有那樣大，工人的生產效率，一定可以達到很高的水準，因為他們的生活程度，也可提高到很高的水準。但是有一件事要注意的，就是中國的資本還沒有發達到這個程度之前，就要發現中國國內的資源不够用了。在機械化的生產方法之下，農業，鑛業，以及利用國內資源從事製造的工業，其吸收就業人口的能力是有限的。譬如在機械化的農業生產方法之下，農業中大約只須要一千萬的就業人口。假如土地不加增，而只加增農業中的就業人口，必然會降低農民的生產效率，因而降低他們的生活程度。在各種實業之中，只有工業，如能從國外獲得原料，又在國外覓得市場，那麼他的擴充，是不受國內資源所限制的。譬如我們如只利用國內土地上生長的棉花，也許我們只能設置紗錠一千萬枚或二千萬枚。但是我們如能從國外運入棉花，又能在國外覓得棉紗的市場，那麼我們的紗錠，即使加三千萬枚，或六千萬枚，亦無不可。工業擴充到利用國外資源的階段，則運輸業，金融業，商業，以及勞務的供給，都可以隨之而擴充。英國就是走了這樣的一條路。英國在一九〇七年，其國內的生產，有百分之三十點五，是輸出國外的，到了一九三〇年，也還有百分之二十二的生產品輸出國外。他們的棉紡織業，可以說大部份是靠國外市場而生存的。在第一次大戰以前，英國的布在國內市場中只能銷去七分之一。紡紗所用的棉花，則完全來自國外。美國與英國，在這一點上，是大不相同的。美國的生產，只有百分之五，是銷往國外的。

假定資本不成問題，那麼走英國的路，以提高龐大的人口生活程度，也未嘗不是一個好的辦法。可惜這條路并不好走。不好走的原因，除了資本問題撇開不談外，國外市場，早已有人捷足先登，我們這些後進的國家，已難有插足的餘地。即使可以插足，這種生活方式的危險性也是很大的，英國紡織業的沒落，便是一個驚心動魄的例子。我們的紡織業，如生存在國外的市場上，則別國自己發展其紡織業，或另外一個國家來加入競爭，或輸入國提高關稅，或戰事發生，阻礙了交通，都可以給我們的紡織業以致命的打擊。所以在天下還未一家的今日，工業的市場，應當注重在國內，國外的市場，只可置於次要的地位。假如這點判斷是可靠的，那麼中國工業所利用的資源，應當大部份由國內供給，其產品也應當以大部份在國內的市場中銷售。在這種情形之下，工業吸收人口的能力，也就是有限制的，與農業鑛業相同。

四

以上的討論，意在說明在中國工業化的過程中，人口的龐大，以及資本的缺乏，為我們將要遭遇的巨大困難。這兩種困難，也許是可以克服的，但需要相當的時日，而且還需要合適的政策。只要我們開始降低生育率，開始以資本來輔助勞工的生產，那麼人民的生活程度，總可以往上升的。可是上升的速度，不能期望其太快，而且在兩三代之內，想趕上英美等國家，大約是不可能的。

從工業化漫談留學政策

陶家澂

吾國急需工業化的過程中，留學政策萬萬不可廢除。過去政府派遣不少工科學生赴歐美留學，吾國的工業仍然沒有顯著的進步，因此有人就懷疑留學政策之是否可行。但筆者却有另外一種看法：假使過去連這一批工科留學生都沒有，中國的工業一定比現在還不像樣。試想：國內有多少大工業沒有留學生在領導工作？有多少工程教育機關沒有留學生參加？留學生對於推進國家的工業化運動，並不是沒有盡力，而是大家覺得還沒有發揮出應有的力量來。這實在不能怪留學政策，亦不能怪留學生本身，那是受整個國家大局的影響的。幾十年來，遍地烽火，撕殺不休，工業化從何談起？言念及此，不勝感慨！

二月前，北大胡適校長發表充實教育的十年計劃，引起了不少對於留學政策的議論。胡適之先生主張把官費私費留學生的外滙用來充實國內大學，以達學術獨立的目的，意思確是很好的。不過假使把留學之舉完全取消，未免矯枉過正。過去留學政策之所以浪費外滙，是在政策之使用不當，留學生出國太濫。去年十月，筆者剛自美國回來，正值國內各報紛々討論留學問題，因為汪敬熙先生在上海大公報發表一篇星期論文『自費留學萬萬不可開放』而引起的。筆者亦曾參加討論，於是年十一月十四日上海大公報上發表拙作『談留學』一文，茲將該文主要之點，節錄如下：

> 我認為留學政策的本身並沒有錯誤，歐美文化，一日千里，的確值得我們化金錢，化精力，遠渡重洋去學習的，不過在舉辦留學考試時，希望政府注意者，有下列諸點：
>
> (一)　投考資格問題：留學考試，不論是公費或自費，其目的都在培養可造之才，所以要特別注意他們在國內的根底。……如果出了國內大學即進外國大學，則在國內無實際工作經驗，對各事業機構及社會情形，缺乏了解，將來回國，不易覺察國內各種積弊而加以適當的改進與建設。……所以我建議應該採用清華留美公費生及英庚款公費生考試辦法，所有考生應限制在大學畢業服務滿二年以上而成績優異者。如此錄取諸生，對自身所習學科，較多認識；對國內情形，亦可較多體驗。
>
> (二)　考試成績計算問題：各科考試除普通及專門學科成績之外，應審查服務及研究成績，對於有價值之論著，研究心得，工程設計，創作或發明，應加以特種考慮。……
>
> (三)　留學生管理問題：……由政府在國外設置『文化專員』之類的主管人員，確是刻不容緩的。……政府負責者，應在國

外就地加以督導，並解決留學生所有之一切困難，必要時可遣送不知自愛的留學生回國。……

（四）　留學生名額問題：所謂名額問題，包括每年派遣公費自費留學生的總數，以及各科名額的分配。……最好視國家建設需要，對各門名額，酌予限制。使一門中，考試成績最優之前數名錄取。如成績合格者不足規定名額，則應甯缺毋濫，留學生應重質不重量。戰前，日人在美留學者，寥寥無幾．但都係博學專精之士，記得有位麻省理工大學（MIT）的留學生告訴我，他班上有個日本留學生，專學飛機螺旋槳製造的，上課時，常提出許多問題來問教授，教授亦感窮於應付。

一般討論選派留學生者，其對象大多指大學畢業之年青人而言，但我認爲政府每年應輪流選派大學教授，專家，各事業機關中服務較久有成績者出國留學，可請他們在國外作專題的研究，如果選派得法，這種人回國來，實在大有助於國家的建設。

故以後如能照筆者所言，採取『精兵主義』，多重質不重量，則這部分留學外滙之化費，就非常有代價。同時亦可以按照胡先生之意，節省大部外滙充實國內大學。

許多人認爲留學生赴歐美留學，完全爲了便於探求專門學識與技能。但筆者認爲：專門學識與技能的探求，却是次要的。留學制度之值得推行，其最大價值是在使留學生受到環境的薰染，行爲思想上得到陶冶。古語云：『百聞不如一見』，親歷其境，一切事情可以體念得更澈底更親切。英美諸國的工業機構政治經濟，社會制度，人情風俗，大體說來已經上了軌道，有許多好處。留學生留外期間，除了專門學識與技能的探求之外，於平日生活起居上感觸特別多，這是每個到過國外的人，都承認的。華僑之特別愛國，亦因在外邦感觸特多之故。有許多青年或者因爲某名流學者的一夕話，一次演講而改變思想的途徑；或者因爲看見某事而激發其愛國心，立志從事於某項事業。

就工業來說，歐美各國，日新月異，故如親臨其境而學習其專門學問技術，固可收事半功倍之效。但是最重要的，却是留學生有機會看到各種工業的規模，各種工業的經理們、工程師們的偉大抱負與作風。他們這種爲事業而奮鬥的精神，遠非國內專以囤積居奇爲拿手好戲的所謂老牌工業家可比。一個稱得上工業家的，一定不以『賺錢』爲唯一的目的，『賺錢』不過是一種手段，其最終目的，是在事業之擴大與成就。國外的企業家，每日孜孜不倦祈求者，是事業『成功的自尊』（Pride in Accomplishment），這是創辦各項事業，尤其是工業所需的基本精神。讓我們有志氣的工程師，有個留學的機會，多到海外去吸收一點新鮮空氣，多受一點偉大精神的感召，不應該常常把他們封鎖在孜孜爲利的污濁環境裡。舉幾個例來說：三卷三期觀察週刊上發表留美八學生的『爲中國的農業試探一條出路』，我想他們的動機，或者說他們思想的出發點，是在『有所感觸』。這對於他們所學到的農業知識，並無多大關係。但是這種感觸，住在國內的學生不一定會有的。再如筆者某位朋友，在美國學電機工程，現在內地自辦工廠，先從修理馬達開始，然後擬逐步製造電氣配件，以及各種電氣材料。還有位朋友，在美學焊接技術的，他想從仿製電焊絲開始，再做各種焊接設備另件機械。最後他想組織全國性的焊接學會（Welding Association），出版各種有關焊接技術的刊物書籍。在這裡不妨順便提一提：這位朋友已將電焊絲試製成功，比在臺灣應用的日本貨好，但因大量製造時，尙有許多問題未解決，故未至發表時期。本年六月十八日美國 IRON AGE 雜誌上曾發表他詢問製造電焊絲疑難的信。卽以我們創辦新工程出版社來說，主要原因，亦是因爲在美國的時候，看到工程什誌書籍實在太多，而想想自己國內，却貧乏得不像話。因此下個決心辦起來，雖然沒有把握辦得怎樣好，但至少可以開闢一點風氣，這種不怕困難的嘗試精神是應該有的。另外許多美國回來的朋友中，有相當抱負，同時確巳能脚踏實地的依照計劃而行者，頗不乏人。他們這種決心，這種苦幹實幹的精神，係有感於美國人民最可寶貴的「自立精神」(Be Your Own Boss)。那又是美國私人企業以及各項事業發達的關鍵，亦正是『學術獨立』過程中不可或缺的一種精神。這只有親到美國的人，才容易體會到，才能有所感觸。或者通俗一點說，這種感觸是一種『精神感召』。在國內除了可以受到衙門大吏的精神感召之外，却很難發生這種極具價値的精神感召。筆者主張留學制度之不可廢，其最大理由在此。

筆者始終認爲一個人行爲思想上的改變，其重要性遠過於專門技術學問，因爲這是大前提。正如發明原子能成功了，現在的困難却是『人類應如何應用原子能』的問題。許多有專門技術學問的人，做貪官污吏，爲非作歹，其根本原因是在思想行爲的錯誤：自私自利，不民主等等。所以据筆者之意，留學政策對於吾國一切建設的最大功用，是在培養一批有經驗，有閱歷，有遠大眼光，有偉大抱負，以及有自主精神，企業精神的工作幹部。這對於工業化前途的重要性是可想而知的，留學政策之不可廢亦就很明顯的了！

泛論焊接技術 萬德峯

一、概說

焊接技術在第一次世界大戰以前不數年間，方問世。一般人都視之如蛇蝎，有些人根本不敢與之接近，也有人把它當作一種神祕的東西看待，甚至知道焊接的人也祇認為焊接不過是一種修補的技術而已。當第一次世界大戰期中，焊接技術已經嶄露頭角。自從發現德國的戰鬥機居然可由焊接而成之後，全世界為之震驚不已。大家都起而研究，直到第二次大戰發生以前不久，焊接技術已成一種專門的學科，在工業界佔着極重要的地位。任何一種金屬，如果它的特性不適宜於焊接，這種金屬根本就失去了它在工業上的地位而變成無甚價值了。第二次大戰期中，焊接技術更發揮出驚人的成就。有人把同盟國勝利的功績，一大部份要歸功於焊接，這句話雖然言之太過，但是焊接加速了勝利的來臨，是一樁不能抹殺的事實。舉個例來說，馳騁歐州戰場的坦克車，數量空前，突尼西亞一戰完全是坦克車攻下來的，那些坦克車都是在大量生產的原則下由焊接而成的。美國兩洋艦隊能够迅速成立，完全要歸功於焊接，這些都是不可否認的事實。為什麼焊接技術能在短々五十年的演變期中，發揮這樣大的作用呢？這有兩個主要的原因：(1) 經濟，(2) 簡便。這可用下列兩個例子來說明：

（一） 焊接代替了翻砂

自從氧氣切斷術和焊接術發展到了現在，兩者合用起來，可以把一向用翻砂而成的復雜機件，改用焊接製成，這樣成本既輕，重量又減。據一般估計，焊接而成的機件，成本減低，可自百分之三十五到百分之六十。大家都知道普通鋼料的强度比生鐵鑄件要强六倍，而它的剛性（Rigidity）也要高兩倍半。所以單就機件的强度而言，同樣强度的機件若用焊接製成，則所需的厚度，祇要生鐵鑄件的四分之一。若單就剛性而言，則焊接件的厚度，也只需生鐵鑄件的一半。換句話說：欲得和生鐵鑄件有同樣的强度和剛性的焊接機件，它的厚度只需生鐵鑄件的三分之一就够了，這一點在工業界的人士看起來，極為重要，因為這樣可以節省許多有用的材料。再者翻砂是需用工模的，有時工模的成本比起全部切斷和焊接的費用都要高。何況翻砂之後，還得預備一個相當大的地方來放這些工模。有時設計更改，又得將工模廢棄不用，損失之大，更不可想像了。這是焊接比較經濟的一個例子。時至今日，鋼鐵煉製廠已經有各種標準形狀的鋼料問世了，由這些不同形狀的鋼料，更可以配合成各式各樣的焊接機件，這樣比較翻砂時需要工模，加工等々要簡便得多，無怪現在一般趨勢都趨向於焊接了。

（二） 焊接替代了鉚釘工作

焊接而成的東西比鉚合起來的要好些，這是大家都承認的。因為：

(A) 鉚釘孔減少切面積有時高至百分之二十五，這就是說焊接的東西，可以比鉚合的省出百分之二十五的材料費用，而這些材料的搬運，管理等々費用也連帶的省了去。

(B) 兩件東西鉚合起來，不是搭接 (Lap joint) 就是對接 (Butt joint)，這些方法都要多費些材料；若改用焊接則成品可以輕些，以上所說的兩點亦可說是焊接比較經濟的第二個例子。

(C) 鉚合工作的强度要達到百分之百是不可能的，而焊接的是可以辦得到。

(D) 鉚合的東西，很難防止漏氣，除非另加塡料，而焊接的另件却用不着那些，所以焊接比鉚合也來得簡便。

震驚世界的德國一萬噸袖珍戰鬥艦，就是廢除鉚釘不用，全部改由焊接而成的。歐洲各國的鋼橋，有許多都改爲焊接如比利時的188呎 Vierendel Truss Span Bridge 就是一個例子，因爲焊接比鉚合既經濟又簡便，所以焊接又漸々替代了鉚釘工作。

二、焊接的種類

焊接技術在工業界的成就，旣如上述，一般人都在注視它的發展，尤其是各工業先進國家，對於焊接技術的硏究，更是不遺餘力。我國的工業界，對此也多少在硏究它，不過還有許多人對它好像有一層隔膜似的。雖然沒有人把它視若蛇蝎，可是對它多少總有點畝圍之處。玆趁『新工程』發行之便，特將各種最重要的焊接方法作一個簡要的分析。概括言之，焊接術可分爲兩大類，(1) 即加壓法 (2) 熔化法。玆將幾種主要的焊接法，表列如后：

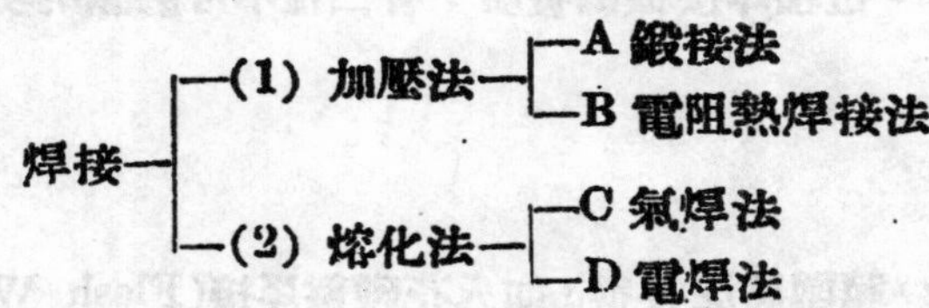

A. 鍛接法 (Forging Welding)

鍛接法是焊接法中最古舊的一種，也是人類最初所能想到把金屬連接起來的唯一方法，這種方法用了幾千年直到現在。我國的鍛接工場和普通的打鐵店仍在應用它，其他工業先進國，也沒有完全把它廢棄，原因是這種方法比較簡單。

這種焊接法的原理是將金屬加熱使其軟化，以至於成爲半熔化狀態後再行加壓，即可將兩片金屬焊接而成一體。

鍛接法要注意的地方：(a) 加熱要均匀，否則焊成的東西，好壞不一。(b) 溫度不可過高，過高則結果易於脆裂。(c) 溫度過低，則根本不能連接起來。現今鍛接法用得最多的地方是鐵路修理工場。這種方法的最新用途是製造鋼鐵水管，不過現在又有被電焊法取而代之之勢。總而言之，這種焊接方法，用途較小，因爲焊接成本較高，而且工作進行太慢，不適宜於現代高速度的工業製造，所以將來的發展，也很少有希望。

B. 電阻熱接焊法。(Resistance Welding)

普通所稱的點焊 (Spot welding) 就是屬於這一類，也是最新發明的一種焊接方法。1856 作英國物理學家 James Joule 在實驗室中無意中發明的。後來經過三十幾年的研究與改頁，一直到1880年，才被工業界所採用。第一次世界大戰以後，因爲各種新型的焊接機相繼問世，所以這種焊接法也漸々的推廣起來。第二次世界大戰期中，因爲工業製造，要加緊生產，各國對此都競相研究，所以在這一段期間，有極輝煌的成績表現出來。

這種焊接法的大量應用，不過是最近幾年的事，這種方法在運用的時候和鍛接法是同一個原理，即被焊的金屬都是先行加熱使之軟化而呈半熔化狀態後，再行加壓，焊接手續，即告完成。可是有一點彼此大相懸殊的地方，前者因爲工作進度遲緩，不適宜大量製造工作，後者則相反，它却最適宜於高速度的工業生產。

電阻熱焊接法離不開三個因素，即電流，壓力，時間。這三個因素必須配合得當，方可得到優頁而滿意的結果。任何一種接焊機，至少都要有控制這三種因的機構。每一種機器因爲設計的不同，所以它的特性也各不同。能適合某一種金屬焊接的機器，對於他種金屬，不一定合宜。譬如在 1938 年以前，法國尚未發明積能式點焊機 (Stored Energy Spot Welder)，那時對於鋁合金的焊接，頗感棘手。自 1939 起，美國開始第一架積能式點焊機的裝置，自此以後，才把鋁合金焊接的問題，滿意的解決了。這種焊接機的發明，有三種不可磨滅的功績：

(a) 焊接結果優頁

(b) 增加出產速率

(c) 減低電力消耗

至於電阻熱焊接法的用途，範圍廣泛得很，如火花碰擊焊接(Flash Welding)平對焊接 (Butt Welding) 等等。其基本原理是一樣的。都利用電阻生熱。所不同的，祇是將機器的外形和小部份的設計更改一下而已。

總而言之，電阻熱焊接法，是焊接方面的一支生力軍，它將來的發展是不可限量的。積能式點焊機的發明，也是工業界一個極珍貴的成就，尤其對於飛機製造方面有極大的貢獻。不過有一點應該注意的：如果工廠的生產不是大量製造的話，那麼裝配這種機器，就變成不經濟了。

C. 氣 焊 法

氣焊的歷史也不過是最近五十幾年的事，1836年發現電石氣 (Acetylene gas)

，到了1895年才開始設廠製造。自從有了便宜的電石氣後，才刺激養氣製造及氣焊吹管的加速發展，現在氣焊已經成爲工業製造部門中最重要的一種焊接方法了。

氣焊最主要的優點是設備簡單，運用靈便。因爲熱源和焊絲是彼此分開的，焊接的時候，可以運用靈巧的技術將溫度及焊絲分別指點在最適當的地方，使被焊的金屬不會因温度過高而變質。在整个的焊接過程中完全受到控制。其次就是氣焊的外層火焰，完全隔絕外界空氣的侵襲，這是其他焊接法所不及的。

一般人對於氣焊的可靠性，都有極高的估價，美國在第二次世界大戰以前，飛機機件的焊接，只容許用氣焊，由此可見氣焊的重要了。

氣焊常用的兩種氣體是養氣和電石氣，兩者若配合適當，則燃燒時可得華氏6000度左右的高溫。這樣高的温度，大多數的金屬，都可以被熔化。氣焊最適宜於薄金屬的焊接，這是就焊接成本而言。一般人認爲鋁片的焊接，祗有氣焊最適宜，焊鋁的時候，大家喜歡用氫氣替代電石氣，因爲這樣溫度較低，焊接時，操縱比較容易。有人說用氫氣火焰焊接鋁片結果較好，這句話是不可信的。根據過去的經驗和多次試驗的結果，由電石氣和養氣配合的火焰所焊的鋁件，强度完全一樣，毫無遜色。

氣焊火焰的特質，也是值得注意的問題。我們知道中性火焰是焊接時用得最多的一種。它所需要電石氣和氧氣體積的比例是一比一。調節這樣的比例時，在理論上是沒有問題的，可是事實上却很難辦到。更因爲調節後的氣體壓力，常々在變動，因此火焰也常常在變。有時由中性火焰而變爲氧化火焰也是可能的。爲避免這種變化起見，現在多用極輕微的還原焰代替中性焰了。還原火焰的用途比氧化火焰的用途要多些，如焊接不銹鋼生鐵鋁合金等都要用還原焰。至於氧化焰只適宜於焊接銅和它的合金，有時焊前加熱也用氧化火焰，此外就很少有其他的用途了。

D. 電　　焊 (Arc Welding)

電焊的發展歷史並不比氣焊早多少。在1881年，電焊剛々萌芽：到1887年，才有炭精棒電弧焊接法的發明。現今以金屬焊絲本身當電極的電焊法在1889年才由卡芬 (Coffin) 發明，這就是我們普通所說的電焊法，現在要介紹的也就是一種。

電焊的基本方法是將被焊的金屬和電焊絲作爲兩个電極，電弧就在這兩个電極之間發生出來，因此可以發生高熱至華氏6500度左右。這樣的高溫，幾乎使被焊的金屬在弧光發生之處，即刻熔化。同時焊絲頂端的熔化部份，也被投射到被焊金屬的熔化部份，兩々相結，焊接即成。因爲焊絲的熔化部份是投射出去，而不是自然滴落下去的，所以電焊可以作仰焊 (Over head welding) 工作。

在最近十幾年來電焊的進展，更是突飛猛晉。由於電焊絲不斷改進與發明，以前認爲不能以電焊々接的問題，現在統々因焊絲問題的解決而連帶的解決了。幾十年來獨覇飛機焊接的氣焊，有被電焊法漸々替代之勢。電焊不如氣焊的說法，也經各種嚴格的試驗，證明不確。有些地方，電焊確比氣焊要强些。譬如說，氣焊後所發生的扭歪縮短裂開等々現象，比電焊後所發生的要嚴重得多。焊接重大的機件時，電焊較易於氣焊。現今鋼橋，輪船等々製造，完全由電焊來包辦。再就經濟的觀點言之，一件東西用電焊々接出來的成本比氣焊的要低些。據美國寇蒂斯(Curtiss)飛機製造廠的統計，用氣焊和電焊々接同樣的飛機發動機架，結果兩者成本的比較是四比一，換句話說，電焊要比氣焊便宜百分之七十五。因爲如此，所以一部份設計，都把氣焊改爲電銲了。電焊的東西成本較低是沒有疑問的一件事，可是在飛機的製造部門中，宅還沒有力量代替鉚釘。祇因爲電焊法發展到現在，還不能將極薄的金屬片焊到同樣金屬的構架上去，這是宅的美中不足的地方。

與電焊發生密切關係的是電焊絲，電焊之能有今日的地位，完全由於有優良電焊絲發明的緣故。而電焊絲表面的焊接劑，又是决定電焊絲好壞最重要的因素。關於各種焊接劑的配合和製造，各國都保守祕密。同在一國之內，各廠也有各廠的配合公式。我國對於電焊絲的製造，尙付厥如。關於這个問題，如不能自行解决，則電焊法在我國的發展，將受到莫大的阻碍。如電焊法在我國廣泛的應用而不能自製電焊絲，則舶來品電焊絲的消耗，必是我國財政上一个極大的漏卮，這是要請全國工業界注意的一件事。

以上所述，不過將幾種主要的焊接技術作一個廣泛的論述，還有許多其他焊接法尙未論及。許多重要的焊接技術問題也未提到，只好等待以後有機會時再談了。

徵稿簡章

(一) 本刊內容廣泛，凡有關工程之文稿，一概歡迎（讀者對象爲高中以上程度）。
(二) 來稿請橫寫，如有譯名，請加註原名。
(三) 來稿請繕寫清楚，加標點，並請註明眞實姓名及通訊地址。
(四) 如係譯稿，請詳細註明原文出處，最好附寄原文。
(五) 編輯人對來稿有刪改權，不願刪改者，請預先聲明。
(六) 來稿一經刊載，稿酬每千字國幣三萬五千至六萬元（臺幣四百至七百元）。
(七) 來稿在本刊發表後，版權即歸本社所有。
(八) 來稿非經在稿端特別聲明，槪不退還。
(九) 來稿請寄臺灣臺中66號信箱 陶家澂收。

雷達之基本原理及應用

范鴻志

雷達英文的寫法是RADAR，牠倒過來寫時仍是RADAR，所以牠實含有反射的意思。牠本是RADIO DETECTION AND RANG ING 的縮寫，假如譯意的話，雷達應該叫做無線電觀測器。今後對航空以及航海的安全，雷達當然要佔很重要的地位，就是天文的測量也將利用到牠。作者僅就牠的基本原理和牠在第二次世界大戰中應用的範圍簡略的談一下。

雷達是一個復雜的無線電儀器，牠可以測量目標的距離，高度和方向以及速度。當普通的測量儀器失却作用時，雷達正可充分發展牠的才能了；如在夜晚，重霧，密雲或濃煙的情況下，皆可行之無阻，為所欲為。不僅如此，雷達是很多才多藝的。牠不像電視(TELEVISION)，也不像定向儀(DIRECTION FINDER)，必須借助於外界之發射機始能有所作為，雷達有自立的能力。

○裡應用的原理有二：第一，無線電波的傳播速度是固定不變的；第二，前進中的無線電波遇到不同的物體時立即發生反射及曲折作用。

假若有一部發射機對空放射無線電波出去，正好空中有一架飛機，則電波抵達飛機後必有一部分反射回來，在發射電波的地方，我們又用接收機收到這種反射回來的電波，量一下自發出至收到時經過的時間，則目標的距離便不難計算了。因為電波的速度是一定的，是186,284每秒英哩。當然這經過的時間是很短促的，一英哩的來回，其時間是百萬分之十一秒。

基本地說起來，雷達就是包括一部發射機及一部接收機而已。牠能放射超短波之無線電波出去，其時間是暫時的，約為百萬分之五秒，後即停止放射，而開始接收經目標反射回來之電波，立即準確計算發射電波至收到反射電波之經過時間，於是目標之距離即可求得。比方經過的時間為百萬分之200秒，其單程之時間則為百萬分之100秒，則距離應為18.6英哩。

要測量準確這樣短促的時間，非普通時錶可能做到的，必須借助於陰極管振盪觀測儀(CATHODE RAY OSCILLOSCOPE)始可。這種儀器包括一個陰電子放射管，其陰電子之放射可由兩個屏極來操縱。陰極管之末端有一小銀幕(SCREEN)，銀幕上塗有發光體，當被陰電子衝擊時，即行發光而將陰電子之流動情況顯出。這兩個屏極，一個是連接到另外的振盪器上，其振盪的週率可以調整。比方這種週率在銀幕上可將百萬分之100秒現出成為一吋之線一條，則這條一吋之線便是基本時間了。牠是代表18.6英哩的距離。第二個屏極是連接到接收機之輸出管上了，當發射機發射時，銀幕即開始記錄，直到發射停止，接收機收到反射電波時止。如果牠是三吋長一條線，則目標的距離應該是18.6×3/2=27.9哩。假如天線的方向可以操縱，天線的放射可以集中，則目標的方向，高度，便都可測得了。

在第二次世界大戰中，雷達的應用很廣，僅就作者所知，寫在下面：

有一種重約十五磅的雷達裝在飛機上，當被敵機跟踪時，牠立即給駕駛人員以警告。牠也是包括一部發射機及一部接收機，在有効範圍內，有敵機跟踪時，接收機可以自動操縱一個警鈴或其他信號。牠的天線通常是裝置在飛機尾部。有効的距離約爲半英哩，上下 60° 及左右各 90°。這種雷達之動作完全自動，除去將電源開關閉合之外，並不需任何其他調整或注意。

另外一種雷達的應用，叫做敵友識別器，(IFF)，也就是 IDENTIFICATION—FRIEND OR FOE 的縮寫。如果飛機上裝有這種設備，當牠進入地面雷達搜索之範圍內時，即自動放出一種預先計劃好之信號。這種信號即現出在地面雷達之小銀幕上，於是地面立即可以鑒定爲友機，反之敵機即無反射信號。敵友識別器上可以再加一種儀器，駕駛員認爲必要時，可應用牠發射另外一種信號表示我是友機，切莫開火。敵友識別器很可能引導我們製造出飛機位置指示器來，即在地面上對一架飛機在天空的高度和位置由銀幕上便可一目了然。

又有一種長距離飛行用的儀器叫做 LORAN，牠本是 LONG RANGE NAVIGATION 的縮寫。這種儀器是裝設在飛機上的，牠包括一個特製的收音機和陰極管指示器 (CATHODE RAY INDICATOR)。借助於數個已知的地面 BEACON 電台，我們即可明瞭飛機的位置。換句話說，也就是隨時可知飛機所在的經度和緯度。

幾乎每架飛機上所裝用的高度表都是氣壓式的 (BAROMETRICTYPE) 牠僅是指示對海平面的相對高度，不能隨時指示對地平面的高度。這在航行時諸多不便，因爲我們往々需要知道，飛機離牠所經過的地面倒底有多少高度。利用氣壓式的高度表，必須經過一番計算，或必須事先知道所經過的地面的氣壓或拔海高度始可。因爲要解決這種困難，無線電高度表便出現了。

一般的說起來，無線電高度表有兩種：一是低空高度表，另一是高空高度表。低空高度表是應用無線電波的前進速度固定不變的原理，其放射之信號乃屬於週率調幅 (FREQUENCY MODULATED) 因爲無線電波的速度爲每百萬分之一秒 984 呎，所以電波自飛機發射向地面再由地面反射回來到達飛機尙需相當時刻。假若我們比較一下這發射信號及反射信號之週率的話，則飛機對地面的高度也便可求得了。這種高度表的有効範圍爲 0—4000 呎，誤差小於 1 %。

高空高度表乃完全應用雷達之原理，牠包括一部發射機一部接收機及天線，用陰極管來做指示器。這種高度表有効範圍爲自 4000 呎至 40,000 呎，其誤差小於 50 呎 + 0.25 %。如果飛機上裝用氣壓式及無線電式各種高度表，便可用以測量氣候之變化。

BTO 也是飛機上的一種雷達，牠可以觀測目標於百哩之外，不管夜晚，濃霧或煙幕籠罩之目標均有効。牠的全名是 BOMBING THROUGH OVERCAST，別名是 BIG TIME OPERATION。在 BTO 的小銀幕上不僅可觀測出目標的形狀來，牠尙可借助於 GYRO COMPASS 把飛機距目標的距離，飛機的方向，也現出在小銀幕上。尤其神秘者，即自轟炸瞄準器上所得到之各種數字，如風速，風向，對地速度等，皆可搬到 BTO 的小銀幕上來變成一個圓圈。當這個圓圈和目標的圓圈相吻合時，便是投彈的時候了。BTO 並且可能指示出厚雲及劇風的所在，以免去飛機遭到暴風雨的襲擊。

水，陸，人爲的建築以及雲層劇風對無線電波的反射並不相同，就是利用這種情形才使雷達之應用擴展到極廣極精。BTO 這部複雜的雷達有四百磅重，操縱之開關便有 50 多個，B 29 式超級空中堡壘都有這種裝設。據說最近美軍對 BTO 大加改頁，操縱之開關已減少到十幾個了。（下接19頁）

永久磁石之新發展

谷　凌

電磁學內關於永久磁石 (Permanent Magnet) 甚少詳盡之討論，蓋永久磁石所用材料進步頗緩，其剩餘磁性 (Remnant Magnetism) 及抗脫力 (Coercive Force) 皆不足以切合實際需要，所有應用較强磁石之處，幾皆利用電磁石，故永久磁石學事實上已成爲被遺忘之科學。

最初能應用之永久磁石材料爲高炭鋼及各種合金鋼，如鎢鋼鉻鋼等，後有鈷鋼 (Cobalt Steel) 之應用。鈷鋼經適宜之熱處理，其特性較以往各種材料均佳。含鈷量愈高，其 (BH) MAX 值愈大，常用者有百分之三，百分之五，百分之十五之鈷鋼。但以鈷價昂貴，且含鈷量高，鋼質變硬而脆，不易工作，故鮮有超過百分之三十五者。其後日人發明用鋁鐵及少量其他金屬所製成之合金，加以熱處理時，順其一軸施以强力磁場，此後該合金即只能順此軸着磁，順其他各軸幾無磁性。其既定軸之磁性則遠非以往所用材料可比，此即『單向磁石』是也，實開磁石之新紀元。第二次大戰發生，各國皆感磁石之迫切需要，尤以著名之雷達放射管Magnetron，更需輕便而强力之磁場，遂競相研究。美國有『Alnico』之發明，英國鋼鐵業中心 Shifield 十三家大鋼鐵廠組織永久磁石研究會，結果發明『Alcomax』。此外英美兩國尙有若干種磁石合金，特性相差無多，可以上述 Alnico及Alcomax 兩種爲代表。

一九四六年英國 Mullard 無線電公司磁石研究室發明『Ticonal』，其工作磁線密度 (Working Flux Density) 每方吋可達七萬 Maxwell 以上，與設計精良之電磁石不相上下。故如應用此種磁石於各種電器時，設計時必須注意磁路 (Magnetic Circuit) 內所用軟鐵或矽鋼片之截面，勿使有過飽和之現象。

永久磁石於應用時乃利用其磁滯環 (Hysteresis Loop) 之脫磁部份，稱爲脫磁曲線 (Demagnetizing Curve)。其脫磁力 (Demagnetizing Force, —H) 與磁線密度 (Flux Densitg, B) 之乘積，稱爲『B H乘積』(B H Product)。此乘積即代表該磁石每單位體積於每一循環所能供出之能力 (與電壓乘電流等於電工率相似)。在脫磁曲線上選擇適宜之一點，使 BH 乘積爲最大值，該點稱爲〝工作點〞(Working Point)。此點之 BH 乘積稱爲 (BH) MAX。今將 Ticonal G 之特性，表列如附圖所示。至於 Ticonal E 之工作磁線密度，雖不如 Ticonal G 之高，但其抗脫力可達一千 Oersted，適合於脫磁力較高之電器內。磁石之實際工作曲線，乃以工作點 P (見第２０頁附圖) 爲一端之『副磁滯環』(Minor Hysteresis Loop)，因此環之兩邊甚近，可以直線 PA 表之，名爲『回翹線』(Recoil Curve)。

Ticonal 磁石合金內含鋁鐵鎳鈷等輕重金屬，鎔點及氧化點相差頗多，故於冶鍊時極難控制其成份，現正研究用金屬塑型法 (Sinter Process) 製造。經熱處理時所施磁場之方位，即成爲該材料之既定磁軸(Magnetic Axis)。應用時可順此軸之任一方向着磁。此材料之硬度極大，(600 Vickers) 且較脆，不易加工，只可輕磨，其軸孔則可用低鎔點之金屬塡滿後再準確鑽磨。又因其H値甚高，磁石設計可甚短，通常多設計成塊狀，以減少製造之困難，並可減省材料。設計時假設磁石常置磁路之中，(着磁手續亦於裝配後行之)，但如遇拆下修理等情形（如磁電機之旋轉磁石須取出時），磁路之磁阻 (Reluctance) 驟增，磁石立受較設計爲大之脫磁力，使其不能再回至P點，以致磁石效率減低，故拆卸時須特加注意，使用臨時磁短路以保護磁性。如須經常拆下或磁石位於有暫時强大脫磁力之電器內時，則磁石可設計一固定磁分路 (Magnetic Shunt)，使磁石於受最大脫磁力時，始退至P點。於正常工作狀態下只往復於A，X兩點間，反較設計一能抵抗最大脫磁力之磁石爲經濟。XA與PA之比値稱爲『回輙百分比』(Percentage Recoil)。

Ticonal 具有極高之穩定性，不因時間而衰退。只在應用於最精密之儀表時，着磁後再退磁百分之三，效果當更佳。用於其他電器，無須此手續。新磁石之應用極廣，舉凡揚聲器，微音器，電唱頭，磁石式電話機，脚踏車用發電機，羅盤及電動機等以往應用永久磁石或電磁石之處，皆可代以此新磁石，較前所用者體積減小，重量減輕，無須勵磁電流，且可免去散熱等問題，電器之效率當可大爲增高。用於航空電器，更屬理想。飛機電源近有採用交流之趨勢，利用此新磁石於空用交流電機，可提高同步式電機之效率。磁滯式電機之工率因數，其發展正未可限量也。

上接17頁

GCA

GCA 是 GROUND CONTROL APPROACH 的縮寫，可以在完全黑暗之下使飛機安全降落。這種儀器是在航空站上應用，從牠的小銀幕上可以觀測週圍三十英哩內4000呎以下之每架飛行中之飛機，並且可以指揮飛機逐次降落。在忙碌的機場上完全黑暗之下，指揮飛機降落可達每一分半鐘一架。飛機本身除去需裝設與地面聯絡之普通發射機及接收機外，不需任何其他無線電設備。GCA之全套設備約重九噸，可裝設在卡車上面，牠並且可以指出機場週圍之障碍物，像小山建築等々。每套 GCA 需五個有經驗之技術人員照管。

雷達之應用並不完全屬于軍事，也並未曾到達止境，在當今列强角逐於原子彈之研究時，對雷達之研究也並未放鬆，前途正無限量。

請更正

上期第15頁，Kirksite—A之化學成份，含銅量應爲2.0%，非20%。

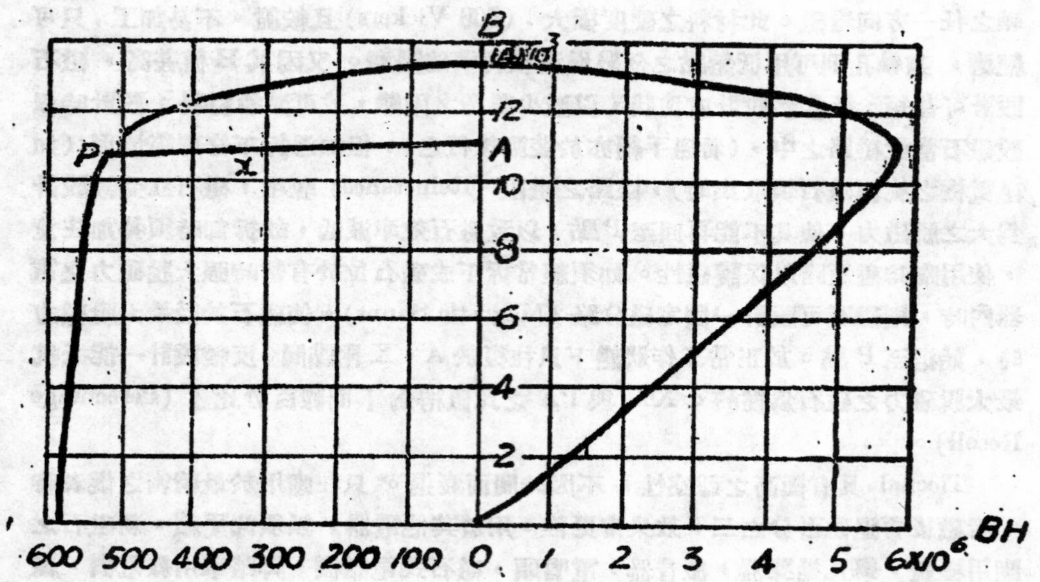

TICONAL G 之脱磁曲線及(BH)乘積

最大(BH)乘積	(BH)MAX	$=5.7\times10^6$
抗　脫　力	Hc	=583 OERSTED
剩餘磁線密度	BR	=13,480 GAUSS
工作脫磁强度	WORKING —H	=520 OERSTED
工作磁線密度	WORKING B	=11,000 GAUSS
飽和磁線密度	BSAT	=17,000 GAUSS
飽和着磁强度	HSAT	= 3,000 OERSTED

一九四六年世界工業技術之十大成就　察　之

…………譯自一九四七年二月號 McGraw—Hill Digest

一九四六年世界各國工業技術上的進展，實足驚人。許多工程科學上的發明，對於工商業都將發生深遠而重要的影響。美國麥克格勞（McGraw—Hill）出版公司，應讀者之請，由該公司二十六種工商業以及科學期刊的編者，指出上年度劃時代的十大成就如下：

（1） 原子能———利用原子分裂法，產生動力的可能性，可由次述三事證明之：（a）已向聯合國提出籌設原子能工廠的預算報告書。該項報告書敍述一所 75,000—Kw 原子能工廠的開辦費爲美金 25,000,000，每度電費爲美金 0.8 分。現在火力發電電費爲每度 0.65 分。（b）卡奈奇基金委員會對於原子能工廠，曾提出一個非常樂觀的報告，分裂鈹原子產生之動力，可較火力發電低廉 5—15 %。（c）在 Oak Ridge, Tenn. 已建造世界上第一個原子能工廠，這是最重要的一件大事。

（2） 放射性同位素———原子分裂時，產生的放射性同位素，係於一九四六年開始在商業上應用。放射性同位素的化學性質與其原來的元素完全相同，但具有特種性質，可應用於醫葯營養的研究。在工業上，可應用於測量流體的流動情形，以及檢驗各種物品的破裂現象等。在癌症治療方面，可用此種低廉的同位素代替昂貴的鐳。

（3） 從氣體製造液體燃料———天燃氣可以製成汽油，其成本可與自原油提煉而得之汽油相競爭。一九四六年美國完成兩所大規模的工廠，從事製造。其中有一廠所產汽油之成本爲每加侖 5.25 分。

（4） 原子分裂器———原子分裂器對於原子物理學的研究極爲重要。加利福尼亞大學建造一座 300,000,000—Volts 的分裂器，稱爲 Sychrotron，其電壓可增加至十萬萬 Volts。

（5） 飛翼———諾斯洛濮飛機製造廠的飛翼，翼長 172 呎，V 形，載重量較普通相同體積之飛機增加 25 %，其昇力阻力比爲 140—200：1，而普通有機身機翼之飛機，其昇力阻力比爲 100：1。

（6） 電子計算器———電子積分器及計算器（Electronic Numerical—Integrator And Computator），簡寫爲 ENIAC，能够增加計算數字的速度，超過過去任何計算器五百倍，足使工程上的數學方法起一大革命，可以簡化工程的設計及規劃方法。一百位有訓練的計算員，須計算一年之問題，原子計算器可在兩小時內解決。有了如此偉大的數學家，氣象學方面許多複雜的變數都可加以分析了，因此增加遠距離氣象預報的正確性。

（7） 氣體透平機———一九四六年內氣體透平機之進展與應用，爲原動機發展史上最重要的一件事。在瑞士已造成10,000 KW. 的氣體透平動力廠。更重要的一點或者是煤氣透平機成功的可能性，宅所有的主要困難已經解決了。

（8） 直昇飛機———直昇飛機的發展，雖已經相當時期，但直到一九四六年才成爲安全可靠能正式應用的航空器。美國陸軍用的 Sikorsky R—5，可容十七人，可昇高至21,000呎，其速度每小時超過114哩。因爲直昇飛機用途之廣，Sikorsky 飛機製造廠已在大量生產了。

（9） 電視———電視技術仍屬幼稚，一九四六年時才成爲一種實用的交通方法，這是由於各種機件的改進所致。如彩色電視術係由哥倫比亞廣播公司及美國無線電公司試驗成功的。電視收發機在一九四六年的市場上已可看到，今年當可大量供應了。

（10） 新建築材料———建築材料的改進亦是一九四六年工業上的一件大事。最重要的新材料是一種層狀塑料，可在低溫及低壓下，塑製各種彎曲形的物體，非常適合機器罩蓋，傢俱，飛機及船舶的製造。塑料與玻璃纖維的合成品，堅韌異常，可用作防彈板。另外還有一種新的輕型混凝土，其價格遠較普通的混凝土低廉。

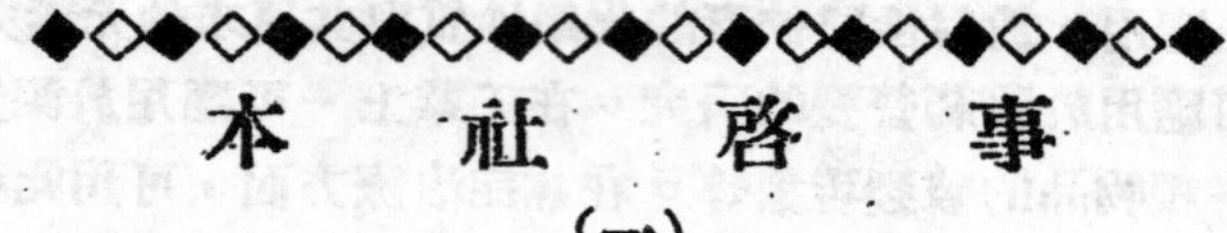

本社啓事

（一）

第一次公開徵文

『對於目前吾國大學工程教育的意見』

大學工程教育範圍廣泛，全面的綜合評論固所歡迎；如僅就機械，電機，航空，化學，建築，礦冶，土木諸工程中專論一門亦極歡迎。謹希全國大學教授，大學同學，教育家，工程師，不吝賜稿。採用稿件，稿酬特別優待。

（二）

本社現正着手編著第一種叢書『工業安全工程』(Industrial Safety Engineering)。第二種叢書『工礦技工安全守則』（內容爲各種礦廠技工工作時應注意之安全法則）。茲爲集思廣益計，公開徵求各項有關資料。賜寄時請註明贈閱借閱，或有條件的借閱諸項。不勝感禱！

本刊另售每冊　臺幣一百元，國幣五千元。
定閱半年六冊　臺幣六百元，國幣三萬元。
（外加每本郵費：平寄臺幣十二元，航平臺幣七十八元）
（國幣郵費照八十四倍計算）

空軍之重要性　　　　蔡之

名人言論集錦

蔣主席：「無空防，即無國防」。

美國戰時陸軍航空隊總司令安諾德將軍：「美國必須維持一强大之空軍，不用以贏得下次戰爭，而為防止戰爭」。（八月一日美國第四十屆航空節演講詞）

蘇聯空軍參謀長史都秦上將：「史達林元帥業已規定俄人之任務為較任何其他人更多飛，更快飛，更高飛」。（八月三日蘇聯航空節廣播詞）

美國空軍科學技術研究主任李梅中將：「空軍為大戰中的決定因素。國家之安全，全賴空中武器。第二次大戰期中，太平洋區的B—29超級空中堡壘，可在一天之內，以原子彈毀滅所有日本三萬以上人口的城市。美國必須保持空中的最大優勢，否則一定為未來侵略者所犧牲」。

美國空防司令史屈萊德邁亞中將：「在現代，任何不知警備的國家，將會從天空中受到突然的致命打擊，我們知道這是飛機的威力，它具有無比的破壞性。空防司令的主要任務，是在利用所有的財力、物力保障國家的最大安全，我認為飛機工業是我最有力量的幫手。每次大戰，我們不知要化多少萬億的戰爭費用；强大的空軍，實在是一種最經濟的國防。空軍優於陸海軍的機動性，改變了整個人類的生活，將來的影響更為深遠。我們不能等閑視之，讓別的國家來摧毀」。

德國戰時空軍元帥羅德斯特：「德國之失敗由於空軍不能繼續作戰。」

德國戰時軍火生產部長史丕耳：「德國之投降，由於盟軍之戰略性轟炸。如無其他軍事上的侵擊，僅就化學工業遭受轟炸的破壞來說，已足使德國喪失戰鬥力量。」

美國航空雜誌刊載「三十年來之美國空軍」：「敵人戰鬥意志之毀滅或其生產力之破壞，均足致其敗退，只有空軍可以達到這雙重任務。日本投降是在盟軍入侵其本土之前，由於戰略性轟炸的應用，各項戰時工業的生產量突然減少了，所減少之程度如下：

煉油	百分之八十三
飛機發動機	百分之七十五
飛機機身	百分之六十
電氣及交通設備	百分之七十
陸軍兵工	百分之三十
海軍兵工	百分之二十
航業及海軍船塢	百分之十五
輕金屬	百分之三十五
鋼鐵	百分之十五
化學	百分之十

一九四五年七月時，整個日本工業的生產量僅及一九四四年最高峯時的百分之四十。根據這種調查，當時就推斷：即使沒有原子彈的轟炸，蘇聯不參加作戰，而且不入侵其本土，日本在一九四五年十一月之前可能投降，而在一九四六年一月之前一定會投降了。這一件事，十足的證明空軍對於戰爭的決定性。

工業安全工程（續） 陶家澂著

第三章 意外事件之損失

一 引 言

近年來，因推行安全工程之故，各工業中，大部已使員工之傷害率減少百分之九十以上，且能保持此優異成就。雇主方面雖因推行此種安全工作而有各項額外開支，但均認爲非常有代價。換言之：安全工作可使雇主在各方面得到種種收獲，因意外損失之減少，獲利增多。再廣義的說：非但雇主獲益，同時各員工之家庭，以及整個社會均因安全工作而受益不淺。

二 損失分析

茲將意外事件所包括之各項損失，加以簡明之分析如下：

(A) 直接損失。
- (a) 賠償費。
- (b) 醫藥費。

(B) 間接損失。
- (a) 受傷工人之工時損失。
- (b) 其他工人停止工作之工時損失。
  1、援助受傷工人。
  2、出於同情心及好奇心。
  3、其他原因。
- (c) 領工管理人員以及其他行政人員之時間損失。
  1、援助受傷工人。
  2、調查意外之原因。
  3、設法或按排繼續受傷工人之工作。
  4、選擇及訓練替代工作之新工人。
  5、準備意外事件報告。
  6、訴訟較嚴重或引起糾紛之傷害事件。
- (d) 因震驚、援嘆、注意力轉移而引起之生產損失。
- (e) 受傷工人工作機械停頓而引起之生產損失。
- (f) 機器、設備、材料之損壞。
- (g) 其他工人因受刺激而引起產品或材料之損壞。

(h) 受傷工人回復工作後，效率之減低。

(i) 商廠不能按時交貨而引起之信譽損失、獎金損失或罰款等。

(j) 如牽涉法律問題，則有各種法律上之訴訟費。

根据各種意外傷害損失之統計，得一極有價値之直接損失與間接損失之比例數字，約爲1比4。

三 例 證

茲根据美國廠主及有經驗之成本會計師之分析，例舉數項實際例證。(參看) PP.16—17『SAFETY SUBJECTS』Bulletin Number 67 of the United States Department of Labor, Division of Labor Standards)

(a) 某普通家庭用具及農具製造廠，共有十九次傷害事件： (單位美元)

直接損失總數(賠償費及醫葯費)……………………………$ 66.00

間接損失總數……………………………………………$275.00

比例 4.2：1

間接損失包括：

勞工與材料之損失（因定製合同之取消）……………$107.00

受傷工人之工時損失………………………………36.00

其他工人之工時損失………………………………34.00

衝模壓模之修理……………………………………33.00

受傷工人未恢復健康前生產力減低損失……………38.00

監工管理人員之工時損失…………………………27.00

275.00

(b) 某木工廠，共有三十六次傷害事件：

直接損失總數（賠償費及醫葯費）……………………$ 59.00

間接損失總數……………………………………………262.00

比例 4.4：1

間接損失包括：

受傷工人之工時損失………………………………$ 48.00

其他工人之工時損失………………………………116.00

監工管理人員之工時損失…………………………79.00

材料損失……………………………………………11.40

工具損失……………………………………………7.60

262.00

(c) 某鑄工廠，共有九十七次意外事件（一年之內）：

直接損失總數……………………………………………$610.00

間接損失總數……………………………………………………1,965.00

比例　3.2比1

間接損失包括：

受傷工人之工時損失……………………………………$193.00
其他工人之工時損失……………………………………365.00
監工人員之工時損失……………………………………210.00
生產損失……………………………………………………315.00
機械設備之損壞…………………………………………347.00
材料損失……………………………………………………215.00
法律訴訟費用……………………………………………320.00

1,965.00

上列各項損失分析，雖然極爲明顯，但事實上甚難正確估計，其主要原因爲：

(a) 會計制度之設立，係計算其產品之製造成本，或某項製造程序之成本，而任何意外事件均足以影響甚多製造程序，故難以估計。其他如監工時間損失，工人或一般人士對於業主信譽之減低諸項，均難以金錢正確估計。

(b) 普通小工廠，均缺乏完善之會計制度。

(c) 多數小工廠缺少高度之安全感，故對於各種意外損失亦不關切，不詳加查究。

(d) 受傷工人未全部恢復健康而回廠工作，所得工資相同，但其工作效率減少，生產力決不如未受傷時間，此種損失僅能得其近似值。

意外事件損失估計雖不易正確，但從各種統計數字，吾人得兩項結論：

(a) 不注意安全工作之各廠礦，意外事件損失形成一極大之浪費。

(b) 間接損失與直接損失之比例，以4：1計算，實際仍嫌太低。

四　分析損失工作要點

(A) 研究各項損失之時期，至少須半年或一年，應包括一切傷害，(極輕微之傷害亦在內)。

(B) 須有專人全權負責分析各項損失數字。

(C) 調查損失應迅速，如監工人員時間損失，其他工人之工時損失，機械修整，材料損失，機器停工諸項，於意外事件發生時不加估計，事後調查，更難正確。

五　分析損失的功效

優良之安全工作，有賴於澈底的系統的調查與糾正含有危險性之機械設備及製作程序方法等。分析損失可以發現下列諸點：

(A) 減少成本之方法。

(B) 增加生產之方法。

(C) 改良生產。

(D) 減少浪費。

(E) 減少有碍於健康或安全之各種障碍。

勞資雙方的『安全會議』

領工資的時候，受傷者收入減少而垂頭喪氣！

第四章 意外事件之來源與原因

論述意外事件之原因，其意義甚爲含混。安全工程師查究意外事件發生之原因時，着重各種必須糾正之錯誤動作或其他缺點。諸如材料之提存，傾跌，灼傷等，普通均認爲意外事件之原因，其實並非眞眞之原因。極多意外事件固出於材料之提存，但此種意外之所以發生，其眞眞原因，實係某項危險性情況之存在或係工作者未能達成某種工作條件。例如傾跌，釀成各種傷害，安全工程師所欲明瞭者爲：究係何種情況，何種行爲引起傾跌。再如灼傷爲傷害之一種，但並非傷害之原因。

本書第一章中解釋『意外事件』爲『阻碍正常工作進行之一種突然遭遇』。依據此種解釋，意外事件並非均使工作人員發生傷害。但各種意外均足使產品之成本增加，故成本會計必須詳載各項意外損失。吾人如能以安全爲着眼點，詳細規劃各種工作程序，則可消除所有意外與傷害。

一 意外事件之來源

根据多年之調查統計，各種傷害所由發生危險性情況或錯誤動作，在各項不同的工業中，均相類似。

紐約州 1932 至 1936 五年間將所有受賠償傷害 (Compensated Injury) 之來源加以分析，每年中某項來源引起傷害之百分數，與五年中起因於該項來源之傷害總數所佔全體傷害中之百分數，極爲接近。本薛爾凡尼亞州於 1936 年統計所有包括工時損失之意外傷害來源。玆將該兩州之各項數字，列表比較如下：

表一： 紐約與本薛爾凡尼亞兩州傷害來源之比較表

傷害來源	紐約州		本薛爾凡尼亞州	
	傷害數	百分數	傷害數	百分數
物品提存	108,883	29.3	25,775	23.8
人員傾跌	82,679	22.3	19,525	18.1
機械設備	46,198	12.5	8,327	7.8
動力運輸工具	27,643	7.5	3,983	3.7
手用工具	26,817	7.2	8,779	8.1
危險性物品	21,531	5.8	5,335	4.9
誤踏或撞擊他物	18,150	4.9	7,320	6.8
物品墮落	15,987	4.3	15,471	14.3
非動力之運輸工具	4,973	1.3	6,519	6.0
其他	18,206	4.9	7,003	6.5
	371,067	100.0	108,037	100.0

兩州中，均以物品之提存爲傷害之最大來源，其百分數最高，人員之傾跌次之。物品之墮落在本薛爾凡尼亞州爲第三位，紐約爲第八位，因前者多採礦工業，較多物品墮落之事件之故。非動力之運輸工具在礦內應用較多，故其傷害亦多。其他百分數之差異，由於本薛爾凡尼亞州係統計各項工時損失之傷害，而紐約州僅統計受賠償之傷害（工時損失在一星期以上者）。

紐約州分析各製造業受賠償之傷害來源如下表：

表二： 紐約州製造業受賠償之傷害來源統計表

傷害來源	各種傷害		死亡數	終身殘廢		終身殘廢所佔各種傷害總數之百分數
	數目	百分數		數目	百分數	
物品提存	19,507	29.2	58	3,316	21.8	17
機械設備	18,924	28.3	108	6,959	45.8	37
傾跌	9,298	13.9	99	1,560	10.3	18
小工具之應用	4,993	7.5	14	1,052	6.9	21
物品墮落	3,253	4.9	30	783	5.2	24
誤踏或撞擊他物	3,152	4.7	9	294	1.9	9
電氣、爆炸、高熱、	2,818	4.2	88	364	2.4	13
有害物品	1,472	2.2	25	88	0.6	6
運輸工具	1,245	1.9	50	366	2.5	29
其他	2,161	3.2	13	402	2.6	19
	66,823	100·0	494	15,184	100.0	平均 23

由上表知製造工業中，物品提存爲傷害之最大來源，但由於機械設備而發生之人員死亡數較物品提存所生之死亡數多兩倍，終身殘廢數字亦多兩倍有餘。其他各州之統計亦顯示此點，差異甚少，可見機械防護之重要。故機械設備之加監防護罩等安全工作爲安全工程師，工礦檢查員，及其他負有安全責任之主要工作目標。

在同一之工業中，因各礦廠工作情形與設備之不同，所發生意外來源之重要性相差甚大。例如完全用手工掘石開山者，較用機械裝載者多發生礦石提存之傷害。對於機械防護非常注意之礦廠，則甚少因機械設備而發生傷害。就一般情形而論，製造業中最普通之傷害來源爲物品提存，機械操作，工具使用及傾跌諸項。他如動力運輸工具，物品之墮落，以及有害物質等，亦爲較重要之來源。

對於安全工作最有價值者，爲能指示預防再度發生之危險情況記錄，下述各點應特別注意：

(a) 設計之安全。 (c) 各項活動之有秩序。

(b) 工作程序之規劃。 (d) 整潔。

(e) 安全設備與廠房。 (i) 適度之光線。
(f) 機械之防護。 (j) 適用之工具設備。
(g) 維護修理工作。 (k) 業主及監工人員之安全感。
(h) 人員出入處之安全。 (l) 安全規則。

意外事件發生時，應根據以上各點加以調查與分析，各廠如能嚴密注意，極有助於預防意外之工作。

二 意外事件之原因

意外事件發生之原因可分爲機械的以及材料的錯誤，工作人員之不安全措施，及造成此種錯誤與措施之原因。每一意外傷害發生時，常包含多種因素，此種因素依次發生，最後形成傷害之結果。海因立許氏 (Heinrich) 將各因素譬喻爲排成一列之骨牌，當第一塊骨牌傾倒時，其餘各牌相繼傾倒，傷害爲最後之一塊牌。傷害發生之前爲某種事件之發生，如人員之傾跌，物品之墮落，或觸及傳動機械等。換言之：傷害發生之前或爲人員之不安全措施（如應用無手柄之銼刀工作時穿着寬鬆之服裝等）；或爲不安全之機械情況（如機械無防護設備鐵釘突出木板上未修理完整之工具等），此類不安全措施與情況，尙有其根本原因，故每一傷害之發生，實際包含一連串之因素。安全工作之基本要素爲追究最初之因素而設法去除之。能如是，則可防止所有意外傷害之發生矣！

海因立許氏 (Heinrich) 分析意外事件之基本原因，已爲公衆所採用爲一般性之準則。

海氏之分析：
屬於『人』的錯誤 (Personal Faults)

(A) 指導錯誤：
1、無。
2、不完全。
3、不强迫實施。

(B) 勞工無能：
1、無經驗。
2、技能不佳。
3、無知。
4、判斷力薄弱。

(C) 紀律不佳：
1、不守規則。
2、他人之干擾。
3、戲弄。

(D) 注意力缺乏：
1、不集中。
2、不注意。

(E) 舉止不安全：
1、取巧。
2、倉猝。

(F) 情緒不合：
1、遲鈍或疲勞。
2、煩躁。
3、過度興奮。

(G) 體力不合：
1、發育不全。
2、疲勞。
3、衰弱。

屬於機械的以及材料的錯誤 (Mechanical and Material Faults)

(A) 物質上的危險：
1、包括機械的，電氣的，蒸氣的，化學的情況等：
a. 不完善之防護。
b. 無防護。
c. 不安全的設計。

(B) 不整潔：
1、材料之儲藏及推積不佳。
2、擠塞。

(C) 不良之設備：
1、各種材料及設備。
2、工具。
3、機器。

(D) 不適當之衣着：
1、無眼罩手套面罩等。
2、寬鬆長袖高跟鞋等。

(E) 不安全之建築情況：
1、消防設備。
2、出入處。
3、地面。
4、其他。

(F) 不合適之工作情況：
1、通風設備。
2、衛生設備。
3、光線。

(G) 不適當之規劃：
1、工作地位之按排。
2、機器之安置。
3、工作程序不安全。

三 『不小心』不應視爲意外事件之原因

意外事件發生之原因，已如上述，可分(1)屬於人之錯誤，(2)屬於機械的以及材料的錯誤兩大類。在一般人士之心目中，均有一極大之錯誤觀念，即認爲意外事件起因於「人」的錯誤者佔百分之八十五（85%）；起因於機械的以及材料的錯誤者，僅佔百分之十五(15%)。此錯誤觀念可謂推行工業安全工程之最大敵人。所謂「人」的錯誤，即將一切意外事件歸咎於「不小心」三字。其實「不小心」爲業主，廠主，領工及一切監工人員逃避責任之藉口，將所有傷害事件歸咎於受傷者之不小心。將所有責任均推之於傷害者或死難者，可謂最無良心，最無人道之錯誤心理。現當吾國急需推行工業安全運動之際，必先將此種不負責任之錯誤心理革除。蓋任何「不小心」的行爲均可根據安全工程之原則，使「不小心」的行爲，不可能造成意外事件，（意外之傷害或死亡）。舉例言之：三十六年九月十日臺灣某工廠，有一工人，兩手提

機器的傳動部分，須加防護罩；外圍還應添裝欄桿。

許多種工作應備帶
安全保護用具！

一大桶開水，自一工場至另一工場，中途通道上，（即人行通道），橫放十餘根鋼管（直徑約一吋），該工人脚踏鋼管，隨即滑倒地上。一大桶之沸水，澆潑全身，雖送入醫院急救，終因其全身皮膚三分之二以上均已燙傷破裂，不數日，即告畢命。當時工場負責人員均將此意外事件歸咎於該工不應誤踏鋼管，即認爲該工人「不小心」，誤踏鋼管而跌倒受傷。此爲極大之錯誤，蓋根據安全工程之原則，所有工場內之人行通道上，均不應放置任何障阻物。此條爲最重要之工廠整潔（Plant Housekeeping）規則之一，人人必需遵守。如工場所有工作人員均能遵照規則，不任意在過道上放置鋼管或其他障碍物，則此手提開水之工人即無鋼管可踏，即不致跌倒而受傷致死。此爲極明顯之例證，其他如衝床工人手指之壓斷，不應責備工人不小心將手指伸至衝頭之下，而應責備廠方並未加設衝床之安全裝置，（如繞衝頭外圍，加以防護罩，使手指無法伸入）。

由此可知意外事件之預防，最主要者爲去除各種機械的以及材料的錯誤原因。屬於「人」的錯誤原因中，不應將「不小心」列爲原因之一。

◎新工程出版社◎

總編輯　陶家澂　　發行人　葉翰卿
印刷者　豪成工廠　　通信處　臺灣臺中市66號信箱
上海通信處　（代理定閱廣告接洽等）
程鶴鳴先生，上海（25）建國中路103弄37號　電話76311號
上海總經售處　中國圖書公司，上海（11）福州路384號
電話：96452號，電報掛號：CHIBOOKCO
臺灣總經售處　中央書局股份有限公司，臺中市中正路91號　電話957號
全國各地二十餘大學均有特約代銷處。

28616

28617

金華五金行

董事長：童炳輝

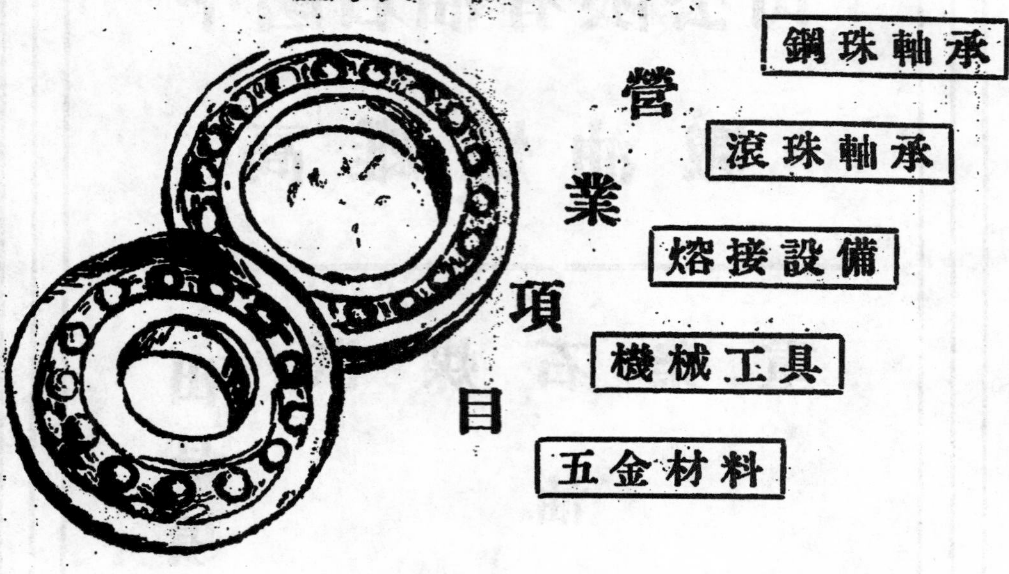

地址：台灣台中市中區錦上里平等里78號

姊妹公司

大豐工廠

地址：臺中縣能高區埔里鎮

設立：

製粉部

製飴部

養豚飼養場

產品：

優良迅速可靠

目錄

新工程出版社

MODERN ENGINEERING PUBLISHING SOCIETY

歡迎批評指教

臺灣臺中第六十六信箱

資源委員會臺灣省政府

臺灣機械造船公司高雄機器廠

廠址：高雄市成功二路

業務項目

I. 製糖機械製造及修理

II. 一五噸機車製造

III. 三五，七五，一〇〇，一七〇及二〇〇噸漁船木船製造

IV. 一一五及二〇〇馬力重油機製造

V. 船舶機車修理

VI. 工具機及鋸木機製造

VII. 汽鍋及壓縮器製造及修理

VIII. 二〇馬力起錨裝卸兩用機製造

IX. 鑄鋼，鑄鐵，鍛鐵及加工

X. 各種鋼架之結構

編者雜記

有位讀者來信說本刊論著是一個特色，我們雖不敢以此自豪，但本刊確是相當的注重有關工程人員人格修養的論著的。本期有『工程師成功之道』，希望每位工程人員多々研讀、体念與力行，庶幾他日都成爲立大功，成大業的工程師。

我們知道工程上翻砂模型，普通都用木料製造。製模工工資特別高，那是因爲製模需要較高的手藝與較高的工程知識之故。科學研究的結果，產生了許多種新的製模材料，在美國有所謂硬性石膏（Hydrocal）的發明。臺灣某敞因業務上的需要，向美國訂購了一種高脹硬性石膏（High Expansion Hydrocal），經過半年餘的研究與試驗，現已製成各種模型，正式應用到落錘衝模（Drop Hammer）上去了。本期發表『製模新材料高脹硬性石膏之製作研究』上篇，係敍述此種材料之一般性質、特点與工作時應行注意之点。下期續登下篇，報告製作情形與心得。此文最好與本刊第一期的『鑄模新材料 Kirksite—A 及其應用之研究』一文相互參閱，得益必更多。硬性石膏之應用，在國內尙係創舉，想可引起讀者們的研究興趣。

工業之需要標準化，擧世各國都已嚴密注意。吾國經濟部在去年三月成立了中央標準局，這是值得我們全體工程人員欽幸的。本期發表『工業標準的建立』一文，所以表示本刊對於『標準』之重視。中央標準局（南京水西門下浮橋）發刊『標準』期刊，內容頗爲豐富，趁此向讀者介紹。

上期我們提到特別歡迎千字左右國內外新建設的短文，本期接到兩位讀者的來稿。陳鑑淸先生的『日本——遠東的工廠』一文，告訴我們：目前日本工業方面的進展情形，實在值得全國上下人士警惕的。王麗金先生的『美國政府推進科學研究工作』，更值得我們參考。

『製糖工業』是臺灣的一種重要工業，本刊盡地主之誼，謹向國人介紹。該文作者樂漢民先生曾在臺灣農學院，講授農產加工的課程，對於製糖頗有研究。

本刊向以提倡工業安全工程爲職責，近來接到這方面的稿件頗多，可見已引起一般國人之注意。本期發表陳貞勛先生的『氣焊工作之安全問題』，極有價值。希望能因此文之刊載，減少國內種々有關氣焊的意外傷害。民國三十五年秋季漢口某氧氣製造廠氧氣瓶發生爆炸，損失重大，該敞廠長亦慘遭炸斃，這種損失實在可以安全工程來避免的。

工程師成功之道

陶家澂

美國 Chrysler 汽車公司主任工程師 James C. Zedar 在一九四七年九月美國自動機工程學會年會上發表一篇演講「Making the Most of Engineering」(載九月份SAE雜誌)。其立論根据，正與筆者思想完全吻合。本刋上期發表拙作『從工業化漫談留學政策』，力言一個人的行爲思想的重要性，遠在其專門技術學問之上，此點與 Zedar 先生所說的下段文字，意義相同。「As Engineers, our individual success depends upon something more than an ability to solve technical problems.………… Our real progress depends on how well we tackle the non-technical obstacles that frequently get in our way.」因此於拜讀之餘，特爲意譯。原文甚長，首述工程師身受之各種非技術性之困難與苦悶，次述如何克服此種困難而達到成功之境。本文僅譯後半部分，取名爲『工程師成功之道』。Zedar 先生關於工業管理方面之論著，極多精闢言論，常爲美國其他工業家所引据。

(一)

一個工程師的成功，不僅僅在精通專門技術學問。許多工程師的失敗，倒是因爲他對於專門學識太精通了。因爲太注意工程學術之研討，結果忽略了(或者根本沒有時間)去發展一個成功的工程師應有的幾種更重要的特性。再具體一點的說，許多工程師的失敗，並不是因爲他們不能解决專門技術上的困難，而是因爲不能解除許多非技術性的(non-technical)阻碍。

工程師如能達到成功之境，必有許多先决條件。許多工程師最大的缺點是在不知如何應用他們的才能。譬如熟悉釣魚的人，他知道要釣到魚，並不全在釣竿、釣線、釣鈎的輕重長短大小。即使水池裡有的是魚，亦不是輕易釣得到的，他必須知道水流的方向，風向，甚至太陽光度的陰暗，還須選擇適當的時間與地點，把釣鈎掛下去。頂好的釣竿，固然可以幫助他釣到更多的魚，但是最重要的，是要看他怎樣去應用它。

在工程事業的範圍裡，有時你失敗了，那是因爲你不知如何應用你過去積聚的經驗與知識，正如你不知如何應用一個優良的釣魚竿一樣。

(二)

究竟應該怎樣才能使工程師達到成功之境呢？這却很難一槪而論，因爲各有各的家庭社會環境；又有個性，志向的不同。但是經過詳細的調查與研究，我們發現幾點非常有用的特性，是使工程師走上成功之道的。

第一點是能與人相處 (the ability to get along with people)，這並不是馬馬虎虎隨波逐流的意思。我們知道要想得到某種地位，必須先把一種事情做出成績來。許多人可以隨時隨地得到他人的合作；但是相反的，有許多聰明的工程師，常常因爲不能與人相處而時刻碰到阻碍。他們固然具有銳敏的觀察力與不可多得的高見，但始終不能置身於融和合作的氣氛圈。他們不論做什麼事，總覺得不順手。他們具有熱誠、創造力、想像力、………以及他種成功的必具條件，而不能成功，其最大的關鍵是在他們只知道把這些可貴的特性應用到專門學識這一方面而忽略了如何對待人的一方面。結果他們總以『自以爲是』的那種傲慢、不融洽的態度去對待人，這無異使人與人之間增加一種敵對的意態。事實上他們自身還不清楚怎樣會造成如此惡劣的局面，只知道其他的人毫無理由的在反對他。等到最後失敗的時候，才恍然大悟他們真實的缺點是在不能建立健康的人與人間的關係。

某種工程師具有特殊融洽的態度，他們珍視他人的意見與建議，得到所有一切可能的合作。

另外一種工程師認爲折衷妥協的態度是不合理的，因爲工程技術上的眞理只有一個，沒有妥協的餘地，所以固執己見。但他們忘了在對人的態度與作事的方法上，往往可以採取折衷妥協的步驟而不妨碍眞理的尊嚴。

請你記住 Walt Whitman 說過的兩句格言：『你只能從那些稱頌你、尊敬你、擁護你的人那裡得到教益嗎？ 你難道沒有從那些反對你、與你爭辯的人那裡，得到更大的教益嗎？』

第二點是眼光遠大。一個成功的工程師必會看到遠處大處，不僅僅注意他自己所屬部門的工作；不把自身的活動限制在固定的圈子裡。他知道各部機構在整個團体之中的連環性，他知道分工而後要合作的重要性。他决不自私自利，他時刻計劃着如何可以利用自己的知能去貢獻給旁人，自動的去幫助人。他知道自身價值的高下，全以對於他人服務範圍的廣狹而定的。日久之後，必有更多的人會欣賞他這種利人的功績，他一定可以受到他人的尊敬與得到應有的地位。

第三點是自强不息，或者說自我發展。工程師們不論在公司或工廠做事，有許多是依据公司工廠的工作範圍與工作輕重來决定自身工作的勤度的，亦有爲了晋升獎勵而努力工作的，這是被動的跟隨着外界的情形而工作，都不是好現象。成功的工程師除了自身應做的職務以外，必另行自擬計劃利用所有的時間與精力，規定自身在某一階級應有的工作進度與方向，以及應該達到的目標。他們這樣自强不息的自我發展，正如某種工程師憚精竭慮的做着公司工廠的實驗或設計一件新的模型。

(三)

在這裡，我還願意提出一點，請大家特別注意的。那就是：『個人永恆的進步，絕對不在表面的工夫，亦不在漂亮的計劃。必須加强幾項基本的特性，必須從內心發出自强不息的精神。一種快速的表面硬化 Case—hardening，不能夠担荷重大的負載，必須把那塊材料的本質加以改良』。

每個偉大的領袖，都具有『眞誠篤實』(Sincerity and Genuieness) 的性格，這種性格發自內心的深處，並非僅僅是表面的。他之所以能在衆人之上，最重要的一點，是他那種爲人處世態度的成功，亦就是他那種內心境地的成熟。

我們常常遇到某種人，他會指示許多我們已經認爲絕路的出路，他在我們被阻的地方重新開闢出一條道路來。當我們設計新的模型、計劃新的工作程序、選擇新的機件構造、或是籌備新的工程事業之時，有種人會非常迅捷的給我們各種極有價值而爲常人所想不到的建議，這常使我們發生驚異。但如要推究其原因，亦是很顯然的，那是因爲這種人已經達到非常有修養的境地之故。他具有某種特殊的能力，可以把困難的場面看得異乎尋常的透澈。他的內心決不因困難的存在而躁急混亂；他有決斷，使他全部的精力集中在解決問題之上，沒有絲毫的浪費。

像這樣的人，是不是因爲上帝賦予特殊的才能呢？是不是爲我們所無法企及呢？其中或有少數人確是如此的，但就大體而論，我相信他們與我們並沒有什麼很大的不同。他們所以能異於常人的走上成功之道，有一點確是不同的，那就是他們的態度與作風、他們的內心境地，這些使他們做事成功。

(四)

每一個工程師都可在工程事業上得到更多更大的成功，假使他能非常謹嚴地對自身力求自我發展 (Self—development)，對他人力求自我調整 (Self—adjustment)。能如此；他就可以向任何困難進攻了！

製模新材料「高脹硬性石膏」製作研究

（上篇）

陶家澂
劉中恭

近年美國各大飛機製造廠，以及其他金屬板材製造業（Sheet metal manufacturing industry）普遍採用一種鑄模新材料鋅鋁合金 Kirksite〝A〞翻鑄衝模及壓模，（詳見本刊第一期李永炤先生之鑄模新材料 Kirksite〝A〞及其應用之研究一文）。鋅鋁合金 K—A 鑄模凝固時，正如其他金屬，發生冷縮（Solidification Shrinkage）。普通製作鋼鐵鑄件木模時，應用縮尺（Shrinkage rule），意即將木模放大以抵消鋼鐵鑄件凝固時一部份冷縮。美國石膏公司（United States Gypsum Company）為補救鋅鋁合金 K—A 及其他類似材料鑄模之冷縮，已研究成功數種硬性石膏（Hydrocal），此種石膏與水混合凝固時，具有膨脹特性（Setting expansion），可以水與石膏成份配合比例之不同，調節其膨脹係數。最適宜於K—A鑄件之製模石膏為高脹硬性石膏（High expansion hydrocal）。如以高脹硬性石膏製模型，翻鑄鋅鋁合金 K—A，可以利用前者之膨脹特性，抵消後者之冷縮；又因 K—A 鑄件表面光滑，此種鑄成品之機械切削工作，可以減少至最低限度，有時僅須略加修磨即可，較之鋼鐵鑄件之必須加以車刨磨工作者，簡便多矣！

應用高脹硬性石膏製造機械模型，在吾國工程界就筆者所知，尚屬創舉。兩月來筆者等在臺灣某工廠試驗製造，大體已經成功，特作此文，以供國內工業界之參攷。

概述

首先說明一般工程用石膏製模（Gypsum cement pattern making）之優點，特性及製作時應注意之點。

（1）石膏製模之優點：——石膏之種類甚多，性質各有不同，每一製模工程必可選得其最適宜之材料。一般言之，其優點有六：

1. 節省製模所需時間，且易於修改。
2. 可得極正確之尺寸而不易走樣。
3. 適合各種工作，如：
   A, 外形複雜之模型，
   B, 不規則之模型，
   C, 可用樣品直接製模。

28625

4. 工具及工場設備較爲簡單。

5. 材料單純。

6. 具有均匀一致之特性。

（2） 石膏之特性：——石膏加水之後，即變成糊狀之可塑體，經過相當時間以後，逐步變稠，變硬，乃至凝固。變稠之階段，稱爲〝可塑期〞。唯有在此時期，可作各種加工手續，故製模者當對此時期詳加注意，以求工作之正確。

美國石膏公司出產之石膏共有六種，其特性如下表所示：

第一表 美國石膏公司各種製模石膏之性能表

	普通製模石膏	A—11石膏	B—11石膏	極度硬性石膏	高膨硬性石膏		工業用白色硬性石膏
正常稠度（每100份石膏加水之份數，以得一流動性適度之糊狀）					稠度		
	50—54	40—42	48—50	28—32	35c.c.	40c.c.	38—42
凝固時膨脹率（每吋膨脹之吋數）							
最大值	0.002	0.0005	0.0005	0.002	0.0175	0.012	0.003
平均值	0.00125	0.0004	0.0004	0.0016	0.015	0.010	0.0025
抗壓强度（磅/平方吋）							
潮濕時最低值	1500	2000	1750	4000	1000	875	2700
乾燥後最低值	3200	4500	3750	11000	2700	1900	5500
表面硬度* Monotron test（乾燥後）	45	75	60	160	45	40	85
鹹性	中性	鹹性	鹹性	鹹性	微酸性	微酸性	中性
pH值	6—7	10—11	10—11	10—11	4.5—5	4.5—5	6—7

*用10mm直徑鋼珠壓至0.01深度時所加之公斤數

由上表中可見普通製模石膏（Pattern shop hydrocal）爲凝固膨脹較小之一種，且凝固較慢，可塑期甚長，適合製造一般模型之用。

A—11石膏(A—11 hydrocal）之强度甚高，其凝固膨脹則甚微，適於製造主模及校對模。

B—11石膏（B—11 hydrocal）之凝固膨脹與A—11相似，而强度較低，可塑期亦較長，適於塑造或模板成形工作。

極度硬性石膏（Hydrostone hydrocal）强度最大，不能用模板工作，適用于彫刻鑄造等工作。

工業用白色硬性石膏（Industrial white hydrocal）顏色純白，潮濕及乾燥後均有較高之强度，可塑期較長，對模板及彫刻工作均甚適宜。

高脹硬性石膏（High expansion hydrocal）特別適合鋅鋁合金 K—A 及其他類似製模合金之用，其凝固膨脹最大。

（3） 工具及設備——如前所述石膏模優點之一即爲工具及工場設備簡單。一般工作必需之設備如下：

(a) 工作台——工作台之高低隨工作件之大小而定，其台面應舖以平整之大理石或經磨平之玻璃板，四週邊緣與表面垂直，所製模型之準確度與工作台之優劣有密切之關係。

(b) 調和盅——用黃銅或不銹鋼壓成之半圓形容器，必須具有彈性，俾可易於除去已凝固之剩餘石膏。

(c) 中心柱——爲一强硬之圓柱，一端可固定於工作台上，以爲台上旋轉工作之中心。其大小視工作而定。

(d) 衡量儀器——以衡量石膏與水。

(e) 工具；

（Ⅰ） 平刮板——一邊平直，一邊有鋸齒。

（Ⅱ） 小刮刀——各種不同形狀，以便修改模子。

（Ⅲ） 小匙——各種不同大小，用以調和石膏及取用糊狀之石膏。

（Ⅳ） 手鋸——粗齒鋸片。

（Ⅴ） V形鐵。

（Ⅵ） 彫刻工具——彫刻不規則形狀之模型。

（Ⅶ） 鈑float工具及剪刀銼刀台鉗等——製模板用。

（Ⅷ） 毛刷——塗防水劑及分離劑用，須柔軟不損模面，最好用駝毛刷。

(f) 水槽——隨時清潔工具及洗手。

(g) 防水劑——用 Shellac 假漆溶於酒精中而成，塗於模面，以防乾燥後之模型吸收空氣中水氣脹大，而改變尺寸。

(h) 分離劑——種類甚多，如

（Ⅰ） 硬脂酸（Stearic acid）—— 以 1/4 磅硬脂酸切成薄片，加 1 品脫之煤油，再加一盎司Aerosol O. T. 100

（Ⅱ） 凡士林稀釋於約二倍之煤油中，加熱攪拌。（此種分離劑若加熱過猛，甚易燃燒，配製時亟應注意）。

（Ⅲ） 熔化之猪油。

(Ⅳ) 輕滑油——但有時浸入模面，能使其變軟。

(Ⅴ) Carnauba 或 Bauberry Wax——製法以 Carnauba 或 Barnauberry Wax 加熱溶於相等重量之汽油中，使用後，待其乾燥，然後以布擦光即可。

(Ⅵ) 肥皂水——用英格蘭軟皂 (England soft soap) 溶於水而成濃厚之肥皂水。

(Ⅶ) 樟腦酒——作精緻工作時用。

（4） 攪拌，稠度，模板，滑板——稠度爲一石膏模製成後適用與否之因素，其情形已略如第一表所述。加石膏入水之方法，乃將衡量正確之石膏篩入或逐漸撒佈於適量之水中，切忌一次將全部傾入。加完後，靜置三四分鐘，使其儘量吸收水份，然後慢慢攪拌。攪拌之方法有二：

(a) 人工攪拌——用小匙將底部石膏翻至上面，繼續攪拌，直至全部均勻爲止。工作時切勿將空氣捲入，而致形成氣泡。

(b) 機器攪拌——使用機器攪拌，其吸水時期應爲二至五分鐘，然後攪拌二至五分鐘。切勿過度攪拌，以致產生不良效果。攪拌機之規範應如下表：

第二表 攪拌機之規範

所攪拌石膏之數量（磅）	電動機			螺旋槳		
	馬力	轉速（每分鐘轉數）	連接攪拌軸方式	直徑（吋）	葉數	螺距角
10～50	$\frac{1}{4}$～$\frac{1}{3}$	1,760	直接	3	3	25°
50～200	$\frac{1}{2}$	1,760	直接	4	3	25°

攪拌器軸之裝置，應使與垂直綫成 15° 之角度，螺旋槳距底面須有一至二吋之間隙。旋轉之方向須使石膏向下。模板 (template) 之製造與普通樣板相同，材料則視工作之大小及石膏之軟硬而選用16至27號之鋼皮或硬黃銅皮。滑板 (Sled) 之設計亦因工作之性質，大小而異，主要在使工作進行方便，運用時且能保持模板之穩定。

（5） 基本工作方法——一般常用之基本方法有五，應用此等方法可製成一切所需之模型。茲分別略述如次：

(a) 往復工作——對於由直綫組成之曲面外形之模型，均可用滑板將模板沿工作台之一直邊往復過而成。對於多數直綫組成曲面而成之模型，可以滑板沿數條適當之直綫分別滑過即成，例如水平截斷面爲大小不同之正方形之模型，可用同一模板沿一正方工作台之四邊滑過而成。

(b) 臺上旋轉——將模板在臺上繞一中心柱旋轉，即可得一與中心對稱之模型。

(c) 軸轉法——將模板固定，而將模型之中心軸旋轉。此法適用於較長之對稱體。軸心上繞以稀疏之綫繩，以助石膏附着於軸上，必要時亦可使用鐵條加强其附力着。

(d) 塑造法——此法適用於不規則形狀之模型。

(e) 鑄造法——精確之模型可由樣品經數次手續鑄成。適用之石膏種類已知第一表所述。石膏模亦可代替砂模以鑄造精確或急需之零件，其製模代價雖較砂模爲高，但由於產品正確，能減少加工之耗費，常可獲得補償。

(6) 附着力增强 (Reinforcing)，膠接，模型儲存——石膏模除木材以外，可以常用之各種加力件加力。如蔴，鐵條，鐵絲等均可應用。由數種簡單形狀合成之模型，可由各種簡單模型分別製成後膠合而成，以使工作簡單。膠接用膠之配製，乃以溶於酒精之Shellac，點火燒之，至發生泡沫蓋滿表面三分之一時，即可熄火應用。

石膏模若保存得法，較木模不易變形，安置之方法，因模型之形狀，大小而定。務使底面放平，各部份受力均勻。庫房之溫度不可超過125°F.，但若水份甚多，溫度亦不可接近氷點。

徵稿簡章

(一) 本刊內容廣泛，凡有關工程之文稿，一槪歡迎（讀者對象爲高中以上程度）。
(二) 來稿請橫寫，如有譯名，請加註原名。
(三) 來稿請繕寫清楚，加標點，並請註明眞實姓名及通訊地址。
(四) 如係譯稿，請詳細註明原文出處，最好附寄原文。
(五) 編輯人對來稿有刪改權，不願刪改者，請預先聲明。
(六) 來稿一經刊載，稿酬每千字國幣三萬五千至六萬元（臺幣四百至七百元）。
(七) 來稿在本刊發表後，版權即歸本社所有。
(八) 來稿非經在稿端特別聲明，槪不退還。
(九) 來稿請寄臺灣臺中66號信箱 陶家澂收。

美國政府推進科學研究工作　王麗金

——原文載一九四七年十一月六日 IRON AGE，係華盛頓白宮助理 John R. Steelman 對於美國政府推進全國科學研究工作之建議，足供吾國政府當局暨社會人士之參攷。——

美國政府對於加强全美科學研究工作以及培植大量科學研究人材兩事應該担負的各項任務，現已由白宮助理 John R. Steelman 公開發表他的建議了！

杜魯門總統批評 Mr. Steelman 的建議時，說科學專家數量的不足，是阻碍全國科學進展的基本原因。

為了增加各工業、大學、以及政府研究機構科學專家的數量，Mr. Steelman說，需要政府在財政上盡量的補助各大學以及成績卓越的大學々生。他建議下列數点：

(1) 計劃補助各大學的經濟，使之能擴充改良現有設備，增加研究人員，並提高待遇。

(2) 加强各大學的基本科學研究，應設立全國科學基金委員會 (National Science Foundation) 指導之。

(3) 應仿照退伍軍人就業法案，舉辦全國性的獎金學位。

Mr. Steelman 在他的『人力與研究工作』報告中說：『未來的兩年中，決沒有足量的科學家從事國家急需的研究工作，最後我們就會發覺第一流科學家數量不足的危險。雖然在最近的一二十年中，將有數千數萬的大學畢業生，但是目前各大學學生數量激增，實驗研究設備不敷應用，畢業生的程度無疑的要低落下去，不足以成為根基良好的科學家』。

Mr. Steelman 深信大學在科學研究工作中所佔地位之重要，他說：『政府最主要的工作應該是改良各大學的經濟情形，使第一流的科學家能安於教職，以訓練更多的科學人才。將來科學之是否能有進展，完全在於我們現在如何奠定它的根基。——現在工業、軍事技術、教育訓練各方面，都極度缺乏優秀的科學家作領導』。

為了加强政府對於科學研究的行政效率，他主張：

(1) 建立政府各部間的科學研究聯繫委員會。

(2) 設立專門機構，負責審核聯邦政府各項科學研究計劃。

(3) 應有專人担任白宮與外界的科學連繫工作。

(4) 建立全國科學基金委員會。

Mr. Steelman 同時建議政府方面各有關科學研究之機構，必須注意其連繫，並應成立各種設計委員會（由第一流科學專家及政府以外之專家組織之），以資決定各項研究工作之價值及其應採取之方針。所有研究人員數量必須充分，以減輕其普通行政上之工作。各種研究津貼補助費至少應有三年至五年的期限。

日本——遠東的工廠　陳鑑清

譯自一九四七年九月McGraw—Hill Digest

日本將來的繁榮，亦就是將來遠東的繁榮——完全在於她那龐大工業機構的生產與輸出能力。雖在二次大戰時期遭受到30%的損失，但是日本在今天仍然是東方最偉大的生產者。假使她能輸入極度缺乏的原料，如焦炭、鐵砂、生鐵、原油、非鐵金屬、橡皮、鹽、木漿等，一定可以大大地增加她的工業品輸出了。日本國內的棉花、羊毛、大蔴、苧蔴等的產量，亦感不足。

盟軍對於日本的經濟控制，根據下列數原則：(a) 消滅戰時工業，(b) 維持最低限度的生活水準，(c) 認識日本工業機構對於整個遠東的重要性，(d) 防止共產主義之擴張。

關於日本衣食方面。1930—34年時期日本需要衣料2,000,000,000平方碼，現已增至2,400,000,000平方碼了。同時期內，她每年消費14,000,000噸穀類；(註：本文所用噸位均係 metric ton，即每噸合一千瓩）4,500,000噸蕃茄；1,200,000噸大豆；800,000噸糖。現在除了糖及2,000,000穀類外，必須全部自給。

他們想在國內以人造絲替代天然絲的用途，使天然絲完全輸出。雖然如此，每年仍需輸入520,000,000磅棉花與210,000,000磅羊毛。

日本工業將來的發展情形，可分述如下：

（1）紡織業——1930—34年，天然絲佔日本輸出總量之60%，將來天然絲雖然仍是最大的輸出項目，但以絲織品代替生絲。人造絲的產量以後每年增加150%至900,000,000平方碼，羊毛增加20%至320,000,000平方碼。

（2）機械製造業——經過賠償以後，日本仍舊可以供給國內機械工業的需要，而且尚有輸出的餘額。賠償以後，她的生產量可達每年27,000單位，超過本國所需量之一倍。她每年可以製造1,000輛機車，以及19,000輛運貨車及客車，本國只需要其中25%。

（3）化學業——日本一部份製造硫酸、苛性鈉、氯以及鹹灰機械設備將充作賠償。剩餘下來的化學工業機構，每年可以生產1,400,000噸硫酸鈉；500,000噸過磷酸鹽；4,000,000噸硫酸；460,000噸苛性鈉；650,000噸鹹灰；70,000噸氯。這些產量都超過她本國的需要。關於化學肥料，尤其是硫酸錏，一定可預卜其有大量的輸出。

（4）金屬業——盟軍限制其生鐵產量爲1,750,000噸，鋼3,250,000噸；銅100,000噸；鋅40,000噸；鉛15,000噸；錫750噸。如此等生鐵、鋅、鉛、錫產量不足供給國內需要時，可准其自國外輸入。生鐵大概尚須輸入500,000噸。

（5）礦業——除鐵礦砂之外；其他各種大致可以滿足需要。煤產量每年爲36,000,000噸，尚不足40,000,000噸。

(6) 其他——鹽的年產量爲 600,000噸，僅及所需三分之一。木材雖豐富，但木漿產量每年仍不足 600,000 至 700,000 噸。水泥年產量 8,000,000 噸，其中 1,000,000 噸可以輸出。

二次大戰前，日本50%的輸出品傾銷至亞洲其他各國。目前可以增加至75%，因爲遠東各國可以日本急需的原料來交換。現在日本的生產量約等於1930—34年時期之 40%，兩個月以後可以增加 16%，將來必會繼續的增加着。

本社啓事

(一)

第一次公開徵文

「對於目前吾國大學工程教育的意見」

大學工程教育範圍廣泛，全面的綜合評論固所歡迎；如僅就機械，電機，航空，化學，建築，礦冶，土木諸工程中專論一門亦極歡迎。謹希全國大學教授，大學同學，教育家，工程師，不吝賜稿。採用稿件，稿酬特別優待。

工業標準的建立　饒子範

我國原是一个農業國家，關於工業建設，雖自清季發端以迄於今，仍未具頭緒。一直在模索，追隨，仿造的情况中，沒有一種獨立和創造的精神。推其原因，就是沒有工業基礎。而一般人所提到的工業基礎，僅指出重工業的建立，即原料的開發。其實工業標準也應隨重工業建立起來，這正是工業發展的基礎。我們如果忽略了這個基礎，工業仍然沒有辦法。正如我們以前看到外國的强盛，就只看到他們的洋鎗大炮的厲害，而洋鎗大炮的製造，必先有自己的鋼鐵業才行，這却沒有被注意，所以當時倡新政的人，便只買了些造船廠兵工廠之類。在當時看來，已算是很有眼光，因爲自己製造，究竟比現買現用的好。後來感到原料的重要，國人才又注意到資源開發。現在我們談工業化的時候，對於標準制度的重要性，應當及早看到。不應在發展過程中遇到困難時，而工業製成品，紊亂不堪，再回頭謀補救，所以值得我們特別提出討論。

標準的由來，原是應工業發達的需要而產生的。有了標準之後，促使工業更發達。標準與工業，實有一種相互推進的關係。工業固然是日新月異地進步，標準也不是死板的東西，而是根據製造業與購消者的便利，以及一般之需求，日常的習慣等，作一恰當的規定而爲大衆所樂用。例如使用品質標準去評定物品時，一見之下，即可斷定其定價是否合理及品質優良的程度。產銷兩方，都可有一種公正的保障。這是標準應用於品質時，對於工商業的便利。此外也可應用於機器設備，材料鑑定（MATERIAL TEST），物品尺度（SIZE），製造方法（PROCESS）等。例如標準螺釘的規定，對於最小强度有限制，對於最大强度不加限制；又如馬達底架（FRAME）的標準，並不對於馬力有所限制等，這都可說明標準的確定，原已顧慮到合理的情形，爲製作業及購消者謀便利所設的。

近代因機械製造的發達，零件互換的需要，各種標準的價值愈形重要。因爲品質規範的改進，即可使各業生產不受限制地進展；材料標準的改進，則出產的材料，自必對於其性質，有更詳盡的報導而可更準確地維持這規定。尺度有規定，即可有各種最合適的尺度存在，而避免各式各樣的紊亂情形。至於製造標準的規定（包括公差規定），予製造業許多方便。隨着各種標準的建立，使設計準確，管理方便。包裝方法運輸方法，也都可改良而便於分銷。可見工業標準之施行，既利於統制，在工業上又可有一種簡化作用（SIMPLICITY）和經濟的益處，對於工業的促進，自極明顯。若是政府能善用此種功效，寓國防的意義於標準，國家一旦有事，全國工廠，立即可變爲軍事工廠。汽車廠改爲飛機廠坦克廠，照相材料行改爲研究原子能的場所；或者由許多小工廠，合併爲一，以增廣生產範圍，歐美各國，不是已有先例可資學習嗎？

標準建立之中，還有一個更值得我們重視的問題，即標準制度問題，這原是標準的標準。在我國現有：庫平制、日制、英制、公制等，各種制度都有。去年工程師學會，曾有人倡用公制而引起激烈的辯論，結果付諸研究。主張用公制者，自有其最科學的理由；不贊成者則多看到改制的困難，爲目前中國所不易辦到，但並沒有顧及目前辦不到以後更辦不到的情形。我們知道，美國儘管有頁好的工業基礎（重工業發達標準普遍），但他們所採用的制度爲英制，不僅對國際貿易不利，在其生產過程中，也有許多不方便不經濟的地方。該國現有的一切機器材料及標準，都係根據英制所定，如要更改，殊非易事。早在一八八六年，美國國會即已認定有改爲公制的必要，至今仍常爲該國工業界引爲討論的題材。這次大戰後，該國工業界又有鑒於改爲公制的不易而倡用小數方法，單位仍用英制，但取消分數，一切改用小數。這種見解，原屬變通辦法，並無補於國際貿易，但於製作生產上，則有方便。比較現行英制，應勝一籌。總之，可見該國工業界對於這不頁制度，仍在各方面求解決。 因爲制度既爲標準的標準，其重要性當然甚大。而英制的不科學，不便於計算，容易引起錯誤等弊端，已屬工程界盡人皆知之事。使用此種制度所虛費的腦力與時間，眞無以核計。美國曾有一統計，如果使用公制，兒童學習計算的時間，可以節省一年。鐵路局每年因爲使用英制多耗的紙張費，將近十萬元之巨。尤以工具設計者，將分數化小數，小數化分數，其麻煩無以復加。又齒輪計算時，常遇有 1/3 呎 1/7 呎等（因Pitch line速度用F.P.M.），若非用之有素，實覺不便。而由英制改公制在機器上所受的影響，最要者如車床及萬能銑床的引導螺絲（Lead Screw）及齒輪，都需要更換；至於鉋床，高速銑床（Production Miller）鑽床，六角車床，刮銑床（Bore Miller），等尚可勉強應用。又一切量具（Measuring tools），分厘卡，分厘尺，鑽頭，絲公(Tap)，測規（Ring and plug gage），規片（Precision gage block）等，也都要重製，所以更改制度對於廠家的耗費，必然龐大，更遑論其他。一切標準的建立，美國以如此富足而工業發達的國家，尙覺困難。作者認爲我國在此工業建設初期，實値得特別審愼，應該一勞永逸，爲子孫後世奠一頁好的工業基礎。我們可以不客氣地說：如果我們在工業建設中，不注意標準尤其是標準制度的建立，表示我們工業家們的眼光不够遠大。如果這制度與標準不能見諸實行，這表示我們工業界努力的不够和毅力的缺乏。

本社啓事

（二）

本社現正着手編著第一種叢書『工業安全工程』（Industrial Safety Engineering）。第二種叢書『工礦技工安全守則』（內容爲各種礦廠技工工作時應注意之安全法則）。茲爲集思廣益計，公開徵求各項有關資料。賜寄時請註明贈閱借閱，或有條件的借閱諸項。不勝感禱！

製糖工業　樂漢民

臺灣自從歸還祖國的懷抱以後，我們就稱她爲我國的寶島。的確，她有當之無愧的優点。不要說旁的，即以我國以農立國的立場來說；她每年的農產品，已够得上被譽爲寶島的資格。據民三十五年十月，中央大學農學院某教授，來臺考察的報告，臺灣山地佔全島面積百分之六十，水田佔全島面積百分之三十，氣候溫和，物產豐富。農產品中尤以稻，甘蔗，茶葉，樟腦，木料，蓆草爲最。雖然工業之發展，也不容落後，農產加工工業，更因農產品之豐富，而特別繁榮。

揭開國內任何報紙之經濟新聞欄，臺白的價格，也是一項重要的新聞報導。就是在臺灣的各種農產加工製造中，製糖工業，更是站在首屈一指的地位。本文先述臺灣製糖工業之大概情況，然後介紹其製造程序與設備。

因爲位於亞熱帶的關係，甘蔗的出產，在臺灣本來就很豐富，製糖工業，雖然簡單，也還不錯。尤其到了一八九四年，敵人覇佔臺灣以後，因爲他們對糖有特別嗜好，但無法在其本國種植製造的關係，便在臺灣竭力培養與發展，於是到了一九四五年光復爲止，臺灣糖廠大大小小共有八十二所之多。最大的要算虎尾糖廠，每天糖之最高產量，可到四千二百噸。即使最小的廠，日產量也不下一千餘噸。

種植甘蔗的蔗田可分二種：

1. 廠方自營的蔗田
2. 民植的蔗田

全島每次蔗田的收成約可供所有糖廠六個月之製造。其製成品除供給日人之享用外，尚可運往其他各地，作爲主要輸出品之一。其全盛時代，全島人民直接或間接參加製糖工業的員工約五六萬人（日人除外）。然而光復後糖廠復工者寥若晨星，因此失業者遍地皆是，其原因則爲：

1. 光復前曾受盟軍轟炸，糖廠損失慘重，以致光復後未能立即恢復。

2. 供給製造之原料不敷應用，因此將幾所糖廠之甘蔗合併一家製造。這是一個社會問題，因爲光復後，各種物價除水菓外，都飛一般的上漲。甘蔗的價格，雖也漲了不少，可是與其他物品，如稻穀等比較起來，可說瞠乎其後。況且甘蔗的時間又長，因此一般農民，都自動的把蔗田變成稻田，於是造成了製糖原料的缺乏。但是事在人爲，去年據說臺糖公司，在百無一策中，想出了一種好辦法一分糖制，那就是農民把甘蔗交給糖廠，等到糖製成以後，廠方以製成品百分之四十八（大約）給農民，作爲甘蔗之買價。並且一方面竭力獎勵農民種蔗。這樣物與物的交易，可使農民不受通貨膨脹的影響。重價之下，必有勇夫，據說今年，不但去年未曾開工的糖廠開工了，就是去年本來開工的，可以延長其製造時間。

那就是表明分糖制的計劃得到勝利了。我希望以後，不但能恢復光復前的情形，並且格外發達，一方面解決同胞的失業問題，同時增加我國的出口。

製造程序及其設備——

(1) 運輸——甘蔗的種植期爲十八個月，到了可能收割的時候，在以前交通不發達的時候，廠方或農民就以騾馬或牛車把割下來的甘蔗盡可能迅速運到廠裡來。可是這樣的運輸，終因時間與經濟的關係爲時代所淘汰。接着公營火車的運輸就代替了騾馬或牛車。可是公營火車對製糖原料——甘蔗之運輸，還有下列四缺点：

a. 公營火車並不一定深入蔗田。

b. 行車車次不能因運蔗而增加，時刻更不能因此而更改。

c. 貨運之手續相當麻煩。

d. 價格也不便宜。

因此在臺各廠就自已築造小火車路軌，深入周圍各屬蔗田，使其原料之運輸，絕對方便。現在每所糖廠就可以利用自營建造的小火車，以最經濟，最迅速的運輸，從各屬蔗田將割下來的甘蔗運到廠裡來，以便製造。因爲牠的成份，在被割下後八小時以內爲最佳。

(2) 壓榨 CRUSHING AND EXTRACTION——甘蔗被各種運輸工具運到廠裡，經過不講究的冲洗以後，牠的第一步製造，就刻不容緩地開始了。應用於榨液的機械，及推動這種機械的原動力，我們可以把牠分開來說，因爲牠們演進的過程相當複雜的。

(a) 原動力　　(I) 初期——人力或牛馬

(II) 中期——風力或水力

(III) 現代——蒸汽引擎或電氣馬達

雖然因爲使用方便的關係，直交流電發動機之應用於製糖工業，作爲現代工場所用壓榨機 (ROLLER MILL) 之原動力的也不少，可是普通還是選用蒸汽引擎的較多。牠最主要的原因，不外下列二点：

(甲) 自身供給燃料——壓榨機將甘蔗的蔗液 (JUICE) 榨出後，其剩餘下來的廢料——蔗渣 (BAGASSE)—爲一種極佳之燃料 (內含4%左右水份，極易燃燒)。

(乙) 在製糖過程中，必需利用蒸汽之溫度，以蒸發蔗液內所含水份的步驟是不可或缺少的。

(b) 壓榨機——在十二世紀的時候，法蘭哥 FRANCOS 地方，就開始榨蔗。但當時無機械可言，以後我們可把牠演進的時期分爲三段：

(I) 初期——二只直立式木製滾通 (VERTICAL WOODERN

ROLLERS)，滾桶之表面光滑，二端裝置一木架上。其中一只之頂端，連以木質手柄，以人力或牛馬力爲該壓榨機之原動力。然在此期中，蔗液能被榨出者，只有甘蔗重量的百分之三十到四十。

(Ⅱ) 中期——二只橫臥式木製滾桶 (HORIZONTAL WOODERN ROLLERS)，據東印度公司(EAST INDIA CO.) 之記錄，一八二二年，東印度地方，因使運用方便計，即將上述直立式滾桶，改爲橫臥式。並且在二滾桶之一端加以齒輪 GEARS，表面刻以橫形紋路，以增加滾桶與滾桶表面間之摩擦。如此蔗液能被榨出的約爲甘蔗重量百分之 40—60。

(Ⅲ) 現代——臥式鐵質滾桶(HORIZONTAL IRON ROLLES)。此種滾桶表面刻有水波形式紋路，每套三只，一只在上面，二只在下面，在上面的稱爲上滾桶 (UPPER ROLLER)，下面前方的叫前滾桶 (FRONT ROLLER OR FEED ROLLER)，下面後方的叫後滾桶(BAGASSE ROLLER)。每個滾桶頂端之架子上，裝有調節彈簧(ADJUST SPRING) 調節上滾桶與前後兩滾桶間之距離。上滾桶之下端，即前後兩滾桶之間裝有去污器(TRASH TURNER) 能隨時將滾桶表面紋路內之蔗渣理清。壓榨機之前方裝有上升機 (CUSH CUSH ELEVATOR)，能將需要壓榨之甘蔗帶進上滾桶與前滾桶之間。經上滾桶與前滾桶及上滾桶與後滾桶之二度壓榨後蔗渣自動向後方逸出。蔗液 JUICE 則向下端流入蔗液桶(JUICETANK)。但普通一套(即三只) 壓榨機，未能將甘蔗內之蔗液榨盡，因此三套或四套壓榨機連續被應用着。這樣壓榨出來的結果，雖然因各種甘蔗種類之不同，其所含蔗液之百分比各異。然普通能榨到甘蔗重量百分之八十四至九十二，最後剩除下來的蔗渣尚含有 4 % 水份，該種蔗渣即爲蒸氣引擎的好燃料。

(Ⅳ) 排列——普通工場應用之二滾桶切蔗機，四套川聯式壓榨機，上升機及蔗液幫埔之排列如圖：(見20頁)

說明：甘蔗由上升機 E，帶到頂端，落至切蔗機 C，經切蔗機內之二滾刀，切成每段約四五吋長後，落入後方第二台上升機 E_2，而被第二台上升機，帶至第一套壓榨機 M_1。甘蔗經M_1內之二滾桶R_1與R_2壓榨後，蔗液由R_2與R_3二滾桶之間，流入壓榨機M_1下面之蔗液桶。蔗渣則再徑R_1與R_3二滾桶之壓榨，由該二滾桶後面逸出，至上升機E_3。再由上升機E_3，帶至壓榨機M_2，M_3，…………。蔗液自最後一架壓榨機逸出者，差不多可說已到榨盡，可作燃料或造帋工業之用。

(3) 清濾 (CLARIFICATION)——甘蔗經壓榨以後，榨出來的蔗液所含之成份爲：

(a) 水 WATER……………………………………83%
(b) 糖 SUGAR……………………………………15%
(c) 不結晶糖 UNCRYSTALLISABLE SUGAR………1%
(d) 蛋白質 ALBUMINOUS ……………………… ⎫
有色物質 COLOURING MATTERS………… ⎬0.5%
膠性糖 GUMS………………………………… ⎭
(e) 礦質物 MINERAL MATTER…………………0.5%

並且還帶有微々的酸性，因此必須加以清濾。雖然因糖之種類不同——普通糖可分 ① 粗糖 (MUSCOVADO SUGAR) ② 還清糖 (FINE CRYSTALS) ③ 黃糖 (YELLOW CRYSTALS) ④ 白糖 (WHITE SUGAR) 其清濾方法稍有區別，然其普通清濾手續可分下列三種：

(a) 鹹化法 (ALKALI METHOD)——蔗液用唧筒自上述蔗液桶壓到清濾器後，加以石灰水 (LIME WATER) 使其與蔗液內所含酸性中和，將有色物質驅除(即漂白)。並因在作用中，加熱至溫度95°C左右，故能使蛋白質凝固，於是用撇沫器 (SKIMMER)，將浮於表面之不清潔物抹去。其所用濾器可分：

(I) 長方形清濾器 (RECTANGULAR CLARIFIER)——此種清濾器爲一長方形開口鐵箱，箱內下部置以烝汽管，以便提高蔗液溫度。右端上下各連一管，可允定量之石灰水及蔗液通入；另一端下方接一管，可使蔗液由此管逸出。其構造非常簡單，因此成本較低。雖然其使用時效率較小，但仍爲我國製糖工業所採用。

(II) 圓形清濾器 (FRENCH CLARIFIER)——爲鐵質錢形濾器。錢之中空，可通烝汽，其容量之大小，可隨需要而定，普通以三五只平聯應用。

(b) 炭法化 (CARBONATATION METHOD)——蔗液經鹹化後，或因所加石灰水太多，而致鹹性，因此稍加炭酸，使之中和。

(c) 硫化法 (SULFURIC METHOD)——經鹹化法清濾後之蔗液，必須以唧筒壓至第二清濾器，以便消毒。此種清濾器為一種大小不同之圓形鐵塔，普通塔高可由六呎至十二呎，視應用需要而定。當氯氣由氯發生器，經鐵管通入濾器時，蔗液由上述清濾器，自塔之上端由管通入，使之與氯化合以消毒。

(4) 過濾 (FILTRATION)——上述每步清濾中，所產生之可溶性或不可溶性鹽類，加高熱後之蛋白質凝固体，蔗液內原來存在之污泥，蔗渣等，雖經撇沫器撇去一部份，然仍需過濾，使其清潔。應用於過濾之工具種類頗多，現略述下列三種：

(a) 袋囊過濾器 (BAG FILTER)——在此器內含有25—50個棉織品袋囊，其袋口連接大鐵板中之小洞，並將鐵板置於上端開口之桶內。如此將蔗液自鐵板上倒入桶內，則其不清潔物質可由袋囊濾清。然此法陳舊，現已淘汰。

(b) 長方形過濾器 (RECTANGULAR FILTER)——是一个長方形鐵箱，內部中間橫隔着許多濾布，先將蔗液加熱至沸点。然後用壓力將其由鐵箱之一端通入， 穿過中間所隔濾布， 而由箱之另一端逸出。如此可將所有泥污，結晶鹽等除去。箱內所隔濾布，可隨時取出掉換。

(c) 沙濾器 (SAND FILTER)——沙濾器為一圓柱形鐵桶，下端略尖，桶中置有大鐵管一支，管之週圍，圍以許多鐵圈 (IRON RING)。置於下端之鐵圈大於上端之鐵圈，其最上面一只鐵圈極厚，有一半高出鐵管口，鐵圈間之空隙處，舖以黃沙，被過濾之蔗液加高熱後由鐵桶下端用管以壓力通入，經鐵圈間之黃沙，將其過濾後，而從所置中心之鐵管逸出。普通以三五只聯在一起應用。於是第一只沙濾器清濾後，再以唧筒壓入第二只…………。

但在各種過濾法中，往往除所希望濾去之污物外尚有一部份糖份(約1%) 亦被滯溜，因此我們要在過濾完畢後，加水冲洗，而將該水併入蔗液，以免成份之損失。 (未完)

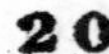

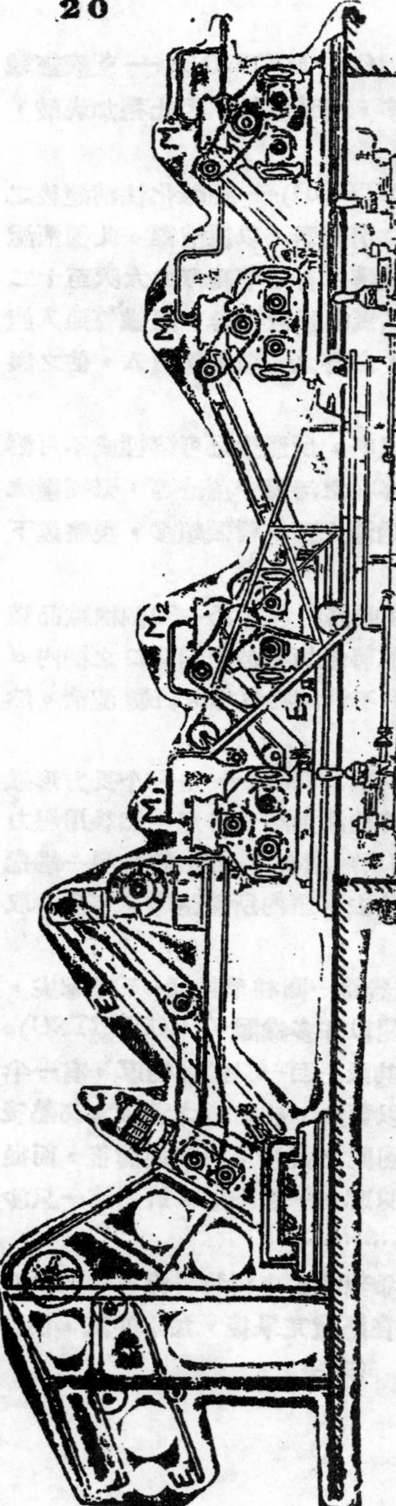

上接32頁

廠內的安全工程部時刻研究各項有關安全的問題，自從放映梯子登高時所生意外事件的影片後，收效甚宏，此後有關梯子的意外事件時間損失減少了98.7%。

廠內的高級幹部每月會商安全方面的特種問題；領工即根据會議的情形，與工人們討論各種不安全的工作方法，檢討新近發生的意外傷害原因及其預防法。所有意外事件，不論大小，都須有詳細的記錄。各工場主管每月都呈交意外事件的月報，假使意外事件的各項報告不詳盡，就會影響預防工作。

Proctor & Gamble 的 Macon 工廠已經開工七年，在繼續不斷的一百萬工作工時中沒有任何意外事情發生。

美國鋼鐵工業日趨安全　澄

——譯自一九四七年八月二十八日 IRON AGE

（紐約訊）美國鋼鐵研究所（American Iron & Steel Institute）宣佈1946年鋼鐵工業的安全度有極大的進步。全國安全總會會統計其意外事件發生率已減少至每百萬工時7.19次，爲五年來之最低數字，較1944年大戰時期之意外發生率8.1減少11%。1945年爲7.23次，1942及1943兩年均爲7.4次。

1946年全美各工業意外發生率之平均數爲13.4，鋼鐵工業爲此數之46%。全國安全總會並宣稱，1946年內各工業平均增加安全度2%。

因爲全國安全總會報告中所提到的四十大工業，其安全度一般的均有增進。就意外事件發生率而論，1946年鋼鐵工業退居第五位。1945年則爲第四位。

較鋼鐵工業更安全之四大工業，如依安全度排列，交通第一，飛機製造第二，製烟業第三，玻璃業第四。過去十年中，鋼鐵工業在全國各業中，其安全度從未低於第五位；有四年，列入第三位；有三年列入第四位。

1946年鋼鐵原料缺少，且罷工風潮迭起，在這種不安定的環境中，鋼鐵工業能夠改進其安全度，實在是難能可貴的。

氣焊工作之安全問題

陳良勛

1892年，美國 James Turner Morehead 與 Thomas Leopold Willson，因製造金屬鈣，將焦炭與石灰石，同置電爐內加熱，結果發現結晶，即現在的電石。電石遇水，發生乙炔氣（C_2H_4），如與充分之氧氣同燃，可以產生高達6300°F的火焰，旋即被工業家所利用，作爲金屬板管或鍛鑄品件的一種焊接法。

如果氣焊工場之通風惡劣，空氣中含有3—86％的乙炔氣，遇有火星時，立即發生猛烈爆炸，房屋設備之損失，工作人員之傷亡，隨時隨地發生，是以此種焊接方法，爲各國政府所注意，而予以禁止。

自乙炔氣貯存方法改善，與其安全性增加後，氣焊工業，乃突飛猛晉。

不過，所謂安全性之增加，並非即無危險發生，如漫不經心，小則個人受損，大則貽害公衆，故氣焊工作時，仍不可不予審愼之注意。

氣焊工作所用之氧氣，貯存於無縫之鋼製瓶內，每平方吋之壓力爲2000磅。氧氣瓶之標準尺寸，爲直徑9 1/8吋，長55吋。頸口連有開關，外有螺紋，用以裝置保護之鋼蓋。滿盛時之重量約145磅，容積爲1 1/2立方呎。

乙炔氣之來源，有用乙炔發生器（Acetylene Generator），或壓縮之乙炔氣體瓶（Acetylene Cylinder）。如使用壓力在每平方吋一磅以下者，稱謂低壓（Low Pressure），一磅以上者，稱曰中壓（Medium Pressure），乙炔瓶之標準尺寸，爲直徑12吋，全高44 1/2吋。滿盛時之重量，約215磅。當每平方吋壓力爲250磅時，內容約有250立方呎之氣體。因瓶內預先裝有吸收氣體之物體，包括木炭，細砂，少量之石棉及人造水泥（Portland Cement），混合適量之水，將瓶內塞滿後，置在火爐上經長時間之烘烤。全部乾燥後之容積，不得超過氣瓶80％；于是再注入能吸收大量乙炔氣之溶劑，通用者爲「丙酮」（Acetone），惟不得超過40％。氣瓶經如此處置之後，不僅超過每平方吋15磅之壓力，不致爆炸；抑且每加15磅壓力，即可裝入瓶量25倍之乙炔氣。

工作時應行注意之安全事項茲擧列如下：

一. 一般事項

1. 氣焊溫度甚高，火焰中常有若干肉眼不能窺見之光綫，如紫外綫及紅外綫等。此等光綫，刺激過久，影響眼球之健康。更爲避免工作時碎片侵入，並爲清晰窺見鐵水熔融之狀態，能使工作確實起見，必須戴氣焊用眼鏡。
2. 工作者之服裝，以毛織品爲宜。衣袖及褲管，不可捲起。口袋不得暢開，以免火星停積。如穿着防火圍裙，則更爲適宜。
3. 爲避免燙傷起見，取用焊桌上所置之工作物或工具時，必需試探數次。

4. 氣體瓶與工作物之間，必需保持適當之距離。
5. 勿以火柴直接燃點焰嘴 (Tip)，以免手部灼傷。
6. 勿在紅熱工作物上，或其空口處，燃點焰嘴。
7. 勿在易生火災或爆炸之處，放逸剩餘之乙炔氣。
8. 在開始工作之前，必需檢查連結氣體之各部接頭，有無漏氣現象，通常以肥皂水檢查之。
9. 勿將橡皮管或火管 (Torch)，懸掛在氣瓶之減壓器 (Regulator) 或開關上。
10. 焊絲或其用剩之殘餘部份，必需以適當之焊絲筒盛放之，以免散落地上。
11. 當初學者練習時，必需有經驗豐富之焊工，從旁指導，免生意外。

二. 對于氣瓶及其附屬品之注意

1. 氧爲助燃氣體，高壓時，遇易燃物體，即生『燃燒』，故氣焊工場，除甘油外，不可貯用任何油類。
2. 勿圖一時之便，將氧氣替代壓縮空氣之用。
3. 氣體受熱膨脹，故氣瓶必需與熱源，如火爐，火盆，暖氣，或直射之陽光等隔絕。即使用盡之氣瓶，亦需將其開關緊閉。
4. 因乙炔氣瓶內，裝有吸收氣體之溶劑，故不能倒置或平放使用。爲避免開關上之螺紋碰損起見，氧瓶亦不能橫放使用。
5. 當旋啓乙炔瓶開關之螺絲，放出氣体少許，以清潔其孔口時，最多不能超過四分之一轉。裝上減壓器時，亦不能轉鬆大于二分之一轉。
6. 氧氣瓶之減壓器，不能與乙炔氣瓶之減壓器互易。

三. 焊合及切割工作時之注意

1. 當在空間窄狹之處工作時，安全問題必需特別注意。
2. 當焊接青銅，黃銅或類似之工作物時，必需特別注意通風問題。
3. 當切割鋼鐵之表面鍍有鉛或含有鉛之塗料時，應戴面罩。
4. 當在塵埃或空氣中含有質點甚多之處工作時，務須格外謹慎。
5. 當切斷工作物時，橡皮管與工作者之手足部份，必需慎加保護，免受損傷。
6. 鑄件之有布司 (Bushing) 者，必需先行除去，或堅牢固定，然後再行工作。
7. 當切割工作時，氧氣之壓力，必需按照規定，調整適宜。

四. 焊接容器等物時之注意

1. 若在容器中置有着火物品，未將其全部移去，並加保險之前，絕對不可貿然開始焊接。

2. 容器內部空氣，當銲接時，其體積必因而膨脹，故通常以苛性蘇打洗滌之後，再盛裝清水，並留適當通氣孔，以策安全。有時如裝水不便，可用二氧化碳或氮氣代替之。

五. 防止火災或爆炸之注意

1. 在開始工作之前，檢查周圍有無容易燃燒之物体。
2. 將工作物移至不可能發生火災之處。如不能搬移時，則將易燃物体移至安全距離，約三四十呎之外，再進行銲接工作。如易燃物体亦不便搬移時，可用石棉板或鋁板隔絕工作物，藉資安全。在火焰燃着之先，周圍需清潔。
3. 切斷工作物時，需注意火花落下處，是否可能着火。如地面爲木板時，則在工作之先，必需掃地，並洒水。
4. 乙炔氣瓶開關所用之扳手，當工作時，必需裝置在上，係備必需時立即關閉之用。
5. 如銲接工作靠近木架時，應將熱源隔絕。
6. 不應用之氣瓶，應妥藏他處，不可隨置工場中。
7. 氣銲工場必需有相當之消防設備，如滅火器，消防水桶，水管及細砂。
8. 氣銲工場，禁止吸烟。
9. 發生火花之旋磨工具或器械，不能裝在乙炔發生器或乙炔氣瓶之附近。
10. 工作完畢，若火星有復燃之可能，工作人員至少應等候半小時，方可離去。

工業安全工程（續） 陶家澂

第五章 安全度之估計

一 傷害率（Frequency）與嚴重性（Severity）

意外事件引起傷害者，稱爲意外傷害，本章以『傷害』兩字，代表『意外傷害』。（美國於1937年四月十九日核准以 injury 代表 accident injury，爲安全工程標準名詞之一）。每一傷害之發生均因防患不周之故，工廠內之傷害記錄可用以作爲測算安全度之根据。某工廠具有極高之安全度，即無任何傷害發生之意；如有傷害發生，即爲不安全之明證。欲根据傷害記錄測算安全度，須先明瞭(A)傷害發生率，簡稱爲傷害率（Frequency）及(B)傷害嚴重性，簡稱爲嚴重性（Severity）。同時，吾人須規定傷害之範圍，是否應包括一切輕重傷害？依照美國標準，應用於測算安全度之傷害，係以受傷工人不能工作在一日以上者爲限。如將所有極輕微之傷害，均計算在內，則易使全体工人爲求達到優良之安全度而將輕微傷害隱匿不報，不至醫葯室敷葯包紮，結果使傷口發炎而生危險。

(A) 傷害率 (Frequency)———假設甲乙兩廠：某年內，甲廠有十次傷害，乙廠有二十次傷害，試問是否乙廠較甲廠爲不安全？如甲廠內共有工人一百名，乙廠內共有工人二百名，則甲乙兩廠每百工人之傷害率相等。又如甲廠每週工作四十小時，乙廠每週工作四十四小時，則乙廠二百名工人工作時間較之甲廠一百名工人工作時間多一倍以上，雖乙廠傷害數較甲廠多一倍，但如以工作總工時計算其傷害率，則乙廠反較甲廠爲安全。因此，吾人規定傷害率（Frequency Rate or Frequency）之定議爲『每百萬工作工時內發生之傷害數』。玆以公式表示之如下：

$$傷害率 = F = \frac{\frac{傷害數}{總工時}}{1,000,000} = \frac{傷害數 \times 1,000,000}{總工時}$$

如甲廠某年內共工作200,000工時，有十次傷害，應用上列公式，即得。

$$傷害率 = \frac{10 \times 1,000,000}{200,000} = 50$$

其意卽爲該廠每百萬工作工時內，有五十次傷害。換言之：該廠每一工人於十年內平均受傷一次。（每人每週工作40小時，全年50週，每年平均工作2,000小時）。

(B) 嚴重性 (Severity)———嚴重性可解釋爲『每千工作工時中損失之工作

28644

日數」。以公式表示如下：

$$嚴重性 = S = \frac{損失日數}{\frac{總工時}{1,000}} = \frac{損失日數 \times 1,000}{總工時}$$

如上述甲廠十次傷害，共損失 200 日，則其

$$嚴重性 = \frac{200 \times 1,000}{200,000} = 1$$

意即甲廠某年內每一千工作工時中損失一日。因該年內每一工人平均工作 2,000 工時，故全年每一工人平均損失二日。

上例中，並未計及終身殘廢。如有腿部僵直，手指切斷，一目失明等發生，則於醫療時期不到工之工時損失，並不能作爲計算嚴重性之根據。因受傷部分變成終身殘廢後，雖仍工作，其工作能力必定減低，即部分殘廢造成永久性之工時損失。美國特將各種部分殘廢情形，個別的規定其工時損失計算標準如下：

失去工作能力情況（或部位）	工時損失（日數）
死亡	6,000
終身殘廢	6,000
手臂（肘以上）	4,500
手臂（肘以下）	3,600
一手	3,000
姆指	600
任何一手指	300
兩手指（同手）	750
三手指（同手）	1,200
四手指（同手）	1,800
姆指及一手指（同手）	1,200
姆指及二手指（同手）	1,500
姆指及三手指（同手）	2,000
姆指及四手指（同手）	2,400
腿部（膝以上）	4,500
腿部（膝以下）	3,000
一足	2,400
大足趾或任何兩個或兩個以上之足趾（同足）	300
兩大足趾	600
一目失明	1,800

雙目失明……………………………………………………6,000

一耳失聰……………………………………………………600

雙耳失聰……………………………………………………3,000

註：——表列工作日數損失包括醫療時期之工作日損失及此後因工作能力減低而生之工作日損失。死亡之工作日損失爲6,000，相當於二十年，係根据美國保險公司對於死傷工人工作年限之平均統計。假使上例甲廠十次傷害中有一次兩指切斷之傷害，其他九次傷害共損失180工作日，則應加兩指切斷之750日，其嚴重性應爲

$$S=\frac{(180+750)\times1{,}000}{200{,}000}=4.65$$

目前對於傷害方面之統計，尚不足以確定：究竟何種傷害率可爲安全度極高之代表。在美國多數工廠，其傷害率常保持10以下，甚至有在5以下者。傷害率較高之各工業，全因不注意安全工作之故。鋼鐵及水泥製造兩業，普通均認爲危險性較大者，但因注意安全工作之故，於1940年，据美國勞工統計局所發表傷害率之數字，各爲9.00及4.10。

美國安全總會各會員工業，因均具有高度之安全感，其傷害率及嚴重性均較低。1942年該會發表各會員工業之傷害統計如下：

工業類別	傷害率 (Frequency)	嚴重性 (Severity)
烟業	5.32	0.25
玻璃	7.01	0.50
鋼鐵	7.37	1.97
水泥	7.59	5.11
汽車	7.72	0.64
飛機製造	9.53	0.61
化學	9.90	1.29
橡皮	10.06	0.66
洗衣業	10.27	0.14
金屬板材	10.77	0.67
機械	11.01	0.66
石油	11.72	1.31
紡織	11.95	0.66
航空運輸	12.93	1.50
公用事業	13.20	1.65
印刷出版	14.10	0.48

非鐵金屬	14.76	1.62
運輸	17.02	1.49
建築	17.36	2.26
食品	18.65	1.04
金屬製品	18.88	1.32
肉食製罐	19.39	1.06
木工	20.48	0.88
石工	21.46	3.42
紙及紙漿	21.52	1.74
鑄工	22.49	1.66
硝革及製革	22.53	1.30
航海	25.73	1.47
黏土製品	38.15	1.83
冷藏	44.22	3.55
採礦	50.86	10.52
伐木	54.69	3.95

上列數字，僅爲美國安全總會之平均數，並非美國全國性的平均數。勞工統計局年報所收集之全國各工業傷害率之平均數字，較安全總會爲高。例如：1942年安全總會發表之化學，機械，建築三業之傷害率各爲9.9，10.1及17.36。但勞工統計局發表之傷害率則爲13.9，18.8及36.7。此種差異之主要原因爲安全總會所代表者爲安全工作較佳之各工業傷害統計數字。

關於傷害率之計算，須注意所根據之工時數。如在一百萬工時以下者；不易得到正確之傷害率。但百萬工時相當於一百工人，工作五年，故如爲規模較小之工廠，普通以十萬工時爲計算標準。安全工程師在可能範圍內，應根據百萬以上之工時數，則所得結果，較爲可靠。

傷害率與嚴重性究以何者易於顯示安全度？安全工程師方面各因觀點不同而意見分歧。同一意外事件，在某種情況之下，僅造成輕微傷害或無傷害，但在另一情況之下，可以造成死亡。如有一重鐵錘自高處落下，當時適有人路過該地點，擊中頭部，則立即死亡；如擊中一肩，則成重傷；如未擊中，則無傷害。故傷害嚴重性實含有極大之『機運』在內。傷害率則可包括普通一般之輕重傷害。因此目前研究安全工程者，大多認爲傷害率較嚴重性易於顯示安全度。最好兩者互相參照，則可得較正確之結論。

如根據某廠之傷害記錄已算得在某時期之傷害率及嚴重性，則可與該廠以往之數字相比較，以視其安全度有無進步。或與同業中安全度較佳之其他工廠比較，亦可知其安全工作方面應加以改進之處，以達較高之標準。

二 其他估計安全度之方法

吾人已知可以傷害率及嚴重性估計某工業或某工廠之安全度。如無詳細之傷害記錄作爲根据時，亦可以視察工廠內部之各種情況而決斷該廠之安全度。下列爲應行注意之數項情況：

(a) 整潔 (Housekeeping)。

不整潔爲意外事件發生之主要因素，故整潔爲安全之必要條件。

(b) 機械之防護 (Machinery Safeguarding)。

意外傷害之起源於機械者，佔極大之百分比，因此機械設備防護不周，其傷害率及嚴重性必高。

(c) 維護工作 (Maintenance)。

廠房及其設備之維護，如同整潔，均爲安全之主要問題。

(d) 安全所需之各項設備 (Adequency of Equipment Essential to Safety)。每一工廠均有工人必需之安全設備，如眼罩，面罩，橡皮手套，安全靴等。同時廠內各種附屬設備，如梯子，起重機等，其設計與情况，在在與安全有關。

(e) 對於工人之福利設備 (Provisions for Worker Comfort)。

工人生活起居上之設備，可顯示廠主對於工人福利關切與否。意外事件對於厠所，盥洗室，衣櫃，飲水，食堂等之關係雖甚難確定。但頁好之廠務管理，對於此種設備均極注意，因其影響工人工作之態度甚大。

(f) 廠主對於安全之態度 (Management attitude toward safety)。

如廠主不重視安全工作，則甚難增進其安全度。故安全工程師於估計某廠之安全度時，首先應估計下列三點：

1. 廠主所具有之預防意外事件之知識。
2. 廠主對於安全工作之指導情形。
3. 廠主鼓勵工人養成安全感之方法。

此種估計不僅限於最高之行政負責人員，他如監工人員，領工等對於所屬工人安全方面之訓練與指導，亦應注意及之。

第六章 預防意外事件之基本原理

一

吾人皆知意外事件之發生必有其原因，故預防之最要急務，首爲發現其原因，次爲設法消除之。根据此前提，即可確定預防意外事件之數種基本原理。

市街及公路上意外事件之預防，普通遵照下列三項原理，即 (a) 工程 (Engineering)，(b) 教育 (Education)，及 (c) 强迫實施 (Enforcement)。在美國稱爲安全之三『E』。工業上意外事件之預防，原亦可應用此三字，但爲易於了解起見，將其基本原理分成四項如下：

1，發現原因。

2，防止屬於機械設備原料上的危險，即環境上的原因 (Environmental Causes)。

3，防止屬於『人』的原因，即行爲上的危險 (Behavioristic Causes)。

4，其他輔導工作。

1. 發現意外事件之原因

於採取預防意外之任何步驟之前，必須發現：

a，以往所有意外事件之原因。

b，各種現有未經改正而足以釀成意外之危險情况。

因此必須：

a，調查各種意外事件。

b，記錄各項有關意外之事實。

c，分析各項記錄。

d，檢查所有工廠之生財設備。

上列四種工作，非但爲開始採取預防意外步驟時所必需，卽爲日後之工作計，亦有其永久價值。

2. 防止械械設備原料上的危險，可分下列十三項：

a，審核各項計劃、圖樣、定購單、及關於安全方面之合同等。

b，原有之設計及定購單中，須包括各項安全設備。

c，加置現有各種危險情况之防護設備。

d，適當之維護工作。

e，安全可靠之物料來源。

f，檢查各種計劃及材料方面之缺點。

g, 改正各種缺點。

h, 擬定安全法則。

i, 廠房建築及機械設備之合理安排。

j, 廠房光線之改進。

k, 通風設備之改進。

l, 添置安全服着及安全設備等。

m, 訂定何種工作須用何種安全設備。

由上可知，所有屬於環境上的危險，均與機械設備及材料有關，即其對象爲可見可觸之「物」。

進一步言之，環境上各項危險之防止，實爲預防任何意外事件中最重要者。舉實例言之，如樓板上有一大空洞，工人極易失足而跌傷。爲預防計，應將此洞補滿，實較在空洞四週加設欄杆或告誡工人勿行經該處爲有效而經濟。告誡他人避免危險，需要嚴密之監督及謹嚴之紀律；一有疏忽，即生意外，故非根本辦法。如設法去除此種危險情況之存在，則爲一勞永逸之計。

3. 防止屬於行爲上的危險，可分下列六項；

a, 工作程序之分析。

b, 工作訓練。

c, 監工。

d, 紀律。

e, 人事調整。

f, 體格檢查。

一般言之，行爲上的錯誤較之機械設備材料的危險不易防止。因人類行爲爲一極複雜之因素，須視其遺傳、情緒、生活習慣等而定。故錯誤行爲之防止方法，必因此而複雜，無一定之原則可以遵循。須視各種不同的情況，加以個別的研究處理。

舉例言之，屬於行爲的錯誤中，以工作態度之不良爲最主要，而工作態度之不良常因憂慮而起。如入不敷出，家庭經濟上之憂慮；不能支付疾病醫藥費之憂慮；年老後失去工作能力之憂慮等。如各工業中設有養老金制度、社會保險制度等，則可消除此種憂慮而使工作態度正常，結果必可減少意外事件之發生。

4. 其他輔導工作

促進工業安全，除上述三點外，尚可借助各種輔導工作，其主要者如下：

a, 釐訂工作安全守則。

b, 張貼安全標語。

c, 放映安全電影。

d, 舉辦安全工作競賽。

e, 舉行安全會議。

f, 設置安全委員會。

各種 輔導工作，並非能直接發現或消除意外事件發生之原因，其價值全在引起全體員工之安全感，而維持對於安全工作方面之興趣。各工廠於推進安全輔導工作時，亦不必同時舉辦，可視實際需要以及人力物力而定。

二

上節已經解答預防意外事件之對象及如何預防兩問題，即英文中之「What」與「How」兩字。本節再說明此種工作應由『何人』担任，即「Who」的問題。

統觀工廠內各項安全工作，吾人己知應由下列人員担負：

a, 總經理。　　f, 人事管理人員。

b, 製造部經理。　　g, 維護工作人員。

c, 總工程師。　　h, 領工。

b, 購料委員。　　i, 安全指導員。

e, 醫師。

但分析至最後，工廠內每一份子，如最低級之勞工，亦負有安全責任。每人均應遵從安全法則，使其本身及其他人員均避免意外之發生。故推進安全工作，預防意外事件、實為『衆人之事』。衆人之事，往々發生相互推諉之弊，英文中有一俗語『Everybody's job is nodoby's job。』，意即每人均以為其他人員都負此責，則吾不負責，亦無關大局。

因此，吾人必須認定一廠之主應首先領導安全，預防意外之工作，正如其督導產品之生產同一性質。廠主如有推進安全工作之決心，必能時刻關懷意外之預防而發佈各項有關命令，使廠內各種設施均能符合安全原則；注意其下屬是否執行命令，工人是否遵從。工廠內如無廠主之領導，則安全工作極難達到優異之成就。

次說安全指導員：不論工廠之大小及其產品之性質如何，均應設置安全指導員。其主要工作如下：

a, 統計： 保存及分析意外事件記錄。

b, 調查： 協助各部負責人員，調查一切意外事件。

c, 檢查： 協助他人檢查各種不安全情況。

d, 宣導： 利用各種方法，對廠內每一份子宣導安全，使全廠人員均有安全感；上下一心，共同預防意外。

e, 計劃： 注意安全工作之進行，並計劃一切應興應革事項。

f,研究： 有關安全之各種技術問題，均應時刻研究。

安全指導員固有其特殊任務，但須全廠員工與之合作，始能有所成就。如工場主管職員與領工，對於預防意外之責任，除廠主外，實較任何人員為大。因彼等與勞工最接近，為廠主與勞工間之連絡人員，負有傳佈及督促執行安全命令之責任。並因彼等時常在工場之內，最易發現各種含有危險性情況，如傳動皮帶輪防護罩之殘缺不全，機器傳動不正常，吊鈎鋼繩之破裂等々。

統而言之：安全工作須由人人負責。廠主須負責領導；安全指導員，則解決有關安全工程之技術問題；而工場管理人員及領工更須認清其在整個安全機構中地位之重要。

領工——工廠安全的中心人物　　澄

譯自一九四七年十月 McGraw-Hill Digest

美國Practor & Gamble 公司優異的安全記錄全賴領工們對於安全工作注意之故。新進廠的工人，最初由人事部介紹『工廠安全』，此後他們就成為整個安全計劃的一份子。因為所有員工，從進廠那時起，就明瞭安全工作法是唯一的工作方法，所以廠內安全計劃的推行，就顯得很容易了。

新進廠的工人，首先領到一本安全手冊，（內容為一般的安全規則、服裝及安全保護用具施用細則、工具設備應用的注意點、以及消防的方法等）。然後由領工們帶到工場裡去，講解滅火器、火警時的各種警報器以及出入口的情形。開始工作的時候，領工發給他們必需的安全保護用具，並解說應用的方法。

新進廠的工人，還須去拜訪工廠的醫院，使他們明瞭廠方的醫葯設備。護士小姐告訴他們：即使是極輕微的傷害或疾病，一定要來治療。

領工們隨時記錄每一工人工作時是否安全，新工人工作數日之後，即由安全工程師根据領工的記錄本，作個別的安全講話。 （下接第20頁）

◎新工程出版社◎

總編輯　陶家澂　　發行人　范鴻志

印刷者　臺成工廠　　通信處　臺灣臺中市66號信箱

南京總經售處　南京中山東路107號 中國文化服務社

上海總經售處　上海福州路331號 獨立出版社

臺灣總經售處　中央書局股份有限公司，臺中市中正路91號　電話957號

全國各地二十餘大學均有特約代銷處。

中國石油有限公司

高雄煉油廠

出品項目

汽油
煤油
石油腦
柴油
重油

總公司

上海江西路一三一號
電話：一八一一〇號

高雄煉油廠

臺灣省高雄市左營
電報掛號：三五五〇

資

28653

金華五金行

董事長：童炳輝

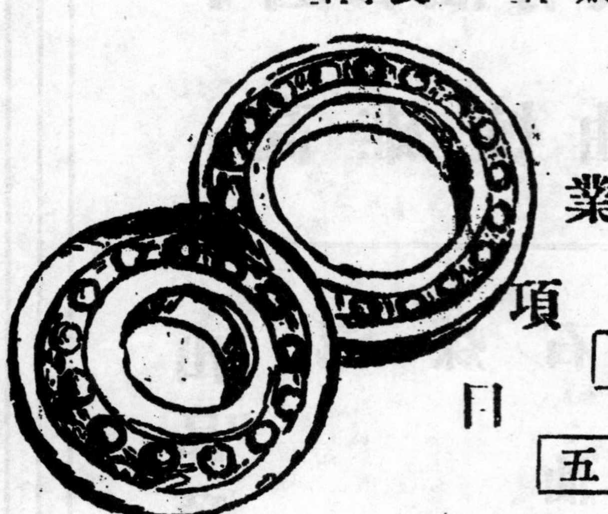

營業項目

鋼珠軸承

滾珠軸承

熔接設備

機械工具

五金材料

地址：台灣台中市中區錦上里平等街78號

電話：156號

姊妹公司

大豐工廠

地址：臺中縣能高區埔里鎮

電話：埔里26

設立：

製粉部

製飴部

養豚飼養場

產品：

優良迅速可靠

28654

目　　錄

新工程出版社

MODERN ENGINEERING PUBLISHING SOCIETY

歡迎批評指教

臺灣臺中第六十六信箱

28655

28656

特別聲明：改變方針

本社

當今動亂的局面下，辦文化事業眞不是件易事。郵費向上跳，紙張來源成問題，一切人工物價普遍的狂漲，這種々因難，决不是任何幾個人所能克服的。雖然如此，本刊所揭示的兩大宗旨：『介紹工程學術』『促進中國工業』决不變。現在我們想以最經濟的方法，達到溝通學術，相互研討的目的。在這個前提下，本社特採取下列三項緊急措置：

第一，歡迎全國各大什誌報章轉載，轉載時不須任何手續，只希望註明原文出處與作者姓名。

第二，本期起訂戶範圍僅限於：

1，各公私立圖書舘。

2，名學校圖書舘。

3，各工程學學術社團。

4，各工業團體(如工會，工廠，公司等)。

5，政府機關。

第三，取消另售，不增加普通新訂戶。(本年一月底前訂戶，仍按期寄發；訂期滿後，不再接受續定。)

◆ ◆ ◆ ◆ ◆ ◆ ◆

讀者們：假使你愛讀本刊，請你介紹推存給你所屬的團體，或者請你到公私立圖書舘去看。

◆ ◆ ◆ ◆ ◆ ◆ ◆

不得已的苦衷，謹祈鑒諒！

編者雜記

目前能够按月看到英美工程什誌，實在可說是工程人員的一種最大樂趣。看到了好文章，就想譯出來向國人介紹。我們覺得抱歉的是工好文章太多，限於時間，不能大量的介紹。但無論如何本刊每期總願發表些有關工程人員修養的文章。本期『談工程』，一文值得工程師們深思的。

近來接到各地『對於目前吾國大學工程教育的意見』的應徵文稿，本期先刊登梁炳文先生的大著。梁先生大學畢業後，從事工程工作十餘年，此文可以代表他個人的看法與意見。自然有很多值得討論之處，本刊願意海內賢達盡量發表高見。

姜長英先生的『圖解複雜桁架的直線法』，是利用桿應力和閉合差 (Error of Closure) 之間的直線關係，以分析複雜桁架；處々應用比例關係或直線變化，使用起來相當方便。姜先生現任上海交通大學教授。

有位讀者來函詢問有關滲碳鋼刀具 (Carbide Tool) 的製造、設計、使用諸問題，本期發表李永炤及兆石先生的文稿。讀者中如有對此問題研究有素者，十分希望多々指示，以達學術討論的目的。

『製模新材料高膨硬性石膏製作研究下篇』因尚須根据製作試驗，加以增補，容以後續登，俾向讀者作較完善之報道。

徵稿簡章

(一) 本刊內容廣泛，凡有關工程之文稿，一概歡迎（讀者對象爲高中以上程度）。

(二) 來稿請橫寫，如有譯名，請加註原名。

(三) 來稿請繕寫清楚，加標點，並請註明眞實姓名及通訊地址。

(四) 如係譯稿，請詳細註明原文出處，最好附寄原文。

(五) 編輯人對來稿有刪改權，不願刪改者，請預先聲明。

(六) 來稿一經刊載，稿酬每千字國幣三萬五千至六萬元（臺幣四百至七百元）。

(七) 來稿在本刊發表後，版權即歸本社所有。

(八) 來稿非經在稿端特別聲明，概不退還。

(九) 來稿請寄臺灣臺中66號信箱 范鴻志收。

談 工 程

陶家徵

——『The Engineering Process』By Merrill C. Horrine (Mack International Motor Track Corp.) 原文載一九四七年八月號ＳＡＥ雜誌——

科學之應用於有用物品之設計製造者，稱為『工程』。就自動機工程來說，那是與機械、化學、電機、水力、冶金諸工程有關的。自動機工程的最終目的是在設計製造有用的以及經濟的交通工具。

一 目 標

有了頁好的工程，才能使任何物品達到最高的價值。不論製造時如何細心，推銷時如何賣力，施用時如何謹慎；生產者與消費者如要獲得最大的利益，有賴於此項物品的原設計是否能使其各部構造長期的靈活應用，修護是否容易。

能生產價廉物美的設計，才算是頁好的工程，那會使製造者減低成本，購買者因應用而得益。

二 衝 突

為了達到上述的目的，工程師們常遇到許多相互衝突之點。工程師設計某種交通工具時，如只講求性能，製造成本及修護費用必大增。假使只着重成本的減低，必增加施用修護費用，而且或者會減少銷路。有時工程師們為了盡量減低製造成本，無法考慮到別的設計條件，結果價格低廉的產品反成為最不合經濟條件的。如果專注意施用時的方便，則設計中必包含極多複雜的自動機構或其他易於操縱的裝置，結果增加修護的困難與費用。假使某種交通工具設計時，以便於修護為唯一條件，例如在材料方面盡量增加銹蝕的抵抗力，則成本增加，重量及體積亦都增加；而且施用困難，有時或者顯得不雅觀。

目前汽車製造商們都喜歡講究式樣的美觀，勢必失去實用的目的。

三 折 衷

有人說『工程就是折衷』(Engineering is compromise.) 上節例舉設計時的各項衝突，如能折衷解決，即可達到最大的成效，這才是工程師最主要的責任所在。

有人說天才是具有無窮刻苦能力的人，我們或可把天才解釋為具有極大的衡量各種有關事項能力的人。衡量事物的能力，是需要知識、經驗與判斷力做基礎的。

四 教育與經驗

理論家們具有高深的學識，但缺乏實際經驗，不會有正確的判斷的。一位工程師雖有極廣泛的經驗，如果在基本知識方面有所欠缺，亦不能有顯赫的成就。

求知識並不一定要進學校，過去有幾位優異的工程天才從未進過大學；有許多偉大工程的失敗，其主持者倒是得過最高的學位的。雖然如此，眞好的工程教育確是最有效的求知方法。

當工程師獲得某種學位時，他的教育決不應該停止；實際說來，畢業應該是始業的意思。成功的工程師一定繼續不斷的向上努力，不僅々注意他的本行，而且旁及其他各科，不過以他的本行爲中心的出發點而已。

J. C. Zeder（美國 Crysler 汽車公司主任工程師——譯者按）說：工程師在公司或工廠工作的時候，必需注意每一時期正在進行着的各項業務。就公司或工廠來說，工程不過是主要業務之一，有些年靑的工程師自以爲本身的技術優於會計員、推銷員、購料員等的技能，這完全是一種短見，正如只重視汽車的發動機而忽視傳動軸、制動機件一樣。

五　判　斷　力

許多工程師具有高深的知識與豐富的經驗，但是沒有判斷力，外行人認爲工程是一種臨時的靈感（Inspiration），實際是長期努力（Perspiration）的結果。成功的設計決非任何單獨的天才所能完成的，在現代技術發展的情形之下，一位工程師要單獨產生眞好的設計，有如一位音樂家夢想獨自奏演交響樂一樣的不可能。

六　工程目的

在重新設計某種交通工具的全部或一部機構之際，工程師的心目中對於製成品具有三項目的：

(a) 性能較前進步，成本不增加。

(b) 性能與前相同，成本較前減低。

(c) 性能增加，成本減低。

因此，設計時必須達到下列的條件：

使更換的機構，性能較優；易於銷售。

易於施用及修護。

易於製造，應用現成的工具設備，使其經濟。

製造材料經濟耐用。

七　研　　究

能滿足上述條件的設計，決非一朝一夕之功，是需要按照一定的步驟努力下去的。第一需要調查此種產品的可能銷路。第二，研究各種技術上的問題，以及科學的基本原理，以決定所有可能的改良。研究可說是應用科學方法探索與解釋某種特殊問題的一種程序，因此是純粹科學與工程之間的一座橋樑。

八 發　　明

第三需要發明。一位設計工程師即使僅々修改一種配合的尺寸或利用某部份剩餘的材料，實際就是一種發明；並不是所有的發明都需要專利的。

個人英雄主義的發明時代已經過去了；關於物理學、機械學以及其他科學的基本知識已積累得非常豐富，目前發明家的主要任務是在發覺某種新的有用的改良的需要。『需要是發明之母』。

工程師曾經把已知的機械運動方法，結構形式以及某種物理性質連合起來，成爲能滿足某種需要的發明。

九 計　　算

工程科學最後離不了數學，所以第四需要計算。設計一件簡單的齒輪，須經千萬次外力、應力分佈、力矩、形變、膨脹、收縮、角度、面積、作用分析等々的計算。

許多機械上的動作及其相互間的關係，不能憑藉實際的經驗去分析，必須以數學的分析法去研究。譬如齒輪的齒形，決不能憑空發明，須經千萬次的複雜計算，才能把它設計出來。

十 設　　計

第五需要設計。設計的第一步是決定產品的圖樣，表明各部正確的尺寸與其相互間的關係。

設計簡單的汽車傳動軸，需要數百張的圖樣，每件另件必須仔細分析，使得製成後裝配時的配合尺寸合適。

十一 實　　驗

第六是實驗。工程必須經過『試驗，錯誤，再試』的階段，工程上的定理都須經過實驗後，才能建立起來的。

實驗可以證實工程師的理論與假設，目前許多大公司大工廠對於實驗室設備盡量擴充，就是爲了要達到工程的目的。

有時爲了使產品簡單、製造容易、功效增加起見，常需改良原來的設計。當某種工業發達的時候，商業上的競爭逼使所有的工廠的工程師們減低製造成本，改良設計或應用不同的原料來增加產品的性能。因此，工程師們必須明瞭全部的製造程序，產品的經濟情況，各種原料的用途與工作性能。

設計工程師的責任非常的重大，因爲每種設計對於工廠的製造部門或許要增加大量的工具、機械設備與原料；而且設計之優真與否，更會影響銷路，那是工廠或公司的成敗關鍵。

十二 結 語

根据上述工程的目的、方法與工程師應負的責任諸點。我們知道工程師實在需要特別優秀的才具；反過來說，做工程師的才有機會發展他所有的才能去克服各種困難，他可以獲得人生最寶貴的成功後的滿足。(Satisfaction in accom-plishment)。

假使工程師們斤々較量於金錢上的獎賞而失望，那是他們本身認識不清的錯誤，不能埋怨經理先生們的。

多數工程師不能像優真的推銷員一樣；但是工程上的偉大領袖都具有贏得他人好感的才能。他們知道在工程上的成就，須視製造廠商、推銷員們如何接受他們的工程計劃的程度而定。

許多工程師不善辭令。他們失敗了，因為他們的言論不易動人，他們的著述不够明晰。

口頭與文字的表達能力，對於工程師的重要性，不下於律師、新聞記者或外交家。普通的技術報告常使人厭倦，實在需要工程師們改進他們的寫作方法。

工程事業對於世界文化貢獻之大，莫過今日；工程師的前途無限，只要繼續不斷的努力，這個世界决不會辜負你的。

自從進入工業時代以來，每種技術的進展都需要更廣泛的、更精深的、更多更多的工程研究。

本 社 啓 事

(一)

第 一 次 公 開 徵 文

「對於目前吾國大學工程教育的意見」

大學工程教育範圍廣泛，全面的綜合評論固所歡迎；如僅就機械，電機，航空，化學，建築，礦冶，土木諸工程中專論一門亦極歡迎。謹希全國大學教授，大學同學，教育家，工程師，不吝賜稿。採用稿件，稿酬特別優待。

(二)

本社現正着手編著第一種叢書「工業安全工程」(Industrial Safety Engineering)。第二種叢書「工礦技工安全守則」(內容為各種礦廠技工工作時應注意之安全法則)。茲為集思廣益計，公開徵求各項有關資料。賜寄時請註明贈閱借閱，或有條件的借閱諸項。不勝感禱！

圖解複雜桁架的「直綫法」 姜長英

最近看見第四期『交大土木』上王達時先生的『複雜桁架之圖解法』，很感興趣，因爲我對此問題，另有一種解法。

民國二十七年春，一個學生曾以此題來問。經我研究之後，得到了答案。因爲讀書太少，不知我的圖解法是否已有前人道過。所以除了曾在課堂講授時提到外，從未對外發表。現在王先生的大作，引起了我的興趣。又參考了蔡方蔭先生的『普通結構學』，知道我的圖解法和前人的，並不相同。因此我將這一得之愚發表如下，並請方家指正。

這新的圖解法，在原則上使用上都很簡單。處處應用比例關係或直線變化，所以此法可名爲『直線法』。

要解釋『直線法』，最好先從一個例題說起。第一圖代表一個聯合桁架，許多結構學課本中都用它作說明的例題。它的特點在節點 a 和 b。將各節點由左而右逐一分析時，到了 a 和 b，就會發現在這裡各有三個未知桿應力。用普通分析方法，不能解決。這一點和複雜桁架的性質相同。對此例題，各結構學課本，都列出不少解法。但全是避重就輕的取巧方法，遇着眞正的複雜桁架，就難應用了。

爲求簡單起見，在第一圖桁架的節點 c 加一個負載。再將應力爲零的各桿去掉，如第二圖。要圖解分析第二圖的桁架，如從右面下手，一切問題化爲烏有。如從左面開始，遇到難題後，用取巧方法，也可解決。但現在故意要從正面攻擊難題，藉此才好說明『直線法』。

第三圖是由左而右分析上桁述架的應力圖。先畫外力，畫了 A, B, C 各點再求得 D 點。此後就是難關。在節點 a. 有 BF, FE, ED 三個未知桿應力。在節點 b. 有 DE, EH, HA 三個未知桿應力。在六個（在此例實在是五個）之中，如有任何一個爲已知，問題就解決了。

現在假定其中任何一個桿等於一個任意值。設如

$$DE = DE_1$$

既定了 DE 暫等於 DE_1，先分析節點 b，決定了 E_1 和 H'_1。再分析節點 a 和 c，得到 F_1 和 G_1。第二圖所註各點，都已求得了。

平常作圖解法時，在求出各點之後，再分析一個未曾分析過的節點，以資校對。如一切無誤，則應力圖必能閉合 (stress diagram must be closed)。如不能閉合，所差數量即是閉合差 (error of closure)。有閉合差表示桁架外力的平衡有問題，或者畫應力圖時有錯誤。

在本例題中 A, B, C, D 各點原無問題。D_1, E_1, F_1 ……… 各點也已求出。節點 d 尚未用過。

28663

分析節點 d 得 H_1''。前一個 H_1 是 H_1'，現在的 H_1 是 H_1''。如果一切正確，H_1' 和 H_1'' 應當合為一點 H。但兩點相去很遠，$H_1' H_1''$ 就是閉合差。假設外力和作圖都沒有錯，這閉合差就表示 $DE = DE_1$ 的錯誤。DE_1 未能使全體平衡，不能滿足 DE 的要求。

DE_1 既然不對，再任意設 $DE = DE_2$。照老樣再畫一遍應力圖，得 E_2 F_2，G_2，H_2'，H_2'' 各點。DE_2 仍然不對，所以有閉合差 $H_2' H_2''$（第三圖）。

DE 由 DE_1 變為 DE_2，則 D_1 變至 D_2，E_1 變至 E_2，………閉合差由 $H_1' H_1''$ 變為 $H_2' H_2''$。基於畫應力圖的法則，D, E. ………各點和閉合差 $H' H''$，都隨着 DE 有正比例的變化。D, E, F. ………等各點的軌跡，都是直線。這些可以由再設 $DE = DE_3$，畫出 D_3，E_3，F_3 ………得到證實。各點的軌跡可能是平行於某桿的直線，也可能是不平行於任何桿的直線，如第六圖中的 H, I, L, M, P 等（虛線）。

設 DE=X，則 $DE_1 = X_1$，$DE_2 = X_2$，$DE_3 = X_3$。

再設閉合差 = Y，則 $H_1' H_1'' = Y_1$，$H_2' H_2'' = Y_2$，$H_3' H_3'' = Y_3$。X 是應力，拉力為正（+），壓力為負（−）。Y 是閉合差，單位和 X 相同。Y 的符號要看 $H' H''$ 的方向。如以某方向為正，相反的方向就是負。將 (X_1, Y_1)，(X_2, Y_2) 和 (X_3, Y_3) 等三點畫如第四圖。三點可以連結成一直線，名為 DE 的閉合差直線。

此直線代表桿應力 DE 和閉合差 $H' H''$ 的關係。DE 的數值應當適合需要而使閉合差等於零。Y=O 時 $X = X_0$，所以這直線和 X 軸線的交點就代表桿應力 DE 的正確數值。用正確的 DE 再畫，就可得正確無誤閉合差為零的應力圖。

一條直線可由兩點決定。所以在假定 DE 數值畫應力圖時，有兩次就足够了。如不願畫出閉合差直線，用下列直線公式也能直接求出 X_0。

$$X_0 = \frac{Y_2 X_1 - Y_1 X_2}{Y_2 - Y_1}$$

再看第三圖，H' 和 H'' 的軌跡，是兩條相交的直線。兩線交點 H，就是 H' 和 H'' 的正確位置。因為只有在這一點，閉合差 $H' H''$ 才會等於零。H 點決定之後，也可以倒退回去解決全題。這是為了要說明『直線法』，故意拿聯合桁架當複雜桁架。否則，一開始就可以求得 H 點，不必如此費事了。

在上述例題着手之時，須先任意指定兩次 DE 之值為 DE_1 和 DE_2。現在也可以認為所指定的桿應力不是 DE，而是 BF 或 FE，………或是複雜桁架中任何一個桿應力。如此假認之後，第三圖的應力圖將毫無改變。所以可以使 $BF_1 = X_1$，$BF_2 = X_2$；或 $F_1 E_1 = X_1$，$F_2 E_2 = X_2$；………或可用 X 代表複雜桁架中任何一個桿應力。畫出各桿的閉合差直線，可求得任何桿應力的正確值。也可用公式直接計算。最後一次的應力圖，是可以不畫的。不過為求有校對的機會，還是從新畫一遍的好。

第五圖表示一個穩定而且靜定的複雜桁架。載重和支持反動力如圖。利用上述的『直線法』，圖解此桁架。所得結果如第六圖和第七圖。

總之『直線法』是利用桿應力和閉合差之間的直線關係來分析複雜桁架的圖解法。此法可能比現有的其他解法，更爲簡單，實用。

（圖一、二、三、四、五、七，見17頁）

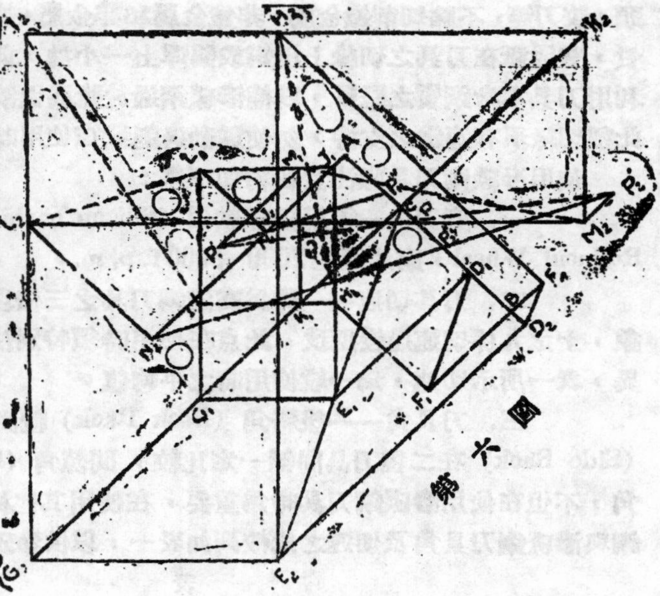

第六圖

滲碳鋼刀具(Carbide Tool)之使用檢討

李　永　炤

滲碳鋼刀具之材料係粉狀 Tungsten，Tantalum，或 Titanium，或三者混合之 Carbide，滲和於溶化點較低之 Bondmetal，如 Ni 和 Co。最常應用之一種爲 Tungsten Carbide (WC)。其製法乃將煙煤狀純碳滲入鎢粉，在 1500 °C 以上之高溫下加熱，成爲粉末狀結合体。然後滲入 6－13 % 之 Ni 或 Co 金屬粉，施以 15－30 噸每平方吋之高壓，作成鑄條。將此鑄條在電爐中加熱至 850 °C 以上，取出後可以在車鉋銑床上任意切成刀具形狀。最後，亦即最難之一步，係將此成形品燒熔。不但時間溫度須加控制，電爐中之氣質亦須控制，通常爲氫或真空。溫度則維持在 1300－1500 °C。熔化後其收縮之程度極利害。此点應在切割成形品時即予注意。

滲碳鋼刀具之彈性係數極高，約爲 80,000,000 Psi，惟其可展性則極小。故雖較高速鋼爲堅强，而破裂係數(modulus of Rapture)僅200,000－300,000 Psi，比諸高速鋼之 400,000－600,000，僅爲一半。又因其內部組織並非均匀，頗難量其硬度。若憑 Rockwell C 則根本不準確，若用 Rockwell A，則約爲 90 左右。此種指示實與抗拉或抗壓係數無一定關係存在，不足以與別種金屬比較堅强程度。吾人利用其分佈在表面之硬点 —Carbide— 之堅硬與耐磨，設計衝模，刀具，耐磨或耐蝕工具。其中被應用最廣者爲刀具。諸凡車刀，銑刀，鉋刀，搪刀，鑽頭，鉸刀等，不論切削鐵金屬，非鐵金屬和非金屬，皆被廣泛應用。又因其成本昂貴，普通祇在刀具之切緣上用銅或錫焊上一小塊。此不但爲一種節省方法，且可利用刀具本身鋼質之堅韌，以補滲碳鋼過於脆弱之缺点。在設計時更須注意者，此種切緣須有適當之支持，勿使震動過劇致在使用時易於折斷。

使用滲碳剛刀具應注意者約如下述：

一、磨刀——須用矽碳軟質 (Silicon carbide, soft grade) 或 Diamond Resinoid Wheel，磨速須在 2000—5000 f. p. m.。

二、刀具切速——約爲高速鋼刀具之三倍以上。在使用時表面不光等現象，十之九係切速過慢所致，此点在使用時須特別注意。切速因被材料不同而有異，表一所示切速，爲一般使用時之平均值。

三、刀具角——後斜角 (Back Rack) 較高速鋼刀具者爲小；旁斜角 (Side Rack) 在二種刀具間無一定比較，間隙角 (Relief) 則畧小。正確之刀具角，不但在使用滲碳鋼刀具時爲重要，在使用其他材料之刀具時亦然。今將高速鋼與滲碳鋼刀具角及切速之比較列如表一，以供參攷：

表　一

所切材料	刀具材料	刀具角 (Deg.)			切速 fpm
		後斜角	旁斜角	間隙角	
鋁及鋁合金	H. S. S.	45	15	10	400—1000
	WC	20	20	8	1000—3000
青銅	H. S. S.	0	6	6	70
	WC	0	14	6	200—400
黄銅	H. S. S.	0	0	6	200
	WC	0	4	4	700
銅	H. S. S.	20	30	18	100
	WC	4	20	6	400 以上
鑄鐵	H. S. S.	8	14	6	80
	WC	0	10	4	300
低碳鋼	H. S. S.	8	22	6	90
	WC	0	20	4	250 以上
中碳鋼	H. S. S.	8	22	6	75
	WC	0	10	6	200 以上
硬鋼	H. S. S.	5	10	6	25
	WC	0	10	5	75 以上
不銹鋼	H. S. S.	12	15	8	30
	WC	4	15	4	150

四、冷却劑——應用滲碳鋼刀具切削以上各材料時，均可不用冷却劑，即普通所謂乾切是也。如須使用，以稀薄者（如煤油，肥皂水等）爲主，並宜大量注射，不可間歇。

五、進刀與切深——滲碳鋼刀具之使用，以高切速及輕進刀爲成功之基本要訣。至若切深，則視所切材料而異，無論如何終不能超越切緣 (CUTTIUG EDGE) 範圍以外也。

關於滲碳鋼刀具　　光石

目前在臺灣一般工廠所用及市面五金行出售者，有日本製之；トウデイア，タンガロイ，コウアロイ，ウイデイア，イケタロイ等五種。尤以前三種，較爲多見，均係滲碳金鋼刀，因其質堅硬，不如普通車刀可任意磨成所需用形狀之現品，如左邊刀；右邊刀，切刀，圓頭刀……等。至於車普通螺絲用之60° 55° 29°等特殊形狀者亦有。金剛刀通常多用於：

（一）割切較硬之材料。如鑄件之厚皮，硬橡皮，熱鍊後之加工等工作，爲一般普通車刀所不能担任者。

（二）普通車刀能担任之工作。但以節省工時，增加効率起見，亦能用之。如尺寸較準確之大形工作物用金剛刀切削可減少撤刀、磨刀、校正等手續，較長大之工作物在一次切削未完時，刀口已磨損須折下重磨後，再裝刀校正，頗費時間，且不易準確，前後易成退拔。猶以最後一次光刀，最忌中途折刀，裝刀等手續，足以損傷其準確度，如梳棉機之大滾筒（鑄鐵件），用金剛刀切削時，較使用普通風鋼車刀，約省去二分之一工時，且表面光滑準確故爲一般近代工廠所採用，尤以大形工作機，如搪床，龍門鉋床，落地車床等，更多選用此種刀具。

關於金剛刀之研磨機，在臺灣常見者，有日本朝奈比化學工業株式會社製造之工具研磨機

製糖工業（續完）　　樂漢民

(5) 濃化 (Cancentration)——糖液經澄清與過濾以後，尚含有75％水份故須蒸發，使其濃化成爲含有50％之糖漿(Syrup)。普通所有蒸發方法，可分下列幾種：

(a) 直火蒸發——將糖液放於普通釜內，而以直接火燃燒使糖液內所含水份蒸發。但此爲最古而且最幼稚的方法，製糖工業不發達的時期或小規模製造時所應用，現代大規模製糖工業已不應用。

(b) 蒸汽蒸發——將上法改良，用蒸汽代替直火，且其蒸發釜中裝有種種可動裝置，以增大糖液之表面，使其易於蒸發，此種裝置稱爲薄糖蒸發器 (Film Evaporator)。薄糖蒸發器之形式極多，其普通可分：

(1) 圓筒薄糖蒸發器——爲中通蒸氣之中空圓筒，一半浸於糖液內，而不絕廻轉者。

(Ⅰ) 筒束形薄糖蒸發器——爲多數蒸氣管集合如束狀者。

(Ⅱ) 圓板式薄糖蒸發器——由多數之中空圓板并列而成者。

(Ⅲ) 螺旋管式薄糖蒸發器——爲蒸氣螺旋管廻轉於蒸氣釜中者，此種應用最廣，因其不但蒸發面甚大，且不如前數種之激動糖液，故蔗糖不致有轉化之虞。

(c) 眞空蒸發 (Vacuum Evaporation)——爲現今最通用之蒸發法，不但在低壓之下，將糖液內所含水份蒸發，且可使糖液在攝氏 50° 左右，即行沸騰蒸發。故既無過熱之虞，亦不致惹起糖液轉化。且蒸發迅速，蒸氣之消耗量又少。若將幾個眞空蒸發器連在一起，將第一蒸發器所生之蒸氣，加熱第二蒸發器之糖液，更將第二蒸發器所生之蒸氣，用以蒸發第三蒸發器之糖液，如此裝置，更爲經濟。這種裝置稱爲多效用蒸發裝置(Mnltiple Effect－Evaporator)。其中連結二個眞空蒸發器，以蒸發者稱爲二重効用(Double Effect)，連結三個眞空蒸發器者，稱爲三重効用 (Triple Effect)，連結四個者稱爲四重効用 (Quadruple Effect)， 僅有一個者稱爲單努用 (Sinsle Effect)， 現在使用最廣者爲三重効用之眞空蒸發裝置。

蒸發器之形狀種種不同，有直立式，橫臥式………等々，然其通常裝置可分：

(Ⅰ) 橫臥式蒸發器 (Horizontal Evaporator)——爲橫置之鐵製圓筒蒸發器，亦爲薄膜蒸發裝置之一種。其中裝有多數加熱管，互相以水平駢列。管中通有蒸氣，糖液自上部之有孔管送入，沿加熱管之表面流下，而被蒸發，集于器底。再將此種糖液用唧筒唧至第二蒸發器之頂上，如是循環蒸發。

(Ⅱ) Kestner 式蒸發器——爲包藏數個細長管之極長圓筒組成，糖液加注于細管中，自管外用蒸氣加熱，因其蒸發表面甚大，故蒸發極速。

(Ⅲ) 直立式蒸發器 (Vertical Evaporator)——爲直立式鐵製圓筒，外部包以熱之不傳導体，如木板等，以防熱之發散。內部劃分爲三，中部爲蒸氣加熱室，有管與唧筒相連結，上下二部爲糖液之所在處故稱爲糖液室(Juice Chamber)。此二室以銅或黃銅所製之加熱管連結之，以便糖液之交流。此稱爲糖液收回器如此先以唧筒將糖液室內之空氣抽出，以減少壓力，然後通蒸氣於加熱筒之外側，以熱糖液，而使糖液蒸發。其糖液之沸騰溫度，雖因蒸發器內之壓力，

及糖液之濃度而異，然普通則可分：(若以三雙連結應用)

第一蒸發器…………沸騰溫度　90°—100°C

第三蒸發器…………沸騰溫度　55°— 65°C

第二蒸發器…………沸騰溫度　78°— 85°C

用以上諸法蒸發之糖液，因其漸次濃化，故中途尚有雜質析出。在最後器中之糖液，即須取出過濾以清潔之。

(6) 結晶 (Crystalization)——經蒸發後之糖液，仍含有多量水份，故須再經蒸發。使其含水份達 10％左右，稱爲結晶法 (Crystalizaton)。現在普通大工廠應用於使行結晶法的設備，皆爲眞空結晶器 (Vacuum Pan)。

眞空結晶器爲鑄鐵製之圓筒，內部裝有數段蒸汽螺旋筒（或很多之直立蒸氣管），以加熱於糖液（此裝置同時須附糖液收回器，其構造與用眞空蒸發器者相同）。其操作爲先運轉唧筒，以減少器中壓力，然後注入濃厚糖液，至完全掩蔽最下端之螺旋管爲止。然後通入蒸氣於螺旋管內，漸次添加糖液。如是至糖液達到適當濃度時，即添加新糖液，或增高其眞空度，且同時限制蒸氣之供給，使全部糖液，溫度稍降。因此糖液中生成微細之結晶母。此種稱爲晶母析出(Graining)。此時器內之溫度須保持55°C，這種結晶母爲結晶糖之種子。於是更加濃糖液，而通蒸氣，繼續使該結晶長成，直至結晶充滿，方停止加注糖液及蒸氣之通入。最後則去其眞空，開放器底，取出結晶糖與糖蜜 (Molasses) 之混合物，這種混合物稱爲結晶糖漿。

結晶之大小，主要視最初結晶母之數量而定，亦即以結晶母析出時之糖液量而定，又與器中加熱時間之長短亦有關係。例如最初以少量之糖液，而將晶母析出時，則生比較少數之結晶母，故俟其長成而滿布於結晶器時，則得大結晶。反之，以比較多量之糖液，而晶母析出時，則生多數之結晶母，故可得結晶較小之結晶糖漿。

當結晶法將結晶母析出時，若溫度急行降低，或糖液較晶母析出時更爲濃厚，則常生新小結晶，名曰擬結晶。結晶糖漿中，如有擬結晶之存在，則分蜜時甚爲困難。故糖液中如見有此種結晶生成時，則須稍々增高溫度，或增加多量糖液，以溶解之。

自結晶器中取出結晶糖漿時，常留一半於結晶器內，更時時加注糖液，並繼續加熱，此種稱爲成形法。由此法可得大粒之結晶糖漿。

結晶糖漿中，所含水份通常爲 8—10％，爲結晶糖與糖蜜之混合物。但此種糖漿之糖蜜中，尙含有溶解狀態之結晶糖，故若徐徐放冷之，則在溶解狀態之糖，乃附着於旣成之結晶而增其量，然若急冷之，則生成擬結晶，於分蜜時，全遭損失。故必須將糖漿作有規則之運動，以冷却之。如是則分蜜容易，而結晶糖之得量亦多。此法稱爲運動結晶法。使用于運動結晶法之器械爲拌攪結晶器，通常拌攪結晶器可分三種：

(a) 開放式

(b) 閉鎖式

(c) 半閉式

(7) 分蜜 (Purgation)——已冷却之結晶糖漿，即須將其結晶糖與糖蜜 (Molasses) 分離，應用於此種分蜜器具為遠心分離器。即將糖漿置於篩形圓筒內，該篩形圓筒則裝置於大圓鐵桶內。當將裡面之篩形圓筒，以每分鐘 1000 至 1500 廻轉數繞中心廻轉時，則糖蜜通過篩孔而至外圓桶，結晶糖則存留篩形圓筒之內而得之。

如欲得優良之製品，可於分蜜後加少量細霧狀之冷水或濃厚糖水，此種方法稱為洗糖法。

經上述分蜜所得之糖稱為頭次糖。若將分離之糖蜜，再蒸發之，使其結晶而再分蜜，則可得二次糖。同樣尚可得三次糖。最後所得之糖蜜，其中所含不純潔物極多，故已不能分蜜，此種不能再行分蜜之糖蜜稱為廢糖蜜 (Exhausted Molasses)。

經分蜜後之糖，可以利用送風裝置使其乾燥，乾燥以後包裝之。

漏電致火之原因　小寧

——譯自一九四七年九月 McGraw-Hill Digest——

根據美國各火災保險公司聯合報告，1939－1945 年間各工廠因漏電而釀成火災的，其中有 45 % 是因為疏忽和保管不當，下面便是幾種常見的例子。

馬達之控制器 (Controllers) 已經磨損或太骯髒，以致接觸不良而產生大量之火花，遂釀成火災。這種磨損或燒損之控制器，應及早更換才對。通常避雷器用鐵管接地，以免普通導線容易斷裂之弊，其實應該用非鐵金屬管 (Nonferrous Pipes)，因為鐵管有拒絕傳達電流入地之傾向。

火災保險公司之檢驗員，發現許多保險絲箱的門，經常的開着，或者門已不見，或者關閉不嚴密。有些保險絲箱是木質做的，裡面加了一層石棉板，當石棉板破裂或不全時，箱子裡面的火花會將木箱，灰塵，或其他積在箱子裡面的髒東西燃燒起來。

保險絲燒斷，臨時搭接 (Bridging) 一下，是易引起火災的唯一原因，裝保險絲的夾子生銹，彎曲或破裂時，使接觸不良而發熱起火花，易將夾子及開關燒壞。

馬達在正常轉動時，如控制器的操作失靈，電流突然中斷，往々易使手柄不能自動關去，易使馬達及控制器燒壞。

不合規定之安裝，過度之震盪，或使用不當，均會將有保護之電線自接頭內拉出易致導線暴露、銹蝕，而短路。

當有整流子 (Commutator) 之馬達炭刷或整流子磨壞或骯髒時，更是危險的來源。

其他因漏電容易發生火災之情形為：

1. 裝在管子或房樑上的線已鬆脫。
2. 將電灯線捲繞在洋釘、管子、或房樑上。
3. 經常移動的機器或工具，其電綫絕緣已有損壞。
4. 配電箱、控制器的蓋子損壞，不合或空缺。
5. 懸吊之電灯、灯座上面進綫處的軟木已失去。
6. 灯座外殼破裂。
7. 容量太大之保險絲。
8. 電熱割斷器上 (Thermal cutouts) 缺蓋子。
9. 臨時用紙將灯罩住。
10. 馬達接頭被油浸蝕及磨壞。
11. 馬達綫圈被油浸蝕及骯髒。
12. 機器附近有油浸之管制器。

漏電致火不易即刻發現之普通情形有：

1. 遮斷器及起動補償器 (Starting Compensator) 之油太髒太少。
2. 馬達轉動部分空隙不平均。
3. 過載限制器之彈力部分太緊，已失去靈活。
4. 過載限制器油盤內油太濃。
5. 容量太大之過載限制器。
6. 開關或限制器之操作機件鬆脫。

「經過仔細的安裝和計劃，電不再是危險之物了」。

談談硒整流器　黃士鵬

在未介紹硒整流器（Selenium Rectifier）之前，先得介紹硒是怎樣的一個元素：硒是非金屬元素，與硫是同族。當交流電的正半週通過硒時，硒的電阻很小，所以對於電流的通過沒有多大的影響；但當負半週通過硒時，電阻突然加大，電流便不能通過了。所以硒可以作整流之用。

那麼，硒整流器與常用的眞空管整流器比較起來，以何者爲優呢？假使仔細分析的話，硒整流器遠駕乎眞空管整流器之上。因爲：（一）硒整流器的體積甚小，不若眞空管整流器80號等龐大，即使是與最新型的整流管如5Y3，35Z5，117Z6等相比，也可小十倍以上。（二）硒整流器不像一般整流管有絲極屏極等，故構造簡單，應用時也便利不少。（三）硒整流器不像整流管使用時會發熱。（四）硒整流器當交流電通過時馬上就可工作，不若整流管要等燈絲發熱，放射電子後才可工作。綜合以上四點，硒整流器比眞空管進步得多了。所以美國已經漸漸有取代眞空管整流器之趨向。但是目前價格一定很高，不過不久的將來，硒整流器普遍的應用後，自然可以大衆化了。而無線電也更將趨簡單化了。

下面二組圖畫是普通用眞空管整流的無線電收音機改裝成用硒整流器的線路：

圖一是一隻最普通的交直流五管收音機的整流部分。其中A圖是用整流管35Z5GT担任整流工作的。B圖是除去35Z5GT後的線路，因少了一只35Z5GT之故，指示燈的接法也不同，並且再要在絲極電路中串聯一只180Ω10W的線繞電阻。或者照C圖將35Z5GT取去後，再添二只12SK7眞空管，一作高放，一作中放，以及二只6.3伏特0.15安培的小電珠與其他四只眞空管串聯，而其效力却因此可以增强了。

圖二是普通交直流乾電三用收音機的整流部分。其中A圖是用整流管117Z6GT。B圖是改裝後的情形。因爲硒整流器的內阻很小，故用一25—100Ω的電阻硒整流器串聯，以使輸出電壓維持原狀。而在非交直流乾電三用收音機中，電壓與畧有高低，無多大關係，不必多此一舉。（圖見第18頁）

28673

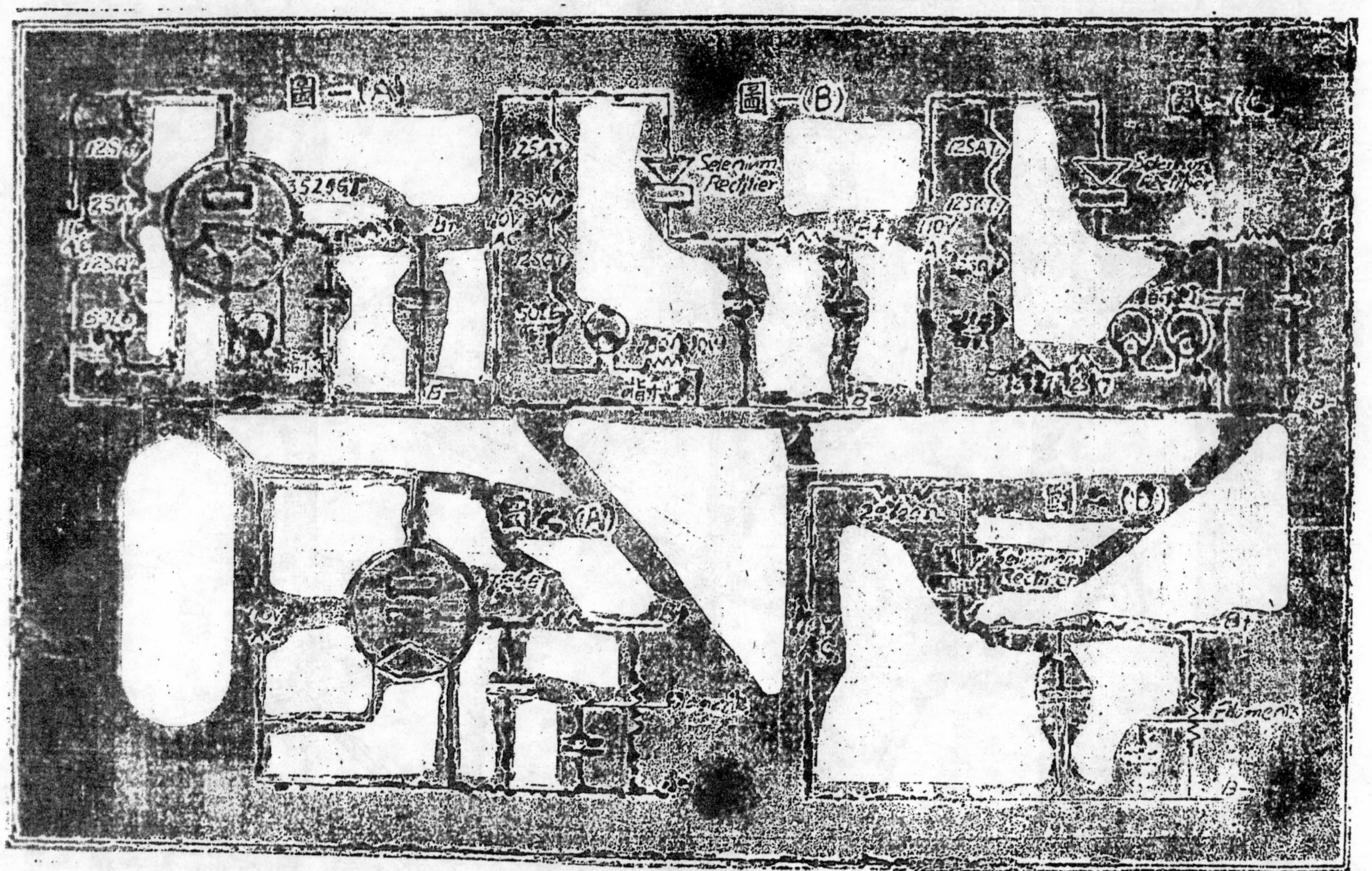
圖一(A)
35Z5GT
圖一(B)
Selenium Rectifier
110V AC
50L6
圖一(C)
12SA7
12SK7
12SQ7
圖二(A)
Filaments

對工程教育改革之意見

梁炳文

前　言

一個國家的建設，須備有兩個條件，即物資與工程人材。中國天賦資源甚爲豐富；而所缺者，厥爲工程人材，故工程人材的培植，實關係我國建設成敗。我國於現代化建設，本落人後，再加以戰爭破壞，建國工作，有待從頭收拾。所需工程人材，質與量須雙方併重。惟目前我國工程人材的培植，就質與量雙方面來看，皆不够水準。工程教育之失敗，論者每推諉於經費與師資的缺乏，教育本身的缺點，鮮有注意改進者。實際上我國本已貧弱，戰時之戰費，及平時之復原費，皆在在不足，無從核減，教育費可望增加者有限。教育旣因經費限制，無法改進；人材培植不出，師資之增加，亦屬無望。我們所應注意的，是如何使教育本身，成爲培植人材及師資與建設國家的原動力。國家建設旣有進步，教育經費與師資之貧乏難題，自亦隨之解决。不應坐待經費與師資之增加，再談改進教育。本文所談如何改進工程教育，即指工程教育本身如何改進而言，實際上目前所可能改進者，亦祗有此點。猶如經商，初無大資本，不妨經營小生意，問題在如何善爲經營，獲致厚利，大資本之獲得，亦僅時日問題。工程人材之培植，即工程教育之利息，目前問題，在如何增加利率，非僅希望增加經費之問題。

目前工程教育之缺點

目前工程教育之缺點，質與量雙方面皆有之。玆將在不增加經費與師資的前提下，可以改進之缺點，分述如下。至改進方法，另節詳述之。

第一點是工程教育的基本問題，即究應重實用輕理論呢？還是應重理論輕實用？還是雙方併重？以有限之教育期限，雙方兼重，即等於雙方皆須犧牲。在目前看來，似乎是偏重於理論方面。其實這完全忽界了國家需要，和工程教育的本意。國家的建設大業，全靠大多數能實作有經驗的工程師們去完成，況實用科學不發達的國家，理論科學亦必落人後。因無基礎，而空談理論，無異於大洋上計劃樓閣，於沙漠上設計巨舟。爲國計民生，與工程教育之原意着想，自應偏重實用。我國工程教育之不務實用，每歸咎於設備欠缺，但學生的積分，書本方面佔十分之七八，而實驗及實作分數，祗佔十分之二三。這種偏見，豈非教育者之錯誤？又有進者，各學校對於實作分數，每馬々虎々，無不及格；對於書本考試，則絕不放鬆。一個工程學生，可以對於任何工程，不能下手，祗要閉門在書本上下死工夫，即可以優等畢業，獲得優等職務，更可得各種深造機會。其實在經驗上及體力上，俱因消耗於書本方面者太多，亦難於從事實際工作。書本所講爲求實用，如不能於實用上表現成績，豈非害本教育之失敗，與不切實際所致？

第二個缺點是教授與學生人數不成比例。在一二年級時，每班學生可有三四十人，至三四年級到分科教育時，一組學生每每祇有二三人。每年畢業學生的人數，不一定比教授人數多。一個教授一生中平均作育不到幾個人材，這在以人材培植人材的利率來說，實在太不經濟。

第三個缺點是設備方面。這與第二點犯有同樣毛病。在學生方面所能享受到的圖書設備，雖嫌太少，然就以現有設備，祇供幾個學生，於一年中的幾天時間，或祇幾個鐘頭的參閱實習來講，已顯浪費。對於這點，作者常々懷疑到是否每個工科畢業學生，於一生中所有成就，皆抵得起其家庭與國家所付的教育費用？

第四個缺點是不顧國情。我國工程教育，迄今已有五十年以上的歷史，而一味抄襲因循到底，無怪乎在建設方面，拿不出一點中國貨色來，大部原因，是由於在學校課本與設備各方面，完全嗅不到一點中國氣息的關係。一個工科學生對外國工程界情形，可大談特談，而對於國內工程狀況及待興工程，則漠然無知，或竟不屑於研究，猶自以爲高明，不覺可恥。

改進意見

針對着以上缺點，玆提出關於工程教育的組織，學制，教授法，及教材對象四點，分具管見如后：

第一點，關於工程教育的組織方面。在目前看，有三個學院以上，才有稱大學的資格，三院以下，祇可稱學院。一般觀感，總以爲大學比學院高明。院系愈齊全，愈能表示大學之完備，並不計較所培植之人材，是否完備。其實將理工農醫文商法性質各別的院系，硬擺在一起，顧此失彼。且全國大學甚多，每校如此，以有限之教育經費及專家教授，分配於如許之完全大學內，自均感不足。此種現象，實有加以澈底改革之必要。

改革之根本辦法，係將各大學之同系工程，一律合併，分別設立。這樣每校祇有一院一系，不管稱他爲學院也好，大學也好，組織雖簡單，但設備齊全，人材集中，規模內容將較現有任何大學爲偉大而充實。地點則可於全國各地，選最適宜於某科工程者，分別設立。例如在有山有水有平原有現成鐵路公路的地方，設立鐵路及公路工程大學。近煤礦鐵礦及煉鋼廠的地方，設立採冶工程大學。近水陸航空站及飛機修造廠的中心，設立航空工程大學。近水利發達地點，設立水利工程大學。近大都市地點，設立建築工程，及市政工程大學。總之，各工程大學之設立，應選擇與性質相近，環境最適宜之地點，使學校在先天方面，即得有優厚之設備，與學生之見習機會。

第二點，關於學制方面。現我國各大學，皆限於秋季招生，四年畢業。這在麻雀雖小，五臟俱全的各完全大學看來，亦確有難以變更的因難。因稍有改進，胃口即難以容化。如照第一點加以改革。同一大學內，不妨設立三年制，四年制，及五年制畢業之班次，並均附以一年及二年爲期之研究班次，予有成績者，以碩士及博士之獎勵。招生入學期間，可分四季，由教育部統一辦理。畢業後由教育部會商政府各機關，統籌分發任用。學校當局，祇須建議招生命題，及分發任用之意見，不必在此方面，大費精力。學生之入學及分發任用，不使向隅。各招生處兼辦所有院系，錄取人數，祇據及格標準，名額不加限制。此種學制，亦惟有照第一點予以改革後，始能使行。

第三點，關於教授法方面。作者認爲工程教育，應着重實用。實驗與實習分數，應佔十分之六。書本考試分數，佔十分之四。因『工程教育』，顧名思義，乃培植工程建設之實行家，而非徒能空談之理論家可知。如何能使其畢業後可以實作，並保證其確能實作，惟一方法，爲在校時着重實際，學校既以實作爲貴，則學生自皆着重實作，造成踐實風氣，可無目前因不能實作，反而輕視實作之流弊。課本關於理論方面者，於課堂上講授之，其應用部份，及可以實驗證明之理論，則皆於現場講授，並於實驗或實習時，隨時指導闡明之。許多問題，不僅須於課堂上求答案，應該在實作時，就實作經驗及觀察結果解答之，且不似課堂上考試，學生能否解答，祇影響分數方面，實作問題，則必須使每個學生，求得解答，一次不成，繼之二次。分數以時間及準確程度計算之，養成迅速確實之習慣。所謂實作，不僅包括設計實驗，並包括至某一階段，到附屬工廠或其他公私工廠與工程，參加之實地工作。附屬工廠，以俱有生產性質爲原則。學生於工作後，須就工作經驗，工作程序及方法，與對工作方面之見解及心得，寫詳細報告，作爲成績之一。

第四點，關於教材對象。我國大學教育，教材之取給，特別是工程各系，可說是原封不變，由外國抄襲而來。本來學術是不分國界的，但對於本國國情之過於忽畧，工業萌芽與起碼工作之過於輕視，或根本未曾顧及，則係實事。從精神方面與實質方面看，皆係如此。致畢業後一切思想見解，甚至生活習慣，根本與本國脫節。設計及施工依據，自然全部取材國外。不僅在精神方面當了外國尾巴，在工作方面，也成了外國的附屬品。所謂不務實際的工程師，在國外不一定如此，但到國內，則大多如此。因我國工程建設，與工業先進國家，尚差一段距離，忽畧了這一段距離，則所造就的工程師，將皆有不務實際之弊。故教材之關於設計用料各方面，應注重於國家物資及工業現狀，儘量利用國產原料及成品，研究改進之道，顧及本國人力財力，及實際需要。課本上各種工程圖例說明，應儘量利用本國現成工程。設計試作，儘量以本國待興工程爲目標。譬如學採礦者，於明瞭各種最新之採礦法及設備後，應知其如何實施於本國各地礦藏之開發。本國現有各礦的現狀如何，是否係最科學者，如不合乎科學，應以現有人力財力，如何改進？如何利用交通情況，供應本國需要。各種採礦設備，如何利用國產。充分明瞭本國各礦員工實際生活，於某一階段，並參加實地工作。這樣雖然天天學的是先進國家已發明的理論，與應用的方法，而耳聞目睹與學習如何實施的，則皆係本國材料。畢業後對本國情況，彼此將皆無陌生之感，不會再有格不相入之弊。現有工程教材，實有澈底考慮編造之必要。然亦惟有實行以上三點改革意見後，始能對本點所提加以有效改進。因目前人材設備之不集中，教學法之死板而不務實用，使本節所提議者，無人下手，亦無從下手。

改革後之優點

照以上四點改革辦法實施，優點甚多，茲分述如下：

第一點，設備方面，可以齊全。因國家將對某一工程教育的經費，集中一處使用，無論教育經費是如何困難，其設備也可與世界上任何著名大學相較，而無遜色。這與大鍋飯較小鍋飯經濟，是一樣的道理。現在各大學多有工科，各種設備，每校一套，經濟力分散，結果皆見簡陋不全。有很多雖不可少，而實習時間及次數有限的，亦每校一套，已顯多餘，大規模設備，因陋就簡，又感不足，如能將同系合併，則一切設備，可依實際需要，規模大小，及數量多寡，樣樣俱備。而所需經費，將比現在猶少。如有多餘，更可儘量擴充，或用以改進師生生活。且所在地的環境條件，又俱潛移默化的功效，予見習上以便利。既有圖書設備，可充分利用，非僅供一班一時之需要。

第二點，教授可不虞缺乏。理由如上，全國同系教授齊集一校，每班學生人數，可保持一定名額，不會再有某班學生太多，某班太少，同時又均感各門教授欠缺，教授本身又兼課太多，無法認真，或抽暇作研究工作的種種毛病。

第三點，學術研究風氣，可以提高。現各大學工科，圖書設備既均欠缺，研究工作已感困難，再加以人材分散，無通力合作，研究任何問題，推進一般學術風氣之力量。集中一起，圖書設備既供研究便利，而人材濟々，更容易互相琢磨激勵，分工合作，發動任何研究設計工作，出版資料豐富之學術刊物，解決任何學術及工程上之難題。更有許多極專門之人材，在現有大學內無棲身餘地，在新工程大學內，亦可獲得應有地位，更專心致力於專長研究工作。當國內各種工程建設，發生任何問題或困難時，此種專科大學，又爲惟一可供咨詢解答與實驗之機關。且大學教育，不僅在培植人材，同時應對學術方面，負有責任，關注國內任何有關而正在設計與工中之工程，使學生在校時，即對國內進行與待興工程，予以關切注意。新工程大學因人材濟濟，又可於授課之餘，利用多餘人力及假期，組織各種考查團。或應政府要求，勘察各地待興工程。既有助於建設，而各種考察資料，又在教學方面，添不少新穎實用之教材。

第四點，爲易於吸收國外文化。關於全球各種有關工程方面之圖書設備，可有力添購，已如上述。在聘請國外學者專家來華講學，交換學生各方面，亦可全體受惠，不似今日之分起爐竈，各有偏枯向隅，各擺雜貨攤，無資進貨之感。在新工程大學內，各種新知識不但可以吸收，且可隨時將各種課程，由各專門教授，分章編纂，加入新穎教材。不似今日各大學，率採用十年甚至二十年以前之教材，各教授就十數年前學者，教今日青年，不思且無暇加以改進。而國外大學教材已有改進者，亦因各大學步驟不一致，或印刷困難，無法採用。此種連模仿亦做不到，竟而因循到底，欲迎頭趕上，談何容易！

第五點，可因材致用。在教授方面，可專授所長，而日益專精，使個人及國家，在學術上獲得優越地位。在學生方面，可聆受各專家講學，無不決疑難，或艱澀乏味，提高向學興趣。在目前教授與學生，則多有抱應付一時主意者。又全國一系同校，各生天才專長，可作有系統之考驗調查，在校可作因材施教之方針，畢業後可作因材致用之標準。不似今日各校水準不同，環境各別，因材施教，與因材致用，皆難辦到。

第六點，爲教育機會均等，不埋沒天才。因招生處可遍設全國各地，錄取標準齊一，廣而不濫，齊而不偏。任何角落，够錄取標準青年，皆可有受大學教育之機會。不以地域偏僻，經濟困難，與錄取名額限制，而有失學之虞。再加以錄取後，經甄別教育，可因才能體力，分班授課。敏於思捷於行者，可三年畢業，較遲頓或體力弱者，可五年畢業。有特長可深造者，畢業即選入研究部門，繼續研究，有成績時，予以碩士與博士學位。學生經濟困難者，予以調查補助。在目前情況下，則很難作到。各校分別招生，限於人力財力，皆集中於某數城市。很多學生可有機會考幾個大學，很多學生竟無法投考任何大學。或因遷就考試環境，而變更選系志願。且各校錄取標準不同，在各種參差不齊之考試與錄取限額之情況下，考試亦失公平之意義。致不够標準者，可以求學，够標準者，不能求學。錄取後又因程度不齊，而進度則必須一致，使敏捷者習於懶惰，不求進取，使遲頓者必須夜車追趕，但求及格，毫無心得。本節所謂遲頓者，不一定非天才或無特長之學生。如愛因斯坦幼時有獃氣，巴斯特與愛迪生皆不以敏捷着稱，而能脚踏實地，埋頭工作，終抵於成。又特爲提出者，未文所提三四五年制之班次，並非硬性規定，而係以學生之實際進度爲準，以一切從容學習完畢爲原則，亦可三年半或四年半畢業。三四五年之說，亦不過作釐訂教育計劃之參考而已。

第七點，爲節省光陰。此在招生上與施教上，已節省不少時間，如上所述。又因班次增多，可於四季任何一期入學，不必因錯過一時機會，即須等待一年。在校跟不上班之情形，既因可五年畢業而大爲減少，或雖有因體力疾病及功課差關係，而仍可以作育之學生，可予以休學三個月，或降次一季班次之便利，不一定重讀或休學一年。此種在時間上之剝奪自由，實最苛刻之事，與教育上之徒刑何異？又特為指出者，四季招生，僅係原則，夏季能否入學，尚待專家指正。

第八點，為國家之需要人材，可以確切養成。因新工程教育，既以實用為主，以國情為重，所謂及格畢業，非僅功課及格之謂，更不啻為可勝任工作之證明。且學生在所專方面，在校所見者多，所聞者廣，體會者深，根基穩固，亦不會考後便擲諸腦後，畢業使一切所學，成為過眼煙雲，遇實際工作，便却步不前。所謂耳聞不如眼見，眼見不如嘗試。惜目前一般工科學生，不惟無機會嘗試，連一見亦感困難，而祇限於耳聞了！

第九點，校務單純，容易推進。因學校當局所致力者，祇限於某一工程教育，無院系龐雜分心之因素，可以一心一意，向既定方針推進，作有効之採購充實工作。又工程學生之心理，亦比較單純，畢業後之工作，比較專業，學生生活，可完全由學生負責自治，教育設施，完全由教授會議決定，由而樹立民主教育風氣。以建設人材辦理工程學校，從而培植建設人材，學校與國家之建設，皆將因此循環作用，而俱受俾益。

第十點，清除派別觀念，增進感情聯繫。因同系工程，皆集中一校，畢業後不分地域，皆一校同學，感情上既有聯繫，工作上可於無形中增加許多便利，減少許多人事上無謂磨擦。畢業後之工作，可因材致用，予以統籌分配，不須個人鑽營活動，致使機警者轉為乖巧，使老誠者疾世憤俗。

第十一點，為工程制度及標準可以樹立。到現在止，我國工程界尚無統一名辭，各種量度，無統一標準，各種規範，無統一規定。教授講的是留學各國所學，學生學的是各校不同的課程。作起事來，合作困難，步驟無法一致。今天全部採用甲國標準，明日全部採用乙國制度，本國各種工程，無從發生聯繫，經驗知識，無法累積進步，而養成寄生依賴的習慣。更可慨的是依賴寄生，也要朝秦暮楚，靡所是從。如係一系一校，則各種制度標準，不惟易於齊一，且需要齊一。工程界齊一制度及標準之需要，與日俱增。德國於第一次大戰後復興之速，大半得力於此。我國為求工業發展，建設進步，事半功倍起見，極應早為計議，而新工程教育，為完成此項任務之最有効工具。又有一點值得注意的，到現在止，連一個學位也須到國外去混，而本國大學，竟無一個有給予學位之權威。就此點而論，新工程教育，亦最為適宜。此雖小節，但由此可知我國學術之目前附庸地位，致使不少青年，不惜犧牲一切，到國外鍍金。

第十二點，為政府設立之學術，研究，考試，等機關可以裁減，增加經費人力於教育機關。因一系一校之大學，在人材及設備各方面，既居全國學術最高地位，政府無另設枝節機關之必要。譬如大圖書館可分門設立於各專科大學，各研究機關就性質附屬於各大學，各種考試委員會，因學生程度齊一，由學校自辦，無另設必要，其他各種專業考試，由專科大學兼辦，更為確實。任何人欲在工程方面，作任何研究，為求較高明，參考專門書籍，作實地實驗起見，自然以到專科大學研究為最理想。

工業安全工程（續） 陶家徵

第七章 安全檢查

一 安全檢查之理由

組織良好之公司或工廠內，常有安全檢查。所有監工人員及領工等，時刻注意技工之工作情形。在出借工具設備之前，必先檢查其是否安全。安全委員會依据固定計劃，經常舉行安全檢查。雖然如此，意外事件仍然發生，其故何在？是否因督導者不能發現危險事物及危險行為之故？事寔上，並非如此。多數工人中常因熟習工作之故，容易忽視各種細節，而致發生意外；或未能完全明瞭某種危險性情況可能釀成之後果，低估其重要性而生意外。

某項工作之動作或者極為危險，但因工人時常工作之關係，即養成一種自信心，自信不致發生危險而不注意預防傷害，譬如鋸床工作者，工作數年之後，自信能於工作時，可不用防護罩。此種情狀，如不加糾正，易生悲慘之結果。

某種工人，慣用一種工具時，即使此項工具歷久損壞，須加以修整或更換時，工人仍繼續應用其原來之工具，此種情形亦易釀成意外。

安全工程師深知上述種々情形，故以安全的眼光檢查之，彼等格外明瞭預防意外之重要性，因安全工作為其全部職責所在。而對於監工人員及領工等，安全僅為其數種主要職務中之一種而已。故安全工程師集中全部精力於偵查及糾正所有一切不安全之措施與情況。因此安全檢查，實為預防意外，增進安全度所不可或缺之工作。

二 檢查之種類

（1） 全盤性的檢查

常為外界安全工作人員，如保險公司、安全顧問工程師或政府機構中之安全指導員等負責主持。

此種檢查制度之主要目的為估計該機構之安全度，並決定應行改進之各方面，使之達到最高之安全度。檢查員必需獲得切當之知識，作種々有益之建議，缺建設性之檢查為徒勞無益。

因檢查員之時間有限，對於各方面安全度之詳盡檢查實不可能。檢查員應仔細分配其時間，以決定最主要之工作。各業中或同業中不同機構之工作細則雖然不同，但基本原理則不變，檢查員可依照下列各点實施檢查：

(a) 意外事件記錄（傷害率及嚴重性）。

(b) 整潔。

(c) 工作法之程序。

(d) 機械設備之維護工作。

(e) 機械防護。

(f) 地板、走道、梯級等之情況。

(g) 人員出入處之安全設置。

(h) 光線、保暖、通風等情況。

(i) 衛生及醫葯設備。

(j) 工作上之安全用具。

(k) 火災發生之可能性：高壓蒸器、爆炸性之氣體、鍋爐內之工作、危險性液體或氣體之存置等。

校核應加注意之各事項：每一檢查員均須依其需要及方法開列一表，以便核對各項。下表爲一有經驗之安全工程師之各項記錄要點，可爲吾人參考。

(a) 整潔。

(b) 材料存提方法。

(c) 走道及機器設備相互之間隔地位大小。

(d) 傳動機械之防護。

(e) 工作部份之防護。

(f) 維護工作。

(g) 小工具（如鑽頭、絞刀、螺絲絞板、鐽刀等）。

(h) 固定梯及移動梯等。

(i) 搬運機械，如吊車、手推車等。

(j) 地面、樓板、梯級、欄干等。

(k) 起重機、廠內鐵道等。

(l) 光線。

(m) 電氣設備（特別注意其引接部份）。

(n) 昇降梯。

(o) 眼部保護。

(p) 他種個人之安全用具。

(q) 灰塵、蒸氣、有毒氣體。

(r) 高壓蒸器。

(s) 他種爆炸性物質，如揮發性物質等。

(t) 他種危險物品。

(u) 加油法。

（v） 各種鍊子、鋼索之檢查。

（w） 意外事件記錄所建議之事項。

（x） 出入口。

（y） 廠房建築及道路等。

檢查時須注意上述各項，雖不能應用於任何工廠，但每一項均不應忽視。經驗較差之檢查員可自行分析每項下之細目，如整潔項下可分下列重要之点：

地面之散亂材

堆積方法。

突出之鐵釘。

廢料之處置。

水、滑油及其他油類之流溢情況。

工具之整潔。

間隔之劃分線。

窗戶之清潔。

油漆。

一般清潔。

檢查人員於入廠檢查之前，須明瞭該廠一切有關安全之資料，如曾否參加安全組織機構？廠主是否具有高度之安全感？等々。

檢查工作之進行，須視該廠業務性質及廠房之佈置而定。如在大量生產及廠房佈置合理之工廠內，檢查時可依製造程序進行。在小型或中型之工廠內，廠房之佈置如無一定次序，則可依各廠房爲單位而檢查之。

檢查完畢後，須與廠主會商討論。所有安全方面改良工作之能否實施，全賴廠主能否接受檢查員之意見，故檢查員必須設法使廠主信任，於檢查報告內作種々建設性之建議。

（2） 經常之廠內檢查

工廠中各項機械物品均因使用及經久而逐漸耗損，易使危險發生。即就設計完善之工廠而論，亦常有被忽視之危險，如工廠內有經常之檢查制度，即可避免此種危險之發生。

經常檢查制度中所包含之細節雖多，但應注意之綱目則甚簡單，茲列舉如下：

（a） 應檢查者爲何？

（b） 每一物事、工作法、工作地点應經若干時期檢查一次？

（c） 何人負責檢查？

（d） 何人監督檢查工作？

(e) 需要何種報告與記錄？

(f) 應有何種改頁設施？

廠內每一機械均須於適當時期內檢查一次，故須擬訂一進行程序，各種安全裝置，如衝床工作者兩手同時操縱之設備等，每八小時檢查及試驗一次，每週或每月須檢查整部機器，每年須翻修一次。機器翻修應由安全工程師決定，而非視生產上之需要而定。

檢查員對於每種機械可能發生之危險性，應具有正確的及澈底的知識。數種機械如蒸氣鍋爐及昇降梯之安全工作法，需要高度之專門知識與技能。

安全督導員負責檢查工作，或在總工程師、製造部主任之指導下實施檢查。其主要之点，即檢查工作須有高級之行政人員參加，以便順利實施，而不致成爲例行公事。

報告及記錄須力求簡明。

各項改進工作有賴於整個組織系統，總工程師有時可使之全部實施。安全指導員有時僅能建議，迅速有效之措施爲檢查之最終目的。檢查員須確定各項安全標準，例如磨刀砂輪，焊接工具等之安全標準等。

工人工作時，需要手臂伸展的地位。

第八章 意外事件調查

一、概 述

意外事件調查之目的爲發現含有危險性之各種情況，以預防相似之意外事件。須注意下列數点：

（a） 詳細調查每一意外事件，以發現其原因。（b） 各原因之分析。（c） 根据調查及分析，作種々改進之建議。意外事件調查與其原因之分析截然不同，後者之目的在使意外事件原因標準化，以便計劃及指導預防工作。

調查時須避免譴責心理，如存此定見則不易得各種事實。如領工、工人，調查員均知調查之主要目的爲預防，並非譴責，則可無偏見而收集各種有關知識及事實，以爲預防之根据。

任何工廠中，如有澈底調查每一意外事件之政策，對於預防知識必能日漸增多豐富。同時如能有系統的澈底的安全檢查，且將調查所得之結果常應用於檢查工作，則其效率大增。調查、檢查與改進工作同時並進，意外事件勢必減少。因此調查、安全檢查及有建設性之分析，實爲預防意外之三大基礎。

二 調查之基本原則

意外事件調查雖似簡單，但如求得最大效果，須進行下列諸項：

（a） 常識與明確之思考爲主要先決條件，調查員須收集事實判別其重要性，而求得結論。

（b） 了解設備工作法等，以便明瞭在某一情况下，可能發生之危險。

（c） 所有調查員均不應受制於領工或監工員，對於發生意外事件有關之工作人員，不免存有偏見。調查人員對於領工須抱合作態度，以發現及求得各種異々原因之所在而改進之。

（d） 調查工作須包括建議改進事項，否則不得認爲完全。

（e） 迅速爲主要條件，因各種情况變化甚快，且細節經久，容易遺忘。

（f） 每一線索須周密調查，往々因發現一不重要之因素而改變整個結論。例如：某工人將鋼板放入衝床工作時，其足跟爲手推車上一小鑄件墮下而擊痛，該工之手因受驚擧起，以致手指被壓斷。調查員即認爲失事之原因爲卡車上載貨不穩妥之故，後經其他人員之重新調查，發現下列各種情况，玆附述其校正工作。

1. 此手推車爲四輪箱式，推車者因車箱太高，不能看到車前情况。

   校正方法： 以拉式車代替之。

2. 地面有一洞，使手推車跳起。

校正方法： 修補地面。經普遍檢查後，發現廠內地面情況不佳之處甚多，即將其修補完好。

3. 衝床之安置，使工作者背向走道，且甚近走道。

校正方法： 將衝床換方向，使工作者面向走道。並檢查所有機器，以便同樣校正而保證工作者之安全。

4. 衝床衝頭外圍並無防護罩。

校正方法： 加設防護罩，使工作者之手指無法伸入。

（g） 因多數意外事件中常包括機械的以及行為的錯誤，對此二者均不應忽視。例如：一工人在砂輪機砂輪之側面磨其闊邊刀口，其手部觸及砂輪，兩手指受傷，磨去一部肌肉及指骨。經調查後，發現該工人不遵守『禁磨砂輪側面』之規定，並不應用磨刀工具架。此種調查僅發現不遵守安全規則，總工程師認為不滿意，即會同領工重新調查，彼等發現工具之刀口太闊，甚難在砂輪面磨光。此砂輪機為雙輪式，故即以其中之一砂輪，改換為一較闊之砂輪，並在砂輪側面加一較大之砂輪罩，以減少磨砂輪側面之可能性。

三 何人負責調查？

一般而論，如能遵守上列數原則，任何人調查均無分別。實際担任調查工作之人員，可分下列數種：

（a） 安全工程師——限於聘有安全工作人員之少數工廠除非有他種安全檢查之補充，此種調查不易達到上節（b）及（f）之兩点要求。

（b） 安全委員會——此類調查人員能力高强， 是其利； 但其弊為各委員均係工作繁忙之人 ，無時間使調查工作澈底 ，僅能負責調查特別重要之意外事件。

（c） 領工——發生意外事件部份之領工，須調查工人之意外事件，並改進其監督方法。但領工之調查不應視為唯一的，因有上節所述 (c) 項之弊。

（d） 工人委員會——可發現非直接參加工作者所能發現之機械上的以及行為上的錯誤。如雇主能授予該會與其他部分合作的機會，並重視此會之工作，則可鼓勵工人間對於安全之合作。

（e） 特種委員會——工廠內有設置特種委員會，專負調查意外之責者。其組成份子，通常包括下列人員：

安全工程師，

安全委員會主席，

總工程師，

致工員，

工人二三名（就其經驗與能力而選擇之）。

此種委員會範圍太大，易受高級人員之操縱。安全委員會主席及總工程師均無暇詳細親自調查，故實際僅須由三人組成之即可。此三人須能有充分時間從事調查，且須對於調查有專門之知識與技術。

（f） 上述各種人員之組合———安全工程師、領工及三工人委員會之聯合調查，各別填寫報告，則爲最理想之組合。安全工程師須負責決定各報告中不同之建議與結論。

四 調查後之工作

（1） 繕具調查報告書

意外事件調查以後，須填具明確之報告書。茲擬具標準調查報告書之格式如下：

標準調查報告書

（A） 受傷者：

a. 姓名、工號、住址。

b. 年齡、性別、婚姻狀況（已婚，離婚，未婚），子女數（年齡）。

c. 工作部份、工別、到廠工作時間。

d. 受傷時之工作、已担任此項工作之時間。

e. 受傷地位。

f. 傷勢情況： 死亡、終身殘廢、部份終身殘廢、輕傷。

g. 失去工作能力時間之估計。

（B） 意外事件：

a. 發生日期、時刻。

b. 敘述各種意外事件種類及其牽涉之機械工具設備等。

c. 敘述有關意外事件之各種行爲與工作程序。

（C） 原因分析：

a. 不安全之機械上的情況。

b. 不安全之行爲。

c. 上述原因之來源。

（D） 建議事項：

a. 對此意外事件之治標的緊急建議。

b. 普通性的治本建議。

（2） 迅速攷慮每一建議，並立即使之實施。

（3） 對於未被採用之諸建議，應詳述理由。

（4） 詳述延緩實施改進工作之理由。

（5） 如發現以往從未發現之某種機械上的錯誤，則工廠全部須經檢查，以明是否有同樣之危險存在。

（6） 發現每一行爲上的錯誤時，須查明其他部份是否可能同樣發生。

工廠裡的安全訓練講話

◎新工程出版社◎

總編輯 陶家澂　　發行人 范鴻志

印刷者 臺成工廠

通信處 臺灣臺中市66號信箱

內地訂閱處 上海（25）建國中路103弄37號程鶴鳴先生

臺灣訂閱處 本社

（請注意本期卷首『特別聲明』中之訂閱辦法）

定閱半年 國幣……………………45,000元

（平寄郵費在內） 臺幣……………………700元

◎取消另售◎

承辦土木建築鋼骨工程

經驗豐富按期完工

承建營造廠

經理 周承深

廠址 臺灣高雄市前金區中正四路一九〇號

分廠 臺灣臺中市中正路一九〇號

電話 臺中二四五號

28689

敝號不惜重資

聘請川粵名流廚師

烹調美味中西名菜

川粵名菜

味美價廉

女侍招待

座席雅潔

開

餐廳

台食西餐

台中第一

曲盡週到

包客滿意

地址：臺中市繼光街六十八號

（即前高砂啤酒賣店不醉不歸舊址）

電話：一六二八號

目 錄

新工程出版社

MODERN ENGINEERING PUBLISHING SOCIETY

歡迎批評指教

臺灣臺中第六十六信箱

編者雜記

Edmund T. Price 先生的大作『What a Young Engineer Should Know』，見解透闢，是一篇有關工程人員修養的好文章。陶家澂先生特爲譯述，刋登本刋，想爲人十分注意。尤其是我們一般青年工程師們，玩味斯文後，應該知道從何處痛下功夫！

我國要想建立工業，最簡捷的途徑，無疑的是取法歐美；不過此地所謂取法，並非削足適履，一味盲從。概括地說：最要緊的是先就我們的人事地物作全盤考慮，找出困難之所在，然後再把人家的生產組織、設備與法方，以及經濟條件與人事問題等研究淸楚，最後拿出我們自已的辦法來。我們很高興地能够刋載楊慶瑞先生的『星型航空發動機主連桿熱煉之研究』一文。楊先生是一位實地從事國防工業的青年工程師，鑒於我國工廠熱煉設備不如美國萊特廠者，與其同事們就工廠現有的設備，參孜人家的辦法，研究一種新的熱煉法，而所得之結果，極合乎萊特之規範，這眞是一件難能可貴的事。楊先生的文章，材料豐富，尤富參孜價值。我們希望全國一般致力於各種工業的工程師們，都願意將自已實地工作或研究的心得，公諸於世。

美國的航空工業，目前可以說是執世界之牛耳，似無疑問的；不過美洲南部各國的航空工業，素來乏人注意。讀范鴻志先生『進步中的南美航空工業』一文後，知道牠們已經由仿造改良而達到創造階段；出產量，不僅可以自足，也快要尋求世界市場了！這眞值得我們警惕與反省的。

『新工程』是以溝通學術相互研討爲目的；對於任何工程上的問題或建議，我們歡迎投稿，更歡迎討論與批評。本期刋登關炳昭先生對前載樂漢民先生的文章的討論意見。我們認爲討論不但可收集思廣益之效，也是發掘眞理唯一不二的法門。

本社啓事

(一)

本社現正着手編著第一種叢書『工業安全工程』(Industrial Safety Engineering)。第二種叢書『工礦技工安全守則』(內容爲各種礦廠技工工作時應注意之安全法則)。茲爲集思廣益計，公開徵求各項有關資料。賜寄時請註明贈閱借閱，或有條件的借閱諸項。不勝感禱！

敬告青年工程師　陶家澂

原文名「What a Young Engineer Should Know」，為美國 Solar Aircraft CO. 總經理 Edmund T. Price 於一九四七年五月 SAE San Diego 分會上之演講詞，原文載一九四七年十月號SAE雜誌。Solar Aircraft CO. 位於美國西岸加利福尼亞省之 San Diego 城，以製造飛機不銹鋼另件聞名全美。

一

一切從事事業的人，包括工程師在內，都想在人生的過程中，有所作為。實在說起來，除了對於自身生活立定脚跟、打定主意外，並無任何公式可以應用到每個人的事業上，使他成功。

二次大戰剛結束的時候，大部技術人員都感到政府社會各方面不再像戰時那樣的需要他們了。在實業界中，我知道工程師所遭遇到的惶惑遠較任何其他的人為大，他們覺得在社會上沒有適當的立足之處。

工程師實際僅是某種新的思想或方法的創導者，至於這種新的思想或方法之能否實施與是否有利於人羣社會，全賴製造商推銷商們能否與之合作。現在的實業界已進入專門時代了！社會上有各色各樣的專家，工程師不過是其中之一而已。某種新的思想或方法從實驗室或設計室產生的時候，經理先生們首先要去請教製造、推銷方面的負責人，要問問清楚製造的成本、可能的銷路以及成品在市場上的競爭情形，因為這些問題才可以決定是否值得投資某種新事業。

假使沒有製造，就沒有產品可以銷售；假使有產品而無銷路，這項生意就無法繼續下去了！假使製造與推銷兩者俱無，我們將回復到農業經濟社會，工程師亦就英雄無用武之地了！我認為製造與推銷是一切實業中最主要的兩項工作；其次要算會計與工程設計了。他如購料、運輸、生產管制、工廠規劃等等，自然各有其應負之使命，各有其重要性的。

工程師在現代的實業機構中所處的地位究竟怎樣呢？經理先生們僅僅注重製造與推銷兩部工作的時候，我們應如何去改變他們的態度呢？怎樣才可以使我們工程師得到應有的地位呢？

二

先從青年工程師說起。我們假定他在公司或工廠裡工作；他亦曾有過幾次晉升；他有良好的教育訓練與遠大的抱負；他始終不了解為什麼他的才能不為他人所賞識。我常常想到多數工程師最大的弱點，是在他們太專門了！從畫圖板上設計出來的圖様變爲實際的物品，工程師們首先應該想到製造的方法與程序；是否便於製造？製造成功後，有沒有銷路？

因此，當一位青年工程師開始從事工程事業之時，必先選擇一條要走的路。換言之，他必須決定工作進行的方向。他要爲工程科學本身的興趣而工作呢？還是要想更廣泛的在整個實業界中使自已的工作變得更有價值？這是每個技術人員一生中最重要的一個決定。

工程師因爲過去訓練與經驗的關係，與外界接觸的機會比較少。他日常所接觸的是圖様、圖表、數學公式、應力分析等刻板的東西；外行人看起來，似乎有些神秘性，他們認爲工程師的生活完全是專業化的。有一部分工程師願意使自已的生活完全隔絕商業氣氛而轉變到研究純粹科學的路上去，這實在是一條非常艱苦的道路，走進純粹科學的最大收獲是在精通某種科學或開闢一種新的科學境地時的內心的滿足。大多數的工程師都希望離開純粹科學家的象牙之塔，在世界上造就更多的財富。

大家可以回憶到，當航空工業興起的初期，有不少工程師組織飛機製造公司，他們大多失敗了；有少數能够打定根基而成功的，完全因爲他們能在經營這新興事業的艱難歲月中，苦心訓練與研究之故。

你或者要問：他們受些什麼訓練呢？讓我老實告訴你，經營實業的基礎是在製造與推銷，工程與會計僅是附屬性的。不論你同意與否，請你問問自已：除了工程學識之外，對於製造、推銷與會計三種工作，你懂得多少？

三

你能與製造部主任討論購買一部新機器專做某種工作的利弊嗎？添買一部新機器是否值得？你能與工廠計劃人員討論廠房內機器的排列問題嗎？何處應裝置自動輸送制？何處不必裝置？你知道製造某種成品的最新方法嗎？

再說到推銷方面，假定成本估計部分已決定某項成品的售價，你有無把握斷定所擬的價格可以在競爭劇烈的市場上站得住脚？能够得到雇主的定製合同嗎？

關於會計方面，你懂得預算與決算的意義嗎？什麼是折舊？捐稅的情形如何？工程設計部分的經費每年若干？假使把工程師的人數減少一半或增加一倍，對於公司的利弊如何？假使你有權決定裁員，你將裁減工人還是裁減工程師呢？

上述種種，都是製造、推銷與會計各方面負責人[illegible]常遇到的問題。你有時或者懷疑爲什麼工程師的工作，不易引起經理先生們的注意，有時你或者覺得公司或工廠裡人事上待遇的不公平，對於少數人特別的厚待。我勸你最好不要怨天尤人，應該把自身的情形仔細分析一下，你大概還沒有從整個的實業機構看清你的工程設計工作。工程師的工作之中，實在有數千百個與製造、推銷、會計諸方面有關的問題，需要你有能力去解決。你有能力去解決嗎？

假使你决定以研究純粹工程科學為終身的工作，我絕對不會勸你拋棄這種決定，因為人生的意義就是在自已能認定一種可以得到滿足與成就的工作 (a life-work that satisfies and fulfills)，而繼續不斷的進行下去。假使你想求得更廣泛的興趣，那末做工程師的必須獲得足够的有關製造、推銷、會計方面的訓練與經驗，然後可以担負重大的任務。

四

此外還有一點要請你們注意：現在的實業界極度需要能領導他人的人 (men who can lead others)。青年工程師必須具有同情他人志趣的心理，才能領導他人，才能成功。

你必須記住：工程是一種專門化的科學，不過是整個實業中的一項工作，除非你同時具有製造、推銷、會計諸方面的知識與經驗，你不會晉升到重要的地位。即使你自已經營實業，沒有這三方面的知識與經驗，你成功的機會亦不過是千分之一而已。

公司或工廠之中，最受人重視的工程師是具有多方面的才能，能明確的判斷各種不同的問題，而且能領導他人。

最後還願意勸告你們：請你們選擇一種與你的專門工作無關的業餘工作，作為第二種終身事業，那會使你的才智有更多的發展機會的。所謂業餘工作，不論什麼都好的，只要有發展的可能性。

希望青年工程師們，對於自已仔細的分析一番，問問自已：『我在這一生中，究竟想做些什麼？』沒有別的人，可以替你回答這個問題的。

本社啟事

(二)

第一次公開徵文

『對於目前吾國大學工程教育的意見』

大學工程教育範圍廣泛，全面的綜合評論固所歡迎；如僅就機械，電機，航空，化學，建築，礦冶，土木諸工程中專論一門亦極歡迎。謹希全國大學教授，大學同學，教育家，工程師，不吝賜稿。採用稿件，稿酬特別優待。

星型航空發動機主連桿熱煉之研究

楊 慶 瑞

航空發動機主連桿，於鍛成後，首須施以退火，以除却因鍛製而引起之內應力，並使其恢復正常組織。於劃線，粗車，粗銑等十三四工序後，仍施以熱煉各工序，如退火，沾火，回火等。主連桿熱煉之月的約爲：（一）除去因施金工而引起之應力，（二）使材料得其適當之物理性質，（三）須保持其最小之扭曲，（四）須使其軸孔與活塞梢孔之中心距離收縮最小；後二者，乃由不同之熱煉方法，而獲不同之結果，即爲本文討論問題之中心。

航空發動機主連桿之材料爲美國航空材料規範（A M S）6412，其化學成分如下：

炭…………0.35——0.40

錳…………0.60——0.80

燐…………0.040（最高）

硫…………0.050（最高）

鎳…………1.65——2.00

鉻…………0.60——0.90

銅…………0.20——0.30

此種材料爲多元合金鋼，含合金元素之成分甚高。於熱煉時，合金元素進入固溶體，而成奧斯敦狀態之速度甚慢，實須於加熱時，予以注意，否則所構成之奧斯敦，即不完全，將影響將來之物理性質。

主連桿於熱煉後，須具有下列之物理性質：

抗拉强度	180,000 磅/方吋
屈伏點	160,000 磅/方吋
斷面收縮率	52%
勃倫納硬度	331——375
伸長率	15%

軸孔與活塞梢孔之中心距離爲C，如附圖。扭曲之大小，乃由A及B距離而定之。中心距離C，於熱煉後之收縮，須在0.010吋左右。而扭曲A及B之相差不得超過0.030吋。本文乃爲研究如何使主連桿於熱煉後，中心距離之收縮及扭曲，均在極限之內，同時並有規範中規定之物理性質。

美國萊特廠（Wright Aeronautical Corp.）主連桿熱煉之方法，擇述於下：

1. 退火

熱主連桿至華氏1625度——1650度

保留於此溫度一小時，

於靜止空氣中冷却之。

2. 沾火

緩熱主連桿至華氏 1475 度——1525度，

保持於此溫度 15——30 分鐘，

沾於油中當主連桿約為華氏 500 度時，自油中取出，須即予回火。

3. 洗滌

沾火後，主連桿須施以洗滌工序，以去沾火油，以熱水為佳。

4. 回火

熱連桿至華氏 1000 度——1050度，

保持於此溫度一小時，

於靜止空氣中冷却之。

其硬度須為勃倫納 (Brinell) 331——375。

於萊特廠，主連桿之退火，乃於廻轉爐行之，此爐並具有防氧化之氣體，故於退火後，表皮潔淨，不必吹砂，即可予以沾火。

萊特廠主連桿沾火所用之沾火爐為氣體推進式之煤氣爐，此爐分為三段，每段溫度分別各由溫度操縱表操縱之，各段之規定及紀錄之溫度如下表：

第　一　表

段別	表上指定之爐溫		紀錄爐溫	
1	華氏	1540度	華氏	1500度
2	〃	1540〃	〃	1510〃
3	〃	1540〃	〃	1525〃

溫度操縱表上，所指定之爐溫，較實際所紀錄之爐溫為高，乃係溫度操縱表本身差誤所致。由所紀錄之溫度，可知爐溫，由第一段而後繼續增高，使主連桿漸次達到沾火之溫度，可得較均匀而確實之奧斯敦組織。主連桿自第一段爐門入爐後，約需二小時而到最後一段，保持於沾火溫度半小時，而沾於油中。

除將主連桿由工人置於沾火盤之動作外，其他一切之動作，均為自動，每隔十分鐘推進一次，即主連桿之沾火盤，由前爐門推進一只，由後爐門拉出一只。並自動沾火於油槽中一分半鐘，然後自油槽，自動昇起，推出至洗滌機內。

每沾火盤可裝主連桿八只，其距爐壁約為八吋，距爐頂內部約為十八吋。在爐中加熱者，約有十四盤。另一盤於爐外續裝主連桿，每隔十分鐘沾火盤進出各一只，爐門之啓閉，以及沾火盤之推進及拉出，均用冷氣操縱；而冷氣門之開閉，悉受計時電表之操縱，如斯可調整電表之時間，而定每隔若干分鐘推進一次。

主連桿自後爐門被拉出，即置於昇降器上，降入油槽中，油槽之油溫，須保持於華氏 135 度左右。槽中有三吋油管，由其兩側小孔噴出每分鐘 120 加侖之油量，主連桿於油中停 $1^1/_2$ 分鐘後，即自油中升起，被入洗滌機內。

主連桿之回火，乃在雙室空氣回火爐中行之，須一小時使其達到回火溫度，華氏 1050 度，保持於此溫度二小時。此回火爐係以煤氣爲燃料者，於爐頂設燃燒室，以風扇流通室內之熱空氣，以保持溫度之均勻。

由主連桿鍛件之一端延長部份，切下製成圓筒試塊，隨同主連桿一並熱煉，然後試驗其硬度，並用顯微鏡檢驗其金相，視其是否合乎航空器材規範。

主連桿於回火後，須施以吹砂，於距小孔端二吋處，局部砂光，量其勃倫納硬度。

按照上法熱煉主連桿，其軸孔與活塞梢孔之中心距離之縮短約在 0.010 吋左右，扭曲亦在 0.030 吋限度之內。

吾人因缺乏美國萊特廠主連桿熱煉之設備，遂由曹友誠博士於美國林柏熱煉公司，試作主連桿之熱煉，如下列兩法：

第一法，

退　火　熱主連桿至華氏 1625——1650 度，

保持於此溫度一小時，

於空氣中冷却之。

去垢皮　用布拉登法。

沾　火　用木炭氣體沾火爐，

將主連桿用鐵絲扎起，

緩熱主連桿至華氏 1200 度，

升高溫度至華氏 1475——1500 度，

保持於此溫度 35——40 分鐘，

沾於油中，當尙溫時（約華氏 600 度），自油中取出，

於未冷前回火。

回　火　於熔鹽爐內加熱至華氏 1000 度，

保持於此溫度二小時，

於靜止空氣中冷却之。

檢　驗　於每步處理後，檢驗其扭曲及硬度，

第二法，

除去內力　熱主連桿至華氏 1200 度，

保持於此溫度一小時，

於靜止空氣中冷却之。

去垢皮　用布拉登法。

沾　火　用木炭氣體沾火爐，

將主連桿用鐵絲扎起，

熱至華氏1200度，

緩熱至華氏1475——1500度約需時四十分鐘左右，

保持於此溫度三十分鐘，

沾火於華氏500度之鹽爐內，於爐內保持60分鐘，再沾於油中。

回　火　於熔鹽爐內加熱至華氏1000度，

保持於此溫度二小時，

於靜止空氣中冷却之。

檢　驗　於每步處理後，檢驗其扭曲及硬度。

以上兩法，均用布拉登法，去其銹皮，因於退火爐內，並無氣體，以防其氧化，如遺留銹皮於其上，則於沾火後，恐有局部減炭及變軟之危險。第一法與萊特廠法並無顯著之區別。只因設備不同，而稍予改變，如緩熱主連桿至華氏1200度以上，及於熔鹽爐中回火，以保持均勻之溫度。

第二法之特點為緩熱至華氏1475度，沾火於華氏500度之熔鹽中，約60分鐘，而後沾火於油中，此種方法可稱馬敦塞化法 (Martempeŕing)。使主連桿於華氏500度，經一定時間後完全變為馬敦塞，如此可具少扭曲及破裂。各種鋼料之馬敦塞化之溫度不同，須由試驗得知，由下表可知用第二法，所作之主連桿扭曲及收縮均較第一法為小也。

第　二　表

熱煉情形	曲孔面至活塞梢孔面之距離				兩孔中心距離		勃倫納硬度	
	A		B					
	1	2	1	2	1	2	1	2
未煉前	.805		.805		13.7695	13.7640	217	228
退火並去垢皮	.7850		.8125		13.755		217	
沾火	.7850	.8175	.8075	.8227	13.7425	13.767	512	495
回火	.8050	.8032	.8156	.8008	13.738	13.7605	364	351

根據第二表可計算，此兩種不同之熱煉，主連桿所生之扭曲及中心距離之收縮，第二法所作之主連桿遠較第一法為佳，而第一法所作之結果多出乎規範之極限。

第 三 表

熱煉方法	扭 曲 尺 寸	中心距收縮
第 一 法	0.0106〃	0.0315〃
第 二 法	0.0024〃	0.0035〃
規範極限	0.0300〃	0.0100〃

吾人於國內，因設備關係，故所採用之主連桿熱煉，與萊特廠者不同與前述之第一法相近，最初所用之方法茲述於下：

1. 退　　火　於木炭氣體沾火爐中，熱主連桿至華氏1625度，
保持於此溫度一小時，
於靜止空氣中冷却之。
2. 預　　熱　於等溫差式爐 (Hump Furnce) 預熱主連桿至 1200 度，
保持於此溫度半小時。
3. 沾　　火　自等溫差式爐移主連桿至木灰氣體沾火爐中，
熱主連桿至華氏1525度，
保持於此溫度半小時，
沾於冷油中，未冷前 (約華氏600度) 自油中取出。
4. 回　　火　於未冷前即施以回火，
於華氏1050度之空氣回火爐中，回火二小時，
於靜止空氣中冷却之。
5. 吹　　砂　於吹砂箱中行之。
6. 局部砂光　於距軸孔邊約 $3^{3}/_{16}$ 處，用砂光機，砂光一圓面。
7. 檢　　驗　用勃倫納機，驗其硬度，須爲 BHN 331——375。

用此方法所熱煉主連桿之結果，列於下表：

第 四 表

主連桿號碼		15	16	17	18	19
兩孔中心距	未煉前	13.766	13.765	13.763	13.763	13.765
	退火後	13.758	13.761	13.756	13.756	13.757
	回火後	13.743	13.742	13.738	13.739	13.740
兩孔中心距之收縮		0.023	0.023	0.025	0.024	0.025
扭曲尺寸		0.016"-0.017'	.004—.007	.004—.007	0.1—.022	.010—.012

物倫納硬度	390	390	390	390	390

由上表可知扭曲，並未超過 0.030 吋之極限，而兩孔中心距之收縮，實較規定者爲高。率皆在 0.020 吋以上，退火後之收縮約 0.004—0.008 吋而於回火後約增加中心距之收縮 0.018—0.020 吋，因此可知其原因，在沾火方法之不當，約分數點評述於下：

1. 於等溫差式爐中，預熱至華氏 1200 度，而後移入木炭氣體爐中，當移入時，中途容易使溫度降落，使主連桿收縮，並稍氧化。故不如於一爐中預熱，而後提高溫度至沾火所需者爲佳。

2. 主連桿於加溫時爲直立，對於兩孔中心距之收縮無關。

3. 油溫太低，平常馬敦塞之生成，約在華氏 500 度左右，於 500 度至常溫間容易發生其結晶之體積變化，故影響其尺寸之大小。如沾於華氏 500 度之熔鹽中，而後於馬敦塞生成，再沾於油中，如此可使生成之馬敦塞，不再變化，即不影響中心距。由此可知沾火劑之溫度，實大有關係。

4. 各主連桿之硬度較規定爲高，乃係回火之實際溫度太低，或回火之時間過短所致也。

基於以上之討論，故將主連桿熱煉之方法，改頁如下：

1. 退　　火　於木炭氣體沾火爐中，熱主連桿至華氏 1625 度，
保持於此溫度一小時，
於靜止空氣中冷卻之。

2. 沾　　火　於木炭氣體沾火爐中，俟爐溫升至華氏 1000 度時；將主連桿直立放入，緩慢將爐溫升至 1200 度，並保持於此溫度一小時，
速升高溫度至華氏 1525 度，
保持於此溫度一小時，
沾火於華氏 135 度之油槽中，以主連桿直立爲要領，
沾火後之主連桿，須於華氏 200 度——500 度之間將其放入回火爐中回火。

3. 回　　火　於空氣回火爐中，回火於華氏 1050 度二小時，
於空氣中冷卻之。

4. 吹　　砂　於吹砂箱中行之。

5. 局部砂光　於距軸孔邊約 $3^{3}/_{16}$"，用砂光機砂光一圓面。

6. 檢　　驗　用物倫納機驗其硬度須爲 B H N 331—375 或 RC 36—40

由上法所熱煉主連桿之結果，列如第五表：

第 五 表

主連桿號碼	扭曲尺寸 (A—B)	未熱煉前 兩孔中心距	回火後 兩孔中心距	兩孔中心 距之總收縮
24	.009	13.760	13.751	.009
26	.008	13.760	13.744	.016
27	.030	13.760	13.747	.013
28	.029	13.760	13.746	.014
29	.004	13.760	13.746	.014
31	.028	13.760	13.745	.015

由上表可知主連桿之扭曲在 .030 吋極限之內，而兩孔中心距之收縮在 0.010 吋左右，極合萊特之規範，此法乃爲我國現行航空發動機主連桿熱煉者，亦曾進一步研究，將主連桿於施工後之退火步驟取消或代以除去內應力之處理，所得結果甚佳，除扭曲在極限以內外，兩孔中心距之收縮，皆在 0.010 吋以內，可由下列得知，

第 六 表

主 連 桿 號 碼	45	49	51	53	55	57
兩孔中心距之收縮（吋）	0.004	0.004	0.007	0.009	0.003	0.005

結論：吾人欲保持主連桿於熱煉後，扭曲最小及兩孔之中心距離之收縮亦最小，必須設法維持下列之條件：（1）設法用除去內力於熔鹽中而代替普通之退火，（2）必須使主連桿緩慢加熱，（3）主連桿在爐中必須直立，（4）預熱及沾火必須於一爐中行之，（5）沾火於熔鹽中馬敦塞化後，再沾於油中，不然須沾於華氏 135 度之油中亦可，（6）沾火後不待主連桿冷却即行回火，（7）主連桿回火之置放位置，溫度及時間，須絕對合乎規定。

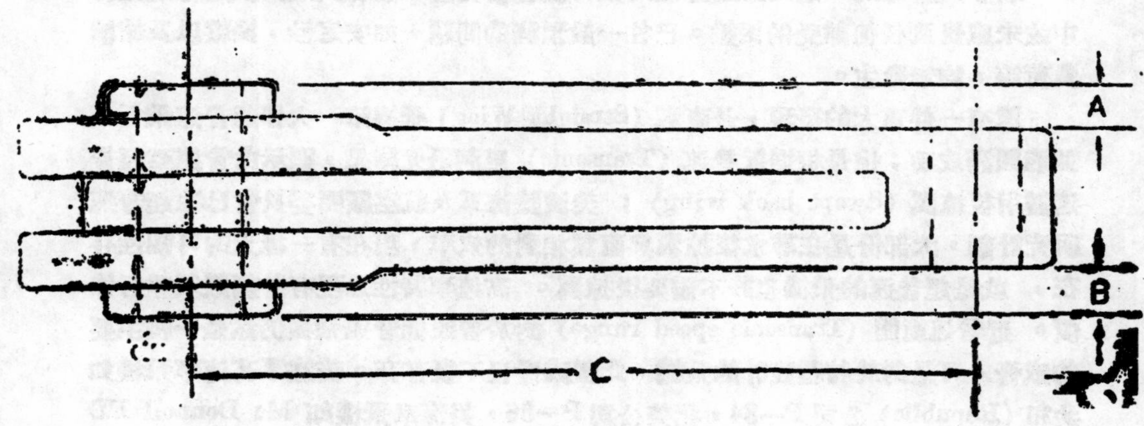

美國超音速飛機 Bell XS—1

周公樵

——原文載於1947年十二月二十二日美國航空週刊(Aviation Week)——

美國貝爾(Bell)公司新造的XS—I飛機，其速率已超越音速，茲將目前所能知道的數据，列舉如下：

1. 發動機——Reaction Motors Rocket Engine
2. 尺　寸：　翼展　28呎，長31呎，高10呎。
3. 重　量：　淨　　重　(Empty Weight) 4,892磅
　　　　　　總　　重　(Gross Weight) 13,400磅
　　　　　　落地重量　(Landing Weight) 5,200磅
4. 最大設計速率：　於40,000呎高空，每小時1,017哩；80,000呎高空，每小時1,700哩。

(一) 高度記錄

在一月以前，美國空軍上尉 Charles Yaeger 第一次完成近音速 (Transonic Zone) 飛行；之後 Yaeger 君與美國航空顧問委員會 (NACA) 試飛員 Howard Lilly 及 Herbert Hoover 二君續作數次飛行，均在馬氏數 (MachNo.) 一以上，惟官方尙嚴收秘密。前途各次超音速飛行 (Supersonic flight) 皆在加利福利亞省 Muroc 美空軍沙漠試飛中心 (Desert Flight Test Center) 舉行。飛行高度是在40,000呎至70,000呎之間，創造新記錄。

(二) 驚人事件

最令人驚奇的，是此次歷史性的飛行很容易完成，而各試飛員在超音速飛行中並未感覺到任何難受的困難。已往一般預測的問題，如安定性，操縱以及結構負荷等，均未發生。

還有一件重大的發現，是直翼 (Straight Wing) 飛機第一次作超音速飛行，並能圓滿成功；但是根据近音速 (Transonic) 風洞研究結果，顯示由音速至超音速需用後掠翼 (Swept back wing)；美國陸海軍及航空顧問委員會已往超音速研究計劃，大部份是在尋求後掠翼與直翼相對的效率，現在有一極大的可能性存在，就是超音速的飛機也許不需要後掠翼。高速率特性之現有計劃似須重行估價。近音速範圍 (Transonic speed range) 對於普通低音速飛機仍然是一種主要的威脅，可是對於特種設計的飛機，此種威脅已不復存在。美空軍高速率飛機如共和 (Republic) 公司 P—84，北美公司 P—86，美海軍飛機如 Mc Donnell FD—2 及 (Grumman F9F 等，在馬氏數 0.9 或 0.9 以上時，由於各該機機翼及尾

翼設計問題，飛行即遭遇嚴重困難。音速障碍 (Sonic barrier) 業消除，即就專爲超音速飛行設計之飛機而言，此種障碍之門僅揭開而已。在第一次超音速飛行記錄獲得後，美空軍即訂定一新超音速攔截機 (Suipersonic Intercepter Fighters)計劃，Republic, Lockheed, McDonnell 同 Convair 各公司已經完成該種飛機試驗模型；其持色是利用渦輪噴射 (Turbojet) 及火箭 (Rocket) 合組的動力，而設計速率在 1.2 馬氏數以上。Republic 公司則將其 XS−91 原來的後掠翼及後掠尾翼改爲直線式。

（三）計劃經過

產生此次第一次超音速飛行之高速飛行研究計劃，是由美陸海軍及航空顧問委員會聯合投資；在 1944 年十一月 Wright Field 會議以後，工作才開始；之後，約近一年始招商訂約製造，而 XS−1 即爲合同中之第一架，1946 年春季完成首次無動力試飛。

自從一年前 XS−1 機第一次作動力飛行 (Powered Flight) 後，已經自 Boeing B−29 完成 50 次空中投射 (Air−launch) 飛行，並且逐次少量增加速率。高低音速 (High subsonic) 馬氏數飛行是於去年初夏在 Muroc 完成。之後，Bell 試飛員 Chalmers H. Goodlin 完成 0.85 馬氏數飛行，該次試飛，Goodlin 君係將飛機控制在俯衝情况，直至馬氏數達到 0.85 始停止。根据此次試飛的結果，更改原有的缺點。

（四）變更設計

超音速XS−1機，在某幾方面與原來設計不同，機翼厚度由 10% 改至 8% (翼弦百分數)；壓力化燃料系統 (Pressurized Fuel System) 由油泵及計量 (Pump and Metering) 式，改進爲渦輪油泵系統 (Turbine pump system)。其火箭發動機具備四個燃燒室，各室可發出 1,500 磅推力，試飛後亦有改進；加之採用較高級火箭燃料，結果所產生的有效推力比以前更高。尾翼 (Tail surfaces) 亦改用 8% 剖面，同時改進均衡及操縱系統，以除去原有的缺點。機翼表皮 (Wing skin panels) 則用鋁合金桿材料製成；其厚度在翼根部爲半吋，至翼尖則減爲 1/8 吋。最大負荷因數 (Load factor) 爲 18，約爲通常高速率噴射式戰鬥者一半。機翼負荷 (Wing loading) 在携帶四噸燃料最大載重情況，大於每平方吋 100 磅。

當去年七月美航空顧問委員會及空軍接管 XS−1 試飛計劃後，馬氏數繼續增高，由 0.90，0.92 而至 0.96。實際音速及超音速飛行是在 40,000 呎空中投射，作峻直上昇 (Steep climb) 時達到。上昇高度 (Climbing altitude) 具備下列優點：驚人的燃料消耗，使飛機重量迅速減低，結果推力與重量比有利地繼續增高。

當飛機上昇時，空氣密度逐漸減小，因此阻力減低。峻直上昇，使飛機重量在推力方向之分力增加，同時在機翼舉力方向之分力減小，因此使震盪波 (Shock wave) 與機翼舉力干涉作用減小。

XS－1 之實際速率，只需是每小時 662 哩，即爲 35,000 呎高空之音速。此種速率，Douglas D－558 Skystreak 在海平面時，即曾達到。但就後者言，馬氏數僅爲 0.87，在 XS－1 飛行情況，則爲 1.1。XS－1 雖在同溫層 (Stratosphere)，溫度降至－67°F，座艙加溫尙未發生困難。

（五）其他飛機

美空軍及航空顧問委員會之工程師均承認此種歷史性超音速飛行，並未得到超音速飛行設計最後的答案；不過僅觸及該方面之技術問題而已。前述兩機關與海軍航空局 (Bureau of Aeronautics) 以及飛機製造商均增加其住在 Muroc 人員，從事研究新航空器。

Douglas D－558－2 (Skyrocket)，最近已完工，並預定在正月內作第一次試飛，於新超音速飛機次序表中名列前茅。此種刺槍形 (Lancer－like) 飛機，裝置與 XS－1 同樣的火箭發動機，但其空氣動力設計，則更爲優越。

Bell XS－2，是由 XS－1蛻變者，惟其機翼係後掠翼，最近亦將完工，預定春初可以試飛。

Douglas XS－3，利用雙楔形 (Double wedge) 翼剖面，號稱爲高超音速機，本年秋季即可完成。

Northrop XS－4，亦是一種高速率飛機，但未準備作音速 (Sonic speed) 飛行，該公司預備試驗其飛翼式 (Flying wing type) 航空器高超音速之安定性。

（六）國際鳥瞰

第一次超音速有駕駛員飛機試飛成功，顯耀美國在高速率飛行方面技術優越之堅固基礎。英國約在一年前即放棄其有駕駛員超音速研究計劃，當前正在繼續研究高速率火箭發動的模型。

法國仍在研求低音速之最高範圍 (Top ranges of subsonic Speeds) 並未完成專爲近音速設計的航空器。

蘇聯仍然是個謎，根据各方面所得到的消息，牠雖然已經有很多超音速風洞研究設備在使用，但是仍無超音速飛行研究計劃的跡象。

進步中的南美航空工業

范鴻志

航空工業在南美洲諸國最近是以突飛猛進著稱的。許多觀察家認爲如果阿根廷和巴西以現在的進步速度，繼續十年的話，她們將可能在世界的飛機市場上和其他國家互相角逐。當世人皆注目於美蘇英的航空工業的時候，這些南美的小國却也在那裡埋頭苦幹。回頭看看我們自己的航空工業，仍然是這樣幼稚，簡直不堪一提，未免令人感慨千萬。諾大的領空內，根本找不到一架我們自己完全製造的飛機。這不僅是航空工程師的恥辱，也是我們全國工程師努力不够的結果。作者願借新工程的篇幅把南美洲這些小國的航空工業介紹出來，以警惕我們自己。

一、巴西的飛機製造工廠

巴西共有五家飛機機造工廠，最重要的一家是巴西航空部辦的，地點在GALEAO。過去十年內，牠的出品一直是巴西空軍教練機的主要來源。早年牠是仿造德國的飛機，在第二次大戰當中牠買了美國FAIRCHILD PT-19的製造權，開始大量生產。現在每月可出產飛機五十餘架。但是發動機，儀表、液壓設備等，却是向美國買來的。

去年下半年曾經圓滿的試飛了完全由巴西工程師設計製造的教練機。最近他們又在設計木質硬殼機身（WOODEN MONOCOQUE）飛機。整個飛機分成十三個主要部份製造，以便保管和裝配。互換性（INTERCHANGEABILITY）也曾特別注意到，以簡化修理工作，爲了完成這個計劃，他們做了許多寶貴的研究和試驗、特別在木料和膠方面，完全採用本國的原料。巴西商營最大的飛機製造工廠是在SAO PAULO的CIA AERONAUTICA PAULISTA，設立於1942年，主要的出品是C-83，已經先後完成四百餘架，大部出口到智利和阿根廷。最近又開始製造搭乘四個人的小運輸機。巴西的第三家飛機製造廠是CIA NACIONAL DENAVEGACAO AEREA，位置在R10，一直製造木質教練機，牠的結構是用層板翼肋及層板縱樑（STRINGER）。在戰時並曾做木質的管子，應力和重量的比值是很驚人的。他們正在計劃三個發動機和雙發動機的短程運輸機。現在試飛中的是鋼架蒙布機身和木質機翼的飛機。

在戰時巴西航空部計劃製造完全的AT-6教練機，在BELOHORIZONTE設廠專門造機身機翼，另在RIO設廠專門做AT-6的發動機。戰爭結束時，尚未全部就緒，現在造機身機翼的部分已經歸併到PAULISTA廠。發動機製造廠則仍由巴西航空部主辦。

二、阿根廷航空工業的發展

28707

航空工業在阿根廷發展的很快，但是仍然僅限於軍用方面。在 CORDOBA 的飛機製造廠是 INSTITUTE AEROTECNICO，創設於 1927 年曾經屢次發展。裝配方面完全採用線形式 (Production Line)，型架及各種 FIXTURES 也是新式的，手工具也都是電動或氣動的，並且有德國製的各種重壓機。這個工廠裡面有很大的鑄工場，木料試驗室，化學及冶金試驗室， PLASTIC 場，及一個風洞，可試驗翼展 40 吋的模型。另外有很大的設備完全的飛機場，最近還完成了 3,000 個工人的宿舍。此外製造螺旋槳、油泵、儀表及氣化器，以及三種不同的發動機：一是仿造美國 PRATT AND WHITNEY625馬力的發動機，二是阿根廷自行設計 450 馬力的，叫做 ELGAUCHO，三是德國的 BRAMO，140 馬力。

這個工廠裡面究竟造過多少飛機？我們無法知到，但是她曾向國外買的製造權有三種：英國的 AVRO GOSPORT，德國的 FOCKE—WULP FW—UW，和美國的 CURTISS P—36。在 1932 年便開始製造阿根廷自己設計的教練機，最近的一種叫做 ELBOYCRO。1944 年，開始設計 DL—22，形狀與美國的 AT—6 很相似。牠是木質的、裝用 EL—GAUCHO 450 馬力發動機、用DOUBLE—SLOTTED FLAPS，起落架可以收縮。雖然牠是屬于教練機類，但却裝有炸彈架及三挺機關鎗，智利，秘魯和巴西的空軍均在接洽訂購。這個工廠尚製造一種攻擊轟炸機，叫做 DL—24 CALQUIN，仿造英國的蚊式飛機，但發動機却是氣冷式的。前年造了幾架運貨的滑翔機，很像美國的 CG—4。最近噴氣式飛機也在試驗了。

三、墨西哥製造飛機是南美第一家

墨西哥製造飛機遠在 1915 年便開始，算是南美第一家。她不僅造飛機，連發動機也製造。但現在則集中力量於飛機本身，發動機由美國購入。目前製造中的飛機有三種木質陸軍用的教練機及一種雙發動機運輸機，都適宜於高空飛行。飛機所需的全部材料除發動機，氣化器，儀表，輪胎外，皆是本國造的。但因限於設備陳舊，每月每種飛機僅出產二架到三架。

四、秘魯也造運輸機

秘魯政府的飛機製造廠在 1937 年才開始建立，是由意大利的 CAPRONI 廠協助成功的。到 1941 年才全部由秘魯人主持，曾經造出一批教練機給她的空軍使用。最近這個工廠又加造了不少棚廠，添置了新的機器。傳說要造新的教練機或驅逐機。這新的發展可以增加產量到每月 30架。

秘魯的航空公司必需在這裡提一下，因爲過去十四年內牠一直製造自己需用的運輸機，每年最多出產七架，在熱帶森林區，極爲適用。這種飛機叫做 FAUCETT，發動機螺旋槳及輪胎是從國外買來的。

智利於1929年便裝配軍用飛機了。另件是由美國的CURTISS－WRIGHT廠造的。這種方式並未繼續多久。現在智利空軍在試造一種木質教練機，是低單翼硬殼機身，雙座位並排々列。這種飛機的發動機及一些另件將向阿根廷訂購。正式的製造尙未開始。聞將在LOSCERRIUOS的空軍工廠內開工，那裡的設備是很新穎的。

28709

美國生產量激增　永嘉

——譯自一九四六年十二月份 McGraw—Hill Digest——

根據最近公佈的 Krug 報告，美國各項產品感到不足，並非因爲輸出增多，而是因爲國內消費量激增之故。下面列舉主要物品的產銷情形。

(1) 食糧———產量已增加 36 %，國內消費量增加 17 %。如果農業技術繼續的發展下去，氣候不特別惡劣的話，1952 年的收成可與 1947 年的最高收獲量相等，但是一千萬至一千二百萬畝的田地需要好好的施肥。

(2) 肥料———需要量激增；雖然產量亦在增加，如果不減少國內的用途，無法供給輸出的。

(3) 農具———1948年產量將有增加，所增之量可以全部輸出，輸出品中，以牽引機佔大宗，約爲產量的五分之一。

(4) 非鐵金屬———目前僅鋁不由國外輸入，如須增加非鐵金屬製成品的輸出，必須增加各種原料的輸入。冶鍊設備以及製造工廠的擴充，能够增加產量。

(5) 電力———最近數年內，電力設備的製造量僅够供給國內需要，1949年後，可能輸出五十萬至一百萬 KW. 的電力設備。

(6) 化學品———1948年的下半年，不致感到化學品的缺乏，那時大概亦可有領額輸出了。

鹼灰的產量 1947 年爲四百七十萬噸，1948 年可增至五百二十萬噸，適可達到所需之量。1947 年苛性鈉產量二百萬噸，需要量爲二百二十萬噸。炭粉 1947 年國內需要一百萬噸，1948 年希望減至八十一萬噸，如此可有足量的輸出。煤焦油化學品國內需要將減少。硫的產量目前爲四百萬噸，國內需要二百九十萬噸，輸出一百萬噸，將來的產銷情形大致不變。

(7) 石油———輸出超過輸入，將來對歐洲輸出減少後，產量可以減少些。目前應用 95 %的煉油設備，其餘 5 %的設備已陳舊不用。

(8) 運輸———鐵路車輛年產量爲七萬輛，約有三分之一輸出。卡車的需要量將減少；如果鋼鐵來源無問題，則不致有生產上的困難。1947 年卡車產量爲 1,200,000 輛，其中 900,000 輛銷售國內，輸出 300,000 輛。

(9) 煤———1947 年輸出總額爲七千一百萬噸，1948 年國外需要可能達到八千萬噸。如果國內需要增加，則輸出不能增加。1952 年輸出量須減至三千五百萬噸。

(10) 鋼鐵———產量與需要量相差頗大，如 1948 年或 1949 年產量達到最高額，則可供應需要。

關於『製糖工業』一文

關 炳 昭

………拜讀貴刊第一卷第三期內欒漢民先生『製糖工業』大作，將臺灣主要農產工業介紹出來，不勝欣感；惟文中與實際現況，出入極大，………願就管見，針對錯誤各點，提出討論。………

1、在第一段裡說到臺灣糖廠中最大的要算虎尾糖廠，它的壓搾能力是每天24小時可以搾蔗四千九百噸，而不是產糖四千二百噸，照普通估計產糖率為蔗量十分之一時，可產糖約為四百九十噸。至於最小的廠每天祇能搾蔗六百五十公噸而已。

2、對農民收蔗的辦法是五五分糖法，即是照成品之數量給二分之一與農民，但其中若干成，是發給代金而不是全部實物。

3、蔗渣內含有水份，通常離開壓搾室時，為40％上下，有貯渣房的工廠，雖可將水份乾燥分離少許，但決不會有僅含4％的好成績的。

4、關於壓搾方面：(a) Trash Turner，通常用以輸送由前滾子壓出之蔗渣導入後滾子為主；叫做承轉板，但它的前端兼作去渣之用，使蔗渣不致嵌積在前滾子的溝中。Cush－Cush Elevator 是裝在壓搾機的一側，用以將蔗汁中的蔗屑隔除，以免混入幫浦增加故障；這些蔗屑被升至第一重（或第二重）壓搾機的入口處，混入要壓的蔗片同時壓搾；我們把它譯做蔗屑上升器。

5、普通甘蔗纖維含量在12％上下，所以其中蔗汁的搾出絕對不能超出甘蔗重量之90％以上；文中謂至百分之九十二，實有錯誤。最後剩下來的是含40％上下水份的蔗渣，可用作鍋爐的燃料或製紙及其他用途。

6、照第20頁附圖所示，原文說明頗有不符之處，依該圖所示係單蔗刀 (One Set of Cane Cutler)，一壓碎機 (Crusher) 和四重壓搾機的設備；在第一壓搾機前面似係一細裂機 (Shredder)，但因該圖不很清楚，未敢武斷；通常有些糖廠將細裂機裝在壓碎機之後，將甘蔗撕至細絲俾易於壓搾。圖中左上端好像風車一樣的是蔗刀，蔗刀之後C是壓碎機。蔗渣順經 M_1 M_2 M_3 M_4 而入鍋爐室，蔗屑上升機 E_3 祇作刮取蔗汁中之蔗屑，對主要蔗渣並無關係，如上文所說。

7、硫化法係通上亞硫酸氣 (SO_2) 於蔗汁中作澄清之用，原文說是消毒，不知係何意義？並且硫化槽中未聞有通氯氣者，此項錯誤極大，請作者加以更正。

8、新式糖廠所用濾取泥滓中所含糖份之裝置，現多用壓濾機 (Filter Press) 或真空濾器（如Oliver式）等；尤以後者能力較大，管理較簡，但由作業成積看來，損失糖份（即濾餅所含糖份）稍較前者為多。至於袋形濾器及沙濾器則殆被淘汰矣！

9、關於臺灣糖廠壓搾設備情形，請參照人鄙在糖業季刊第一期『臺灣各廠之壓搾設備』一文，比較詳細。

工業安全工程（續） 陶家澂

第九章 廠房佈置與機器排列

一 概 述

工廠內生產過程之精確規劃爲大量生產技術之基本要素，如廠房之佈置、機器之排列與裝置、工作程序分析（包括各種技術工人所需技能與其他特質之决定以及技能之訓練等）、監工與修護工作等，均須加以周密之規劃與管制。就理論上言，此類工作之周密規劃與管制，可以消滅所有之意外事件，英美諸國工程界中注意安全者，太多已能接近此目標。自相反方面言之，規劃與管制不周之工廠，常易發生下列諸現象：

（a） 工作進行中，有多處擱置材料太多。

（b） 某處材料太多，有數處則缺少。

（c） 各種工作程序中，原料或半成品所經路線相互交錯。

（d） 車輛擁塞。

（e） 機器間隔地位不够。

（f） 材料儲藏地位不够。

（g） 工具間，盥洗室等地點不適中。

（h） 廢料堆積。

（i） 工作進行無一定次序。

安全工程師須根据一廠之實際情況，加以分析而建議應行改良之點。各項建議須不違背生產工作之原則，有時爲求達到高度之安全，廠房需要改建或機器需要重新按排，廠方往往貪圖一時之便或恐費錢太多而不實施，結果必致影響全體員工之安全，且易造成重大之意外損失。由此可見安全工程師於新廠建立或舊廠改建時，應參加一切事前的規劃工作。

二 廠房佈置

廠房佈置係指房屋建築之體積、形式與種類，地位，物料出入所經路線，各種員工福利設備等而言。工作程序之按排則須注意每一工作地點及程序間之關係。廠房佈置與工作程序按排之互相關係，自極密切。

如欲使工廠避免意外事件之發生，達到高度之安全，則於規劃廠房及工作程序時，須注意之點如次：

（A） 充分之地位——擁塞最易釀成意外事件，故須於事前準備一切機器

28712

設備及工作進行中所需之充分地位。茲將最易疏忽之點列下：

（a） 機器設備附近工作地位不够：每種工作所需之地位可在畫圖板上依其工作品及機件移動之位置而決定之。按排機器設備時須注意勿使相互衝擊（機器開動時），不得妨碍原料之儲藏及車輛之出入等。

（b） 機器上方空位不够：須特別注意可移動之設備上方（如電動吊車等）及其他須在上方工作之較高設備（如乾燥爐，蒸汽鍋等）。此類設備上部應留之空位，須使工作者之頭部不致觸及牆壁或設備之某部分。由於上方空位不够而生之工人死傷率極高，每一死傷事件所付之代價，足以增加建築物數尺之高度。

（c） 儲藏地位之不够：工廠廠主往往認爲儲藏地位爲非生產的，故易將其減至最小限度。事實上，不充分之儲藏地位常使材料之提存化時費力，阻碍生產。近年來，歐美諸國均認爲投資於準備充分之儲藏地位者爲最有代價。不充分之儲藏地位形成不整潔（不清潔與無次序），增加物料提存之困難，增加火災及其他意外。充分之儲藏地位須包括：

(1) 進料。須準備最高生產量所需之材料，並須預存一部原料。

(2) 工作進程中各單位所需材料之儲存，須仔細估計。

(3) 工具、配件及安全設備用具之儲存，須有充分而適當之地位，此點對於安全特別重要。

(4) 成品之儲藏與進料相同，均須作生產量最高額時之準備。因成品之價值較原料爲高，且易損壞，故廠主較多注意。

（B） 安全之出入處———人員出入口位地之不够，常爲傾跌之最大來源。

（C） 安全之修護工作準備———修護工作如不事先有適當之準備，則於廠房築成之後或機械設備裝置之後，必多耗時費力且不安全，例如：

（a） 窗戶之清潔與修理。

（b） 廠房上方吊車之翻修。

（c） 地道，地下室等處機械之修護等。

（D） 充分之空氣與光線———須注意：

（a） 每一工作場所，最大之工人容量。

（b） 空氣中之不衛生物質。

（c） 發生高溫及濕氣或發生冷氣之工作。

（d） 光線之强度，地位與性質。

（E） 充分之福利設備———即對於工作人員生活必須之各項設備，如：

（a） 飲水。

（b） 盥洗室。

（c） 存衣室及休息室

(d) 餐室等。

建廠時即行準備此類設備，可較建廠完成後再行添置爲經濟，且易達安全之要求。

(F) 日後擴充之準備——工廠之擴充，甚難預料，但於計劃廠房時，即應擬訂將來擴充計劃。廠房之佈置須注意可以隨時將廠房加長及增加建築物而不影響生產程序；工作程序之按排亦須能使隨時擴充生產而不混亂。

三 機器排列

上節所述諸點中，有數點亦可應用於機器之排列。尚有數點與安全有關者，特別提出討論如下：

(A) 每一機器之按置，須使車輛出入方便。

(B) 機器之位置，須能保障操作者之最大安全。

(C) 修護工作須預先規劃，如：

(a) 加油與清潔。

(b) 機器另件之更換。

(c) 始動部分，如馬達、皮帶、接合器、齒輪等之調整與修理。

(d) 大翻修。

由於修護工作而生之傷害率頗高，多數工廠中大部之傷害，係起因於修理時進入機器部分地位之不够或機器之間隔不够。大翻修時常因吊車、起重機等之未能適當運用而生傷害。

(D) 於每一機器附近提取材料時，可能發生之危險，應預先考慮及之。通常僅注意進出材料之重量、形狀、體積及性質等；提取時對於工人之安全問題，則多不注意。

(E) 光線問題應注意：

(a) 强度適宜。

(b) 無耀光。

(c) 無暗影。

(F) 產生煙灰、蒸氣，高熱之機器設備可能發生之危險及不良影響須事先防範。事後再行計劃非但不安全且不經濟。

四 車輛交通

工廠內外車輛之出入以及人員之交通，須注意者如下：

(A) 卡車經行之道，其最小寬度爲二倍卡車之寬再加三呎。

(B) 上下班出入口、打卡處及食堂等處之走道應加寬。

(C) 卡車過道與廠內鐵道平行之處，其間間隔須加寬。

第十章 工廠整潔

一

整潔爲預防意外事件工作中之一大要事，不整潔造成下列各種不良現象：

員工踐踏地面或梯級上之散亂物品，

爲墜落物品所擊中，

因油滑、水濕或汚穢地面而滑跌，

行進時觸及堆置不整之突出部分，

堆置不穩及擱置高處物料之墜落，等等。

整潔即『清潔』與『有次序』。吾人常謂某處整潔，意即其四周無不應存放之物品（即不必需者）；必需之物品均置於適當地位。地面清潔，不油滑、窗戶牆壁清潔、機械設備清潔與有次序、走道間隔劃線分明、工作進行有程序，諸如此類，均爲整潔之明證。工廠內整潔與否，可以代表該廠之廠務管理優良與否。廠務管理優良者，必整潔；同時員工傷害率必低，生產效率必高。

二

關於整潔特別重要之點如下：

（a） 物料儲藏、提取與支配———生產管制部分必須詳細估計原料單位及體積大小；各生產程序中原料之配給與分佈；存置材料成品之地位；提存及運輸方法等。

（b） 堆置物料之方法———須依照原料成品之性質種類而計劃之，但其要點如下：

(1) 堆置之高度：決定於物料之性質重量、堆置與移去時之方法，四周車輛交通道等。

(2) 地面能受之最大壓力。

(3) 穩定性：地面高低不平，易使堆置物料傾斜。

(4) 地點：決定於四圍走道、車輛、機器、易燃物體等等。

(5) 管類或其他較長之物料：應用適當之木架，突出之兩端須用欄杆或柵門圍住。

(6) 機械的堆置法：工廠內應盡量採用便利的機械方法堆置物料，以求安全而增效率。

（c） 工具之整潔———對於小工具、型架及機器上之軋頭銑刀鋸片等須有適當之櫃架。工具應用之次數、價值之高低、損壞之可能性以及修護之制度可以決定工具架之地點。如鉗桌及機器上常用之工具，可放入工具箱內，或將工具櫃架置於鉗桌機器之附近。存放工具及成品另件以用四輪式可推動之櫃架爲最方便。

（d） 廢料之處置———普通工廠內均將所有廢料棄置於地，而時時掃地以清潔之。實際應先估計廢料之多寡，置備適當之廢料箱而分別存放之；尤應估量各種廢料之價值而處理之。

（e） 儲存地點應劃線標明，嚴禁在走道上堆積物品。

（f） 油類濺潑———適當之加油法及機器上防阻油類飛濺設備之應用，可使油類不致流溢地面。液體之提用亦須注意勿使濺潑。

（g） 廠房建築屋頂不應有漏隙。

（h） 走道之寬度———並無一定之規則。一般而論，太狹窄之走道既不合安全條件，亦有碍生產效率。

（i） 機器設備之排列———各生產單位排列及相互之間隔，對於整潔極爲重要。普通易犯之錯誤爲在已經按置妥當之機器中間，再行增加機器，爲此非但增加意外危險，且因太形擁塞而改少整個工廠之生產效率。

三

其他須加注意者，有次述諸點：

（a） 每一員工應盡量使其工作環境整潔。廠方須訓練每一員工盡其職責；如有一人失責，勢必影響全體。

（b） 生產量增加時，最易忽視整潔規則。平時工人需要充分之工作地位始可安全；產量增加時，所需之空位必更多。員工之傷害率常與產量成正比。

（c） 突出之鐵釘常釀成嚴重之危險，如觸及頭部，穿入脚底等。器材箱開箱時，須將鐵釘拔除，或打彎使其尖端打入木料部分。任何木板上之鐵釘須拔除，因如再用時，內有鐵釘勢必損壞鋸片而生嚴重之意外。由箱框拆下之木板作爲柴燒，亦應將鐵釘拔去，否則於拿取時，易受傷害。

（d） 工廠內經常舉行整潔競賽，亦可引起員工之注意。最整潔之單位可給予獎旗。

歡迎投稿

歡迎批評

徵稿簡章

(一) 本刊內容廣泛，凡有關工程之文稿，一概歡迎（讀者對象爲高中以上程度）。

(二) 來稿請橫寫，如有譯名，請加註原名。

(三) 來稿請繕寫清楚，加標點；並請註明眞實姓名及通訊地址。

(四) 如係譯稿，請詳細註明原文出處，最好附寄原文。

(五) 編輯人對來稿有刪改權，不願刪改者，請預先聲明。

(六) 來稿一經刊載，稿酬每千字國幣三萬五千至六萬元（臺幣四百至七百元）。

(七) 來稿在本刊發表後，版權即歸本社所有。

(八) 來稿非經在稿端特別聲明，概不退還。

(九) 來稿請寄臺灣臺中66號信箱 范鴻志收。

◎新工程出版社◎

總編輯 陶家澂　　發行人 范鴻志

印刷者 臺成工廠

通信處 臺灣臺中市66號信箱

內地訂閱處 上海（25）建國中路103弄37號程鶴鳴先生

臺灣訂閱處 本社

（請注意本期卷首『特別聲明』中之訂閱辦法）

定閱半年　國幣……………45,000元

（平寄郵費在內）　臺幣……………700元

◎取消另售◎

28717

新南股份有限公司

業務項目

土木建築工程 設計 包辦

一般鐵工及打撈

經驗豐富

計劃週到

信譽卓著

按期完工

本社 高雄市前金區東金里自強一路三四號

電話 六一一號

電報掛號二四五〇（高雄）

分社 臺北市西寧南路一四九號

辦事處 臺中 臺南 嘉義 屏東 澎湖

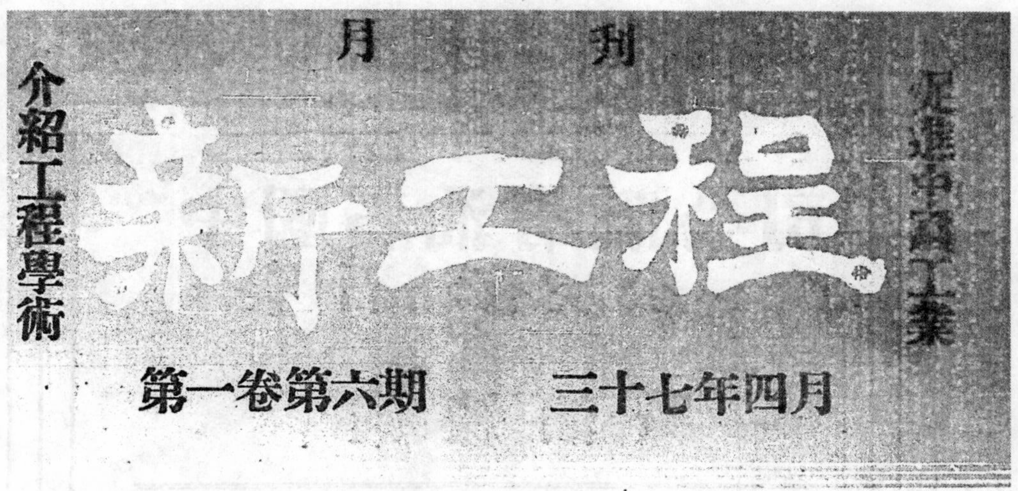

目錄

新工程出版社

MODERN ENGINEERING PUBLISHING SOCIETY

歡迎批評指教

臺灣臺中第六十六信箱

中國石油有限公司

高雄煉油廠

出品項目

汽油

煤油

石油腦

柴油

重油

總公司

上海江西路一三一號

電話：一八一一〇號

高雄煉油廠

臺灣省高雄市左營

電報掛號：三五五〇

資

編者雜記

世界上任何重大的發明，與其說是由於天才的靈感產生，毋寧說是某一部份人刻苦努力，不斷流汗的結晶。天才二字，有人說是具有無窮刻苦能力之人的別名；也有人把牠解釋爲具有極大的衡量各種有關事物能力的人；衡量事物，是需要知識、經驗與判斷力做基礎的；這種鼎足式的基礎，全要憑各個人自已努力追求、不斷地培植與發展的；所以一個人即使是先天賦予特優，還是要刻苦努力，才能有所成就，否則靈感亦無從發生。陶家澂先生的談發明一文，可謂有心人之作。

在飛機設計一開始時，就需要知道新機總重是多少，但是從來總是很難確定的；有一位英國工程師演算出一種有價值、自詡屢試不爽的公式。周公𩣡先生特爲譯登本刊，俾供參攷。

鎂工業確是一種新工業，因爲鎂本身容易着火、製造上技術難題又很多，所以即使在工業高度發達的美國，也是長久被摒棄於工業以外，直至最近才希圖插足的。讀范鴻志先生鎂的工業價值文章，不但可以明瞭鎂工業掙扎的現況，同時也可以知道鎂製品優點何在，與其前途發展的希望。

法國從納粹鐵蹄下掙脫出來，不到三年功夫，工業快昭甦了；如果不是鬧改業動，牠所製造的飛機，也許在世界市場可與其他國家的相抗衡。小寧先生的『戰後的法國飛機製造』一文，爲我們描出現時法國航空工業的輪廓。

本社啓事

(一)

1. 本刊自第六期起，不再接受任何新訂戶；已訂閱者，期滿後，不再接受續訂。
2. 自第七期起，稿費取消。

談　　發　　明

陶家澂

一

有人說發明要有天才，我承認人類中有『天才』這回事，但大家千萬不要把發明看得太了不得，太神秘了；並不是所有的發明都需要像牛頓、愛廸生、愛因斯坦那樣天才的。

所有的發明，大致可分爲兩大類，第一種是些基本性的新發明，這或者需要較高的才具、需要一點天才；第二種是從已有的加以改頁，可說是改頁性的發明，屬於改頁性的發明遠較基本性的爲多，普通一般人都可在這方面有所成就。譬如1903年萊特兄弟發明了飛機，這是比較基本的。但是現在的飛機與萊特時代的飛機大不同了。這就是說，從萊特發明飛機以來飛機的進步是積聚許多發明家改頁上的發明所成的。瓦特時代的蒸汽機、沃托（Dr.otto）時代的內燃機與現在的蒸汽機、內燃機相差很遠，這亦是繼瓦特沃托的基本發明之後，有了許許多多發明家從事改頁上的發明之故。其他如電話、留聲機、打字機等々，都已經過了很多改頁性的發明，才演進到今天的式樣。數年之後，式樣又變了，發明決無止境的。

二

天底下大大小小需要發明的事物，實在很多，隨處你可以找到發明的對象。所成問題的是你能否注意到問題的所在，能不能想法把這些問題解決。

譬如說，從自來水筆演進到原子筆顯然是很大的進步，但是現在的原子筆有時寫不出字來，還需要改頁呵！火柴燃着之後，微風一吹即熄，你能不能想法使火柴在微風中，（甚至大風中）仍舊燃着呢？一頂雨傘在暴風雨中便會向上翻起，可不可使它避免呢？………… 再說到原子能的工業用途，物質的變換（Transmutation of matter），從燃煤的熱量直接變爲電力，輕便的蓄電器，肺病，癌的特效葯，………則是些比較大的問題了。

凡是發明都需經過兩個階段，首先是發現問題之所在，第二步是細心的研究解決。普通人常說『需要是發明之母』，因爲『需要』產生了『問題』。某種需要能不能引起你的注意呢？這要看你是否敏感，是否有銳敏的觀察力與想像力。每個人的觀察力與想像力都可以培養起來的。假使你能隨時提出問題來問自己，繼續不斷的對日常的事事物物問許多的爲什麼，你便可以發現許多問題是値得研究的。發現了問題之後，進一步把問題的各方面仔仔細細的分析下去，時刻不停的尋求解決的辦法。如此，你便可以養成好思的習慣；觀察力想像力都可以培養起來了，再加上永恆的努力，發明的希望就很大了！

假使你的發明是改良性的發明，必預要合乎下列三條件之一：(a) 性能較前進步，製造成本不增加；(b) 性能與前相同，成本較前減低；(c) 性能增加，成本減低，那末你的發明才能與原有的東西在市場上競爭，才有實用的價值。

三

不必好高騖遠，請你注意日常所接觸到的事物吧！蘋菓從樹上向下掉，太平常了，但是牛頓因此而發明萬有引力，你該注意這一個事實。

很少的發明是從一時的靈感產生出來的，眞實的發明需要長期不斷的努力！

（上接第17頁）

新工作方法的出現或舊工作方法的改進，可使鎂的應用更形增廣。如最近才公開了的祕密， Shot－Peening 可增强鎂之物理性能，也就是說鎂做的東西可更小更堅固。（Shot－Peening 即用小鋼珠以壓縮空氣吹出擊打，如噴沙機然譯者）

鑄鐵及鑄鎂油筒費用比較表

$\frac{1}{4}$加侖油筒（$5\frac{3}{4}$吋×$5\frac{3}{4}$吋×$3\frac{1}{4}$吋）							
材料	重量（磅）	鑄製費用（美元）	加工次數	加工費（美元）	加工所需時間（小時）	加工及鑄工總費用（美元）	節省（美元）
鑄鐵	8.9	0.98	12	2.05	0.466	3.03	—
鎂	2.22	1.25	12	0.80	0.18	2.05	0.98（32.2%）
$\frac{1}{2}$加侖油筒（6吋×6吋×6吋）							
材料	重量（磅）	鑄製費用（美元）	加工次數	加工費（美元）	加工所需時間（小時）	加工及鑄工總費用（美元）	節省（美元）
鑄鐵	13	1.52	12	1.83	0.414	3.35	—
鎂	2.66	1.57	12	1.51	0.319	3.08	0.27（12.4%）

飛機總重(Gross Weight)之簡便估計法

周 公 標

——原文載於1947年十二月 Aero Digest——

在樣機 (Prototype Aircraft) 設計及製造過程中，估計總重及實行重量節制(Weight Control)，已經成為一種必須嚴守的政策，同時亦為航空工程上一種重要的技術，初步的估計，必須準確到精細的程度；重量核對(Weight-checking)與節制，必須時々刻々與空氣動力及結構之設計，一同進行。

近代運輸機，在尺寸 (Size) 與容量 (Capacity) 方面，均在增進；重量問題，例如重要適切的數据之搜集與研究，均愈趨複雜；美國工業界因有重量工程師學會 (Society of Weight Engineers) 協助，處理此類問題，較為容易。但是此種工作，仍然非常厭煩複雜，需要相當時間在核對及交互核對上；因為重量工程師 (Weight Engineer) 如果凡事祇憑一本計算便覽 (ready reckoner) 供給資料，則所得的數据，決不會合乎事實的。

基於上述原因，吾人需要一準確而可靠之公式，當計劃非 (specification) 一經確定後，即可估定任何設計 (Project)之總重。從任何方面着手解決此種問題，必須根据一完善合理及有價值之結論。

在合同規範內通常規定一最大速率，或所需航程之一最小巡航速率(cruising speed)，由此亦易估計最大速率，亦有規定所需用之發動機，或加註可以確定額定馬力(rated HP.)的條件，吾人可從與最大速率及額定馬力有關之數据，以估計總重。

依照上述方法，首先考慮輕型飛機，或載客兩三人之民航機，規定行李，設備，燃料，滑油與航員 (crew) 等為自由載重 (Disposable load)。此類飛機，俱有下列密切關係存在。

$$\text{淨重 (Empty Weight)} = \sqrt{\text{H P.}} \times 10^2 \cdots\cdots\cdots\cdots(1)$$

式中 HP.＝發動機額定馬力。由此計算之淨重加上自由載重即可得到相當準確之總重。規定一公式之目標，應為校對己知之飛機總重，能準確到百分之五以內，因此公式 (1)，必須略加修正。

(一) 修正因素(Correcrion factor)

公式 (1) 對於現有飛機總重愈大者，其準確程度愈差。如將最大速率及其相當高度之額定馬力加以聯系，即可得到一有利的修正因素，即$B=\sqrt{HP}/\sqrt{V_{max}}$. 此種公式應用於各種用途之飛機，可以得到一有意義之關係。例如，驅逐機或者欄截機之速率比較高，故此比值低，另一方面，轟炸機或者民航機之額定馬力相當高，故此比值高。中間種類飛機，必定同樣的具備均匀一致的比值。而此比值$B=\sqrt{HP}/\sqrt{V_{max}}$. 將均勻地隨同總重增加大而逐漸增加，如圖一曲線線所示，此圖係就現有飛機在 1500 磅至 130,000 磅之間者計算之結果，所以公式（1）可以寫成

$$淨重 = \sqrt{HP} \times 10^2 \times B \qquad (2)$$

式中 $B = \sqrt{HP} \Big/ \sqrt{V_{max}}$.

V_{max}＝最大設計速率。

如果結構設計已達到最大効率時，任何設計之總重似不應超過公式（2）所示之值。

結構設計者與劃圖人員之技術與效率，並不能用數學公式表出。雖然本篇中所舉的例題，用公式（2）計算結果，均準確到百分之一以內，但在實際進行設計時，總略爲超出此數。

爲防止此種可能的增加，須再附加一重要可變的因素 X，此X可由 B算出。

$$淨重 = \sqrt{HP} \times 10^2 \times (B+X) \cdots\cdots\cdots\cdots (3)$$

式中 $X = B \big/ 10$

就大馬力及重型飛機而論，X 之值對於估計淨重之準確性愈增重要。自公式（3）可以簡單及準確地算出淨重，而總重則等於淨重加上自由載重。

自由載重中之多數項目均爲已知的重量，或者是可以準確地求出的。所以自公式（3）所算出之淨重以估計總重，如有差誤，亦屬細微。公式（3）所示之淨重，包括所有固定設備 (Fixed Eguipment) 在內，不應僅視爲純粹結構的重量。

(二) 實　際　應　用

茲舉一例，以說明公式（3）之用法。假定一想像輕型飛機之規範與 Aeronca 飛機之特性相似，如第一表所示。裝置 Continental A65，65匹馬力發動機；最大設計速率每小時 105 哩；自由載重爲 480 磅包括航員，行李，燃料，滑油及可取下的設備在內。

$$\therefore \sqrt{HP} = \sqrt{65} = 8.06,$$

$$\sqrt{V_{max}} = \sqrt{105} = 10.25$$

$$B = 8.06 \big/ 10.25 = 0.78$$

$$X = \frac{B}{1.0} = 0.078$$

$$B + X = 0.858$$

自公式（3），　淨重＝8.06×10²×0.856＝691磅

總重＝691＋480＝1171磅

自第一表中，可以查出 Aeronca 之實際總重爲 1155 磅，所以誤差爲＋16磅約爲實際總重之＋1.4％。

第一表係就美國戰前輕型飛機，由公式（3）算出之結果，其誤差佔實際總重之百分數很小。

茲再以英國 Shot sheltaud 飛船爲例，以證實公式（3）應用於重型航空器之可能性。該飛船之總重爲130,000磅；結構佔總重之30.2%，發動機15.35%，油箱1.39%；總計約爲47%，即61,100磅。

該機裝置四隻 Bristol Centaurus 引擎，其馬力各爲2500，總額定馬力 =10,000 HP. 最大速率每小時272哩，自由載重=130,000−61,100=68,900磅

$\therefore \sqrt{HP}=100$，$\sqrt{Vmax}=16.48$，$B=100/16.48=6.07$，$X=\frac{B}{10}=0.607$，$B+X=6.677$

自公式（3），凈重=$100\times10^2\times6.677=66,770$#，總重=66,770+68,900 =135,670磅

∴ 誤差=5670磅 或爲+4.36%總重。

前節已說過，X因素係爲校正正常設計發展中之合理額外重量。關於此方面，Shot Shetlaud 之特性頗有意義，如X省去，改用公式（2），

則凈重=$100\times10^2\times6.07=60,700$磅，總重=60,700+68,900=129,600磅

其誤差是−400磅 或−0.31% 總重。

由此足以證明以前的假定：即如果結構設計達到最大的效率，則任何設計之凈重不應超過公式（2）所示之數值。

無載重量（Tare Weight）亦如凈重；可以算出，今以英國 Haudley-Page Hermes 爲例：該機總重=75,000磅，四隻 Bistol Hercules 120 發動機，每隻有1675馬力，總馬力=6700hp。最大速率=337mph。

Hermes 的無載重量可自下列數据求得：

燃料爲2754英加侖，酬載（payload）爲8800磅

燃料重量=20,600磅，

實際無載重量=75,000−20,600−8800=45,600磅。

關於此級航空器之無載重量，亦可用前節公式準確地算出，惟須略加修正，以包括客艙設備（Passenger accoumodations），無線電等之重量。因此X需以2乘之。

$$\text{無載重量}=\sqrt{HP}\times10^2\times(B+X_1) \qquad (4)$$

式中 $X_1=B/_{10}\times2$

Hermes 機：$\sqrt{HP}=81.85$，$\sqrt{Vmax}=18.36$，$B=81.85/18.36=4.46$

$$X_1=B/_{10}\times2=0.892$$

$$B+X_1=5.352$$

由公式（4），無載重量=$81.85\times10^2\times5.352=43,806$磅

誤差＝45,600－43,806＝1794磅　或－2.39％總重

由公式（4）所求出之英國最近商用航空器無載重量及總重，列於第（二）表內。各例中計算所得之誤差甚微，更可證明公式在實用上之準確與可靠。

高性能航空器：如應用公式於高性能航空器如驅逐機，攻擊機，及艦載機等種類，X需略加修正即可得到準確的結果。因為此類機種之馬力負荷（Power－loading）甚低，所以X應為負值。

$$高性能航空器淨種 = \sqrt{HP} \times 10^2 \times (B - X) \quad (5)$$

自公式（5）求出美國此類機種之結果，列於第（三）表內。

噴射式戰鬥機：

最近用噴射推進的結果，超級性能（Superperfomance）航空器業經應用。目前此種型式仍然甚少，所以不能盡情研究公式之應用，一如對於前述各式航空器。而確實刊行的數据缺乏，更增加研究困難。

因為此類機種動力載荷（power－loading）極低，只能限於研究無載重量之計算，前述公式之修正，亦更屬重要。

關於高性能噴射戰鬥機（jet－fighter），下列公式可以求得準確的結果：

$$無載重量 = (\sqrt{HPe} \times 10^2) - [\sqrt{HPe} \times (B \times 2 + X)] \quad (6)$$

式中 HPe＝BHP（最大速率及推力之相當量）。

$B = \sqrt{HPe} / \sqrt{V_{max}}$，$X = B/10$

茲以英國 Gloster Meteor Ⅸ 雙噴射發動機（Twin－jet）戰鬥機為例說明公式之應用。該機裝置兩隻 Rolls－Royce Derwent Ⅴ 引擎，每隻發動機於海平面每小時585哩最大速率時，可發出3500磅推力。

一磅推力在每小時375哩速率時相當於一匹馬力，所以總馬力應為 $\frac{585}{375} \times 700 = 10,920$ hp。

假設活塞引擎之螺旋槳效率為80％，∴ $HPe = 10,920 \times \frac{100}{80} = 13,650$ bhp

$\sqrt{13,650} = 116.84$，$\sqrt{585} = 24.19$，$B = 116.84/24.19 = 4.83$，$X = B/10 = 0.483$，$B \times 2 + X = 10.143$

由公式（6）得，無載重量＝$(116.84 \times 10^2) - (116.84 \times 10.143) = 9749$ 磅而 Meteor Ⅴ 實際無載重量為9880磅，其總重量為13,900磅，故誤差為131磅約為總重百分之一。

茲再舉一例：英國 de Havilland 噴射戰鬥機 Vampire Ⅰ（D. H. 100）裝設一de Haivlland Goblin Ⅰ，當最大速率為每小時540哩，發出300磅推力，基於前例同一理由，總馬力約為4320，假定螺旋槳效率為80％，則HPe＝5400bhp，$\sqrt{5400} = 73.48$，$\sqrt{540} = 23.24$，$B = 73.48/23.24 = 3.16$，$X = B/10 = 0.316$，$B \times 2 + X = 6.636$

自公式（6）得，(73.48×10²)－(73.48×6.636)＝6861磅，Vampire Ⅰ 實際無載重量爲6372磅，誤差爲＋489磅；總重爲10,298磅，誤差爲4.75％總重。

以上所舉二例，可以證明即使高級性能噴射航空器（Super performance jet Aircraft），其最後總重之準確估計，亦可用簡單直接之計算方法求得。

此篇中所討論之各種公式，不僅對於重量工程師及設計者大有裨益。即當各航空公司考慮設置新運輸機時，亦可藉此迅速準確校對各製造商投標時所宣佈之各種飛機性能與有効載重（Usefulload），如果邊際誤差（Margin of Error）不超過5％至6％總重，即表明速率，有效載重與自由載重並非過度誇張。

作者化費幾許時間，推演所得的公式，並具校對復校對以證明其正確，希望此種復雜問題之簡單而實用解答，對於所有與重量相關之同仁得到些許裨益。

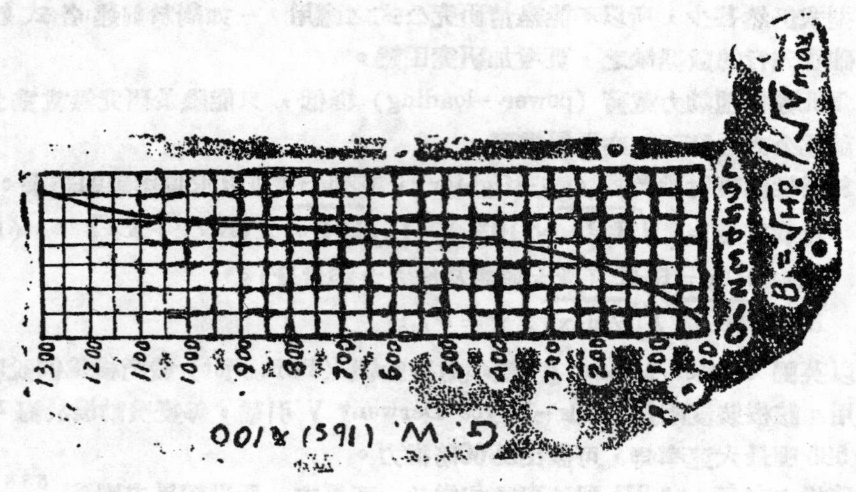

表一——美國輕型航空器之特性

私用及商用

航空器名稱	額定馬力 HP	最大速率 Vmax m.p.h.	$\sqrt{H.P.}$	$\sqrt{V_{max}}$	$B=\frac{\sqrt{H.P.}}{\sqrt{V_{max}}}$	$X=\frac{B}{10}$	B+X	活動載重（磅）	計算淨重（磅）$\sqrt{HP}\times 10^2\times(B+X)$	計算總重（磅）＝空重＋活動載重	實際總重	誤差 磅	差 %（總重）
Aeronca	65	105	8.06	10.25	0.78	0.078	0.858	480	691	1,171	1,155	+16	+1.4
Luscombe	65	115	8.06	10.73	0.75	0.075	0.825	550	665	1,215	1,200	+15	+1.25
Taylorcraft	65	105	8.06	10.25	0.78	0.078	0.858	518	691	1,209	1,150	+59	+5.18
Pipercub Coupe	75	100	8.66	10.00	0.86	0.086	0.946	535	819	1,354	1,400	−46	−3.3
Culver	80	140	8.94	11.83	0.75	0.075	0.825	585	737	1,322	1,305	+17	+1.3
Morocoupe	90	130	9.49	11.4	0.83	0.083	0.913	637	866	1,503	1,610	−107	−6.6
Porterfield	90	135	9.49	11.62	0.81	0.081	0.891	503	845	1,348	1,326	+22	+1.7
Reawin Speedster	125	150	11.18	12.25	0.91	0.091	1.00	630	1,118	1,748	1,700	+48	+2.8
American	125	120	11.18	10.95	1.02	0.102	1.102	625	1,232	1,857	1,775	+82	+4.6
Ryan S. C.	145	150	12.04	12.25	0.98	0.098	1.078	800	1,298	2,098	2,150	−52	−2.4

表二—英國商用航空器

航空器名稱	發動機	總馬力(額定) HP	最大速率(mph) Vmax	$\sqrt{HP}$	$\sqrt{V_{max}}$	$B=\frac{\sqrt{HP}}{\sqrt{V_{max}}}$	$X=\frac{B}{10}\times 2$	B+X	計算無載重量(磅) $\sqrt{HP}\times 10^2\times(B+X)$	實際無載重量(磅)	載重(Load)(磅)	總重計算(磅)	實際總重(磅)	誤差 磅	誤差 % 總重
De Havilland 104 Dove	兩雙340hp Gypsy Queen 71	680	222	26.08	14.86	1.755	0.351	2.106	5,492	5,625	2,875	8,367	8,500	−133	−1.7
Airspeed 57 Ambassador	兩雙2,200hp Bristol Centaurus 57	4,400	300	66.33	17.32	3.830	0.766	4.596	30,485	30,755	14,245	44,730	45,000	−270	−0.51
Bristol Type 170 Cargo Aircraft	兩雙1,175hp Bristol New Perseus	2,350	236	48.48	15.36	3.156	0.6312	3.787	18,359	18,455	11,545	29,904	30,000	−96	−0.32
Handley Page Hermes	四雙1,675hp Bristol Hercules	6,700	337	81.85	18.36	4.460	0.892	5.352	43,806	45,600	29,400	73,206	75,000	−1796	−2.39

表三—美國軍用航空器

航空器名稱	發動機	額定馬力 HP	最大速率 mph Vmax	$\sqrt{HP}$	$\sqrt{V_{max}}$	B = $\frac{\sqrt{HP}}{\sqrt{V_{max}}}$	X = $\frac{B}{10}$	B−X	計算淨重(磅) $\sqrt{HP}\times10^2\times(B-X)$	活動載重 (Disposable Load)	計算總重	實際淨重(磅)	實際總重	誤差	
														磅	% 總重
單座 Curtiss Hawk 75A 驅逐機	Wright Cyclone 900hp	900	302	30	17.38	1.72	0.172	1.548	4,644	1,209	5,853	4,483	5,692	161	+.28
單座 Vultee Vanguard 48 驅逐機	Pratt and Whitney 1200hp	1,200	339	34.64	18.41	1.88	0.188	1.692	5,860	1,675	7,535	5,623	7,298	237	+3.25
單座 North American Model N. A.50 驅逐機	Wright Cyclone 840hp	840 於8,700呎高空	270 於10,700呎高空	28.98	16.43	1.76	0.176	1.584	4,590	1,230	5,820	4,120	5,350	470	+8.8
雙座 Vought Sikorsky Model U−156 俯衝轟炸機	Pratt and Whitney 750hp	750 於9,000呎高空	257	27.39	16.03	1.7	0.170	1.530	4,191	2,000	6,191	4,500	6,500	309	−4.6
單座 Grumman G. 36 戰鬥機	Pratt and Whitney Twin Wasp	900 於17,400呎高空	320 於19,500呎高空	30	18.17	1.65	0.165	1.485	4,455	1,551	6,006	4,649	6,100	194	−1.5
雙座 Curtiss Model 76D. 攻擊機	Wright Cyclone 840hp 兩隻	1,680	266	40.99	16.31	2.51	0.251	2.259	9,268	3,405	12,673	9,388	12,793	120	−1.0

鎂的工業價値　范鴻志

摘自一九四七年十二月份美國 Materials & Methods 誌誌

鎂是一位姍々來遲的金屬。正是因爲她是一種較新的工業材料，所以她有時走運，有時坎坷，有人捧場，有人倒蛋，有時被善意的用得恰到好處，有時却被惡意的亂用一番。

鎂必需努力，與那些久居高位的老牌金屬鬪爭。有些地方用她是最合理想，有些地方，她却是毫無用途。有許多她的愛好者曾經多方試驗，想把她造成爲有用之才，但不久就大失所望。其實主要原因還是怪那些愛好者們學識不够，不知如何利用與如何加工而已。雖然如此，鎂向那些根深蒂固的金屬的進攻，已是節節進展了。當她的用途增廣時，她的價格也就減低了。目前在某些用途上，鎂是最價廉而適用的材料呢。

有許多摩登人物竟棄置鎂於不顧，仍採用那些使用已久的材料。有一位曾用鎂造通訊器具，及玩具的工廠經理，因爲保火險的公司不允許有鎂在他的試驗室內，試造工場以及工廠內，除非增加保險費，因此這位經理便把自已所存的鎂，全都丢到外面去了。

有一位造電子式空氣濾淨器的，(Electronic air filter)，也放棄使用鎂，主要的原因是他在長期研究後，覺得成本太高。但是這種現象並非絕對的，事實是顯示對鎂的工作經驗不足罷了。

除去上面這些悲觀論調，從附表一內可以看出；做一隻用機油滑潤機器的油筒，用鑄鐵及用鎂時的成本比較。$\frac{1}{4}$加侖大小的油筒，用鎂做，價格便宜32.3%。$\frac{1}{2}$加侖大小的，用鎂做，則省費12.4%。

主要的理論大致如下：目前應用鎂的地方，可能有數百乃至數千種，其價格可與其他金屬競爭；未來的五年或十年內，鎂的應用將增加千百萬種，其成品價格是低廉的。所以，當鎂可以在連續式壓板機上製造（有人曾試驗過了，確實可以做到）以及其他大量生產方法出現時，鎂的價格必會更形減低，其用途必然更廣。

鎂製的東西會便宜嗎？

當我們比較鎂合金的價格時，必需假定，由于鎂的特性，使其成品的銷路會形增加。同時當鑄鐵及其他材料缺乏時，會逼得製造商非用鎂不可。

如果按體積來比較鎂與其他金屬的價格，仍說鎂有利，或在多數情況下，利益相等，那是毫無義意的。因爲有些地方，我們可以從新設計，或修改原來的設計，於是鎂的成品每件價格，可較用鑄鐵的爲低。但是這種更改，恐怕要牽涉到工具修改，製造方法及裝配的更改，若非從長久上着想，很難得失相償的。

如果以鎂製商品價格便宜去說服顧主，有時是錯誤的，我們必需考慮到買者的用途和要求。而且應當建立顧主們對鎂合金的信心，再將鎂合金及其他材料的價格，詳細分析。

我們還要使顧主明瞭鎂製品的內在價值，有時下面的四種優點會有數種同時存在：

1. 鎂是商用的最輕的金屬，在製造時的運輸費用，可以減低，運輸効能也大為增加。

2. 鎂在工作時，有許多方便，例如切割的速度大為增高，切割動力反而減少，機器的効能可以增高等。如果鎂的工作所需動力為1，則鋁為1.8；黃銅為2.3；鑄鐵為3.5；鑄鋼為6.3；鎳合金為10.0。

3. 原料及成品之運輸費用減低。

4. 在獎勵性的價格之下，鎂的銷路是很好的，可以抵消較高的原料費用。有一位百貨公司的經理說：『鎂』和『耐綸』(NYLON) 是最有神秘性的推銷術語。

鎂的價格

鎂的價格必需和鋁的價格一樣的以體積或同樣切斷面積的長度為準。假如我們把鋁的價格乘以 1.6（鋁比鎂約重 1.6倍）則她們的價格將相差無幾。但這種情形僅限于圓棍，棒，管，空心拉擠件 (Hollow Extrusions)，線，(Wire)，拉擠條 (Extruded Strip) 等。至于鎂板 (Plate)，鎂 皮(Sheet) 之價格却較鋁板，鋁皮之價格為高。但其高出之數與板，皮之厚薄大小，無大關係。以體積計算，鎂皮比鋁皮約貴 25 到100％，這是因為製造方法及其特性的緣故。但鎂皮有特殊之用途，例如：飛機之助力板，輕便設備，或焊接困難之處，或拉壓程度太大以及其他特殊之情形；均足以補償其較高之價格。

鎂及鋁之拉擠品價格，相差無幾；有些地方可以合用鎂之拉擠品及鋁皮，如卡車車身，火車等。

關于鎂皮價格之所以昂貴，Dow Metal 廠的Dr. J. D. Hanawalt 曾有一重要說明。他說：目前常用的滾壓機滾壓 200 磅的鎂塊時，費用浩大，因為滾壓機動轉太慢，這些小鎂塊中途冷却，必需從新加熱幾次。但是假如採用新式連續滾壓法，將Dow Metal 廠的 FS 鎂合金塊，放入可反轉之滾壓機內，(Reversing breakdown mill)， 滾壓之速度既快，馬力又大， 在二分鐘內可將 7 吋厚之鎂塊滾成 0.4 吋鎂板，而且鎂塊之溫度反而因之增高。0.4吋鎂板再乘熱送至串列滾壓機每分鐘滾出0.05吋鎂皮1,200呎，成捲繞形狀。鋁皮之製法巳漸々從小型滾壓機進至連續滾壓機階段。用2,000 磅至 3,000磅之鋁塊滾成捲狀之鋁皮，中間不用加熱，其無有手工。

鎂和其他金屬的比較

以戰前的情形來比較基本的費用與價格，現在已經不適用了。現在許多地方，鎂已經代替了鑄鐵，例如剪草機及X光另件等。而且不僅用爲固定的殼架部分，並且可用在活動工作部分。鎂剪草機及鑄鐵剪草機，每磅重的價錢是完全相等的。至于造X光機的人更沒有理由仍守舊的採用鑄鐵。

鎂和鋁比較起來，鋁尙遜色一籌，所以鎂勢必取鋁而代之了，就按價格說，以體積計，也相差無幾。有些人同時售賣鎂和鋁製的東西，他們是毫無偏私的。

許多東西所以採用了鎂，是因爲減輕重量或成本便宜；絕不是有什麼成見非用鎂不可。特別在飛機製造方面，每一磅重量的減輕，就值五元至百元美金。就是其他輕便器具，用鎂也可以減輕重量，同時生產的速度可以增高，工人的疲勞可以減低，亦可抵償較高的價格。

有幾種情形，用鎂不僅減輕了重量，也減低了成本。特別在强度爲主，減重爲次的地方。Beech Aircraft 公司用鎂代鋁做了一個硬殼安定面，其强度相當，結果重量減輕6％，價格減低35％。原因是減少了裡面幾個强度構件。如果鎂製及鋼製的 Dockboards 的重量比例是100磅至260磅，最後合攏件的價格是同樣的便宜了。用鎂焊製的飛機滑油箱比用鋁焊製的輕，價錢也相等。鎂製的紡織工業上的 Warp Beams 比鋁製的又輕又小，價錢也貴不了好多。

在美國密西根州，有一家公司製造6,000磅的有冷藏裝置的運肉卡車，用的是木料及鋼料。後來從新設計，改用鎂製，減輕重量3,000磅。密西根州的卡車執照捐稅是以重量定的，於是這部鎂製的運肉卡車每年可省捐稅五十一美元。不僅如此，輕車身使不可避免之損壞成爲局部的，同時具備減震作用，可以保護發動機及車架。

目前鎂之加工費用所以昂貴，是爲了技術及方法欠妥的緣故。鎂的工業必須有一個良好的基礎，不然她也會像那些被亂用的和製造不佳的金屬一樣的夭折。

事實表示鎂之一部分加工費用，可以減低甚至減除。並且對於防銹作用，及表面强度 (Surfaee Strength) 皆可增加。

目前每磅鎂錠 (Ingot) 值0.205美元，鋁爲0.15美元，可是一磅鎂有16立方吋，一磅鋁只有10.28立方吋。也就是以同樣的價錢，鎂可多買1.5％體積。(1立方吋鎂值美元1.3分，1立方吋鋁爲1.46分)。但這仍不足以抵補鎂之加工高出費用。平均鎂之加工費用 (Processing cost)、比較鋁的高百分之十。鎂塊和鑄鐵如以一美元所購之體積比較起來，還是鑄鐵便宜，雖然鎂比鐵輕很多，並且許多用鑄鐵的地方也是設計得太大太重。

加工中之衝壓 (Stamping)，鎂較鋼容易。但至今以物理性質來說，鎂除去輕之外，皆不能與鋼抗衡。

鎂鑄品之加工，常較鋁鑄品之加工省費15％，較鐵鑄品的省費25％。鎂鑄的飛機起落輪，加工所省之費用正好抵消鑄工時多耗之費用。而鋁鑄的起落輪加工時常需更多的機器設備，和更大的地盤。

鎂與飛機製造

鎂實是天生的飛機材料。最近鎂業公會的展覽會中，有一個復雜件，用在滑油設備的去冰機構上，不僅比以前鋁做的輕巧，費用也很低。

C－47飛機的地板臥樑，曾經從新設計，改用拉擠鎂件(Extruded magnesium)，結果強度增加35％，便宜25％，減輕5％。

Beech Aircraft 廠發現飛機上用鎂做的操縱面，不僅重量可以減輕，就是動力均衡 (Dynamic balancing) 的問題，也較易解決，這可能是由于鎂的密度只有鋁的三分之二大的緣故。鎂質結構可以簡單，另件可以便宜，雖然每磅的原料價格較貴。但是總算起來比較蒙布的操縱面還是省錢。

現在輕型飛機用鎂做的仍然很少，因爲這些飛機還是戰前設計的。鎂鑄品之性質極佳，較鋁鑄品好多了，而且前者較後者容易做。

在第二次世界大戰的末期，美國海軍部曾經要求所有軍械盡量採用鎂鑄品。因爲時時在海上使用，鎂對防銹問題是容易克服的。同時鎂鑄品有很好的減震性質，從工程觀點言，這是很好的。需用表皮應力 (Stressed Skin) 的地方，鎂也最合適。

雖然鎂的價格較鋁爲貴，以重量計，貴$33\frac{1}{3}$％；以體積計，幾乎相等。但不銹鋼尤其貴。且鎂之焊工極爲容易，効能 (Welding eff) 可達85－90％，這在鋁是不可能的。自從新的橡皮問世之後，便可在華氏450度時，應用 GUERIN 方法，製造鎂的另件了。(GUERIN PROCESS 即用液壓機來 FORMING－譯者)。因此使鎂與鋁有競爭的機會。

0.051 吋以上的鎂皮均可燒銲。飛機的機翼表皮可用這種方法很快的做好。鎂皮的價格爲每磅六角美元，鑄鎂的價格則爲每磅三美元。但是鑄品鑄出後，需要加工很少，因爲鑄鎂時表面之光滑及尺寸之準確，容易管制。

美國海軍飛機製造廠曾在航空局 (Burean of Aeronautics) 指導之下，將一面全鎂做的 SNJ－2 機翼做折損試驗，(Exhaustive test)，結果較鋁製者爲佳。這面鎂製的機翼是182.21磅重，但鋁製的却是212.5磅。鎂製的機翼的强度及耐久力是很適宜的，並且既輕巧，結構又簡單，因此省費。

飛機的結構當然是趨向於金屬硬殼機身，張臂機翼。但是爲什麼我們不採用更輕的材料呢？用較厚的殼架而把內部次要的結構簡單化呢？

假定金屬表皮結構在飛機上是仍然實用的話，則以價格及其他的條件而言，當以單鋁合金的結構及鋁樑，加上鎂皮表面最爲適合。如果設計妥善的話，則機身機翼較厚的表皮並不會增加重量。

Dow Metal 廠的 Hanwalt 博士說：起落輪主要的條件爲輕，有韌性及高的疲力强度 (Fatigue Strength) 又其復雜形狀又易於鑄造。有人甚至可能製出較輕的起落輪，或者更有韌性或壽命較長的輪子，如果要這些性質全具備，只有鎂最合適，而且是具備這三種條件的最便宜的材料。

鎂 與 卡 車

Henry J. Kaiser 用鎂造的卡車來運輸養化鎂。雖然每兩部卡車較鋼製的多用去四千美元，但在 128 天之內，這點錢就賺回來了，因爲每部卡車的酬載 (Pay load) 增加了。Kaiser 仍在繼續製造鎂卡車，每部之載重量較鋼鐵製的可多載 6,000 磅。

Permanente 水泥廠也採用這種鎂卡車。牠的總長有60呎，包括一部拖車 (Trailer) 及一部1946年度的 Peterbilt 牽引車，裝用一部150HP Cummins 柴油機。牠的載重量爲 51,230磅，鋼鐵製的載重却僅爲 45,310磅。飛機製造的硬殼結構(Monocogue construction) 原理，曾在這裡應用。整個車身，扶梯門，手柄，輪轂等均用鎂合金造的。

$\frac{1}{8}$至$\frac{1}{4}$吋的鎂板外加油漆後，做爲車箱，省去了車箱架子。於是可以多載16桶水泥，(6,016磅)，使用費 (operating cost) 反而減低，而公路之負荷却未增毫分。如果有六部這樣的車子以平均每月行駛 8,000 哩，其中一半有酬載計算，則每年可多載運864,000噸哩。並且輪胎及車身之壽命可以增加，燃料減少，行駛之速度增加，車身之重心降低，行駛也較安全。

Kaiser 統計之結果，空車之重量每減去1,000磅時，(載重仍然相同) 每年可省費643.2美元；每減去 5 噸時，每年可省費 6,432 美元。如果鎂製的卡車價錢多1,000美元，則在3. 11月之內便可賺回來，之後，就可正式賺錢。

佛琴尼亞州一家麵包工廠，也採用鎂做的卡車，載 2,150 包麵包，車身重1,060磅，但鋼鐵做的車身却重2,300磅。用鎂卡車後，每125英哩可省汽油三至四加侖。同時輪胎及車架之磨損也減少了，駕駛也較容易。當這家麵包工廠的卡車全部換成鎂製的，僅汽油一項，每月可省1,000美元。

鎂 的 其 他 用 途

鎂製的東西較爲經濟，例子很多。運動場上出租的小椅子，本來是鐵棒焊接起來的，現在有人改用鎂的並用鉚釘代替燒焊。四只這樣的椅子才有一只鐵棒焊接的椅子那樣重。價錢也並不比一隻鐵椅子的貴多少。

Pratt. Read 廠專門做鋼琴的42吋長連動桿，(actions) 其中以木質 1吋×1$\frac{1}{2}$吋 L型的 Rails 最難製造，牠有270個洞，安裝時還需另外加270個木榫子，所以極易變形或破裂。當此種情形發生時，鋼琴即不能再用。如果採用鎂，則可免除上面各種弊病。鎂拉擠品之鑽，切等工作幾與木質的同樣容易，但却不易變形，不易破裂。

雖然最初製造價格較高，但因爲鎂的 Rails 可以使用長久，並可修復，所以總算起來還是便宜。如果用木料，必須用極上等的，還需經過烘乾，成形，工作極爲復雜困難。

棒球隊裡面捕手（Catcher）的面罩也改成鎂做的了。視線旣增加，重量却減少一半，以前重42OZ. 現在減至21OZ. 鎂面罩售價9美元，鋁的售10.50美元。

烤麵包的杪子也改用鎂的了。雖然原來木質的零售 0.80 美元，鎂的却售6.25美元，但一個鎂的耐用時間却抵得過四十個木質的，所以比較起來還是鎂的合算。鎂的保用一年，木質的頂多使用十天。

泥水匠用的泥灰桶，木質的重12磅，鎂的才重 8 磅。木質的容易吸收水分又容易破裂，即使外面用鋼片加强。鋼製的又太重。鎂的却可多裝 8 磅泥灰，也就是節省人工。

印刷方面，鎂的彫刻板也代替銅板及鋅板了，不僅是因爲鎂的輕，加工容易，而是因爲以體積計，鎂的價格最低。數月之前，她們價格之比爲：鎂100%；鋅106%；銅211%。最近鋅及銅的價格又上漲了。

鎂的前途

Dow Metal 廠的推銷經理向參議院說：未來的兩年內，鎂的價格會更減低，但是主要的不是因爲產量增加，而是因爲技術將有改進。

鎂業公會的主席也說：鎂錠的價錢將更減低，不僅是副產品的緣故，（氯，鎂，鈣，鈉，鹽等）而是由于生產技術的改進。

有些小另件，如果從新設計，改用更小體積的鎂件。是比較經濟的。就像廿年前鋼衝工（Stamping）問世時，各種另件遂從新設計，爲的適合這更輕更堅固，更便宜的衝工。最近有一種計算機的蓋子從$\frac{1}{8}$吋的鋁皮改爲0.051吋鎂皮的了。（設計的人還說只要0.04吋就够了。）

鎂是世界上九種蘊藏豐富的金屬中的一種，廿世紀內可保取之不盡的。另外還有鐵及鉬（Molybdenum）等。

Dow Metal 廠的大老板 Dow 先生預言鎂的生產費在五年內每年可減低5%。鎂每磅的價格可以變得和鋁每磅的價格同樣便宜，祇是時間問題而已。Texas 州的鍊鎂廠平均生產每磅鎂，需電$8\frac{1}{2}$KW。如果每度之電費減少$^1/_{10}$分錢的話，每磅鎂之價格則可減少一分錢。

美國海軍上將 Cochrane 最近也說海軍的船隻以鎂代鋼以節省軍艦重量，亦僅爲時間問題而已。 （下接第3頁）

戰後的法國飛機製造　　小甯

——原文載 1947 年 12 月 8 日美國航空週刊 (AVIATION WEEK)——

——他們計劃先充實自己的航空實力，然後再向國外推銷——

法國的飛機生產，近年來一直是落後的，推銷到國外的飛機，幾乎沒有。但是製造廠家正在繼續製造各種樣機 (PROTOTYPE)；法國的航空工業界，想以這幾種飛機先來充實國內，然後在 1948 年底便可在世界的飛機市場上一顯身手了。

自從今年 (1947) 夏天，在法國政府主持的遊覽機 (TOURIST PLANES) 展覽之後，其國營公司又有新的樣飛機出現，茲分述如下：

NORD 廠正在致力於『NOROIT』(N—1400) 機工作，這是雙發動機全金屬水上飛機；去年 (1946) 冬天，曾在巴黎飛機展覽會陳列，至今尚未飛行。法國海軍已經訂購 25 架做偵察及救護用；其巡航速度，每小時只有 135 哩。裝備兩個 GNOME—RHONE 14R 發動機，起飛時總馬力是 3,200。載重 16.3 公噸。翼展 105 呎，全長 70 呎，高 11.8 呎，機翼面積為 1,075 平方呎。裝用六挺 20—mm機關鎗，航空員有七人。

NORD 廠還造了一種較小的航空母艦上的魚雷轟炸機，為海軍造的，也裝用兩個 GNOME—RHONE 14R 發動機。名叫『NORECLAIR』(N—1500)，八月廿九日曾經試飛過。雙上反角 (DOUBLE DIHEDRON) 的機翼，可用液壓向後上方摺疊起來。據說機翼不管在摺疊時，或在摺疊後，對風的阻力都是很小。前面兩個落地輪，可以收縮到發動機短艙裡面。(ENGINE NACELLE)。

『NORECLAIR』上需用兩個航空人員，載汽油 1.2 噸，載重 10.8 噸。理論上的最高速度 (THEORETICAL TOP SPEED)，每小時 335 哩；巡航速度，每小時 250 哩；落地速度每小時 90 哩；落地滾滑距離 (LANDING ROLL) 是 550 呎；起飛滾滑距離，800 呎。翼展 64 呎，機長 46 呎，高 21.2 呎；機翼面積 495 平方呎。玻璃座艙位於機翼後面。同時機身上面還裝有潛望瞄準鏡 (PERISOPE—SIGHT)，使通訊員兼射手之視線極佳，並可瞄準裝置在極後面搖控操縱 (REMOTE CONTROLL) 的鎗塔。另外兩挺機關鎗，裝在機翼上。

NORD N—2100 在四月 (1947) 底，曾經做過首次飛行，是一架高單翼全金屬運輸機。機翼裝在方形機身的中段，兩個發動機的螺旋槳裝在機翼後面——推進式的。上述機翼裝置與推進式螺旋槳的主要優點是：減少因螺旋槳意外給予乘客的危險，防聲裝置較易，同時增加八位乘客的視線。兩個發動機是 POTEZ 8D3 型；在起飛時每隻發動機馬力是 425。N—2100 的巡航速度，每小時 200 英哩；起飛滾滑距離 2,300 呎；耗油量每小時 40 加侖。翼展 58.5 呎；身長 44呎；

高12.5呎。機翼面積410平方呎。第二架的螺旋槳，將改裝在前面。

NORD也製造雙坐位的噴射式飛機；裝用兩個R-R DERWENT噴射發動機(英國製發動機——譯者)；將於本年底(1947)完成第一架，係N—1600型。另外他們己開始爲海軍製造一種噴射式飛機，機翼可以摺疊，用在航空母艦上。最近還可完成一架雙座位的N—1700直升機，(HELICOPTER)；旋轉翼長33呎，發動機爲MATHIS型，160匹馬力。

SUD—OUEST公司，己經着手製造45架載客30人的運輸機SO30R，他們宣稱這是最快的雙發動機商用飛機；最高速度每小時340哩，裝用兩個GNOME—RHONE 14R發動機，起飛時總馬力爲3,200。這種全金屬飛機的翼展長84呎，身長60.3呎，高19.3呎；機翼面積爲882平方呎。座艙內有霓虹燈，防聲裝置，酒巴間等。

SUD—OUEST廠的樣機，尚有SO—6000噴射式，己經製造一年，但至今尚未試飛。曾裝用德國製JUMO—004噴射發動機升空一次。第二種高速飛機是SO—M1型，己做好一架，是掠後機翼式的(SWEPT—BACK WINGS)，該機原爲空氣動力研究而設計的，可以滑翔，也可裝置原動力飛行。翼展長29呎，機身長於29呎，機翼面積是185平方呎。

一種輕型運輸機SO—7070，不久卽可試飛。這種載客六人的飛機，裝用兩隻180馬力MATHIS發動機，前後串列。如任務不同，座艙可以從機身上拆去更換。座艙每邊有兩個門，中間沒有走道。座位橫列座艙內部。翼展長48呎，身長36呎，機翼面積爲355平方呎。理論上巡航速度應爲每小時186英哩。

中央公司(CENTRE CO)快完成一架四發動機樣機，定名『CORMORAN』(NC—211)。可載重13噸，航程600哩。該廠還試造了一架雙發動機的魚雷轟炸機NC—1070。

SUD—EST公司，是四大國營飛機製造廠之一，最近己開始製造一種噴射式飛機SE—2400，詳情尚不知道。該公司正在積極製造四發動機運輸機SE—2010，AIR FRANCE公司己訂購25架。SE—2010樣機，應於本年(1947)底完成，正式生產已經開始。SUD—EST廠正在製造第二架六發動機巨型水上飛機，SE—200，但是尚無人訂購。

在商營的公司中，ATELIERS DAVIATION LOUIS BREGUST正在製造一架四發動機的35噸水上飛機，及一架四發動機的載重18噸的貨機。

ETABLISSEMENTS FOUGA工廠在製造3.5噸的載貨滑翔機CM—10。其樣機是最近由NORD廠完成的。其他商營飛機製造廠多半從事於遊覽機製造。

去年(1946)春秋兩季，因爲罷工及放暑假的影響，全法國平均每月飛機出產量在118架以下；最近至少在新型飛機出產方面，巳見增進。NORD廠的四座位NORALPHA機，現在每日出一架。用在NORECIN飛機上的REGNIER發動機，一俟政府批准後，即可希望每日出產到五架。CENTRE仍在努力生產NC—702運輸機，已經出廠的，有160架；大部是爲法國陸運造的，同時波蘭，北非，及瑞典也在向她訂貨。

戰後的法國飛機製造廠，剛開始大量生產，即鬧起更改生產其他商品運動。一年前政府曾經推行的保留航空工業計劃，至今各廠僅保留其人力和機器設備15％到25％於飛機製造上。有些工場已經完全改製其他商品；在TARBES的飛機發動機製造廠，現在僅製造馬達了。

SUD OUEST 廠才開始製造鋁殼冰箱，叫做『FRIGEAVIA』。CENTRE廠僅造出20部牽引車。鋁製的公共汽車，家俱，衣箱等出產，目前仍然寥寥，但在將來的六個月內，可希望有大量問世。

SUD—EST 廠的工程師們，正在設計一架140噸的水上飛機 SE—1200，裝用八個3500馬力的發動機，前後串列。在開始製造此巨型機之前，曾經先造好一架五噸半可飛的模型機，藉之比較試驗與的巨型機的結構。模型機的翼展長70.5呎，身長54呎，高15.7呎。裝用四個220馬力發動機，已經開始在MARIGNANE地方製造。

第五架LATE—631型機（六發動機，總重71.5噸水上飛機），正在SUD—OUEST公司的ST.NAZAIRE廠製造；由此可知法國對於橫渡大西洋的飛行，仍極感興趣。SUD—EST 也在造一種和LATE大小一樣的水上飛機，叫做SE—200。

去年（1946）春季，法國航空公會曾經討論到這許多飛機的前途。飛機的輸出國外過去僅限於剩餘的飛機，而且大部分是美國造的；這些飛機都不值一文的賣了。1947年的七個月輸出至比利時五架遊覽機，總共售款2,500美元。又以50,000美元售予捷克一百一十架多發動機飛機；去年二百八十架多發動機飛機，及三百八十五架單發動機飛機，平均價格，僅爲每架650美元。

國外航空貿易的組織，已經成立了。牠代表法國的國營及商營飛機廠家，名爲 OFFICE FRANCAIS POUR IEXPORTATION DU MATERIAL AERONAUTIQUE；(OFEMA)，已在世界各國設立辦事處。

雖然法國一般的意向是先充實國內的航空力量，可是 OFEMA 希望在1948年內能在世界的飛機市場上，將每種飛機推銷一架，等到國內之生產量足够時，再向世界上宣傳及傾銷。預計四座的COURLIS遊覽機，每架將售12.500美元；三座位的NORECRIN，每架10,000元；SO—30R運輸機將於1948年初有足量的數目向國外推銷。1948年的下半年將有巨型運輸機 SE—2010，LATE—631，及競賽中的未分勝負的一種雙座架，還有一種貨機向國外推銷。這是 OFEMA 捕足世界市場的希望。

工業安全工程（續）

陶家澂

第十一章 維護與安全

一

機械設備如能時常保持良好情況，可以提高工作效率，增加機器之使用壽命，減少因機械障碍而生之停工，以及減少意外事件及傷害。多數工廠內，對於不直接用作生產之設備，如各種可移動及固定之梯架、廠房建築、安全用具等，常不注意其維護。其實，工廠內全體員工均應知維護工作，對於安全及生產兩方面，具有極大之重要性。

二

因維護工作不良而引起之意外傷害甚多，下述各點均應注意。

(a) 地面之維護。地面粗糙、有漏洞、因用久而光滑、或修補不佳，常為多數傷害之來源；有時使機器損壞。

(b) 一切登高或站立用之可移動設備，如梯架，安全工程師須時加檢查，必須維護妥善。

(c) 久用之工具，如不加修理更換，極易引起傷害。此點並非僅指普通手用工具，如鑿子、板手等而言；其他電動小工具，如電鑽、砂輪機等亦然。

(d) 機器之防護罩蓋及他種安全設備等，如無適當維護，常不能發生效用。無效用之防護設備反足引起危險。

(e) 維護工作不應以滿足生產條件為標準，須使之適合安全原則。例如接合器及傳動桿磨損後，雖亦能工作；但有時可使機器自行開動，發生危險。

(f) 電線常因用久不加修理或更換而生意外；盡量減少臨時性電線之裝置。

(g) 電梯、吊車、起重鏈環，個人安全用具等均須維護至最高之安全標準。

三

對於某一工廠維護工作之全面的研究，需經長久時間，並需具備安全工程方面之一切知識，殊非易事。但較有經驗之檢查員於實施工廠全面檢查後，即可估計其維護工作是否良好。最普通者可由下列各點估計之：

(a) 手用工具。注意鉗桌上、機器上以及正在應用中之各種手用工具情況。損壞之工具是否仍在應用，或已廢棄，或己在修理中。考查是否實施有系統之工具維護制度。

(b) 注意電氣路線、開關、閘門及引接線 (extension cords) 等。所有電氣設備非但須保持良好，且須注意其設計是否安全裝置是否穩妥。

(c) 注意機械運轉時所發出之聲響，某種機器運轉時，均有一定的正常聲響。不正常之聲響，如傳動軸咴嘰聲，木工機齒輪之震顫作聲等，皆爲維護不良之表示。

(d) 調査有何固定的、有系統的檢査制度，(檢査項目包括鍋環、電梯、吊車、機器防護罩等)。多數工廠常徒有此種制度之建立而不實施，如能査閱此種檢査之報告，則可明瞭其實施之程度。

(e) 注意工場之一般整潔情形，不整潔亦爲維護工作不良之表示。

四

高度機械化之工業，例如應用重機械之工業及化學工業，其修理維護工作，最易發生意外死傷。美國某大機械製造公司某年度之報告如下：

直接生產工人（平均27,000名）傷害率爲 5.0，

修 護 工 人（平均 2,300名）傷害率爲22.2。

根据各工廠之統計報告，直接生產工人傷害率平均數爲自 0 至 18.1，同一工廠修護工人之傷害率平均數爲 5.5 至 77.5。於此更可見安全對於修護工作之重要性。對於修護工作之規劃須注意下列各點：

(a) 每一特殊工作之工作法均需澈底計劃。

(b) 準備某項工作所需之一切工具設備。

(c) 修護工具設備之妥善維護。

(d) 預測可能發生之各種危險，並設法預防之。

(e) 具有危險性之工作須有人負責監督，同時提醒工作人員之安全感。

(f) 對於從事某種工作工人選擇，須注意其判斷力、機警性及體格條件。

(g) 工人須時受特種訓練。

(h) 嚴密注意個人安全用具之適當用途。

上述各項除非主持維護工作人員能注意安全，常不易實行。廠主如缺之對於維護工作重要性之認識，認爲維護費用爲不直接生產費用而將其減至最低限度，結果必招致極多之意外事件。

第十二章

材料之提存(Handling Materials)

一

材料、物品及機械設備之提存爲工業上意外傷害之主要來源。每種材料物品在工廠內外之提存問題，可就其噸位、性質、上貨下貨、存儲、工作程序中之輸送、運輸諸點加以研究。

二

預防物料提存傷害之方法，可分述如下：

(a) 工作程序之規劃，須能消滅危險情況，使材料之輸送隨時可以充分管制。

(b) 盡量應用機械化的提存法，以替代勞力。物料提存之機器設備，近年來已有極大進步，且時刻在發展中。此種新式機械大多裝設安全裝置，運用時可免生意外。

(c) 人員之支配與訓練。有數種工作須指派體力能勝任之工人充任工人均應熟知安全之工作法，如缺乏經驗或未受訓練，則挫筋，手脚壓傷、起泡等傷害均易發生。

(d) 負責監工。

(e) 備帶個人安全用具，如安全靴、手套，工作服及眼罩等。

三

以下列舉數種通常之物料提存情況及預防意外時應行注意之點：

附註：甲項代表提存情況及其可能引起之意外或傷害。

乙項代表預防時應行注意之點。

甲：進入車輛，爲火車或其他車輛所撞擊。

自車輛下貨，發生破傷、刺痛、起泡、挫筋、傾跌等。

乙：建築物及交通道之間隔；出入口警告標記，欄柵；車輛運輸之監督；廠房與交通道地位之適當按排；適當之工具設備；個人安全用具；訓練及監督工人之安全操作法；充分之光線。

甲：開啓裝箱材料，爲尖銳邊緣割破；釘子破傷；提舉挫筋；工具破傷。

乙：充分之工作地位；適當之工具；訓練及監督；整潔；手足腿部之保護；光線。

甲：堆積材料時材料倒下，提舉挫筋，傾跌，足部傷害。

乙：應用堆積之機械備設；訓練提舉及堆積之適當方法；充分之存儲地位；有次序；光線。

甲：工作進行中物料之輸送，可能發生車輛互撞，手部刺痛、壓傷、起泡，物品墮落足部，挫筋，爲輸送機械所牽住。

乙：詳細計劃車輛路線；走道之清理；訓練車輛駕駛者；機器及其他補給站附近之充分地位；整潔；加設運轉部分之防護設備。

甲：提存酸類、鹼類、揮發性物質、爆炸性物質時燒傷，眼部傷害，吸入麻醉性氣體。

乙：提存氣體之特殊設備；個人安全用具；特殊訓練。

甲：在機器上或工作進行中提存物品時擦傷，碎屑飛入眼部，灼傷（焊接及鍛鑄）。

乙：手套，工作衣，安全靴，眼罩等；由機器之排列，工作程序規劃及動作研究減少物料之提存；適於特殊情況之提存法。

上述各項僅爲粗枝大葉，工廠內物料提存之安全問題，包括甚廣，如發現有關提存方法之危險情況存在時，應即建議主管部份，予以更正。

工廠擴充或產品及製造方法改變時，材料之提存法亦應加以適當之更改，不可墨守成規，以確保工作人員之安全。

四

不良之提存方法，引起下列諸種現象：

(a) 混亂無次序：工作程序與機械之按排，須使物料依直線進行，不應來回往復或所經路線相互交錯。

(b) 用手工提存：用手工提舉或按置，僅能應用於短時期在機器上進料；較輕另件及少量物品之操作。

(c) 用手推車提存笨重物品：如桶裝油漆、塗料等，約重半噸左右之物，雖可用手推車提存；一般而論，超過一百磅之物品，用手推車提存，其危險性依其重量而增加。此種物品應用動力推車或其他提舉、輸送設備。

(d) 交通路線劃分不明及物料存儲地位狹窄：對於運輸頻繁之道路，其寬度至少應較二倍車輛之寬度加寬三呎。材料成品之按置外，須明確劃線，且其地位應與機器及交通道有適當之間隔。

(e) 車輛噸位裝載過重：此種情況表示監督不良與工人缺少訓練。

(f) 維護不佳： 各種車輛情況不良， 地面破損及高低不平，吊車鍊環損壞等。

徵稿簡章

(一) 本刊內容廣泛，凡有關工程之文稿，一概歡迎（讀者對象爲高中以上程度）。

(二) 來稿請橫寫，如有譯名，請加註原名。

(三) 來稿請繕寫清楚，加標點，並請註明眞實姓名及通訊地址。

(四) 如係譯稿，請詳細註明原文出處，最好附寄原文。

(五) 編輯人對來稿有刪改權，不願刪改者，請預先聲明。

(六) 本刊非營業性質，純以溝通學術相互硏討爲目的，自第七期起，稿費取消。

(七) 已經在本刊發表的文章，歡迎全國各大雜誌報章轉載，轉載時不須任何手續，只望註明原文出處與作者姓名。

(八) 來稿非經在稿端特別聲明，概不退還。

(九) 來稿請寄臺灣臺中66號信箱 范鴻志收。

◎新工程出版社◎

總編輯 陶家澂　　發行人 范鴻志

印刷者 臺成工廠

通信處 臺灣臺中市66號信箱

28745

目　　錄

新工程出版社

MODERN ENGINEERING PUBLISHING SOCIETY

歡迎批評指教

臺灣臺中第六十六信箱

28747

編者雜記

我國大學工程教育，坦白地說是空洞而脫節；教的人偏重於新鮮名詞的傳授，很少以實物實驗作參證，學的人自然很難體味到名詞眞正的涵義所在了，而且在學校裏所學的與到社會上所用的，往往又是截然兩回事。王士倬先生在百忙之中爲我們撰述一篇『關於目前吾國大學工程教育的意見』，實在是件很欣幸的事；王先生前任清華大學教授，歷任空軍技術方面的要職，現時仍在航空工業計劃與發展方面担負重要的責任，以他在工程與教育兩界多年的經歷與地位，對工程教育問題，提出了寶貴的意見，想能發人猛省。

『工廠配電』，是建立工廠首要問題之一，而估計工廠的用電量，又爲配電問題之基本，范鴻志先生詳爲分析，可供我們今後建廠的參攷。

德國科學研究的成就，向爲世人所推崇，讀周公熊先生的『德意日三國噴氣機史料』一文，可以明瞭早在一九三九年，德國人已另創航空史上的新頁了。

英國最近對於機械研究工作，實行有計劃的發展，這樣不僅可避免研究設備與工作的重複，同時也可收集體工作的成效，實在値得我們效法的。

這一期新工程，因爲排版的工友兩人中一人不幸生病了，同時別的排版工作又紛至踏來，以致延期，至希讀者鑒諒。

本社啓事

(一)

1. 本刊自第六期起，不再接受任何新訂戶；已訂閱者，期滿後，不再接受續訂。
2. 自第七期起，稿費取消。

關於目前吾國大學工程教育的意見　王士倬

一　目前吾國

本文所提供之意見，據作者自估，是沒有永久性價值的。作者對於新工程雜誌所給命題，在十五個字中，獨注意其中四字，即"目前吾國"。當前最需注意者，其實祇有一個字，其字爲"窮"。國家窮，學校窮，學生窮，工程界亦窮。吾國或尙有不窮之人，但此類人决不會看這篇拙作，他們决不關心吾國的工程教育。他們的子弟必可出洋，他們的志願亦不在振興吾國工業。本文是窮人出窮主意，提供窮學校的窮教師窮學生們參考，並請窮工程界的負責者，酌給些窮協助。作者不希望吾國長此窮苦，故不希望本文有永久性的價值。

二　工程界與教育界互諒合作

自從抗日戰爭開始以來，吾國各大學工程學院畢業生之素質低落，此乃不可諱言之事實。工程界以此指責教育界，教育界亦自覺其環境不合理想，故優秀教師之脫離教育界此爲數不少。但是工程事業之要求爲集體成就，大量之基層幹部仍需來自教育界，基層不健全則工程事業無由發展。時至今日，凡關心工程事業之發展者，不可不協助工程教育，協助貴乎合作，合作須能互諒。互諒維何，曰彼此皆窮也。

各大學之工程教育設備，目前散失殆盡。因窮無法補充，此係事實。教育界或希望工程界捐贈設備，但工程界亦窮，愛莫能助。在戰前各大學學生，每有集團參觀旅行之舉，目前因窮亦不能辦。即有陳舊腐蝕之設備，但交困難，運輸費用浩繁，因窮亦無法羅致。故在目前吾國之情况下，不認淸彼此皆窮者，不原諒彼此皆窮者，不能談合作，不能求集体成就。

三　少化錢，多實作

工程乃實用科學實作事業。實用科學與理論科學不同之點，前者多動手，後者多用腦。當然手腦均須並用，祇用手而不用腦者瀕於苦力，祇用腦而不用手者瀕於玄學。但工程師之志趣在乎實作事業之成就，不必枉費腦力，從事工程教育者必須培養學生對於實作之志趣，使重視事業之成就，而勿使枉費腦力如 π 之值爲 3.14 或 3.14159265 之類。工程之實作，乃學生畢業後任務，在校時不過培養其志趣，通常憑藉實驗。

實驗自需設備，通常在可能情况之下，學校設備與畢業後服務工程界所用之設備，宜力求相似。（此力求相似四字，希望讀者注意。）設備需財力，此點即目吾國癥結所在。或云因窮辦不到。眞的辦不到嗎？還是於上文所講力求相似四字，未加深思。

作者之意，吾人必先認清中國的環境是窮環境，窮人而奢談大量財力之需求，不是書生之見便是痴人說夢。實驗設備與工程設備之力求相似，其力也，不可仰求於財力，而實需者爲人力——手力腦力與毅力。今日工程界所期望於後起之秀者，乃是少化錢多實作之士，不是從書本上熟讀TVA（美國吞納西流域水電計劃）投資鉅額之書生，更不需要"給我千億美金，我可保險建立偉大工程"之狂徒。吾人希望從事工程教育者，在學校以內，即灌輸青年以少化錢多實作之教育。自製模型，即其一例。

四　提倡自製模型，培養實作興趣

實驗設備與工程設備之相似，儘可以幾何學上之相似爲出發點。大小互殊，而比例逼眞，即模型也。凡愛造船者，尤愛艦艇模型。建築模型，吾國古代即有樣子樓。作者於卅七年四月兒童節參觀南京明故宮飛機場之飛機模型比賽，見有小型之噴射式發動機，竟能裝於模型飛機之上，使其翺翔天空。學校爲證驗科學原理而教育，果何需巨型實物？蒸汽何必高壓？渦輪何必多程？發電儘可手搖，汽油與木炭發生氣不難換用。化學工業界利用玻璃試驗管（Test tube）作者最爲欽佩，甚盼土木機械電機礦冶各工程教育界，仿其精神而效法之。使學生自製模型，以培養實作興趣。或有視如兒戲者，作者以爲有志工程事業之青年，如把精力置於機械的兒戲，遠較搖旗吶喊作政治的兒戲，或買賣微物作經濟的兒戲爲有價値有意義也。

五　離校作論文，及格如授工學士

目前吾國之大學工程學生，有一部份志不在工程，僅需取得文憑，畢業後或投身銀行界，或做洋行買辦，或經商，或做官。此固社會風氣使然，但工程界與教育界均受此損失。挽救之道，唯有求諸兩界之密切合作。因鑒於學校設備，較工程界尤缺，作者建議工學院學生，讀書三年或三年半即可離校，但不得視爲畢業，其最後一年或半年之功課以著作論文爲主題。所謂論文，亦不必於事前規定確實的題目，但必須與實際工程的作業有關，按月與學校寄送進度報告，於學年終結前寄送論文報告。學校當易隨時以通信方法，指導其研究實習，年終審閱其論文，及格者授予工學士學位。以上是作者在原則上的建議，至於詳細辦法，自須經過教育部派員擬訂。不妨先令一二學校試辦，視爲可行的教育方法之一，俟有成效，再推廣施行。 最後補充一句話， 醫學界似乎已採行類似上述的教育制度。

工廠配電的第一個基本問題　范鴻志

我們計劃創辦一個新的工廠，稍具眉目時，電機工程師即應開始配電設計工作。當擇擇廠址時，首先注意的當然是地皮，交通，人工，市場等問題，但電源的供給絕不能忽視，尤其在目前的中國處處在鬧電荒。如果這個工廠需要較多的電力，則電的問題更加嚴重。

我們必需知道，一個工廠的好壞，與供電配電的好壞有直接的關係。當電不能到達馬達，電焊機，電爐，電燈時，則這個工廠的工作，勢必停頓。我國配電材料大半是自國外輸入，所以價格昂貴，平均配電的費用，常佔總投資的百分之廿左右。因此電的重要性，不論在功用與費用上講，都是不可忽視的。其實假如有一個真好的配電線路及配電設備，即使初步用費稍高，也是得失相償的。特別是長久計算起來，安全可靠，有伸縮性的配電，可省去維護，修改，保管等費用，所以算起總賬來，還是經濟。因此電機工程師擇擇配電線路及配電設備時，應該把眼光放深遠些，不要一味的以目前節省為目的。

計算工廠的用電量（Load）是配電設計中的第一件要事，而且也往往是第一件難事。配電所之大小，數目；初次輸電線路之大小及數目；以及次級配電之型別等是完全依照用電量的大小及性質決定的。

如果等到所有的用電詳情全部知道之後，再開始配電設計，往往是已經太遲了。最經濟的建築亦就是最迅速的建築，我們必需爭取時間。因此配電的設計應該在器機佈置計劃略具雛形時，即行開始。機器佈置可能常有更改。譬如因為新型機器的問世，機器本身會有更動。有時為了配合生產程序，機器的數目會有增有減。有些工廠因為增加新的產品，採用新的方法，機器佈置，也需更改。這些更改會直接影響到配電的問題。因此在設計配電線路及配電設備時，必需考慮到這些。否則每次更改機器佈置，也必從新設計配電，是很失策的。

一般說來，工廠的用電，大致分為電燈及電力兩種：電燈用電的估計並不困難。大約的估計，只要房屋的平面面積已知即可。精細的估計，則需要建築物的型式，電燈裝置的高度，屋架及屋柱之位置，屋頂及地面之顏色，房屋之用途等等。當光度（Intensity）之大小及灯光之種類，（普通灯，日光灯，水銀灯）已定，則電灯之用電量當可參照電工手冊算出。

為計算迅速，普通估計每平方呎需電6W，即可供給50燭光（Foot candle）如係用日光灯，則每平方呎只需電3W。

室外之灯光，則尚需詳細分別研究。一般估計，圍牆灯為每100呎200W，修船及造船的地方則必需强力之探照灯始可。室外灯之用電量通常只有室內灯的5%—25%。

電力用電量估計，通常是將大的馬達，電熱及電爐分別估計的。因為這些用電旣多。也往往工作重要。普通所應用的“需用因數”(Demand factor)不能在此處適用(需用因數即爲最大需用電量及相關負載 Connected load之比值)，假若牠們佔總用電量的百分數很大，則“需要因數”，應接近100%才對。許多小的馬達的總用電量並不是等於每個馬達用電量之和，馬達愈多，這總用電量便愈小，也就是需用因數愈小。馬達愈少，需用因數也就愈大。如果只有一個馬達，需用因數則等于100%，甚至超過100%。

工廠內之某一部門因爲所用馬達數目較少，則此局部之“需用因數”需按100%計算，但如果將這一部門用電與另外部門用電合併計算時，則需用因數可以減低。所以，我們可以說整個工廠的需用因數當較各部門之局部需用因數爲低。

如果工廠內使用很多小馬達，則以適中大小之馬達爲每部機器所需馬力計算總用電量、或以每平方呎若干瓦計算之均可。在大量生產的工廠內（如採用Production Line的工廠）有許多幾乎同樣大小相同式樣之機器，這些機器又是排例得均勻整齊，所以應用上法計算總用電量是很準確的。當機器之大小不一，排例不均時，則採用附表I之低數計算，反之則採用附表I之高數計算。

附　表　I

負荷密度

電灯及電力……………………………7—30VA/每平方呎

電　　灯……………………………2—8 VA/每平方呎

電　　力……………………………5—25VA/每平方呎

要計算工廠需用的總用電量，需先分別將各部門使用電具之種類、容量開例清楚，再將這部門內電具容量之和乘以適當的需用因數，即可得到此一部門所需電量。或者採用附表I，計算出此一部門所需電量。再將各部門所需電量之和乘以適當需用因數，即可得全廠所需電量。這種計算方法所得結果相當準確的。

附表I列出各種工業的需用因數，這些數目可能不很準確，但可作我們配電設計時的參考：

附　表　I

各種工業的需用因數

1. 鍊鋼廠38—51；　2. 壓鋼廠26—30；

3. 鑄鋼廠92；　4. 鑄鐵廠43—67；

5. 鍊油廠62；　6. 造紙廠44；

7. 軸承廠33；　8. 汽化器廠32；

9. 卡車廠45；　10. 鎗炮廠，坦克車廠，飛機製造廠23；

11. 彈殼廠34；　12. 普通機械及熱處理廠39；

13. 飛機另件及工具43；　14. 衝壓機器另件及焊工廠20；

15. 麵粉廠67；　16. 齒輪廠18；

17. 電話機製造廠46； 18. 推力軸承廠45；
19. 彈簧墊圈，銑刀，刨刀廠37； 20. 金屬或塑膠名牌55；
21. 變壓器廠39；

附表三是各種用電的需用因數。

馬　　達

A. 一般，普通機器，起重，電梯，通風，壓縮器，打水機等……30%
B. 半連續用途，如：壓紙機，提鍊，及壓橡皮機等………………60%
C. 連續用途，如紡織機……………………………………………90%

電熱，電爐……………………………………80%
誘導電爐……………………………………80%
電弧電爐……………………………………100%
電　　灯……………………………………80%
電　　焊 (Arc Welders)……………………30%
點　　焊 (Spot orres:stance welders) ……………20%

利用上面這些因數，用電量的初步估計即可很快的計算出來。等到更詳細的用電情況明瞭之後，可以再逐項修正。

本社啓事

(二)

本社現正着手編著第一種叢書『工業安全工程』(Industrial Safety Engineering)。第二種叢書『工礦技工安全守則』(內容爲各種礦廠技工工作時應注意之安全法則)。茲爲集思廣益計，公開徵求各項有關資料。賜寄時請註明贈閱借閱，或有條件的借閱諸項。不勝感禱！

德意日三國噴氣飛機史料

周公標

——原文載於1948年正月份英國皇家航空學會會刊——

1. 引　言

茲篇所述，爲德意日三國在第二次世界大戰中，使用噴氣引擎與噴氣推進航空器第一次飛行的史實，惟僅限於渦輪噴氣推進方面。所有資料，皆取自同盟國在軸心國家崩潰後之調查報告，其中數据，亦有互相抵觸者。惟茲篇僅擇述較爲準確可靠之記錄。希望讀者指正補充。

世界上第一次渦輪噴氣推動航空器之飛行，係在1939年八月二十七日，所用的飛機是德國 Heinkel 公司所造的 He. 178。然而 Heinkel 並不能保持牠自已所建立的領導地位。

意大利 Carproni－Campini C. C. 2機，在較晚之一年後，完成第一次飛行，但無確實消息報告，直至1941年九月始登出不少出廠試飛及移交意國空軍在 Guidonia 城試驗機構的消息，惟該機並非用渦輪引擎，而是裝備導管風扇 (Ducted fan)，由一活塞引擎帶動。

英國 Gloster－Whittle E 28/39 在1941年五月十四日作第一次飛行，因此增加 Whittle 君用渦輪噴氣推進航空器之信心。

美國 Bell P59A，Airacomet，在1942年十月一日始完成第一次飛行。

日本噴氣機研究工作並不十分精進，祗好向德國購買製造權；如 Kitta 機即爲仿造 Me. 262式，在1945年八月六日作第一次飛行。

此篇只描述德意日三國噴氣機研究工作之簡單輪廓，可惜缺乏各有關工程師所作之嘗試與貢獻的記錄。

2. 德國氣渦輪航空引擎

當德國空軍部工程師 Helmut Schelp 研究高速率航空器推進問題，估計在超過每小時500英哩時，必須裝置渦輪噴氣推進器；於是在1938年 Schelp 通知德國全體航空引擎製造商，開始設計及發展渦輪噴氣引擎事業，Bayerische Flugmotorenbau（簡稱 B. M. W.）公司的 Oestrich 博士對此非常敏感；而 Junkers 公司之 Franz 博士亦同意此建議，惟 Daimler－Benz 公司明白表示無興趣，Heinkel 公司極力反對任何干涉並拒絕合作，因爲該公司深恐失去在此新工業方面之領導地位。

(一) Heinkel公司

當 von Ohain 在1936年參加 Heinkel 公司時，即開始氣渦輪工作，1939年8月27日，Heinkel He. 178作歷史性第一次噴射飛行，即係裝置一 Heinkel He. S3b.

氣渦輪。

He. S3 包括一順軸吸氣器 (Axial Inducer) 及離心力式壓縮器 (Centrifugal Compressor)；壓縮器係一輻射進器渦輪 (Radial inflow turbine)。燃燒室爲一環形逆流 (Annular reverse flow) 式；因此，引擎外徑很大。燃料消耗率 (Specific fuel consumption) 約爲每小時每磅推力需用 2 磅燃料。

He. S6 係由 S3 改頁而成；可發出1,000磅推力。後復改進爲 He. S8，採用貫穿環形燃燒室 (Sratight-through annular combustion chamber)。因爲燃燒改進，同時引擎外徑減小。此種引擎，德國空軍部編號爲 109—001。

S10 係由 S8 加裝一導管風扇於壓縮器之前，使推力在每小時 500 英里時，增至 2,500 磅。

He. S11 (德空軍編號 109—011) 之初步研究工作，係在 1942 年九月完成，此種引擎在德國渦輪噴射器中雖然是最有希望的並且曾經正式出產過；但是直至戰爭終了，仍然未經使用。，

上述引擎，皆是 von Ohain 所設計的。在1939年 Mueller 脫離 Junkers公司參加 Heinkel ；他愛採用順軸進氣壓縮器及渦輪，並應用此原理設計 He. S30，與 Jumo. 004 頗相似。之後，他並改進 S30 爲 S40，採用定容燃燒 (Constant volume combustion) 法。

S 50 d，係一 24 氣缸柴油引擎，帶動一導管風扇。S50 z 則用一16 氣缸X形引擎。 S60 是一 32 氣缸柴油機 (Diesel engine)，帶動一導管風扇，並利用廢氣渦輪，附裝於引擎軸。Mueller 所有的設計，均未成功。1940年 Heinkel 公司合併 Hirth Motoren 以擴張其引擎部門。以後又得意大利噴氣機設計者 Campini 參加。

Heinkel 公司，雖然接受德空軍部的津貼，但是因爲妒忌心理竭力保守秘密，單獨進行研究工作，直至1941年當牠請求參加各氣渦輪公司合資經營，分霑別家的經驗爲止。

(二) Junkers公司

在1936年，Junkers 第一次研究氣渦輪，但因利用活塞引擎，重量太大，結果放棄原有計劃。

在1939年，因德空軍部之請，Junkers 開始設計 Jumo 004 工作，轉率爲每分鐘 30,000；004以一400匹馬力的渦輪帶動一壓縮器，以後不久爆裂，即未重製。在1939年八月，該公司開始 Jumo 004—A 工作，第一架引擎在1940年十二月裏試車，但因壓縮器固定葉 (Stator blade) 毀壞而損失；其原因經過長時期探討，直至1941年七月始重製。該種引擎，在1941年十一月，旋掛於 Me. 110飛機機身下試驗架上，作第一次試飛。 Me. 262樣機，係在1942年二月試飛，用兩隻 Jumo 004—A 噴氣引擎推動。Jumo 004—B 正式生產後，在 1943 年五月第

一次裝配於 Me. 262機試飛。

Jumo 004—B 噴氣引擎，爲德國空軍使用最多者，因爲德國空軍部之政策，爲使其出產愈快愈好。B. M. W. 003原爲代替004而設計，但因 He. S. 011更爲優越，故又代替003。Junkers 曾有 Jumo 012噴氣引擎之設計，後改進爲022，用氣渦輪帶動一螺旋槳；但是二者均未演進至設計階段以外。

（三）Bayerische Flugmotorenbau———簡稱 B. M. W.

B.M. W. 在1934年，曾經開始氣渦輪基本研究工作，主要的對象是渦輪增壓器。之後，曾經研究所謂"M. L."組合，即係用一活塞引擎帶動一壓縮器或導管風扇；但是此種計劃，不久放棄。

在1939年，Oostrich 及 Wolfe 兩位博士接着 Schelp 之後，開始 P. 3302 設計工作。在1941年二月十日，第一架試車，所發出之推力僅爲 330 磅，結果不太好。試車時，先旋掛在 Me. 110 機身下，後來則裝在 Me. 262 機身下試驗架上，並另裝一活塞引擎在前面。在1942年八月左右 P. 3302 可以發出 1,300 磅推力，最後並改成 B. M. W. 003 -A，在1943年十月，裝在一架 Ju. 88機身下第一次試飛，但是該架 Ju. 88 嗣後被擊落。003A—2 曾經大量生產，並在戰爭末期有相當數量業經正式使用。

B. M. W. 與 Junkers 兩公司均曾得到 Encke 及 Beitz 兩博士的順軸進氣壓縮器（Axial inflow.Compressor）的設計，但是這種壓縮器的效率並不好。在1941年，德空軍部請 Brown—Boveri 公司的 Hermann Reuter 君設計一壓縮器以代替 003 引擎中之壓縮器，二者完全可以互相掉換，以免重行設計 003 的其餘部份。Brown—Boveri 公司完成 Hermso Ⅰ式及Ⅱ式，完全適合003—C 引擎，並使推力由1,770磅增至1,990 磅。B. M. W. 在1940年開始 018 噴氣引擎之設計工作，但因遭轟炸，工作延期，第一架從未完工，雖然其中有若干部份曾經製成並經過試驗。B. M. W. 並將 018 之渦輪增加一第四級（Stage），以帶動兩面轉（Counter rotating）的螺旋槳，並編爲 028 號。B. M. W. 曾有一 P. 3306 設計，大體上與003很相似，惟較後者大，效率亦較高。P. 3307 是一種渦輪噴氣器，可以推動發射體（Projectiles），如 V. 1 飛彈之類，此種引擎製造時很便宜。

（四）Daimler—Benz公司

1941年，D—B 公司的 Leist 博士設計 D—B. 007，利用一兩面轉的順軸進氣壓縮器及導管風扇，壓縮器盒子上裝設的扇葉與鼓風葉（Rotor）轉動方向相反，利用齒輪相連。第一架引擎，係在1943年秋季試車，惟其結構頗復雜，且亦太重，德空軍部停止其研究工作，並指定 D—B 應用 He. S.011以帶動螺旋槳，此種計劃之編號，爲109—021。

3. 德國渦輪噴氣飛機

Heinkel 公司的 He.178，乃係以往從未使用之機種，單座位高單翼。其引擎，係裝在駕駛員座位後機身內，與英國 Gloster E.28/39 式很相似。

He.280 單座位戰鬥機，即係根据 He.178 設計資料而改成，其樣機在等待裝用 He.S8 引擎期間，曾完成二十次滑翔試飛；第一次動力飛行，是在 1941 年完成。He.280 僅完成八架，在設製過程中，所遇之困難很大，結果德空軍部放棄計劃，改用 Me.262 機。

Messerschimitt 在1939年開始 Me.262 機設計工作，在 1940年第一次飛行，所用之引擎，係一隻 Junkers 211 活塞引擎，裝在機身前端，在1941年，改用兩隻 He.S8 噴氣引擎，推力爲 1,100 磅，但是該機從未起飛，直至改用兩隻 Jumo 004—A 噴引擎後，於 1942 年六月十八日，作第一次飛行。第一批三架 Me.262 機，係用尾輪式起落架，在起飛時，使機尾翹起，需用刹車。以後各架飛機，均改用三輪（Tricycle）式起落架。

Arado 234 是在 1942年六月間設計的，採用一可拋棄去的（Jettisonable）起落架及落地撬（Landing skids）與 Me.163 相似。在1943年十一月第一次試飛，結果欠佳。Ar.234 B—2 機改用三輪式起落架，在 1943 年十二月第一次飛行，1944年六月正式出產。該機裝置兩隻 Jumo 004噴氣引擎，航程很大，可載840加侖燃料。

Ar.234 C—3 機，共出產十九架，係一種高空偵察機，有壓力化座艙，(Pressurized cabin)。四隻 B.M.W.003 引擎，係分在四處或兩組裝於機翼上。

Heinkel 公司在 1944 年九月二十三日，開始設計 He.162，第一架飛機在1944年十二月六日第一次試飛，接着即大量生產，不顧機翼結構上的缺點而喪失很多試飛員的生命。此種缺點，曾經調查，並拖曳一飛機經過一水池內以求得足尺的諾氏數（Full—scale Reynolds No.）。

顯然的，德國賞識噴射推進之價值，實在同盟國之前，所以他們竭力加快生產引擎與飛機，即使二者尚未發展到成熟階段。因爲缺乏材料及避免空襲而實行疏散，以致引擎及飛機的發展與生產工作延遲。

4. 意大利 CarPoni—CamPini 飛機

在1941年十一月意國所公佈之 C.C.2 出廠試飛消息前，並無其他與 Campini 工作有關之可據報告。該機曾有繼續不斷之故障；由下列數据，可知其性能極不令人滿意。

總重：9,250 磅　　翼展：52 呎　　身長：43 呎

動力裝置：900 hp　Isotta Fraschini 液冷式活塞引擎，帶動一三級變距導管風扇。

操縱：駕駛員可以改變風扇鼓風葉距及尾錐體（Tail bullet）之位置。開車

後須調節尾錐體在尾管 (Tail pipe) 之適當位置，始可起飛。

燃料消耗： 活塞引擎：70 g. p. h. (加侖1小時)。

燃料器 (burners)：330 g. p. h.

速率： 在 9,800 呎高空，205 m. p. h. (無燃燒器)

在 9,800 呎高空，233 m. p. h. (加上燃燒器)

在 13,000 呎高空，196 m. p. h. (無燃燒器)

起飛距離： 840 碼

起始上昇率： (Initial rate of climb)：138 呎/秒

平均上昇率： 364 呎/秒 (加上燃燒器)

平均上昇率： 288 呎/秒 (無燃燒器)

Campini 昧於用活塞引擎帶動導管風扇以推動飛機之效率。除 C. C. 2 外，Campini 並作很多設計以改進戰鬥機與轟炸機，均未成功。後來又設計一氣渦輪帶動螺旋槳，亦未經採用，Campini 君從未得到意國空軍部的支持，惟爲墨索里呢 (Mussolini) 所器重，早年的工作歷史，無從查考，實屬可惜。

5. 日本的噴氣機

日本對於壓縮器，只有一點基本工作，渦輪研究工作更少，缺乏成績可述。他們曾經試用過各種活塞引擎帶動壓縮器並用燃燒器以增加推力。此種設計如以一 Kinsei 60 (1,580匹馬力) 星形引擎帶動一壓縮器附加燃燒器，即係一例。該種噴氣引擎，外徑六呎，長12呎，所發出之推力，在2,000磅以上。TSU. 11亦爲一相似之設計，利用一 Hatsukaze 四氣缸引擎 (130匹馬力) 帶動一壓縮器，發出350磅推力。此種組合，曾裝在 Oka. Ⅱ 式飛機或 BakaMk. Ⅱ 式自殺戰鬥機上，第一架飛機，曾在1945年二月試飛，但在落地時，失事毀壞。

日本曾以 20,000,000 馬克，購買德國 B. M. W. 003 引擎製造權，其圖樣係在1944年十一月以潛水艇送至日本，各家公司皆被指定製造003式，惟有日海軍工廠製造成功；在戰爭末期出產十隻至二十隻，編號爲 NE. 20，發出 880 磅推力，僅爲 B. M. W. 003 原有的推力的一半。此種引擎，曾裝配 Oka Ⅱ 或 Baka Mk. Ⅱ 式飛機。

Kikka 機，係仿造德國 Me. 262；裝用兩隻 NE. 20 引擎，在 1945 年八月六日，第一次試飛成功，約經二十一分鐘。用火箭幫助起飛，試飛機場，係在海濱，起飛後，即臨海空，火箭燒完後，推力忽然減低，致使駕駛員誤認引擎發生故障，即刻關閉電門，飛機墜沉海中。

日本並曾仿造德國 Me. 163 機，但第一架飛機在戰爭結束前僅試飛數次，總之，日本從德國所得的資料爲時太晚，所以仿造的效果很小，自巳亦無成就。

機械工程研究在英國

察之

——譯自1947年十一月號 Mechanical Engineering

英國政府為了適應工業上的需要，已經設立了一種新機構——機械工程研究局——從事於機械工程的研究工作。

不久以前，政府的科學工業研究處曾任命一個委員會，先行調查現有的以及將來所需有關機械工程研究的各種設備，該委員會的調查報告中說：雖然各政府研究機構、各大學、各工業研究協會以及大工廠的研究部分中，已進行着不少研究工作；但是關於水力機械、熱量傳佈、熱量交換、應用熱力學、機動學、機構學諸方面的研究，顯然還沒有周密的計劃。該委員會同時認為工程科學基本原理的研究，對於機械工程的發展是萬分需要的。

因此，政府方面便成立了機械工程研究局，由 H. L. Guy 博士任局長，研究局的主要任務為：

（1） 協助原有的機械工程研究所的研究工作；

（2） 計劃並實施每年的研究項目，督導各項調查工作；

（3） 發刊每年度研究年報。

機械工程研究局下設各種委員會，所有委員係由機械工程方面著名的科學家與工程師中選任。因為機械工程與土木、電機都有密切關係，委員會中亦有土木、電機的專家代表，政府方面亦有代表參加。機械工程研究主任係由英國國家物理研究院院長 G. A. Hankins 担任。Hankins 博士目前正忙着計劃研究的項目以及設計各種實驗室。

不久的將來，即將建造一所規模偉大的實驗中心，研究員們可分頭從事各項研究工作了。

關於計劃中的研究項目，大致可分下述數類：

（1） 高溫低溫時各種工程材料的基本性質及其應用之研究。高溫材料的研究對於熱力機效率的增加非常重要；低溫材料的研究則可直接應用於冷藏機械的設計。

（2） 彈性理論對於機械工程設計之應用；各種震動問題之研究。

（3） 流體力學對於機械工程之應用，如熱汽透平機、鍋爐、水力機械等。

（4） 關於潤滑油數理的、物理的研究，（包括軸承、齒輪以及往復運動中所用的潤滑油）；並與化學方面合作研究新的潤滑油。

（5） 機動學、機構學之基本原理對於各種機械工具設計之研究。此項工作向為英國所忽視，目前的研究新機構即須補救此缺點。工程上的度量衡學（Metrology）以及精密測量對於各種工程均極重要，需要更深的研究。

（6） 工程材料壓、[illegible]、切削工作的基本物理性的研究。

（7） 熱量傳佈的基本原理及其應用之研究。熱力機及冷藏機械中所應用流體之壓力及溫度超過目前常用之範圍時，其熱力學特性急需研究，以求進步。

此項研究工作，政府每年將撥經常費 250,000 鎊至 350,000鎊（美金1,000,000元至 1,400,000元），最近數年內研究人員及建築物之缺乏，經常費尚不需此數。在實驗室尚未完全落成之過渡時期中，將利用英國國家物理研究院及各大學的人員設備，並將與美國各研究機構密切合作。當 A.G. Chrislie 教授（前美國機械工程師學會會長）於英國機械工程師學會百年周年紀念會訪問英國時，已與此新成立英國機械工程研究局當局討論英美兩國合作研究的計劃。

（1947年六月四日，美國 Christie 教授曾與英國 Guy，Hankins 兩博士以及 D.M. Newitt 教授商討合作研究工程上重要氣體之熱力學及非熱力學特性問題。英國的科學家急切希望英美兩國間能早日成立一種聯合協會，英方建議可先自交換各種數据、單位、標準規範諸方面着手）。

（以上接第１４頁）

IL－18是採用四隻 ASH－82 氣凉式，14缸，雙排星形發動機。這種發動機是由蘇聯的工程師依照美國萊特廠的 Duplex 發動機設計而成的。四隻發動機是裝在機翼的中部，翼展據說是 131 呎。

從她的平面圖可以看出低單翼翼根的巨大整形體（Wing－root fairing），從她的前面可以看到大的進氣孔裝置在發動機短艙的下面，只見其巨大而容易忽略掉牠的流線形狀。

可以收進前艙的前輪及兩個主落地輪，都是裝用雙輪以保安全。

特 別 的 機 身

筆直的 100 呎長的圓形機身說明這架飛機的座艙可能有氣壓裝備。據尚未證實的報導，在機身的後部，左右皆有門出入，並可供給６０個乘客及六個航空人員（包括一招待員）的飲食。

巡航速度，估計約爲每小時 300 哩。

IL－18據說是爲 Aeroflot（蘇聯航空公司）在莫斯科及（Khabarovsk，在中國東北邊界）中間航行用的，全距離在 5,000哩以上。短程航線可由IL－12担任。

雙發動機的 IL－12 大有取蘇聯製的 DC－3 而代之的趨勢。她可載 27 人，據說比 DC－3 每小時要快 60 哩。

28761

蘇聯的運輸機

小甯

摘自 1948 年三月一日 AVIATION WEEK，

蘇聯最近有兩種長距離運輸機問世—Tupolev TU－70及Ilyushin IL－18—這是爲了適用於她那廣濶的領土，繼英美的四發動機運輸機而後起的。

這架可載 72 人的TU－70是由 Andreas N.Tupolev 主持設計的，第一次公開展覽是在莫斯科的 Tushino 機場舉行的，時間是1947 年的八月四日，即蘇聯的航空節。

因爲有幾架 B－29 落在蘇聯手內（包括 1945 年强迫降落在中國東北的），所以美國空軍方面相信蘇聯一定已經有了翻版貨出來。

現在我們所看到的 TU－70 是B－29型的運輸機，當初在航空節展覽的却是一架樣機（Prototype）。

牠的樣子（機身，機翼，發動機短艙）實在很像 B－29，尤其是頭部的透明罩，簡直和B－29一般模樣。

機翼放低

機翼是放低了些，如此自頭部至乘客座艙內之通過可較方便。同時又可採用大的機翼整流體（Fillet）。

另外一些更改就是頭部駕駛艙的窗子，改爲兩層台階式的，大概是爲的增加駕駛人員視線。

現在這架轟炸機的翻版貨是想試用於民航。可是她僅有氣壓的頭部（Pressurzed Nose）。原來的 B－29 的氣壓裝備除去頭部外尙可到達中部的鎗塔及尾部的鎗塔，中間用管連接。現在很顯然的蘇聯的工程師們不想用更多更大區域的氣壓裝備。

機身加長

B－29原機身只有99呎長，可是 TU－70 的機身約爲119呎。而且機身的直徑也增加了。前面說駕駛艙的窗子改爲兩層，可能是因爲機身直徑增加了不得不然的緣故。在駕駛艙窗子的前面又增加了一個領航員的觀測罩（Astrodome）。

機翼翼展仍約爲141呎。

用前輪（Nose wheel）的落地輪在蘇聯已不新奇，但這次 TU－70 用的却是太像波因的 B－29 上所用的。

Ilyushins———另外一架四發動機運輸機便是 Ilyushin的IL－18，也是在去年八月的航空節初露頭脚。她可載乘客 66 人，活像是蘇聯雙發動機運輸機 IL－12 的放大號。從外表上看起來與英國的 Avro Tudor Ⅶ相仿。

（以下接第13頁）

工業安全工程（續） 陶家澂

第十三章 手用工具

一

本章討論最普通之手用工具（包括電動工具）， 指示一般性之不安全情況。手用工具所引起之傷害在各工業中均極普遍，根据美國本雪爾凡尼亞州1940年之工業意外傷害統計，所有傷害總數中百分之 9.43 爲手用工具傷害，其他各州所示傷害統計之比例數字與此相倣。發生傷害之主要原因爲應用破損之工具、所用工具不合於工作情況、或操作方法不適當；如領工及監工人員能隨時注意檢查，即可改正此種錯誤而避免意外。具有安全感之廠主對於手用工具之安全問題均極重視；因由經驗得知，手用工具之傷害，正與其他各種意外傷害相同，可以設法消滅。

二

茲將普通工具之一般不良情況，列述如下：

(a) 鑿子、銜頭等———頭部不平，遲鈍，淬火過度，握手部分太短。

(b) 鑽頭、絞刀等———遲鈍，淬火過度。

(c) 電動工具———絕緣不佳，插頭裂開，震動太劇，發火花，鑽帽或他種軋頭上有碎屑，無防護設備。

(d) 銼刀———無手柄或裝置不穩，銼齒遲鈍或爲碎屑塡塞。

(e) 榔頭———手柄裂開、粗糙或按裝不穩；頭面不平或裂開。

(f) 鋸條———鋸齒尺碼不合工作，彎曲，遲鈍，把手寬鬆或裂開。

(g) 螺絲起子———手柄裂開，刀口遲鈍，彎曲。

(h) 鋼絲鉗、尖嘴鉗———形狀不合，鉗口破損或有碎屑。

(i) 固定板手———尺寸不合，破損，彎曲。

(j) 活動板手———螺絲破損，鉗口（jaws）磨損，彎曲。

三

預防手用工具傷害之一般法則：

(a) 工具之管制———工廠內須有一定的修護，更換及補充工具的制度。如欲使工具之損失減少，應以安全之觀點管制工具。較大之工廠設立修理工場，專司工具修理之責；有數種工廠則指定某工場代理工具修理工作。在小工廠內，工具之管制雖較簡單，但亦應建立固定的制度，以使每一工作應用之工具均能合適而安全。

(b) 工具檢查——工具須時加檢查，尤其在工具室借給工人使用之前，以及歸還之後，應仔細檢查其情況，以決定需要修理與否；如已破損不能修理時，應立即廢棄。

(c) 各種工作程序之規劃，須能減少運用工具之危險，例如去除表面碎屑時所用工具之地位，應使附近工人不受危險。

(d) 置備適當之個人安全用具，例如砂輪機工作者須戴眼罩，以防碎屑飛入眼部。

(e) 訓練——工廠內應實施工具之安全使用教育，如電鑽、鑿子、板手、絞刀等之運用，均應使工人明瞭如何避免意外傷害。

(f) 監工——注意工人之工作方法，是否可能引起危險。

(g) 工具之存置——鉗桌及機器上應用之工具，須存置於適當的工具箱或工具櫃。

(h) 存置銳利之工具，應用防護罩蓋。

(i) 可移動之電氣工具、焊嘴等應懸掛或擱置於架上，既可減少工具之損害與意外傷害，並且便於工作。

工廠裡的

安全訓練講話

第十四章 低壓電安全

一

電氣之輸送、應用、設計、按裝、檢查、維護與訓練均與安全有關，範圍甚為廣泛。本章僅討論普通工廠內燈光、動力所用低壓電（在 110—220—440 弗打之範圍內）之安全事項。

1942年美國本雪爾凡尼亞統計有關電氣之意外事件，結果如下表：

不安全之措施(或原因)	百分數
負荷過大，按裝不佳	36
絕緣不良	10
應用不安全或不合適之工具設備	31
不用個人安全用具	5
行經移動或危險之設備	16
起動或止動不適當	2

美國電氣設備製造商、保險公司以及政府、社會團體等早已共同注意避免各項電氣之意外危險，近年來安全方面已有顯著成就。美國國家電氣規則(National Electrical Code) 及國家電氣安全規則 (National Electrical SafetyCode) 之訂立對於預防意外工作貢獻頗多。

二

觸電係突然發生者，常極嚴重。一般人均以為觸電之危險全在高壓電，因此對於低壓設備之注意不若高壓；其實觸電之危險程度係視電壓及電阻兩者間之關係而定（觸電之人體亦為電阻之一部分）。 如電壓不高而電阻甚低，亦可以觸電致死。觸及 110 弗打電燈線而死者，曾數見不鮮。

人體之任何一部成為電路之一部分，並有足量之電流通過時，即發生電震。如電流微小，僅有不舒適之感覺；電流較大時，則起筋肉收縮，影響心臟動作，有時停止心臟活動，停止呼吸；或燒傷身體之某部分。電流通過身體之路線，有時為部分的，如自手指至手指，手至手；有時通過心臟，神經系統或其他部分。此種路線之不同，全視身體與電路及大地接觸部分之位置而定。

觸電引起之傷害，其嚴重性係視下列各因素而定：

1，通過身體之電流：

a，觸及電路之電壓。

b，觸電者週圍地點之絕緣性。

c，皮膚或衣着或兩者之電阻。

d，觸及電路之面積。

e，觸及電路時之壓力。

2，電流通過身體之路線——電流常取道電阻最小之路線，潮濕之服着較身體部分之電阻小。

3，電流通過身體之時間。

4，電流之性質——高週波電流易起灼傷，並不發生電震。如電壓相同，直流電所生之電震較交流電爲小；直流電弧較交流電弧穩定，所生灼傷較重。

5，觸電者之健康狀況。

由低壓發生傷害之原因：

1，觸及電路。

2，短路。

3，偶然之搭地。

4，負荷過大。

5，斷路。

三

電氣安全之一般守則：

1，電路之帶電與否，不可忘加臆斷。在未經證明之前，對於電路均應視爲有電流通過。

2，電氣工人工作時，雙手決不可潮濕。

3，試驗電路時，應用適當之儀器。

4，除非己證明無電流通過，不可觸及任何電路。

5，須常用安全用具，如橡皮手套、橡皮墊及絕緣工具等。

6，在電力線路上工作之前，須先拉開開關，並懸警告牌，勿使他人將開關合攏。在合閘之前，應確定並無任何人員在電路上工作。

7，常用危險警告牌，危險區域外圍應圍住。

8，裝置臨時電路或電氣設備時，每項工作均須安全可靠。

9，所用電氣設備之工作人員，均應受相當訓練。

10，有關電氣之設備、接頭、電線等，均須有適當之維護；裝置情況必須頁好。

11，決不可用電線或其他金屬絲代替保險絲。

12，工人不應在帶電路線上單獨工作，以免觸電時無人施救。

13，試驗電力線是否帶電，不可用燈泡，須用電壓試驗器。

14，施行定期檢查，特別注意下列各項：

a，臨時引長線及下垂線之插頭，插座。

b，臨時引長線之絕緣性。

c，電路之按裝，間隔等。

d，保險絲。

e，配電板。

f，開關。

g，電阻器，控制器等。

勞資雙方的『安全會議』

領工資的時候，受傷者收入減少而垂頭喪氣！

第十五章 機械防護之大意

機械之種類繁多，各種機械均須有其安全防護設備，如分門別類一一加以討論，非本書範圍所能容納，本章僅討論有關機械防護之一般概念。

一

吾人對於機械上所生傷害之發生率及嚴重性均缺乏認識，有謂『工業意外傷害中僅有百分之十至十五係起源於機械上的危險』，此種說法固可代表各種工業傷害之平均數，但就應用機械較多之製造業而論，則完全不符。茲以美國紐約州勞工處1940年所公佈之統計為例：

表　一

各工業中因機械而生受賠償之傷害數及百分比，紐約州，1940年

工業名稱	受賠償傷害總數	百分比	因機械而生之傷害	
			傷害數	百分比
各種工業	79,280	100	9,145	8,7
製造業	24,012	30	6,225	25.9
修理業	18,520	23	866	5.6
建築業	13,796	17	1,061	7.6
運輸及公用事業	12,549	16	311	2.5
貿易	9,042	12	569	6.3
其他	1,361	2	113	0.8

紐約州各工業因機械而生受賠償傷害之百分比平均數為8.7%，但製造業中因機械而生之受賠償傷害百分數為25.9%。上表所列傷害總數中30%發生於製造業，由此可知因機械而生之傷害數頗多。

次論因機械而生傷害之嚴重性。

傷害之嚴重性亦可以『部分永久殘廢』（即失去身體上任何一部或永久失去某部之效用）所佔之百分比決定之。茲依傷害情形將表所示之傷害數另行列表如下：

表　二

各工業中受賠償傷害情況比較表，紐約州，1940年

工業名稱	受賠償傷害總數	傷害情況					
		死亡及終身殘廢		部分永久殘廢		其他	
		數	百分比	數	百分比	數	百分比
各種工業	79,280	764	1.0	22,670	28.6	55,846	70.4
製造業	24.012	153	0.6	7,676	32.0	16,183	67.4
修理業	18,520	190	1.0	4,524	24.4	13,806	74.6
建築業	13,796	183	1.3	4,474	32.4	9,139	66.3
運輸及公用事業	12,549	146	1.2	3,391	27.0	9,012	71.8
貿易	9,042	72	0.8	2,235	24.7	6,735	74.5
其他	1,361	20	1.5	370	27.2	971	71.3

各種工業受賠償傷害中部分永久殘廢所佔百分比爲 28.6，在製造業中此項比例增高至 32％。如將各製造業再加以分析，則知應用木工機械及金屬工作機械較多之製造業，所生傷害中部分永久殘廢之百分比最高。

如根据傷害來源分析表一所列之傷害，亦可知因機械致傷之嚴重性。

表　三

依傷害來源分析受賠償傷害情況，紐約州，1940年。

傷害來源	受賠償傷害總數	傷害情況					
		死亡及終身殘廢		部分永久殘廢		其他	
		數	百分比	數	百分比	數	百分比
總數	79,280	765	1.0	22,670	28.6	55,846	70.4
物料提存	25,201	81	0.3	5,504	21.9	19.616	77.8
應用手用工具	4,720	12	0.3	1,952	41.3	2,756	58.4
傾跌於高低不同之平面	7,707	134	1.8	2,145	27.8	5,428	70.4
傾跌於同一平面	10,266	31	0.3	2,323	22,6	7,912	77.1
機器、原動機等	7,598	30	0.4	4,104	54.0	3,464	45.6
電梯、吊車及輸送機械	1,547	54	3.5	767	49.6	726	46.9
動力車輛	4,901	150	3.0	1,469	30.0	3,282	67.0
其他車輛	1,021	41	4.0	372	36.4	608	59.6

電 氣、爆 炸 等	2,737	68	2.5	521	19.0	2,148	78.5
有害物質	2,747	61	2.2	200	7.3	2,486	90.5
踐 踏 或撞擊他物	3,853	15	0.4	826	21.4	3,012	78.2
物品墮落	3,483	42	1.2	1,316	37.8	2,125	61.0
其 他	3,499	45	1,3	1,171	33.5	2,283	65.2

上表指示『部分永久殘廢』發生於機器、原動機等者最多，達54％。

二

機械之安全可分爲兩部分：一爲傳動部分之防護；一爲作工部位（Point of operation）之防護。傳動部分包括自原動機至工作機器之一切運轉部分。作工部位係指材料在機器上成形、切削、磨銑或其他各種工作之部位。

（1） 傳動機械之防護———下述各項原理爲裝設傳動機械防護時所應注意者：

(a) 防護設備須堅固而具有永久性者。

(b) 通常情形之下，以用金屬材料爲最適宜，如角鐵、鋼管、鋼絲網、有孔之金屬板等。木質防護罩僅適用於含有侵蝕氣體之廠房內，（此種氣體有害肺部，根本辦法應設法取消之）。普通之木質防護罩不耐久，常須更換，且易生火災，故不宜多用。

(c) 防護罩不應妨碍加油及機器調整工作；進一步言之，防護罩應確保工作者之安全，其裝折須便於機器之修理。

(d) 防護罩不應有尖銳之邊緣，且須注意有無引起他人傾跌之危險。

(e) 皮帶及機器上方之齒輪，或其他較高部分之防護罩，受力較大者，須特別增强，以防其破裂。

(f) 遮蓋運轉部分之防護罩，其高度至少須至離地面六呎之處，此爲安全之最低標準。

(g) 所有齒輪，不論其大小或位置，均應完全加罩。（防護罩可防止塵灰進入，使潤滑劑不流出，可增加齒輪之壽命。）

（2） 機器上作工部位之防護———機器之有作工部位者，最主要者，可分兩類：一爲木工機器，如帶鋸機、圓鋸機、砂磨機、車床、壓鉋床、普通鉋床等；一爲金屬材料工作機器，如各種工作母機、及壓床、衝床、滾邊機、剪刀機等冷作機。本節暫以統計數字說明作工部位防護之重要性。

表 四

美國勞工部公佈1936—1938年間全美鉋木業、傢俱製造業及各種製造業三者所生傷害之發生率及嚴重性：

項　　目	鉋木業	傢俱製造業	各種製造業平均數
傷害發生率			
各種傷害	31.74	19.14	16.18
死　　亡	.16	.06	.10
部分永久殘廢	3.15	2.19	1.13
嚴　重　性	4.33	2.56	2.01

由上表知鉋木業及傢俱製造業之傷害發生率與嚴重性均較各種製造業之平均值爲高；尤可注意者，鉋木業及傢俱製造業之部分永久殘廢發生率均較各種造製業之平均數爲高。鉋木業之死亡數較各種製造業平均數高，傢俱製造業死亡數較低。鉋木業之傷害發生率及嚴重性均較傢俱製造業爲高。据估計鉋木業約有65%之工人從事機器之操作，而傢俱製造業中僅有25%之工人應用機器，因此前者因機器而生之傷害機會實較後者多兩倍以上。

表　五

美國勞工部公佈廠省1933年七月一日1938年六月三十日五年內數種不同機械所生之傷害情形：

工作機器類別	傷害總數	死亡及終身殘廢		部分永久殘廢		其他	
		數	百分比	數	百分比	數	百分比
各種工作機器	19,908	46	0.2	2,410	12.1	17,452	87.7
木工	2,496	7	.3	462	18.5	2,027	81.2
化學製品	79	—	—	16	—	63	—
玻璃，黏土，石塊	110	—	—	8	7.3	102	92.7
服裝	650	1	.2	10	1.5	639	98.3
食品	1,233	1	.1	147	11.9	1,085	88.0
金屬工作	5,637	13	.2	790	14.0	4,834	85.8
皮革製品	2,301	1	—	170	7.4	2.130	92.6
製革	661	4	.6	51	7.7	606	91.7
紙製品	678	1	.1	71	10.5	606	89.4

造紙	536	3	.6	46	8.6	487	90.8
印刷與訂書	543	—	—	64	11.8	479	88.2
紡織	4,192	12	.3	450	10.7	3,730	89.0
橡皮、塑膠、珠寶	765	3	.4	121	15.8	641	83.8
其他	27	—	—	4	—	23	—

由上表知1933—38五年內麻省因木工機器而生之部分永久殘廢為18.5%，居第一位；金屬工作機器所生之部分永久殘廢為14%，居第三位。各種有關機器傷害之統計，均證明木工及金屬工作兩種機器危險性最大，且其應用至為廣泛，對其防護設備自非嚴密注意不可。各種機器如有適當防護，可以免除意外傷害之發生，美國已有數工廠達到完全去除機器上之意外傷害。

關於機器作工部位之防護設備，安全工程師應注意下列各點：

(a) 應用機器之前，檢查防護設備是否已經裝妥。

(b) 建議廠方於定購新機器時，應於定單上說明防護設備之安全規範。

(c) 與機器製造商保持經常之接觸，以明悉防護設備之設計與製造。

(d) 不完善之防護，反易引起意外傷害，故須由專家設計製造。

(e) 工人對於機器上所設之防護設備，有時因不習慣而反對應用，安全工程師應解說機器之危險性，及防護設備可以增加生產之原因。

歡迎投稿

歡迎批評

28773

徵　稿　簡　章

(一)　本刊內容廣泛，凡有關工程之文稿，一概歡迎（讀者對象爲高中以上程度）。

(二)　來稿請橫寫，如有譯名，請加註原名。

(三)　來稿請繕寫清楚，加標點，並請註明眞實姓名及通訊地址。

(四)　如係譯稿，請詳細註明原文出處，最好附寄原文。

(五)　編輯人對來稿有刪改權，不願刪改者，請預先聲明。

(六)　本刊非營業性質，純以溝通學術相互研討爲目的，自第七期起，稿費取消。

(七)　已經在本刊發表的文章，歡迎全國各大雜誌報章轉載，轉載時不須任何手續，只望註明原文出處與作者姓名。

(八)　來稿非經在稿端特別聲明，概不退還。

(九)　來稿請寄臺灣臺中66號信箱 范鴻志收。

◎新工程出版社◎

（非 賣 品）

總編輯：陶家澂　　發行人：范鴻志

印刷者：臺成工廠

通信處：臺灣臺中市66號信箱

目錄

新工程出版社

MODERN ENGINEERING PUBLISHING SOCIETY

歡迎批評指教

臺灣臺中第六十六信箱

編者雜記

噴射推進的發明，使航空器的原動力起了革命性的變化，舊有的活塞引擎與螺旋槳組合已經退處於次要的地位，新的原動力如渦輪噴射 (Turbojet)，渦輪螺旋槳噴射 (Propjet)，渦輪衝壓噴射 (Turboramjet)，衝壓噴射 (Ramjet)，氣脈噴射 (Pulsejet) 及火箭 (Rocket) 等大多數是被採用了，將來的演變，一定更是層出不窮！孫方鐸先生的『噴射推進簡述』一文，立論新穎，材料豐富，是一篇心得之作。

隨新原動力而產生的是高速率飛行問題，目前不僅是進至超聲速階段，更有人在考慮 Hypersonic 及 Hyperphotic 飛行問題了。人類征空欲望是無止境的，而軍事方面的要求更是異常迫切，於是加速了航空發展的進度，讀周公棣先生的『美國航空計劃』一文後，我們可以明瞭美國航空研究計劃，無一不是着眼於軍事的，他們的研究的設備人力與財力更是舉世無匹。

現代生產方式，特別注重在『大量』二字，因爲要求大量生產，一方面改進生產方法和工具，如利用功用單純的機器、精細的工模型架以及儘量使生產品標準化，另一方面不能不講求如何善盡運用人力器材之道，亦即所謂生產管制。換言之生產管制就是要把人力器材作有計劃的組織和運用起來，以達到大量生產之目的。范鴻志先生的『近代工業生產管制』一文，給我們一箇廣泛的概念；所有與管制有關的因素，如計劃，施工程序，材料的運送與檢驗等問題，均概括地談到。

美國是箇典型的資本主義國家，生產組合龐大，資本集中，可是在第二次大戰中，却證明了美國全國小型工廠，也有驚人的生產力，而且從國防觀點說小型工廠遍佈各地，易於避免空襲的威脅，不像大工廠集中在工業區內，成爲轟炸的目標，因此美國工業界發出了如何充分利用全國各小型工廠以爲戰時國防生產之用的呼籲。陶家澂先生所譯的『戰時工業動員的準備』一文，可供我們今後發展工業的參攷。

『電接觸點』一提起來，似乎是箇小問題，可是與我們接觸的機會委實不少。小寧先生的『如何使電接觸點頁好』一文，頗具實用價值。

『工業安全工程』暫時停登一期，因爲陶家澂先生最近爲事所羈，不克分身撰稿。

噴射推進簡述

孫方鐸

一　緒　　言

噴射推進（Jet Propulsion）是近年來航空工程上一件劃時代的發明。從萊特兄弟試飛成功到第二次世界大戰中期，飛機的推進系統（Aircraft Propulsion System）一晌爲往復式發動機（Reciprocating Engine）和螺旋槳的組合所壟斷。在一般人心目中（包括許多航空工程師在內），這一種組合是天經地義，是無可更易底。可是自從1941年惠特式引擎（Whittle Engine）在英國試造成功以後，航空器的動力系統（Power Plant）起了革命性的變化。汽輪（Gas Turbine）和空氣壓縮機的組合代替了往復式的活塞發動機（Piston Engine），飛機上不再看到廻轉底螺旋槳，或者雖然看到，但已處於附屬地位。這樣一般人纔恍然悟到往復式發動機螺旋槳的組合不是航空器唯一底推進系統。這一項重大的發明我們可以比做一個寶庫鑰匙的獲得。一晌秘藏已久的航空動力寶庫，經過噴射推進這個鑰匙，突然打開。工程師和一般人們起初不免遲疑瞻顧，到現在則都已認識這寶庫中蘊藏的豐富。不但活塞發動機和螺旋的組合不能壟斷航空器的動力系統，就是惠特式發動機也不過是噴射推進應用之一，其他噴射推進方法例如衝壓噴射，氣脈噴射，火箭等等正隨着時代的進展而層出不窮。無疑底，航空動力工程現在已進入噴射推進時代。歐美工業先進國家都正競向這一寶藏努力發掘。在工業落後的中國如何能就此項新式推進方法迎頭趕上，是我們新中國工程師的責任。這篇文字不涉艱深的數理僅對於噴射推進的輪廓作簡短底介紹，希望能以此引起工程師和一般人對於噴射推進的興趣，並能供認識此項推進方法之一助。

二　噴射推進的基本概念

在討論噴射推進以前，我們必先明白何謂『噴射推進』。根據D.T.Williams教授的說法，噴射推進的定義如下：

凡將某部份之流體（Fluid）排向後方，由是藉流體之反作用（Recoil）以產生推力（Thrust）之方法都謂之噴射推進。

根據這個說法，我們可以看出噴射推進的要點有二：

(1) 在任何噴射推進方法中，必有某部份之流體被排向後方——此被排除之流體通常稱爲噴射體 (Jet)。

(2) 噴射體的反作用即是推力的來源。

由是，物體將某部份之流體排向後方以形成噴射體，而此噴射體之反作用力即推使物體前進，這即是所謂噴射推進。從這個定義裏我們可有下列的認識：

A. 基本原理方面　噴射式發動機 (Jet Engine) 似乎是嶄新的，但是其基本原理還是根據着三百年前牛頓先生所發表的運動定律。這個定律說『對於任何一作用力，必相伴有一反作用力其大小相等方向相反。』船夫用槳划水而水即推船前進；惠特發動機排出大量高速度的氣體，而此氣體即推機前進。從原理上言，裝有惠特發動機的新式飛機和用槳划水的船並無二致。

B. 範圍方面　根據上述定義，噴射推進的範圍是無所不包的，不像一般人所想像的那樣狹窄。汽輪發動機因是噴射式的原動系統，就是用槳划進的小舟，用螺旋槳和往復式發動機也都是用的噴射推進方法，因爲牠們都是將一部份的流體排向後方，而由其反作用力以推動牠們自身。事實上，所有在空間自行推進的物體都是利用其所排除的流體的反作用力，因此也都屬於噴射推進的範疇。不過通常吾人所謂噴射推進是指汽輪發動機等而言。嚴格說起來，這種方法祇能稱爲新式噴射推進方法，不能概括地稱爲噴射推進方法。

上面是對於噴射推進基本上的認識，至於各種噴射推進方法，吾人在下節中分類說明。

三　噴射推進方法的分類

根據噴射體之形成方法，吾人可將噴射推進作下列的分類。

A. 熱噴射 (Thermal Jet)　凡噴射體由噴射機關吸收其周圍之流體，經過熱循環 (Thermal Cycle) 而形成者，統稱爲熱噴射。此處所謂熱循環係指吸氣(Intake)壓縮 (Compression)燃燒(Combustion)膨脹(Expansion)洩氣(Exhaust)等程序而言。

熱噴射又可分做下列二種共包含三個子目。

(一) 氣輪噴射 (Turbo-Jet)　此式噴射發動機係英國空軍軍官佛蘭克惠特(Frank Whittle) 所創製，所以亦稱爲惠特式。其構造可用下列簡圖表明之。

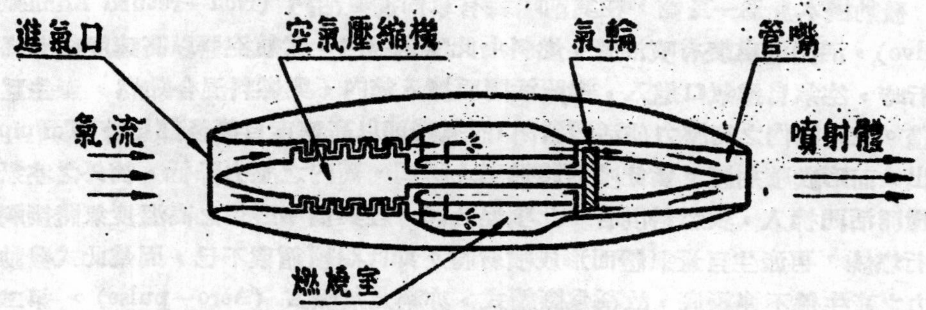

第一圖 氣輪噴射

空氣自進氣口進入，經過空氣壓縮機之作用，其壓力劇增。此高壓空氣經導入燃燒室（Burner）內與燃料混合點燃即產生大量之高溫度氣體。此項氣體經過氣輪後，以高速度自管嘴(Nozzle)逸出，成爲噴射體，而此噴射體即推使航空器前進。氣體於逸出之前，當經過氣輪時，即將氣輪推動。空氣壓縮機與氣輪裝在同一軸上，亦即隨之轉動。所以此式發動機一經起動以後，空氣壓縮機所需之動力即可由氣輪供給。祇需燃料與空氣供給不匱，燃燒即可繼續，而噴射體得以連續形成。

（二） 衝壓噴射（Ram Jet）在此式噴射推進方法中，燃燒前空氣之壓縮不用空氣壓縮機，而利用航空機在空氣中進行的高速度，使空氣擁入發動機內以發生衝壓作用。當高速度之空氣擁入進氣口後，其速度驟減，而壓力隨之劇增，這即是我們所謂衝壓，此項速度和壓力的轉換可以用柏努利公式（Bernoulli's Eq.)（見附註）計算出來。此式推進系統既不需要空氣壓縮機，因此亦不需要氣輪機。所以全部發動機內並無任何轉動部份，故其構造遠較氣輪噴射式發動機爲簡單。但是因爲進氣的壓縮作用是靠了航空器本身的速度，所以此式發動機不能自行起動而須由母機帶動，或用其他助推設備（Thrust Augmentation）。此式噴射推進方法，按照其動力產生的情形，又可分爲斷續式與連續式二種。

1. 斷續式（Intermittant Type） 此式噴射發動機如下圖所示

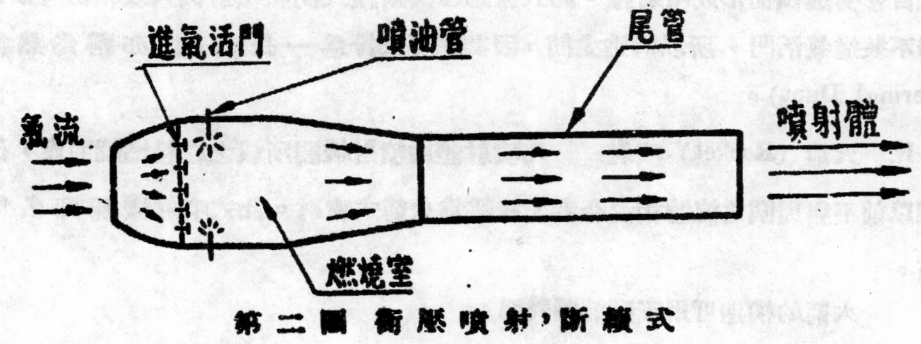

第二圖 衝壓噴射，斷續式

發動機本身爲一長筒，在其前端裝有單向進氣活門 (Non－return Admission Valve)，活門近處裝有噴油管，燃料由此噴入筒內。當航空器以高速度在空氣中進行時，空氣自進氣口進入，撞開活門而擁入筒內，與燃料混合點燃，產生巨量氣體。此時筒內之高壓力使活門緊閉，而氣體即以高速度自筒後部尾管(Tailpipe)逸出，而形成噴射體。當此噴射體逸出之瞬間，筒內之壓力降低，筒外之空氣復行撞開活門擁入，與燃料混合。此項混合體一經與筒中殘留之高溫度氣體接觸，即行燃燒，再產生巨量氣體而形成噴射體。如此繼續循環不已，因爲此式發動機動力之產生係不連續底，故稱爲斷續式，亦稱爲氣脈式 (Aero－pulse)。第二次世界大戰中，德國用以轟炸英倫的 V－1 飛彈即是此式推進方法的應用。此式推進機動力的產生雖然是不連續底，但由於其循環的頻率甚高，所以第一循環內燃燒氣體尚未逸淨，其次一循環之燃燒氣體又復形成，所以其噴射體之噴射仍然是不斷的。在 V－1 飛彈中，每一分鐘有 2800 次循環。由於其活門作此高頻率之啓閉，空氣經過活門時即發爲嘯聲，這是 V－1 飛彈得名嘯聲彈的由來。

2. 連續式 (Continuous Typo) 此式噴射發動機之構造至爲簡單，其本身爲一長筒，筒之前端裝有擴散管 (Diffuser)，其後端裝有管嘴，如下圖所示：

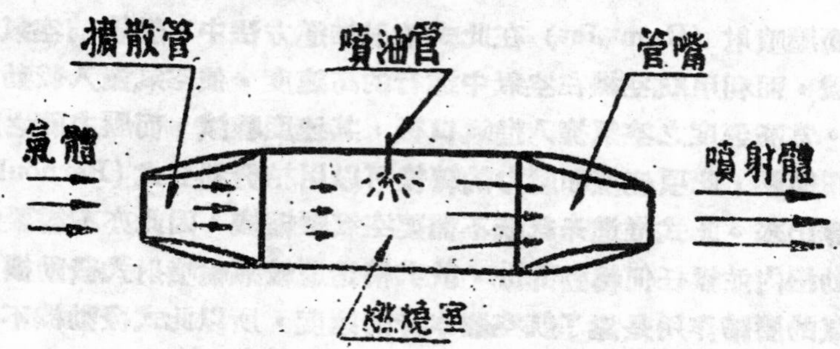

第三圖 衝壓噴射，連續式

當航空器以高速度在空氣中前進時，入口之空氣經過擴散器後，速度低減壓力劇增。高壓之空氣在筒內與自筒外注入之燃料混合點燃，即產生巨量氣體以高速度自管嘴逸出而形成噴射體。此式發動機與斷續式衝壓噴射機大致相仿，惟其前端不裝進氣活門，所以構造尤簡。因其主要部份爲一長筒，故亦稱爲熱筒 (Thermal Duct)。

B. 火箭 (Rocket) 噴射 凡噴射體由噴射機關所載之燃料燃燒而成，在燃燒以前不與周圍之流體相混合者，統稱爲火箭式噴射。此式噴射機關即名爲火箭。

火箭的構造可用下列簡圖表明：

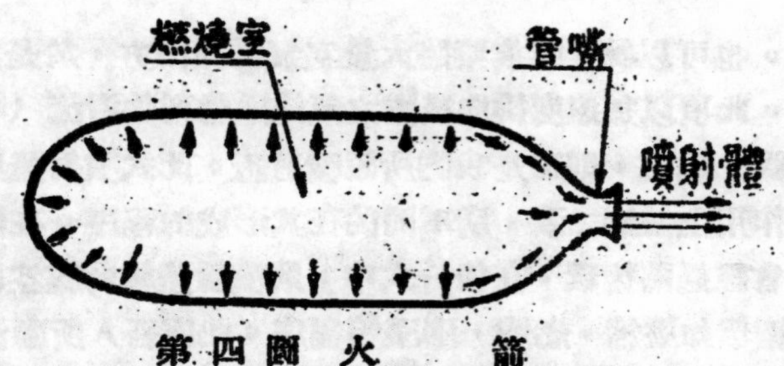

第四圖 火 箭

火箭本身爲一密閉的筒，僅其後端裝有管嘴，與外界相通。筒內裝有固體或液體燃料。此項燃料本身含有氧化劑，故其燃燒不必藉助於外界之空氣。起動時，將燃料點着，燃燒所產生之巨量氣體自管嘴逸出形成噴射體，由是推動火箭本身。通常火箭的燃燒時間甚短，因爲無論如何巨大的火箭，其所能携帶的燃料總是有限的。德國的 V－2 火箭其燃燒時間僅爲 6.5 秒。燃料用罄以後，噴射作用停止，火箭卽藉慣性作用繼續飛行，直至其動能爲阻力耗盡而止。通常火箭的前端總裝有戰頭 (War head)，如係用作轟炸的，自然裝有炸葯。其尾部則裝有安定翼，用以穩定其飛行。上面的簡圖不過用以說明火箭作用的原理，這些機械上的構造都已從畧。此處吾人可以注意的是在各式推進方法中祇有火箭能在眞空中航行，因爲牠的燃燒是不需要空氣的。所以牠是將來太空航行 (Space Travel) 的唯一利器。

C. 機械噴射 (Mechanical Jet)　凡噴射體由噴射機關以機械能 (Mechanical.)加於其四周之流體而形成者統稱爲機械噴射。在此式噴射中，噴射體純由噴射機關周圍之流體形成，不經過熱循環。傳統的活塞發動機與螺旋槳的組合便是此例。此式噴射推進可用下列簡圖表明：

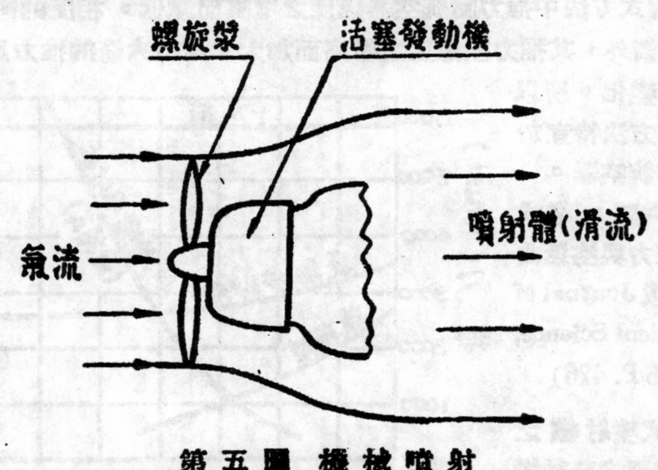

第五圖 機械噴射

在此項組合中，發動機帶動螺旋槳，由是將燃料之熱能變而爲機械能。空氣經過螺旋槳圓 (Propetler Disk) 後，由於此項機械能之作用，其對於航空器之相對速度即形增加。也可以說，螺旋槳將大量空氣排向後方，於是空氣之反作用即推使航空器前進。此項以加速度排向後方之氣流通常稱爲滑流 (Slipstream)，如若以噴推射進的眼光觀之，則正是我們所謂噴射體。此式噴射體與前述熱噴射或火箭的噴射體在作用上並無二致，所不同的在其形成的程序。在前二式中，噴射體在形成以前，曾經過熱循環，在後一式中，則噴射體純由航空器周圍之流體形成，並未經過熱循環如壓縮，燃燒，膨脹等程序。此處吾人所應注意的是活塞發動機也自其四周吸收一部份空氣，而此部份空氣亦經過熱循環而產生燃料氣體。但是此項氣體由排氣管洩出後，成爲廢氣，並不成爲主要推力的來源，因此與我們所謂噴射體不能並爲一談。而航空器之推進還是由於被螺槳排向後方的空氣，此部份空氣纔是產生推力的噴射體。所以此式推進方法，稱爲機械噴射，不應與熱噴射相混。

前面各節就噴射推進的類別作最簡單的說明，也可以說是現行各式推進方法的鳥瞰。在所述的三大類中，第一，二兩類熱噴射與火箭是新式推進方法，第三類機械噴射則是舊式的推進方法，但都屬於噴射推進的範疇。不過一般人所謂噴射推進係專指第一，二兩類而言。

四　新舊式噴射推進方法之比較

新式噴射推進方法既有多種，其性能自然也不一致。大體講來，新式方法和舊式相較有下面幾個卓著的優點：

(1)　舊式方法中動力之產生係間歇底，但在新式方法中動力之產生係速續底(氣脈式除外)。故其動作遠較平順。

(2)　在舊式方法中推力隨航空器速度之增高而減低。相反的，在新式方法中，除火箭外，其推力隨速度之增高而加大。至於火箭的推力則不隨航空器之速度而變化。所以新式推進方法特宜於高速度的航空器。(參看第六圖：各式推進機推力與空速曲線。原圖載 Journal of Aeronauticnl Science, Aug. 1946 P. 426)

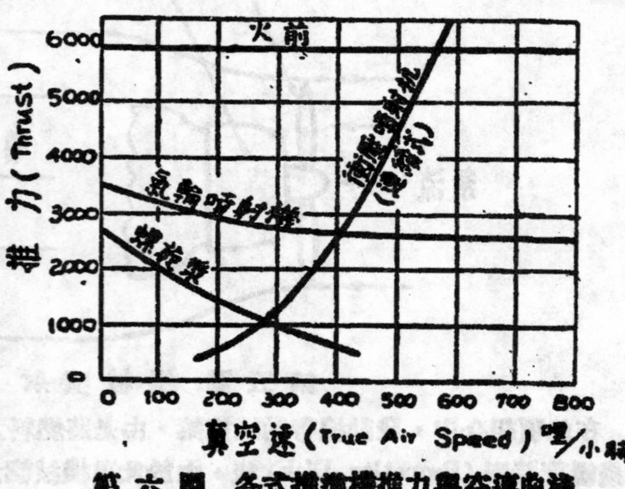

第六圖　各式推進機推力與空速曲綫

(3)　新式噴射機之構造遠較舊式發動機爲簡單。在各項新式方法中，汽輪機的構造算是比較複雜的，但是其零件數量僅爲一架同馬力的活塞發動機的三分之一。

(4) 新式推進方法省去螺旋槳之裝置，而新式噴射發動機內之轉動部份亦絕少(如衝壓式噴射機卽無轉動部份)，所以少用軸承因是無嚴重之潤滑問題和震動現象。

(5) 新式推進機無爆震 (Detonation) 之虞，其所用燃料之辛烷值 (Octane Numher) 不必過高。不適於舊式航空發動機用之燃料，亦能爲各新式推進機所採用。

五　噴射推進前途之展望

根據前節的比較，新式噴射方法既具有這許多重大的優點，其風靡一時，自非偶然。現在這些新式方法都還在發軔時期，其本身還有許多棘手的問題：例如燃燒現象至今還未能爲科學家們所完全了解；金屬在高溫度時的性質還待實驗室的不斷試驗，還有許多近聲速 (Transonic) 和超聲速 (Supersonic) 的空氣動力學上的問題都未曾解決。但是我們相信噴射推進的前途是不可限量的。人類征空的欲望不斷地要求飛行速度的增高，螺旋槳和活塞發動機的組合受到效率的限制，祇能作600哩/小時以下的飛行，由此以上，其效率即驟減以至於零，所以600哩/小時以上以至超聲速的飛行都非靠新式推進方法不可，這是就速度方面說。在另一方面，軍事航空上的要求較諸民用航空爲迫切。但是由於新式噴射推進機構造的簡單，所用燃料範圍的寬廣，以及震動的減少，此項新式推進方法已有逐漸應用到民航方面的趨勢。至於將來太空的航行，和星球的探險。更非用火箭不可，而火箭正是新式噴射推進方法之一。由於事實上各方面需要的迫切；加以科學家和工程師們對此新闢園地的熱烈底興趣和努力，前述的這些棘手問題必將逐步獲得解答。我們相信在今後十年至五十年內，噴射推進將繼續爲航空工程界所注意的中心，其前途的開展是不可限量底。

參考資料：G. Geoffrey Smith：Gas Turbines & Jet Propulsion for Aircraft

D. J. Keirn & D. R. Shoults：Jet Propulsion and Its Application to High Speed Aircraft，Journal of the Aeronautical Science Aug. 1946

Benson Hamlin and F. Spenceley：Comparison of Propeller and Reaction-Propelled Airplane Performance Journal of the Aeronautical Sciences. Aug. 1946

註：衝壓 (Ram Pressure) 計算公式做定等熵流 (Isentropic Flow)

$$P=P_0\left(1+\frac{1}{2}\frac{V_0{}^2}{C_p T_0}\right)^{\frac{r}{r-1}}$$

式中 Po＝大氣壓力
To＝大壓溫度
Vo＝航空器對空速度
Cp＝空氣定壓比熱溫
Cv＝空氣定容比熱
r＝Cp / cv
P＝衝壓

美國航空研究計劃

周公標

擇自一九四八年二月份美國航空週刊

美國政府正在進行舉世無匹的航空研究計劃，每年化費三億美元，研究航空科學的新知識，發展及摘取現時可資應用的資料以及建設新的研究設備與訓練工作人員，他們認爲要想保持空中的領導地位，祗有藉助於研究，因此進行偉大的研究計劃。

在過去十年中，航空科學經過一翻革命，航空器噴射推進應用的成功，產生了一種嶄新的研究領域，含蘊着以前未知的問題。隨新動力來源而來的是航空器高速率問題，這問題本身就蘊藏着困難問題。超聲速問題是此次改革中主要的對象，這問題似乎已經顯示出無數的新問題，其解答又往往只是產生無數附加的問題。

美國目前的航空研究計劃大約有百分之九十九是由美國政府發動和主持的，其理由不外下述三点：

1. 軍事應用：大凡航空研究的結果對於空軍及海軍航空之新航空器與飛彈之設計無直接或潛在的價值者，爲數甚少。因此軍事方面實在是現代航空資料的最大應用者，所以他們應該資助這種研究工作。

2. 高度費用：很顯然的，祗有政府能償付航空研究的代價，決無任何航空器製造廠、大學或私人能够爲着一座航空試驗室化費兩千萬美元，甚至僅爲一個風洞投資一千萬美元。他們之中，也無一人可以爲着建造風洞配置儀器及測驗風洞担負一切，等候四年之久方可正式作第一次試驗；更不會負担 112 位科學家與技術員工之薪水專爲使用一座風洞。所以祗有政府能付償航空研究費用。

3. 公共利益：在私人企業自由競爭制度下，私人研究的結果僅爲私人應用，很少商用試驗室願意將其研究的結果公諸於世，使其競爭者分沾其利益；他們的研究工作本身是爲了解決特殊問題，而獲得特殊的結果，但是航空研究應用與適用較廣，施惠人羣，所以應由政府從事。茲將目前美國政府機關主持航空研究與發展情形，列述於下。

一 美 國 空 軍

美國大致有一半航空研究工作是受其空軍資助的，工作進行大概是由其空軍自已的試驗室、政府別的試驗室、及私人工業試驗室共同担任。所有研究工作大致是將研究的收穫應用於軍事方面，其中極少數的結果曾經宣佈過；因此，如想討論美空軍詳細的研究計劃，是不可能的。

研究計劃主持者是一位工業計劃主任 (Director of Research and Development)。設備方面主要的分設在俄亥俄州戴登 (Dayton) 的 Wright 機場與佛羅利達州 Eglin 機場。

在 Wright 機場有一5呎低聲速風洞及一小的超聲速風洞，另外有一20呎直徑低聲速風洞，由一40,000 匹馬力的電馬達帶動，可以達到每小時 400 哩的風速。

試驗室內設立很多引擎試驗室 (Engine Test Cells)，螺旋槳試驗架 (Stands) 及航空醫葯 (Aeromedical)，航行儀器，無線電，照相，軍備等研究之特別設備。

Eglin 機場有世界上最大的氣象室 (Climatic Hargar) 專門研究寒冷氣候。

此外美空軍並委託各著名大學及商家研究機關作專題研究，訂立合同每年耗費在兩千萬美元以上。

研究範圍：美空軍研究計劃分成下列十項主要科目：

1. 航空器與飛彈 (Missiles)，佔其預算中最大的一項。

2. 動力裝置試驗，主要的爲渦輪噴射 (Turbojet)，衝壓噴射 (ramjet) 與火箭動力 (Rocket Motors) 及利用原子能 (Nuclear energy) 以推進航空器。此外有配件研究工作，如增壓器，汽油泵，点火系統，散熱系統，滑潤系統等。

3. 無線電與雷達 (Radar)，也是一項極大的研究計劃，專爲研究電子器 (Electronics) 應用於：高速度航空器與飛彈，通信地面輔助設備，警告系統與各種天氣作業 (Warning and all-weather operation)，高空大氣研究，波傳播 (Wave propagation) 與電路理論 (Circuit theory) 等。

4. 修護試驗設備，發展特別儀器如冶金 (Metallurgical) 研究設備，動力表 (Dynamometers)，靜力試驗以及其他各種試驗設備。

5. 各種天氣作業，極冷與極熱氣候對於航空器、航空器引擎、軍備與航空設備之影響。

6. 航空軍備，快速炮，火箭，以及其他攻擊武器如槍塔，打火操縱設備，及雷達瞄準器。

7. 機器與器具，各訂約製造商爲生產航空器、引擎與設備經常所需之特別設備；製造承辦研究工作者所需之特別設備，以及各訂約製造商所需之特種生產與試驗設備。

8. 螺旋槳，繼續研究應用於氣渦輪時有關震動，疲勞 (Fatigue) 與燥音諸問題，以及直升機轉子 (Rotor) 研究工作。

9. 航空器設備，電氣設備，動力配件，照相設備以及特別設備。

10. 後掠翼 (Swept wing)，飛彈，引擎架系統，結構，操縱系，及其他相似設計研究工作。

二 美 國 海 軍 航 空 隊

航空署 (Bureau of Aeronautics) 研究計劃是注重航空器與升空設備以及引導飛彈 (Guided missiles) 與推進方法兩方面。在行政系統上航空署受海軍研究局 (Office of Naval Research) 節制，設備方面分設在三處，一爲菲城 (Philadepbia)

的海軍航空器材研究中心(Naval Air Material Center)；一爲海軍航空站 (Naval Air Station) 在馬里蘭得州的 Patuxent 城；另一廣大的試驗中心在加利佛尼亞州 Point Mugu 。以上三處之設備主要的是試驗訂約機關之出品，同時亦有很多研究計劃附帶產生。

研究範圍：(1) 整個航空器結構試驗工作，注重利用氣脈噴射推進的航空器。

(2) 引擎試驗，在非城之引擎試驗室繼續研究渦輪噴射 (turbojet)，渦輪螺旋槳 (Turboprop) 組合；但是氣脈噴射衝壓噴射及火箭係由海軍軍需署 (Bureau of Ordnance) 主持。

(3) 引擎另件，航空引擎試驗室正從事引擎另件發展的廣大計劃，包括各種引擎之汽油系統，滑潤系統，及引擎操縱系統。

(4) 航空器及其配件——最大的研究範疇是航空器雷達系統及無駕員航空器控制方法，軍械，彈射器 (Catapults)，停機裝置 (Arresting gear)，用固體燃料的起飛輔助設備，以及航空母艦甲板設備。

三 美國航空顧問委員會 (NACA)

航空顧問委員會是美國政府的航空研究機關，負責監督及指導航空科學研究，特別注重在實用方面之解答，顧委會是在1915年成立的，由十五位委員組成，空軍部海軍部商務部各佔二人，氣象局 (Weather Bureau)，國家標準局 (National Bureau of Standards) 及 Smithsonian研究所等首長各一人，當彼等在職期間即爲當然委員，其餘六位是由科學家中挑選而來，非經總統准許不能退休。

總委員會 (Main Committee) 係向總統負責，指導研究計劃，此外有六個技術委員會及二十個分委員會 (Subcommittee) 輔助總委員會，由三百以上有名的航空專家組成，選自空軍海軍，政府其他機關，航空工業界及私人，各委員各就其專攻領域提供研究計劃予總委會，然後彙集成爲顧問委員會的總研究計劃。

設備方面，航空顧問委員會三個試驗室內計有價值八千萬美元的航空研究設備。三個試驗室是，(1) Langley 紀念航空試驗室，在佛吉尼亞州Langley機場，(2) 飛行推進試驗室 (Flight Propulsion Research Laboratory)，在俄亥俄州克里夫蘭城。(3) Ames 航空試驗室在加利佛利亞州 Moffett 機場。

此外，有一無駕駛員航空器研究站 (Pilotless Aircralt Research Station) 在 Wallops 島上，離大西洋岸佛吉尼亞角 (Virginia Capes) 不遠。

顧委會所設計建設與使用的特種研究設備，是舉世無匹的，其中有世界上最大的風洞，風速最高的風洞，還有可變密度，足尺 (Full-scale)，冷却 (Refrigerated)，自由飛行 (Free-Flight) 及突風 (gust) 等風洞，均爲世界第一。顧委會亦委託其他機關及大學之試驗室代作專題研究，只須在設備及人材方面均甚優異與完備。

研究範圍：主要研究計劃是為軍事及航空工業而研究基本資料，一部份現時研究計劃是空軍海軍所指定的專題研究。

基本研究計劃概括地可分為四大類：

（1） 空氣動力學研究，幾乎全部注重高速空氣動方學，一部份為求出數据應用於超聲速戰鬥機，另一部則為超聲速飛彈研究；所包括之節目，計為翼剖面，高升力裝置，機翼特性，臨界層，氣動力載荷，機翼機身干涉作用，震盪波(Shock waves)，安定與操縱，飛行性質 (flying qualities)，螺旋 (spinning)，高速空氣進口，顫動 (flutter)，螺旋槳，直升機，水上飛機及高空大氣。

（2） 推進研究，氣渦輪引擎，衝壓噴射，助推設備 (thrust Augmentatin)，散熱，應力與震動，操縱，燃料與滑潤，壓縮器，渦輪 (Tmbine)，燃燒，抗熱材料與特別動力裝設。

（3） 飛機結構研究，後掠翼，剛强性 (stiffness)，夾心 (Sandwicb) 材料，震動與顫動，剪力腹板 (Shearwebs)，助力殼 (Stiffened shells)，盒形樑(boxbeams)，鋁合金，防銹，金屬與非金屬折斷問題。

（4） 使用問題研究，防冰，氣象，及高速運輸機速率操縱(speed Control)。

四　陸軍軍需局(Army Ordannce Department)

軍需局主要的任務是火箭武器研究，目前該部正為尋求火箭發動的武器基本數据而訂立廣大的航空研究計劃。

在行政系統上，軍需局是由陸軍部計劃司 (Research and Development Division) 指導，在軍需局內則有計劃組 (Research and Development section) 專管火箭研究計劃。

設備方面，有一彈道研究試驗室 (Ballistic Research Labroatorics) 在馬里蘭得州 Aberdeen 試驗基地，試驗室內有一價值2,750,000美元超聲速風洞，另外有一重要設備，即為 ENIAC 計算機。White Sands 試驗基地是有名的 V－2試驗基地，試驗室內有火箭射程研究設備與試驗商家代製之火箭裝設，引導飛彈亦在該地試驗，軍需局並委託公司與大學研究飛彈。

研究範圍：軍需局研究計劃是研究陸地至陸地飛彈，海岸至船上飛彈，預防截擊飛彈，火箭推進，火箭飛彈設計，近時 (V T Proximity) 炸彈引信，飛機鋼炮，飛彈放射及操縱，空中至陸地火箭，高速飛機上所用之火箭，改良復式投射器 (Multiple launchers) 及高頻率自動投射器 (high cyclic rate automatic launchers)。

五　海軍軍需署 (Navy Bureau of Ordnance)

海軍部很早即指定飛彈爲軍需署研究之科目，現時該署仍繼續飛彈研究工作。

軍需署內有一引導飛彈組 (Guided Missile Section) 專管研究計劃，與海軍研究局 (Office of Naval Research) 取得連繫，并由後者專管委託其他機關研究工作。

設備方面：軍需署管理三個試驗室一爲海軍軍需試驗站在加利佛利亞州的 Inyokern 地方，一爲海軍軍需試驗室在馬里蘭得州的 White Oak 城，一爲航空物理試驗室 (Aerophysics Laboratory) 在塔克薩斯州，Dainger 機場，後一試驗室內有一鋼製廠房裝設兩隻鼓風機 (blower)，現已改成超聲速空氣噴射器，作衝壓噴射引擎動力試驗用。

White Oak海軍軍需試驗室落成後，可以裝置不少風洞，由奧地利 (Austria) 搬來之有名 Kochel 超聲速風洞亦裝置在內。所有新的飛彈試放工作及衝壓引擎試驗均集中在 Inyokern 試驗室，原在新澤西及地那瓦爾州的試驗室亦將遷來。

研究範圍：除委託大學及公司之試驗室代作研究外，主要工作計劃是衝壓噴射引擎，同時亦在研究與發展一系飛彈之動力，細分其節目約爲：燃燒，空氣動力學，放射與管理，引導系統與補助器 (guidance systems and servos)，燃料，預防飛彈，及反防禦方法，目前已產生一衝壓引擎，惟尚未作超聲速飛行。

六　國家標準局 (National Bureau of Standards)

國家標準局成立於1901年，是美國政府研究機關中年代最久者之一，其研究計劃伸縮性很大並且能够很迅速同時以很小代價去完成計劃。國家標準局直隸於商務部，其局長直接向商務部次長負責。

設備係集中在美京華盛頓，其內容卽使開列一部份名單亦異常廣大複雜，每一種研究科目仍在繼續設製新裝置。

研究範圍：空氣動力學方面正在改良測量儀器，例如熱線風壓表 (hot-wire anemometer)，以研究臨界層流 (boundary layer) 及測定層流 (Laminar flow) 及亂流 (Turbulent flow) 之波動 (fluctuation)，改良炸彈、子彈及飛彈之空氣動力特性，飛機結構研究，interferometry (爲測定高速氣流用)，變時引信，電子器與無線電傳播，各種天氣航行設備與盲目降落補助設備，噴射引擎內燃燒問題，航行燈，冶金等。

七　民用航空局 (Civil Aeronautics Administration)

民航局研究計劃是偏重在應用方面，包括很多特種研究與合同。在行政系統

28788

上，民航局是商務部的一部份，其主管人員直接向商務部次長負責。在民航民局內，研究工作是由安全管制司 (Office of Safety Regulation)的研究科 (Research Division) 及技術推廣服務所 (Technical Development Service) 分別負責。

設備方面，民航局設有試驗站在印地安那州的 Indianapolis 城，及加利佛利亞州的 Arcata 地方。

研究範圍：人事方面，研究如何選擇飛行員，分析飛行訓練方法，失事調查與分析，航空醫葯研究，飛行人員體格標準等，其他如無線電，距離測定設備，機場監視雷達 (Airpot Surveillance Radar)，超短波航行輔助設備，防撞擊設置 (Anticollision device)，飛機防火，風擋防霧，及不碎汽油箱，機場，燈光設備與場面問題，側風降落起落架研究。

八 氣 象 局 (Weather Bureau)

航空方面對於氣候仍無法控制，因此氣候仍為正常航行上第一號威脅，氣象局正在進行廣大的研究計劃。氣象局屬于商務部，完全為一研究機關，其設備散在全國 420 個機場內，約有 4,000 測候分站，及 5,700 個合作測候站。

研究範圍：氣象局主要研究計劃是所謂"雷雨計劃" (Thunderstorm Project)，受海空軍及 NACA 之委託，駕駛飛機直接經過雷雨中以研究其力學與結構，其餘如由于爆炸所生的壓力波，山頂上壓力差，氣球升降率，大氣中的自由動能 (Free energy)，廣播，自動測候站，氣象儀器，大風機會率，氣候傾向 (Weather trend)，太陽放射，結冰及其他。

九 原子能委員會 (Atomic Energy Commission)

該會委託較有聲譽之飛機與發動機之製造廠，以及大學研究利用原子能以推進飛機，惟其詳情缺乏資料，無可敘述。

近代工業生產管制　范鴻志

生產管制之最終目的，就是要把人力、材料、機器作有計劃的組織和運用起來，使合作得更為有效，更形美滿，以增加生產量。

工業上任何減低成本的企圖，必需從生產管制入手，而這種管制必不僅限於計劃（Planning），施工程序（Routing），生產日程（Scheduling），分發工作單（Dispatching）及查尋（Follow-up）。牠應該包括到貨的問題，材料及另件之結存與運送的問題以及機器工具使用的問題。

材料不能按時到達廠內備用，當然是生產管制不良的結果，某種另件剔退及報廢之情形太多，生產管制部門不能即刻知到，以致在裝配時，因缺件而致延遲時日，也是生產管制的責任。一件工作不能按時從這一部門送到下一部門施工，生產管制也不能推辭責任。當上面這些問題存在時，生產管制必須澈底通盤計劃，以謀改善，使人力、材料、機器配合得密切有效。

計　劃

一切生產管制必須在事先有充分的計劃，在生產過程中，如遇到困難，必須即謀解決，比方有些機器之工作太多太重，一般人力難够用，却於事先忽略訓練出某種工别，缺少合適之工具，型架等，當產品不能按時出廠，工作效率低落，工作方法常有錯誤時，生產管制應該即刻出來研究改正，對症下藥。

眞正的事先計劃，須預測到各種原料的需要，出品的要求，運送的日期，機器及人力的需要，並保證採用最良好的生產方法，最適合的生產工具，最有效力的管制方法。只有眞正的，精密的事先計劃，才可以顧慮到行將發生的困難，而能防患於未然。

預先的計劃須深入到全廠的每一部門，因為全廠的任何設施的目的，必須是為了生產無疑。尤其那些生產部門負責的人們，他們的時間和精力應該貫注到"如何使今天的工作在今天完成"以及解決臨時發生的問題和困難上面，他們沒有另外的時間和精力去考慮到將來的計劃。如果要使這些負責人們有時間去協助計劃將來的生產，只有鼓勵那些負責人的助手們去担任這些日常的工作。

施　工　程　序

施工程序是規定出工作之路線與步驟使一切工作皆按步就班，循規蹈距，絕不紊亂，使整個工廠像一部自動的機器。要達到這種目的，成品半成品原料及所採用的工作方法，必需標準化始可。美國陸軍部為配合這種目的，在戰時曾成立了各種改裝工廠。(Modificatiou centers) 以便改装各工廠大量生產出來的標準成品，以適合陸軍部各部門的需要。比方在 TUESON, ARIZONA；的飛機改裝工廠，各飛機製造廠生產的飛機都飛到那裡去改裝，派到熱帶去作戰的便裝適合熱帶的裝備。派到寒帶去作戰的便裝上適合寒帶的裝備。時常經過海洋上空的便裝上救生艇。諸如此類，也無非是爲着使各製造廠維持固定的施工成序，不去破壞他的標準化，以期達到最高效率，生產最多的東西。

生產日程

生產日程決不是排好便固定不變的，牠必需根據實際情況時時調整。一張理想的日程表需有伸縮性，牠需能容納產品的修改，設計的改頁。不應因爲一有改正便需延期。

大量生產之大工廠近來都採用串列直線式生產方法。(Serialized line—production methods) 這種方法的優点是顯然的。牠增加另件及材料的運送速度，也就是等于增加生產速度，牠減少另件及材料結存量。牠使運送問題 (Handling problem) 更形容易。牠可以使工作者必須站在他的崗位上工作。牠使得管理監工很容易，尤其是使生產日程的問題簡單化。

有許多人以爲採用線式的生產方法必須做長久打算才好。因爲一筆設備費是很可觀的。其實並不盡然，有人採用僅兩個星期，便大賺其錢了。兩個星期後將線式設備拆除，另外生產旁的東西，又建設另一種線式設備。

有些工廠把幾種機器和設備排列在一起，專門做某幾種連續在一起的加工，這是一種半線式生產方法。牠也可簡化生產日程的問題。

在半線式生產及非線式生產方法中，最好能利用半成品庫，即在生產過程中設幾個存儲半成品或另件的地方。通常即叫做 "Matching centers"，牠也可以把 Flow 當中的不規則的成品給以補救。在裝配部門應置放存儲等待裝配另件的架子。這既可使得裝配取用方便，又可簡化生產日程問題。

分發工作單

工作單之分發及工作進度之報告是更集中於生產管制部門，當然內部通訊之設備必需頁好。

大多數之工廠對工作單分發及工作進度之報告以天爲單位行之。但有些巨量生產之工廠却需以小時爲單位，甚至有以分鐘爲單位的。

爲着管制迅速有効，通訊聯絡的方法有：傳信管，(Pneumatic tubes) 傳字機 (Teletype maclines,) 電話及擴音設備。

美國戰時有家飛機製造工廠對何架機身及機翼的移動，都有嚴格的管制。在管理室內有塊很大的牌子，所有機身機翼所在的位置全可指示出來。倘有移動，牌子上面位置也立即移動，移動機身機翼的吊車只聽這管理室的指揮（以電話指揮之），因此機身機翼的位置和牌子上的位置是始終一致的。採用這種方法不僅隨時可以明瞭工作的位置也可以明瞭工作的情形。

查　　尋

如果預算先之計劃週密，則查尋人之工作僅限於報告生產之數字，或者發現實際生產與日程表不符時，調查及研究其原因而已。

如果查尋人員必需預計材料是否按時到達工作地點，移動工作至下一步加工，及檢查工具已準備好否，或者須決定製造多少，何時施工等，即表示預先之計劃欠週密，不完善，應改頁。

材料結存（INVENTORIES）

庫存的材料太多，使用當然方便，但是很不經濟的——固集又當別論——，第一要有很大的存儲地点，第二如果承製之合同中途解約，這批材料也就難於處理。第三，設計或方法改頁，也會影響到材料的更改。

在正常的工廠中，庫存的材料較低則較經濟。管理及登記材料的方法很多，如表格，板牌，計算機等。不管用什麼方法，但有一点必需注意。即結存數量，不應僅爲磅，加侖，呎等，應當註明的是幾天的供應量。否則，所謂結存數量將無意義。最頁好有効的材料管理制度亦即能迅速發現結存量已太低，事先補充之制度。

材料運送（MATERIALS HANDLING）

據很可靠的統計，有些工廠人工費用用於廠內運送者竟達總人工費用的22%。這種浪費的原因不外是：一、工廠佈置不好。二、運送之方法欠妥及缺少計劃。

在任何種製造程序中，有三件重要原素，即人，材料及機器。這三者當中只能固定其中之一，其他二者需是移動的，通常固定的是機器，則人及材料必需是移動的。但最近有一種傾向，即機器之可移動性已較前增加。

材料運送需注意節省用費與時間兩事。完善之材料運送有下列優点：(1) 增高直接生產之工作効率，(2) 增高機器及房屋面積之生產効率，(3) 減少施工中的材料數量，(4) 減少間接生產人工，(5) 減少直接運送用費，(6) 使生產管制問題簡便，(7) 材料運送之耗損減低，(8) 生產日程表可容易準確排定。

任何疏忽了材料運送的工廠也必是效率低落的工廠，其生產管制也便趨於無能。

質的管制

質的管制和量的管制有密切關係，這兩種管制在生產管制裡面是缺一不可的。質管制的廣義，即在施工過程中管制每件工作之變化（Var.ables），不會影響到成品之規範，準確度及完美。

材料、人及機器皆可使工作件產生變化，所以必需對這三樣加以管制，使『質』在施工過程中一直合乎要求。

一般地說起來『質』的要求愈高，則製造費用也愈大，在施工過程中也便需要更嚴格的管制，大量的生產也就愈加困難。質的管制當然離不開檢驗（Inspection），檢驗並非生產，牠並不能直接提高每件成品的價值。檢驗後的東西絕不會變得更好。所以在可能範圍內減少檢驗的次數及數量，便等于減低成本，但需要注意不要影響到『質』的不及格。

我們必需注意，每一個檢驗步驟是否真正必需？檢驗之点是否恰到好處？檢驗員的工具，地点是否較施工人員的來得好些？檢驗結果如何處理？所有損壞，不及格，錯誤的詳情是否有登記與報告？有沒有檢討其原因？這些問題都是生產管制份內的事。

統計工作也是十分必須的，根據統計的數字，始可判斷某些地方必需經過檢驗，某些地方則可省去。甚至可以採用抽驗及部分檢驗的方法。假如可能，最好能採用自動檢驗設備。檢驗員往往沒有一部自動檢驗機來得可靠。當長時間檢查大量之材料或另件時，檢驗員之可靠性爲98%。

以減低成本及管制之觀点來看，應盡量採用檢驗機器，少僱用檢驗人員。現在自動檢驗器的種類及應用已突形增加。電子式的（Electronics），無線電照像式的（Radiography），光學式的（Optics），電磁式的（Electro—Magnetism）全都將被採用。

現在有一部份工作機器上附有自動檢驗尺寸的裝設，所以檢驗步驟已是整個施工中的一部份了。

（上接第２０頁）

時間，時間是勝利的主要因素。

上項計劃需要政治家的遠大眼光與魄力來執行，同時必須獲得整個工業界的合作。當全國上下都認識其重要性時，無疑的，很容易使其實現了。

戰時工業動員的準備　陶家澂

——譯自一九四七年十一月 Mechanical Engineering——

(一)

海陸空軍合併爲國防部之後，關於各種物資的補給可以統籌辦理了！

二次大戰時期，筆者有機會考察國內各種小型工廠的生產狀況，目前全國二十萬左右的小型工廠中有一半以上都可供作軍火生產之用。如果運用得法，這些工廠的生產力將超過一千所新建的大工廠，而且時間金錢兩方面都可節省不少。

本文之目的在建議國防當局應如何充分利用全國各小型工廠以爲戰時國防生產之用。

筆者曾於 1943 發表『戰時與和平時期的小工業』報告一文， 該文所論各點仍適於目前情況。茲節錄『小型工廠在戰時的任務』一段如下：

『國會有鑒於全國小型工廠巨大的生產力，乃通過動員小型工廠參加軍火生產法案。國會方面認爲小型工廠的生產力，大部尚未利用，以致小工廠因缺少工作而瀕於停頓，同時大工廠所担負的軍火生產工作，則在其人力物力所許可的範圍之上。』

『軍事當局不及早注意利用此巨大的生產力，實使人可不思議。在戰時化費巨欵添設不少新工廠，事實上是重複的。雖然無人懷疑戰時應大量擴充工業設備，但如能利用已有的小工廠，必可節省國庫的巨額支出。』

『英國能够苦撑危局，不得不歸功於工業動員，各工廠遍佈於全英各地，因此避免了空襲的威脅，我們在任何國防計劃中，必須注意及此。』

每個人都希望不再發生戰爭，但是過去的歷史以及現在世局，都使我們不敢相信可以永遠過着太平的日子。事實上，我們不能避免下一次的戰爭，那時各大工廠各工業區都將成爲轟炸的目標；而散佈在各地數千萬小工廠是不易破壞的。因此美國應隨時作工業動員的準備，通盤計劃利用所有工廠的生產力，分担生產的任務。國防當局固曾調查許多的工廠，但所得資料是否已加以整理作爲戰時參考之用，尙是問題。筆者欽佩各種部隊的作戰精神；他們可說是世界上最優異的，但是他們並非生產專家，對於生產問題，無疑的，尙缺乏縝密有效的計劃。

現代的戰爭完全依賴生產力，生產力雄厚的一方，必定獲得勝利。美國雖然具有驚人的生產力，但當戰爭發生之時，如何在最短期內發揮所有的生產功能，則是個值得研究的問題。最先應該考慮的是些已經存在的工廠設備，然後再視需要情形，決定是否添建新工廠新設備。這些說來好似簡單，但在實施時，是非常複雜與困難的。現代的戰爭差不多需要一切的資源供作生產之用，所以特別應該注意相互間的連繫。

國內各工程社團可以供給我們許多關於工業生產的資料，金屬化學紡織等基本工業不難於短期內使之適合戰時生產，但是最重要的是如何充分利用散佈全國各地的數千萬小型工廠，他們擁有巨大的生產力，對於戰爭可以發生決定的作用。

（二）

美國小型工廠巨大的生產力能够充分利用嗎？只要有計劃，必然可以達到目的。利用小型工廠生產力，並不就是說不再需要擴充大工業之意。特殊的產品需要特殊的製造與裝配設備工廠；生產過程中，需要千百萬的另件，可以利用小型工廠來製造。

二次大戰進行期中，直到快結束的時候，許多小工廠固然製造了各種主要的軍火另件。但是從平時生產轉變到戰時生產，差不多經過兩年的時間，這種時間上的損失難道必需的嗎？在戰爭尚未發生之時，難道不能預先妥籌計劃，使在短時期內立即利用小工廠的設備嗎？

在平時究竟應作何準備呢？筆者建議下列各點，希望全國上下，尤其是國防當局，都能加以密切注意。

1, 全國工廠調查：地點、生產設備、產品種類及數量、員工之資歷與經驗。

2, 工廠分類：依產品性質分類，並估計其最大可能之生產量。

3, 普通原料供應之估計，其他軍火生產所需之特殊原料，亦應預先估計。

4, 國防當局應於平時即注意利用小型工廠的設備，不應將所有的研究製造工作，統統交予大工廠。此種辦法雖較不經濟，但可在技術上訓練小型工廠，使之於戰事一旦發生時，即能從事軍火生產。

5, 國防當局應將所需之軍火項目，詳細分析爲部分另件，使之適合小型工廠之工作狀况。

6, 政府應在經濟上鼓勵小型工廠，並研究如何聯合數種小工廠爲一戰時之生產單位。

7, 決定每一小工廠從事戰時某項生產時所需增加之設備。每一工廠均應預先明瞭在戰事發生時之生產任務，並知如何達成此項任務。

8, 各種技術資料及研究計劃均應隨時供給各小工廠。

9, 各工廠如有國防价值之新計劃與實驗，政府應予以特別津貼與奬勵。全國小型工廠之充分利用，無形中使國家的生產力分散各地，因此可以儘量減少戰時破壞的危險性，這無疑的是勝利的一個主要因素。

筆者還願建議：國防部應迅速設立一專司利用全國小型工廠的機構。

利用小型工廠的計劃，雖然需要大批款項，但當戰爭發生的時候，這一點款項簡直不值得考慮了，它將較過去任何戰時生產計劃，來得經濟。戰爭needs要爭取

如何使電接觸點良好？ 小寧

接觸點（Contacts）在任何種用電的情形下，都是不可缺少的，最普通的像燈頭，插座，插頭，開關等；工業方面的電磁開關，油遮斷器，自動調節器，自動控制器等；幾乎每種用電都是藉接觸點完成的。所以接觸點之重要性，可想而知，而接觸點之保管與維護當亦與接觸點本身同樣重要。

電流小至百萬分之幾安倍，大至數千安倍，電壓小至百萬分之幾伏，大至數萬伏，都必須藉助於接觸點方可接通或切斷。至於接觸點動作頻率，周圍之溫度，中間物（Medium）之性質，閉合及切斷之時間等均變化萬端，因此接觸點之種類，更是多不勝數。

就接觸點之材料來說，便有炭的及各種金屬的，從白金，金，銀，到銅的鐵的，幾乎每種都有。裝接接觸點於其座位上的方法，可能是由錫焊的，氣焊的，電焊的，螺絲釘牢的，鉚釘鉚起的，夾子夾牢的。牠們的動作，可能是揩式的（Wiping），滑式的（Sliding），滾式的（Rolling），有的動作遲緩，也有行動迅速的。接觸的壓力有的數十磅，有的不過幾克而已。

概括地說起來，如果接觸點不過度發熱，電壓降不太大，動作靈活，無火花，無磨損，即是好的接觸點。通常接觸點的故障是：

（1） 當閉合時，不能將電路接通；

（2） 燒損及氧化得很利害，不能維持電路；

（3） 當兩片離開後仍有火花存在；

（4） 燒熔在一起，兩片分不開。

如果製造廠家之說明書內，有關于保管維護之說明，則應絕對遵守。不然，則應定期檢查與清潔，必要時並需更換之，其情形當視接觸點之型別而定。

茲將情形近似，保管及維護相同之接觸點，分別述之：

1. 稀貴金屬接觸點

這一類接觸點是由稀貴金屬製成的；如白金的，白金銥合金的（Platinum-ridium），白金釕合金的（Platinum-ruthenium），鈀的（Palladium），金的，銀的，或這些金屬的其他合金的。因為牠們的價格昂貴，這種稀貴金屬往往只是接觸點的面上薄薄的一層而已。

當電壓及電流都很小時，或者當濕氣太大，容易生銹時，始採用這種接觸點。通常是受繼電器（Relays），調節器（Regulators），或調速器（Governors）操縱的，並且多半是裝置在有蓋的盒子裡面，不需要檢查和維護。在正常的情形之下，只要這層稀貴不銹金屬面沒有磨掉，接觸點之壓力仍可調整在規定範圍之內的話，牠們一定是很好的。

維護 如果有製造廠家的說明，便該遵從。普通用稀貴金屬的接觸點是妥封起來的，所以維護及更換是不可能的。沒有說明也沒有妥封的，最好每六個月檢查一次，或參照實際情形決定。

當檢查及維護時，須注意不要亂動調整部分。應使兩片接觸點之間清潔無垢，特別是低電壓，壓力小時，尤需注意。如果有被火花燒焦之處，就是想用小刮刀（Burnisher）刮去，也幾乎是不可能的。

接觸點之一層稀貴金屬磨掉後，或者壓力調整部份失效時；便該換新的接觸點。通常在牠的壽命以內，是不需要更換的。

故障 當接觸點閉合時，在規定之電壓限度內，電路不能接通，其故障不外是下列諸點：

a. 接觸壓力。壓力之大小應與另外相似或相同之接觸點壓力相仿，如果無從比較，則需向製造廠問明。

b. 接觸面，應無塵垢，應是面的接觸而非點的接觸。

c. 接觸點及其附着之座位，不論是由螺絲釘牢，或鉚釘鉚牢，必需附着牢靠，接觸良好，無生銹現象。

如果接觸點不能切斷電路，或在離開之位置，仍有火花產生，應先檢查其動作是否良好；若然，則應繼續檢查：

a. 兩個接觸點之間，有無因火花或放電致有突起之處，使空隙減小。

b. 接觸點之兩片，是否燒熔在一起，不能離開。

c. 線路有短路或搭鐵之處，以致在接觸點產生誘導高壓電壓。

d. 接觸點動作部分欠靈活，以致失却作用，或將動作之時間及速度變更。用於直流電的，爲着避免火花，常需切斷迅速。

2. 鎢的接觸點

這是最硬的一種接觸點，可避免磨損。其他性質大致和稀貴金屬接觸點相似，惟在有火花時，即行氧化，並產生高阻之氧化物。應用這種接觸點之處，需是閉合時衝力較大，或揩力（Wipe）較大，足以將一層氧化物克服。

維護 和稀貴金屬接觸點相同，惟需時常檢查，因爲當電流在5安培以上切斷時，接觸點即容易氧化。要除掉這些氧化物，需用細銼。

只要接觸點之間是無垢無油無氧化物，一層鎢面尚可掩住接觸面，壓力尚可調整在限度之內，便是良好的接觸點。

故障 與稀貴金屬的相同，但容易氧化，不易燒熔在一起。

3. 銀的小電流接觸點

雖然牠應該列在稀貴金屬類，但因牠使用之處甚多，故提出另外討論。像繼電器，主開關，電流限制器，揿扭等，凡電流在10安培以下者，用銀合金之處甚多。

不導電之硫化物可能產生，但不穩固而極易分解成純銀，（在閉合時，小量火花產生之較低溫度，即可使硫化物分解），除非電壓太低，壓力太小。

維護 應注意之點和稀貴金屬的相同，除非電壓太低，壓力太小時，不需銼平或從新磨光。如果電壓在 100V 以上，銀的接觸點幾乎從不需時時磨光，（如因負載過大以致燒損，又當別論）但磨光次數太多，只有縮短接觸點的壽命，未必能改善其性能。

銀的接觸點的接觸壓力的調整，是很重要的，壓力太小，自不能接通電路，壓力太大，則增加磨損，且使金屬傳導增加。閉合時之彈簧絕不可壓縮至最低緊程度。

障故 當接觸點閉合時，如不能將電路接通，其檢查程序應與稀貴金屬者相同，惟更容易產生硫化物。

如接觸點不能將電路切斷，或在切斷之位置仍有火花存在，則檢查應一如前者。惟兩片接觸點更易燒熔在一起，因銀之熔點較低。

如果接觸點變形，磨損太快，則多半因為閉合時壓力太大。

4. 銅的及銀的接觸點

各式各樣的開關，油遮斷器，操縱器，調整器，控制大至數千安倍之電流大半是銅的，銀的，銅合金的，或銀合金的接觸點。

有些地方需要在很短的時間切斷電路並避免產生大量火花，則以用銅的或銅合金的接觸點為佳。如果維持電路之時間較長，需要更低之電阻，動作更輕便，則用銀的好。

事實有許多地方是銅的及銀的同時並用，在剛剛閉合及離開時利用銅接觸點，在維持電路時，則利用電阻較低的不易生銹的銀接觸點。這很容易做到，用兩套接觸點並連即可，或使銀接觸點滑入銅接觸點之間亦可。

許多種開關大都有防火花之裝置，如此，既可使接觸點清潔，又可增長其壽命，並簡便維護工作。通常接觸點不需加油潤滑，因為如此足以縮短其壽命。但有幾種可變電阻，控制器，為了減少磨擦耗損，有時需加油潤滑。有許多製造廠家建議用凡士林。

銀的接觸點，只要有層銀面能維持接觸，其厚薄程度又可使彈簧壓力調整在規定範圍之內，便是好的接觸點。

銅的接觸點，只要接觸面上沒有顆粒及太多之氧化物，磨損之程度又不太大，（至少應有厚度之一半），應有之應力及載電容量及各種調整在規定數之內，便是好的接觸點。

維護 許多製造廠家都供給很完備的維護說明書，如果沒有，則定期檢查，需於每一個月至三個月舉行一次。

接觸點如有發黑，或稍顯粗糙時，只要火花未曾產生顆粒，或接觸點未呈深黑色，即不必清潔之，倘有此種情形發生，則應以小細銼刀銼平之。經常檢查之維護人員，常常做不必要之清潔，其實稍爲粗糙及略有磨損之接觸點，工作情形反而頁好。

有些需要長時間維持通路之接觸點，如常因爲過熱及氧化發生故障，最好將銅接觸點更換銀面的。

浸入在油內的接觸點，在最初使用時，易有燒損，這是常有的事。至少每兩個月應檢查一次（需視開閉之次數而定），只要無大量顆粒產生，接觸點不應時常銼平加工，（顆粒易使接觸點燒熔）。

有些在剛剛閉合及離開時用銅接觸點，在維持電路時用銀接觸點的開關。應時常檢查之，特別當銅接觸點燒損得太利害時，應仔細檢查牠是否仍有作用。

故障 當閉合時，如不能將電路接通，應即檢查接觸面是否生銹，及接斷壓力，掃力太小否，如果接觸點長時間負載太大，則必生熱而易氧化，應當避免。

如果接觸點不能將電路切斷，則應檢查是否已燒熔在一起。若然，則需分開，並銼平磨光。空隙之大小應合規定，並檢查其通過電流是否超過負載。若在離開之位置，火花仍不斷產生，則應以同樣程序檢查之。

如果接觸點不能穩定閉合或穩定離開，可能是彈簧力量不合，會產生火花及容易燒熔。

如接觸點燒損得很利害，應檢查線路有無短路之處，並應注意：除去遮斷器外，其他開關可能在過量負載時臨時切斷線路，但有短路時却不能切斷。

凡銀的及銅的接觸點并用時。如銀的發生火花很大，則應檢查銅的接觸點是否先行閉合，最後離開。

可變電阻，控制器之接觸點，如磨損過甚，可能是壓力太大，如有塵垢，等于減小接觸面積，增大單位面積之壓力，銼平或磨光後，必要時可塗凡士林少許。

5. 其他材料接觸點

可參照上列各項辦理檢查、維護及故障修理。

接觸點一般故障：

1. 滑動式的接觸點，如有突出不平及磨損過甚，多半是因爲接觸點當中有塵垢，或者調整錯誤。或者軸不在一直線上或平面上。

2. 銀的接觸點變形，向四週延展，可能是動作頻率太高，超過原設計應有之動作頻率。

3. 銀的或銅的接觸點呈深黑色，多半是因爲過量負載，壓力太低，接觸不頁（因有油垢）。

4. 接觸點有顆粒及不潔之物，使其不能接觸。

5. 當銅接觸點先於銀的閉合及離開時，會有火花產生。

新航空發動機名稱淺釋

在第二次世界大戰中，產生了嶄新的一系航空器推進系統以及若干舊機器改頁的式樣。與各種新裝置同時而產生的是若干新術語，大致全屬創作，易生誤解，茲擇錄研究人員所常用的主要推進系統之涵義如下：

1、氣渦輪 (Gas Turbine)。

任何一系原動力裝置 (Powerplant)，係利用渦輪自一熱氣流中吸收動能以產生有效工作予外界者，即謂之氣渦輪。

2、渦輪噴射引擎 (Turbojet Engine)

空氣自壓縮器進氣口吸入，被壓至高壓力，經過燃燒室時燃料加入並點燃，產生高溫氣體，膨脹經過渦輪以帶動壓縮器，氣體繼續膨脹經過一管嘴至大氣中形成一噴射體 (jet)， 凡是利用上述方法以產生動力的裝置，謂之渦輪噴射引擎。

3、渦輪螺旋槳引擎 (Turboprop Engine).

一渦輪噴射引擎之渦輪，藉齒輪連接以帶動一螺旋槳，此種動力裝置謂之渦輪螺旋槳引擎。因其中常有一部份熱的氣體經管嘴噴至大氣中，故此種裝置亦常簡稱渦輪螺旋槳噴射引擎 (propjet Engine)。

4、複合引擎 (Compound Engine)

一通常往復式活塞引擎，附裝一廢氣渦輪及一補助增壓器，引擎廢氣導至渦輪，再經管嘴噴射。渦輪帶動補助增壓器，渦輪之剩餘動能係藉齒輪傳至引擎大軸並有一中間冷却器(intercooler)係為冷却經過補助壓縮器即將進入引擎之空氣。

5、渦輪衝壓噴射引擎 (Turboramjet)

一正常渦輪噴射引擎附加一裝置以重新加熱於自渦輪逸出之氣體然後進入廢氣管嘴。實際即為一種助推設備 (Thruet Augmentation)， 此種組合系統可使廢氣噴射體得一較高之溫度而非渦輪所能承受者。

中國石油有限公司

高雄煉油廠

出品項目

汽油

煤油

石油腦

柴油

重油

總公司

上海江西路一三一號

電話：一八一一〇號

高雄煉油廠

臺灣省高雄市左營

電報掛號：三五五〇

資

28801

徵稿簡章

(一) 本刊內容廣泛，凡有關工程之文稿，一概歡迎（讀者對象爲高中以上程度）。

(二) 來稿請橫寫，如有譯名，請加註原名。

(三) 來稿請繕寫清楚，加標點，並請註明眞實姓名及通訊地址。

(四) 如係譯稿，請詳細註明原文出處，最好附寄原文。

(五) 編輯人對來稿有刪改權，不願刪改者，請預先聲明。

(六) 本刊非營業性質，純以溝通學術相互研討爲目的，自第七期起，稿費取消。

(七) 已經在本刊發表的文章，歡迎全國各大雜誌報章轉載，轉載時不須任何手續，只望註明原文出處與作者姓名。

(八) 來稿非經在稿端特別聲明，概不退還。

(九) 來稿請寄臺灣臺中66號信箱 范鴻志收。

◎新工程出版社◎

（非賣品）

總編輯：陶家澂　　發行人：范鴻志

印刷者：臺成工廠

通信處：臺灣臺中市66號信箱

目錄

新工程出版社

MODERN ENGINEERING PUBLISHING SOCIETY

歡迎批評指敎

臺灣臺中第六十六信箱

28803

編者雜記

1、本刊自從始創以迄今日，除宗旨不變外，其他方面都不斷地在變，可是愈變愈艱難了。經濟方面早就是捉襟見肘；廣告拉不到，唯一的補助，漸成泡影，我們自第七期起取消稿費的主要原因在此。最近又感到稿件來源快要枯竭了。本來在遍地烽火大局盪動的情況下，各人能够安心守着自已崗位，已經是件難能可貴的事；同時物價飛漲，生活逼人，柴米油鹽等問題，不時縈廻腦際，誰還願意多費精力，來寫無報酬的文章。向朋友拉稿，所得的回答，大半是情緒不佳不願執筆；此實環境使然，無可如何也！

再者，工程科學方面的文章，大半是需要憑藉圖樣以助說明與了解的。可是製鋅板的費用，一再上漲，現在已經是每坪(一平方臺寸)需要臺幣三百元以上，以往我們靠着廣告費的收入來彌補，現在落空了，只得竭力避免刋登有附圖的文章。六月裡有位本刊讀者寄來一篇內燃機大作，取材精博文筆清新，以本刊篇幅刋出，可出四期專號；我們計劃再三，卒因無力負担附圖製板費，不得不原璧歸趙，現在提起這件事，心中猶覺不快。

由於上述種種困難，本刊暫時改出合刋，目前是分兩個月出一期，將來有無變化，很難預言；總之，我們想竭盡能力支持下去，同時希望讀者不吝惠稿。

2、低阻力翼剖面或稱層叠流翼剖面在航空工程上是個很有興趣和有價值的問題，英美兩國皆在積極研究，讀周公燻先生的『牛頓與流體力學』一文，不但可以明瞭流體力學的淵源與演進概況，同時可以知道美國 NACA 在低阻力翼剖面方面研究的輝煌成績。

3、中國航空發動機製造廠是在抗戰期中建立的，當時海口封鎖，物資缺乏，在交通閉塞一切落後的大定，建立起現代的航空工業，實在是件不平凡的事。范鴻志先生的『中國航空發動機製造廠』一文，對於該廠建廠經過與訓練員工等問題，皆一一提及，足供今後建廠之鏡助。

4、炭黑 (Carbonblack) 是煉油工業的附產品而爲橡膠工業重要原料之一，劉其偉先生的『橡膠的重要原料——炭黑』一文，將臺灣的此種新興工業所用之製造方法，詳細解說，使我們有個基本的認識。

5、中國都市缺乏公共衞生設備，是一種普遍的現象，國內有自來水設備的城市，是屈指可數的，有完備下水道設備的，更是鳳毛麟角了。無怪一有惡性的傳染疾病發生，終將演成瘟疫。本刊這一期刋登吳維鈞先生的『建築物污水淨化設備之研究與構造』以及梁炳文先生的『建議一個新社會建設工程』兩篇大作，我們希望主持市政的袞袞諸公，不必好高騖遠，最好能脚踏實地的爲一般人民多建設些與健康有關的新工程。

6、『工業安全工程』繼續停登一期，下一期可想與讀者見面的。

28804

牛頓與流體力學

周公樲

摘自一九四六年十二月美國 Jour. of the Aero. Sci.

牛頓的動力學觀念使其後三世紀中科學家們得到了一種基本工具，憑此他們建立起現代工程科學的偉大結構。

牛頓是被譽爲數學家和天文學家的，工程師們則感謝他爲其樹立技術根基。近代空氣動力學在其發展過程中完全是牛頓式的，牠不僅是牛頓運動定律的結果，即使時至今日我們仍然繼續利用他所創立的方法去尋求解答。

例如，牛頓在不能應用他的運動定律以斷定一物體在實際流體內運動時所生的反應力 (Resistance) 時，他將此問題簡化，分而爲三：第一他假定一特別無摩擦力 (Frictionless) 不可壓縮的流體，再假設一黏性 (Viscus) 流體，最後爲一可壓縮的流體。

對於第一種流體，他演繹出由於流體分子的衝擊，應該產生一反應力，與流體密度變化，也與物體的線積次 (Linear Dimension) 的平方以及運動速度的平方成正比。

對於第二種有黏性的流體，牛頓的結論是摩擦力必與流體內鄰近流層間的剪應力成正比，這顯然是黏性係數定義的由來與層疊流 (laminar flow) 的基本特性。當今我們說焦油 (tar) 脂油 (grease) 是非牛頓流體，因爲牠們並不顯示出剪應力與摩擦力間的直線關係。

對於第三種流體，他想像在可壓縮的流體中，壓力搏動 (Pressure pulses)之傳播應與音波相似，並求出傳播速度是流體密度與彈性的函數。他所算出的空氣的音速是相當好的近似值，一直到 La Place 發現音速傳播是絕熱 (adiabatic)狀態並非等溫 (Isothermal) 狀態，才糾正過來。

由於理想的無摩擦力流體概念，產生了 Bernoulli, Euler, d'Alembert 及 Lagrange 諸氏的古典的水動力學 (Hydromechanics)。

由於黏性流體概念，經過 Stokes 與 Osborne Reynolds 二氏的努力更有很大的發展，產生了 Prandtl 氏的邊界層力學 (boundary layer mechanics)。

由於可壓縮性流體概念，我們目前正在發掘一蘊藏豐富的超聲速流體力學以與近代航空工程上的需要並駕齊驅。

牛頓的思想在時間上是很舊的理論，但在研究上是愈演而愈新的，姑且略舉三個簡單的例證，就可以明瞭牠是永不磨滅的。

牛頓曾經明確地說：他的運動定律不管是物體不動，流體流過物體，或者是物體從靜的流體中運動，可以得到同樣的結果，此種相對性，已經萊特兄弟及其他空氣動力研究者在風洞試驗中予以證明。

根据近代機翼理論計算的昇力，必等於流過翼面之流體於單位時間內變更昇

力方向的動量 (momentum)。Froude 氏應用同樣理論於船舶推進器方面。

第三箇例證也是最新的一箇，就是噴氣推進，噴氣推進在動力學上完全是牛頓定律的應用，就是第三定律——反作用定律，與第二定律——動量定律。

(一) 流體力學的兩大支流

除去可壓縮及超聲速外，作者想闡述流體力學上兩大支流，即無摩擦力流體與黏性流體，自牛頓創立後在以往三世紀中是如何獨立地發展，而今又合蓋爲一，成爲航空科學上有效的工具，最後作者願意介紹 NACA Langley 試驗室利用該種新工具在工程應用研究方面的成功。

首先介紹在第二次世界大戰中，應用於戰鬥機及轟炸機的層疊流或低阻力機翼，此種機翼實用方式已無秘密，可惜我們的敵人擊落野馬式飛機得到樣本。此種機翼的阻力較低，使飛機飛行較快較遠。同時此種機翼上壓力分佈可以增進平滑氣流 (Smooth airflow)，因此使飛機在壓縮震動 (Compessibility Shock) 開始產生前有一較快的速率。

追溯低阻力機翼的淵源，作者願自牛頓說起。

1. 無摩擦力流體

牛頓的動力學概念及其假定的理想流體的方略，很快地爲 Daniel Bernoulli 所應用，演繹出壓力與速度之關係，就是有名的 Bernoulli 方程式。d'Alembert 更引深無摩擦力流體觀念，指出一物體在該種流體內行動，該流體應如何在該物體後方平滑的合流，同時他求出阻力爲零的似非而是的結論。Euler 氏從數學方面解決此問題，提出一速位 (Velocity Potential)，使其在任方向的誘導函數 (derivative) 就是分速。

他們三位是古典水動力學的奠基人。之後，又有十九世紀偉人如 Helmholtz, Kirchoff, Kelvin 與 Rayleigh 諸氏，在渦流 (Vortex)，不連續面 (Surfaces of discontinuity) 及噴射 (jets) 諸方面皆有貢獻。Rankine 證明如何利用源 (Source) 與穴 (Sink) 之組合以求出一物體的理想形狀。

在本世紀初葉，從理想流體的水動力學方面建立起精細的應用數學結構，但其結論往往與實際流體之性質相差很遠，與牛頓時代的情形相同。這一科目發展至此實際上是無大裨益的，幸有初期飛行拓荒者打破此種環境，這一般實踐人士並無水動力學的知識，可是他們發現了拱形 (arch) 機翼剖面是最有效的。英國的 Lanchester，德國的 Kutta，俄國的 Joukowski 均單獨利用一廻流 (Circulation) 圍繞機翼使翼背面之流速增加，以研究拱形翼剖面，因此發現即使在理想流體內阻力爲零，仍有很强向上的昇力。Lanchester 並指出機翼如何使空氣沿翼背升起然後下降以及一渦流 (Vortex) 應如何尾隨各翼尖之後，他實際描繪出機翼在一無摩擦力的流體內所生之昇力與阻力的情況。Joukowski 利用相似轉化法 (Confromal transformation) 將一機翼化爲一圓柱體，計算其在速場 (Velocity field) 內壓力分佈。

至第一次大戰時，Prandtl 氏發展 Lanchester 工作並創立一完美的機翼理論對於工程師們實有莫大的裨益，該種理論仍然在理想無摩擦力流體方面佔着重要的地位；至於形態阻力 (Profile drag) 則留待風洞試驗測定。

2. 黏性流體

現在再談到牛頓第二種觀念——黏性流體。

在黏性流體力學方面沒有像水動力學那樣的精細的結構，只有實驗專家或物理學家去研究此種實際流體。然而在十九世紀初期，Stokes 氏求出了黏性流體的運動方程式並發表很多意見促進很大的進步。

Osborne Reynolds，細心地觀察流經管內的液體，發現兩種不同方式的運動，即爲層疊式流動與騷動式流動，經過一種劇烈的轉變，前者即化爲後者。轉變的主要因素，經過他詳細的分析，發現與流速、管子直徑、液體密度及黏性有關，這種關係是一無積次係數 (Nondimensional Coefficient)，就是有名的諾氏數 (Reynolds No.)，而爲決定動力相似 (dynamical similitude) 的條件。牠表示流體的慣性力與黏性力的比值。

管內騷流動較層疊流動所產生的摩擦力更大，並且騷流動是極複雜的，不如層疊流動易於分析，還有試驗結果因表面粗度的性質不明亦不易了解。

在一九〇四年，Prandtl 氏證明在適足的速度下，黏性作用僅限於物體表面至大量流體本身間的一薄層中存在；這薄々的一層流體，稱爲邊界層，邊界層包含傳導剪應力及形態阻力至機翼的機構。

Blasius 於一九〇八年求出層疊流邊界層中的力與動量的關係，而以速度梯度 (Velocity gradient) 或剪應力表出並用試驗證明。之後，Tollmein 於一九三五年討論到層疊流動的安定性 (Stability)。

基於上述的理論工作及 B. M. Jones (1938) 及他人的實驗所得到的證明，可得一結論：即一光滑的平面與一降落的壓力梯度乃在高諾氏數維持層疊流動於一較廣區域的必須條件，否則必急劇的轉變爲騷動。

依照牛頓的動力學，騷動式邊界層中之力與動量的關係，分別由 von Karman (1921) 及 Prandtl (1927) 兩氏求出。之後，G. I. Taylor, Dryden 諸氏研究表面摩擦力 (skin friction) 及邊界層分流 (separation) 問題，得到相當的成功。

層疊流動可以實用的特性是很明顯的，因爲其阻力比較騷流動的小得很多。所以如何防止邊界層中現有的不安定趨向與急劇轉變爲騷動式的流動，在工程上是很有價值的問題。

理論上證明降落壓力梯度是保持層疊流動必須條的件，同時證明可以設計任意形狀的翼剖面以增進該種壓力分佈，惟結果不能令人滿意。風洞試驗所得到的在轉變為騷流動時的諾氏數遠較為保持實際機翼上層疊流動的諾氏數為低。還有，這種轉變對于面的粗糙及氣流中原有的騷動甚至於音響的震動，均有非常敏感的反應。由此看來，減低阻力的成功的希望似乎是很小，實用方法不能從其他方面得到，因為在低衝角時優良機翼的形態阻力幾乎完全是表面摩擦力。

在一九二九至一九三〇年間，風洞試驗結果不僅使人失望，且容易引起誤會。當了解了所有風洞所用的氣流均有各種不同成度的騷動以後，國際上乃有互相調換實驗模型之舉，因此根據風洞原有的騷動不同，在解釋同一模型在不同的風洞中所得到的不同試驗結果方面，得到很大的進步。

因此引起英國的 G. I. Taylor 與 B. M. Jones，美國的 Hugh Dryden 與 E. N. Jacobs 諸氏的風洞騷動研究工作並追求如何節制騷動。Dryden 氏並發明精細的熱線風速表（Hot－wire anemometer）同時闡明風洞的整流器（Screens）可以減少風洞騷動。

3. 低騷動壓力（Low－turbulence Pressure）風洞

一九三八年 Langley 試驗室建立了一座低騷動壓力風洞以試驗二積次（Two－dimensional）翼剖面，其諾氏數相當於足尺度（Full Scale）機翼的。該風洞的剖面收縮率是20比1，所用的整流器系統使在其洗流（Wake）內不發生渦流（Vortices）。因此整流器本身不引起騷動。在一九三八年六月第一次試驗的模型，是一專為增進層疊流而設計的翼剖面，所得到的阻力係數是0.0033，約為以往從相同厚度翼剖面實驗中所得的最低的數值的一半；所測得的騷動僅為風速百分之一的千分之幾。

Jacobs 與 Dryden 共同担任該風洞試驗工作，作者相信這種研究工作在空氣動力學進步史上是值得紀念的一件事。Langley 研究團體現在已經具備一種解決我們一响不甚清楚的黏性流動問題的工具。一九三八年 B. M. Jones 氏在萊特兄弟紀念講演會上發表他在飛行中的試驗結果，說明在平滑的機翼上可以使層疊流自機翼前緣向後伸展到相當遠的區域。因此更鼓起 Langley 研究室更大的勇氣。

一九四一年五月 Langley 試驗室在翼剖面的設計與試驗兩方面，已經有很大的進步，他們所求得的低阻力，其諾氏數相當于實際中級轟炸機的。這一條途徑的開拓並不容易，如想完全成功不能全憑經驗的方法，必須有一普通理論來作指導。

（二）古典水動力學之發展

古典水動力學起源於牛頓與黏性流體平行發展。回溯近代翼剖面理論（根据理想流體與一勻流）在一九三〇年左右已經是完美的建立了。數學的方法是可以應用於某幾種翼剖面以求出其壓力分佈，但是這些翼剖面具有不真的特性，不能應用。從實用觀點說，一九三〇年的翼剖面理論與實用的翼剖面設計並不能配合。

基於測得壓力分佈結果的分析，Jacobs 將弧度作用（effects of camber）與衝角對於昇力的影響分開，並假定二者之間互無影響。Theodorsen 證明這種假定可以從 Munk 及 Glauert 二氏的薄翼剖面理論得到證實。憑藉這種理論，一九三〇年 Jacobs 與 Pinkerton 設計一系 N. A. C. A. 翼剖面。從所選擇的厚度分佈，可得一系對稱翼剖面，再用各種中弧造成各系曲度翼剖面，此類翼剖面業經證明非常成功並為全世界各國所採用。各種厚度分佈的變化可以產生更多式樣的翼剖面。此種工作是根据翼剖面理論的，但是主要的還是由于經驗。戰前及戰時的德國意國與日本更由此求出各種翼剖面。

利用厚度分佈經驗的改變以求改進，大致是在一九三五年才盛行的。當時所追求的是維持一安定的層疊流動至最大限度，為達到這種目的，必須能够完全節制壓力梯度。

一九三一年 Theodorsen 發表厚翼剖面理論，由此可求出任意形狀翼剖面的壓力分佈。其方法是用反 Joukowski 轉化法，將一任意形狀翼剖面先化為一與圓近似的閉合曲線，再將這曲線化為一圓，以求出圓上的壓力分佈，閉合曲線上各點與圓上各點互相關連。從這種理論所求出的壓力分佈，如用以預計靠近機翼前緣之局部壓梯度並不十分精確，然而這種理論可以表明如何求得翼剖面前部之有利的壓力降落以及其後部壓力陡然恢復，以防止分流發生。

基於 Theodorsen 轉化法的經驗，Jacobs 發現將翼剖面轉化為閉合曲線，使此曲線作角變位（Angular distortion）並校正翼剖面及其相當的壓力分佈，可以精確的得到一翼剖面，具備為我們所希望的壓力分佈。此種方法於一九四四年經過 Theodorsen 與 von Deonhoff 作有系統的整理，並於一九四五年由 Abbott, von Doenhoff 及 Stivers 諸氏化簡為實際工程上應用的方式。

工程應用問題

現在大略地談々此種理論與低騷動風洞在實用方面所作的貢獻。如果考察 NACA -6 系低阻力翼剖面由計算與試驗所得的壓力分佈狀況，就可明瞭在百分之六十翼弦以前之平穩降落壓力及在最小壓力點以後壓力陡恢復的情形，層疊流延伸最大的可能限度是一直到最小壓力點。超過此點，騷動必定發生，由層疊流變化為騷動流是可能在最小壓力點以前發生的，這完全要看諾氏數，面粗度，及其他因素的影響如何而定，此種問題仍然須待研究方可明瞭。最小壓力點離最大厚度的地位不遠，因為牠決定層疊流的限度也就決定了最小阻力。

如果以阻力係數爲縱座標，昇力係數爲橫座標將 NACA－6 系翼剖面從計算及實驗所得的結果劃出曲線，可以看出二者是很相接近的，其阻力較普通翼剖面的約減低百分之四十。普通翼剖面的阻力，因昇力或衝角增加表現出不穩的變化，此點是因爲昇力或衝角改變時，最小壓力點移動很慢，但是 NACA－6 則顯示在昇力達到某種臨界值時有急劇的增加，這是受最小壓力點驟然向前移動的影響。

目前爲着低聲速飛行，飛機設計者已有優異的理論作判斷的準繩，但是這種理論的發展並未考慮到可壓縮性，不能應用於高速率飛行。很幸運的，低阻力翼剖面的最小壓力是比較普通翼剖面的更小，因此當局部流速到達聲速時的臨界速度反而增高。低阻力配合着高臨界速度所產生的優點，已由 NACA－16 系翼剖面得到證實，這種翼剖面仍然用在螺旋槳方面。

（三） 結　　論

現在可將我們研究所到的境地作一總結。古典水動力學仍然偏重於無摩擦力的流體，推算翼剖面上垂直壓力。黏性流體力學可以測出翼剖面上切力(Tangential Force)。我們曾假定由於外界氣流所生的壓力可以傳至邊界層內而無改變，這種假定已經由實驗證明。最後我們又將起源於牛頓的假想流體的兩大流體動力學之主流合而爲一。

流體力學當今進步雖快，但是仍然有很多地方還待努力。例如邊界層轉變點及分流之預測仍然是不可捉摸，而整個的近聲速範疇又還是個謎。當飛行速度達到聲速時，氣流是部份的低聲速，部份的超聲速；對於此種混合氣流，尙無一適合的理論。還有，工程師們當理論不能供給數据時是時常依賴風洞的，但是在聲速情形下，此路也不通。因爲震盪波 (Shock Waves) 由模型伸展而受風洞壁折回。

上述種種問題實在是一個很好的作競賽研究的機會，我們希望不要三百年就可解決了！

歡迎投稿

歡迎批評

28810

中國航空發動機製造廠　　范鴻志

譯自1948年六月份美國 AERO DIGEST

原作者：錢學榘美國 M. I. T. 航空工程碩士，曾任中國航空發動機製造廠機工課々長及總工程師等職，閉現在美國某汽車製造廠工作。

美國人常有一個錯誤的觀念，即認爲中國的工業生產十分落後，中華民國這個民族根本沒有資格靠自已建立工業。可是當他們明瞭中國航空發動機製造廠的一段歷史時，這種觀念就不攻自破。中國的人民是有絕大的信心和勇氣去建立起任何工業。

遠在1938年，當一批留美的中國學生讀完他們的航空發動機研究及研究院的課程時，他們認爲在中國設立一個小規模發動機製造廠是十分重要的，於是向政府建議與美國的航空發動機製造廠訂立合同及購買製造權，以便在中國的內部建立一個小型的工廠。

這個計劃的目的有四：

1. 訓練人才，包括行政管理，工程師，工人及其他有關精細製造工作人員。

2. 作爲發展中國航空工業的一個起點，及建立重工業發展的基礎。

3. 裝備一個能製造飛機及汽車另件的工廠。這些另件因爲當時中國的港口全被日本軍隊佔領，是無法自美國運入的。

4. 開始航空或汽車發動機設計及製造的研究工作。

在1939年七月，中國政府和美國的萊特廠訂立了一個製造 Cyclone' R—1820—G—100型九氣缸，星型，氣凉式航空發動機的合同，當時便計劃一個可以每月生產三十架發動機的工廠，於是便着手機器，工具，型架，鑄工場，熱處理等設備的設計和計劃。同時中國政府也就請這批學生加入，担任技術工作。

遲緩的進展

當中國政府在財政支絀下撥出這一筆欵子時，購料却不是一件容易的事。萊特廠的技術協助也不能像預期的迅速，他們有太多的合同和工作，像蘇聯的，巴西的，及其他國家的，中國需按次序等候。同時美國也開始了國防準備，使中國的計劃延遲了。

Cyclone 型發動機在萊特廠是大量生產的，如果把萊特廠的機器和工具照樣抄一份搬到中國來，必不合用。所以許多工具必需從新設計以期合乎中國的條件。當時曾商議所有特殊工具經由萊特廠經手購買，全部購買所需費用（包括購價，收貨，檢驗，海外出口包裝及其他額外費用等）外加25%給萊特廠，做爲手續費。幸虧這個辦法未被採用，否則，除去增加費用外，時間必更延遲。而且中國工程師們也將得不到購買的經驗。

購買機器最初是和法國人競爭，後來英國將法國的訂貨全部接收又另加新訂單。最後美國人自已的訂單大量的來了。相形之下，中國的訂單好像是滿桶水中的涓々一滴，於是中國的計劃被擠到一年到兩年以後去了。

購買機器和材料，需事先得到美國陸軍部，海軍部，生產局及其他半打以上的機關的許可。最後在華盛頓開了一次會議，決定中國這個航空發動機製造廠可以得到 A－1－A 優先權購買器材，才算把僵局打開。主要的原因是美國政府已開始想到美國可能派遣空軍到中國來，那麽發動機的翻修是很重要的。

在這次會議裡面，並未提到製造發動機這件事，因爲美國人認爲這在中國無論如何是不可能的。

除去購買的困難之外，又有出口護照的難關。有一部特殊螺絲機器曾三次被拒絕運往中國，最後不得不由中國駐美大使出面向美國國務院申請。所以政治上的阻碍實超過技術上的千百倍。

僅購買這件工作，便費了兩年多的時間。在這期間內，便在承造各廠家試用重要的工具，型架及機器等，實做樣品出來。此外，割切用冷却油及其他各種工場內應用器材也需購買。像電話機，無線電，打字機，時鐘，滅火器建築用的五金及其他許々多々的器材也需在美國購置，更增加了工作和困難。

零　星　交　貨

80％以上的笨重機器是經海運至緬甸的仰光，再用卡車經過有名的滇緬公路運輸的。因爲公路及卡車的載重是有限的，所以笨重的機器必須拆開分運。有些機器經過修理裝配後，才發現毫無用處，因爲一部分另件在卡車失事時丢到山谷下去了。

1942年二月作者及另外兩位工程師携帶八箱藍圖及製造設計說明資料，工具圖，工作說明，方法說明以及有價值的檢驗報告等回到中國。經過冗長的令人興奮的路程，總算躲過了敵人的炮火，便和美國援濟中緬戰場的一部分補給，安全抵達目的地。這幾箱寶貴不可缺少的文件毫無損失。

運輸的末期，情形更糟。從印度空運到中國必需先取得特別的優先權。美國駐印度的陸軍隨意扣留很多原是中國政府購買的機器，使事件本身更趨複雜。在印度倉庫裡面的箱子常被打開，取去他們所需要的工具。許多有特別用途的鑽頭，絞刀，平底鑽，切刀都被誤認爲是普通的標準工具，並且被磨成他們的工具間所需要的尺碼了。作者便鼓足勇氣從中國去到印度和負責的美國軍官辦理交涉並向他們解釋這些工具是爲特別用途而訂製的，最後才從分散在印度的美國陸軍各兵工廠內收回約 90％。

爲了避免日本人的空襲，便決定將這個航空發動機製造廠建造在一個天然的或人造的山洞裡面。但掘造一個可以容納一個工廠的大山洞，實在太費時間。於是便派遣勘測隊出去調查天然山洞。

最後決定在貴州省內建廠，因爲她距離戰線尙遠。用了三個月的時間才把大山洞的地面弄平。工作最忙的時候曾僱用2000工人。最近的水源是三英哩外的一條小河。建築材料只有石塊和木料，木料需到二十英哩外的森林去砍伐。惟一可用的原動力就是空空的手。

首先設立了一個臨時的鍛鑄工場及維護工場，製造建築用的洋釘，鉸鏈及成千的接頭。雖然在這個山洞內不需另加屋頂，但牠也僅適合於一座有地下室的兩層建築。爲了使二樓上仍可安裝些裝配用的輕機器，地下室的柱子便須特別設計過（尤其是用木柱子），盡量使柱子間隔放大，以便通路寬暢及佈置笨重機器。

在建廠期間，發電是分班工作的。燃燒菜油的舊式的柴油機是唯一的動力。原來希望能從美國的 Westinghouse 購入兩部 1,000 KVA 的發電機，但自仰光淪陷，這種希望只好放棄。

舊式的柴油機是從其他工廠的廢料堆中揀來的，雖然經過技術優良的技工修理，但決不能希望牠能連續的負担滿載。這幾部柴油機所需的漲圈及汽缸裡襯往往是生產部門的最有優先權的工作。一部 Warner & Swasey 4A 六角車床的第一件工作並不是航空發動機主聯桿而是 Deutz 柴油機的汽缸裡襯工作。

油與煤氣

漸々的菜油來源稀少而且價錢昂貴。於是決定採用蘇聯的水凉式飛機發動機利用煤氣（Producer gas）。只就維持這個山洞的灯光和通風而言，已經是何等的重要，即使不談如何維持電爐和機器的轉動。當飛機發動機與煤氣發電機有着適當的維護與定時翻修後，電的問題已不太嚴重了。

在晚間那些連續達一英哩長的住宅電灯，包括俱樂部，宿舍，辦公室，住家，繞着一座荒山是一個令人驚奇的夜景。

電之外，便是警衛問題，不僅要警衛敵人從空中的破壞，並且要警衛土匪的搶刼。有些土匪們曾組織起來預備進攻工廠，他們希望得到製造或修理槍械所必需的工具。因爲工廠內有很好的通訊組織（電話及其他）及一大隊警衛隊，才得保障了工廠的安全。

人事

後來工廠的員工達一千人。她須分配房屋給每一個工人，工程師以及他們的眷屬們居住。水，電及其他需要，頓時便成了一個小村庄應有的問題了。食的問題尤爲重要。關係公共福利的委員會每週召開一次。工廠內還種了蔬菜，養了猪牛，因爲四週鄉村對這些東西的供給是不够的。許多會社也成立了，每逢季節便有筵會舉行，這些工餘活動是和製造發動機及卡車另件同樣重要的。

舉辦一個新的計劃時，總感覺到羅致有經驗的人才是件難事，這裡也並不例外。

當那些機器工具和型架等形將完成時，美國的承造廠家應該通知顧主派工程師前往檢驗。這裡有着雙重的目的，第一可藉此得到運用這些機器的訓練，第二可得到裝置，修理與維護這些機器的說明和指示。

當樣品從這些機器做出來時，檢驗員便親自動手使用機器，或記錄下使用步驟，以便在運入中國時能表演及教授別人。這些工程師們曾做了不少的報告，有的是關于他們所試驗過的機器的準確性的，有的是關于使用時的特別說明，最後必須有一個總報告，是說明他所檢驗過的機器或工具，應該如何使用才可做出東西來，尤需要註明配件，夾頭，基本檢查，冷却油，特別注意速率及送進(Feeds) 等問題。

這些工程師們全都有很好的基礎，並有一般機器工具工場的基本訓練。所以對上面所說的工作，他們是可以勝任的。當他們檢驗過那些機器時，多少總算得了些經驗。他們到達中國的航空發動機製造廠時便形成了技術方面的核心。並且派了兩批人在中國各大城市去招僱有經驗的工人。

領班及製造工具的工人都是在兵工廠或鐵路機廠具有十年至十五年的經驗的工人，他們大都會使用三四種不同的機器。磨床在中國是少見的，因爲沒有地方需要這樣精細的機器，可是那有經驗的領班很快的就學會了。在短短的幾個星期之內，經過這些核心工程師們的表演，新領班們很快的就會運用機器了，更以驚人的速度傳授他們的助手們。

如果說這個工廠曾訓練了400位工程師，還是一種保守的估計。他們都是從各大學來的畢業生，雖然在戰時中國各大學因遭受日本飛機轟炸，水準是降低了。他們特別是缺乏工廠經驗，因爲各大學實習工廠的機器全在向內地遷移時丟掉了。

爲了補救這個缺點，便另外開夜班授課。這批核心工程師便是教授。當機器抵廠時在未安裝在指定地點之前，便臨時的接上電源及壓縮空氣，以便表演。有一段時期廠內還開班教授德、日、英各種語文，以便使這些新工程師們可以讀閱更多的參考資料。

技　術　行　政

學徒班也成立了，先後招開了四班，每班約50人。大學及專科畢業的正在受訓的新工程師們，同時也被派教授學徒班課程。各單位主管也有時對學徒講解些他們所主管的部門的情況。

這批核心工程師們把機器及工具使用方法教授那些新從大學畢業的新工程師

們及領班們之後，便担任起技術行政的工作。他們建立起來生產管制制度，成本會計制度，工程規範，材料管理制度（包括材料結存，工具及一般補給）及檢驗制度。

有些手藝極高的工具工人可以手工做出平鐵(Gage blocks)來，其平度差誤不超過 1/100,000 吋。但也有些農人出身的工人會把千分卡當做"C"形夾子使用，他們也可能用銼刀把千分卡兩點銼過，以便使千分卡讀數正好，來騙人。技術的高低，眞是懸殊，這是技術人員一種奇怪的大混合。

有一次蔣介石將軍蒞廠，他對於人員訓練的成功很是高興。同時他指示另外成立一個學校訓練學徒。之後，畢業的約有2,000人。這在中國國土上是一個很好的貢獻。

工廠內主要機器約有250部。另外尙有白鐵機器，鉋床，電焊機，木工機器，切槽機，及光學檢驗儀器，(Optical Comparators)。附屬品則有20,000把各種割刀及夾頭，600個配件及800個儀表等。

很不幸的大部分型架，工具等在仰光及印度的途中丟掉了。所以在開始正式生產之前，必須製造補充起來。製造時的預計損壓率是很大的，但全部工具在盡力推進之下到底是經過嚴格的檢驗後製造完成了。

最初便計劃製造各種飛機汽車及柴油機的活塞漲圈。因爲當地的煤含硫質及殘質太多，要加工提煉當地的鐵是件很艱難的事情。當工廠內具備了翻沙場，離心力式鑄工場及鍋鑄(Pot Casting)工場與機工場時，生產便走入了正軌。

這個工廠在戰時的貢獻，是難以估計的，因爲在中國內地行駛的汽車年代很久，又改用了酒精和木炭，所以汽缸漲圈更換的次數也便增多。這個工廠所製造的漲圈節省了不少飛越喜馬拉亞山的飛機噸位。

因爲缺乏特殊工具，不得不放棄航空發動機的製造時，便展開了製造卡車活塞，汽缸裡襯，活塞梢，大王梢等工作。

大概鑄鋁工場的最繁難工作要算 Cyclone 型發動機的汽缸頭了。鑄工之後還有48種機器上的加工，試驗及漏氣試驗。

氮化合金(Nitralloy)的汽缸筒是自美國運入的鍛件，尙需29種加工。螺絲紋全都經過光學儀表之檢驗。鋁活塞也是自美國運入的鍛件，尙需38種加工。

至於製造主聯桿副聯桿，油槽，油泵外體，雙用的附件傳動室(Dual accessory－drive housing)及調速器傳動室等，幾乎每件都需要30到65種加工。當那些重要另件在美國的承造廠內由中國的核心工程師們試造時，便有無數的不妥之處，但却並沒一種情形是這些機器上配件不能適合於機器的。

大約有127種發動機另件是在中國製造的。完全是因爲經費的緣故，主軸，齒輪及機匣都是從萊特廠買來的製成品。如再繼續發展，全部發動機皆可製造，而無技術上的困難。

中國空軍的發動機大翻修，幾乎全是在這裡施工的，因爲其他工廠設備不全。

在戰爭最艱苦的時候，研究工作從未忽視的。許多會議及討論常常舉行，爲的是鼓勵：

（1） 新型發動機及其另件的設計改真。

（2） 工具及工作方法的改真。

（3） 建立較好的系統與管制。

（4） 廢物利用及國產材料代用。

在短短的一年內，工程師室的五十幾位工程師完成了 450HP 氣凉式、星形九汽缸飛機發動機的全部設計工作。同時主要另件之加工及主要的工具之製造也已完成。另外尙完成了兩個汽缸氣凉式的機器脚踏車發動機的設計工作及工具設計工作，並已發工。

材料試驗室除去經常試驗生產材料，鑄工用的沙子及化學物品外，並須負責分析數種敵人發動機的另件，那些另件是從擊落的敵機發動機上拆下的。

中國空軍命令將所有的其他各工廠不能修理的發動機送至這個工廠，以便決定最後報廢，或其他用處或溶化。這許多廢鋁正是做汽車活塞的主要原料。廢鋼也用來鑄製漲圈。汽瓣也可從新鍛製改爲汽車用的。大批的鈉 (Sodium) 也從報廢的航空發動機排氣瓣內取出來了。

Cyclone 型發動機汽缸內徑爲 6.125 吋，蘇聯的 M－100 型航空發動機汽缸內徑則爲 6.000吋。所以 Cyclone 的活塞漲圈很容易便可改爲M－100型發動機用的。先將空隙 (Gap) 鋸，錯，然後在特製的型架上熱處理即可。這型架在熱處理時利用熱應變 (heat－strain) 產生適當的扭力，使漲圈得到所需的圓形。結果是異常的真好。

International Harvester 牽引車汽缸裡襯需用大量的石粉磨光，不得不用當地泥土滲合。不同泥土在不同溫度的用不同塑形方法的試驗便開始了。最後得到的結果非常滿意對於磨光當地的鑄鐵，既不多費時間又很精細。

工廠內的汽車司機，對於崎嶇不平道路，小轉灣及惡劣天氣的訓練是有素的，但他們對汽油的節省更是不遺餘力。幾乎每個司機都在下坡路時將電門關掉。沒有動力的車子，任其向前奔馳是很危險的，而且常常鬧出嚴重的事件。兼任製造的副總長親自訓練每一個司機。他同時發明了一種“節油裝置”(“Economizer attachment”)。其原理十分簡單，就是利用發動機吸力作用而產生剎車作用，不消耗汽油。接合器及剎車皆可完全在接合狀態。當拉出操縱柄時，汽化器即直接吸取空氣而不吸取混合氣 (Mixture)。在下坡路時既不耗油，又較安全，剎車之磨損亦較輕。在平路時，則將操縱柄推入，節油裝置失去作用，汽化器即恢復正常工作。平均可節省汽油 10 到 15 %，既安全又不會增加剎車的負載。

中國的人民知道大量生產及減低成本的方法尚需多多自美國學習。中國的工程師們也知道只有工業化，才可使他們的國家自立。美國如想援助中國走上眞正和平及民主的道路，發展中國的工業應該是第一件要考慮到的事。

（上接第14頁）

(smudge process) 加工的油脂、焦油，煤炭，瀝青，煤油，樹脂及其他固體，或液化的碳物質而言。但炭黑乃煤氣的不完全燃燒，或由熱分解製造而成者，間或稱之爲 gas black，natural gas black or hydro-carbon black。

灯烟爲極柔軟而具有綿毛性；反之，炭黑乃呈硬性而具有光澤。據 G. C. Lewis 氏之說明，謂灯烟分子結構爲非結晶質，炭黑結構爲結晶質而混有少量之非結晶體。

炭黑最初的用途，僅爲製造墨水 (ink) 用，迨至1915年始用於橡膠工業。然最初用於橡膠，亦不過爲着色劑，嗣由 R. L. Carbot 氏研究用炭黑爲充塡材料後，遂使氧化鋅完全改變地位。

橡膠混以炭黑，不僅能增强耐伸度至15倍之高，且對氧化之抵抗力亦增大。爲欲證明此種事實，非先明瞭橡膠之構造不易了解。要之，炭黑爲極微小之粒狀物，其與橡膠混合，表面之 energy 則有顯著之增大；換言之，炭黑之微粒子與橡膠接觸面之間，表面接觸力能產生十數倍於原有之抗力與反撥力。

用於橡膠之炭黑，其分子必須極細，如有機物，吸收量，含有水分，灰分，二硫化碳抽出量等俱須極微，不論在篩濾試驗或實用試驗上，應具有最優秀之品質。

此外如複寫紙，靴油，唱片，塗料，人造皮，人造石，電工業用的炭棒炭刷等，都用炭黑，還有一種爆炸藥是由炭黑吸收液化氧製成。炭黑在今日工業上的地位，於此可以想見其重要性。

橡膠的重要原料——炭黑

劉其偉

過去的油田，從天然煤氣 (natural gas) 提取汽油後，剩餘的煤氣，只供其本廠爲燃料或售與煤氣公司，臺灣油田則將其中丙烯 (propene) 液化後，裝入鐵筒而售于市。及至後來利用煤氣製造炭黑，這才算給煤開拓了一條新出路。

最初製造炭黑是在 1872年，美國維基尼亞 (Virginia) 州西部的一所小工廠。至於今日炭黑工業所採用的製造方法，則有下列數種：

1. Channel process
2. Small rotating disk process
3. Plate or Cabot process
4. Roller or Rotating—cylinder process

除上述外，尙有將煤氣在高溫爐中施行熱分解 (thermal decomposition) 者，在炭黑工業中，尤稱爲最新的研究。

臺灣的炭黑製造法與美國相同，均採用 channel process。

1. 原料——煤氣　自油井中噴出的煤氣，含有微量之揮發油。將此煤氣先送至煉油工場，提取汽油及丙烯，然後由剩餘之煤氣製造炭黑。天然煤氣之成份，依產地不同而異。臺灣錦水油田之煤氣成分如次：

甲　烷…………95.4%	乙　烷…………2.0%
高級碳化氫………… 1.3%	碳酸氣………0.7%
氮……………………… 0.6%	比　重…………0.6

用於製造炭黑的煤氣，比重爲0.58，乙烷以上的高級碳化氫殆全消失，甲烷約爲98%。

2. 製造法　製造炭黑的程序，先將煤氣加壓後送至炭黑工場，再經壓力調節器以低壓送至煤氣溜。由煤氣溜以 8 吋及 4 吋直徑的管子分輸至 26 組之焰管 (burner pipes) 而進入燃燒室。燃燒室由濶 12呎，長 116呎之鐵骨鐵板構造而成，近於地面兩側設有送氣孔，爐頂兩端設煙囱，以供調變必需空氣之用。

火焰溫度約 820°C，channel 溫度以 500°C 爲最適當。煤氣處此溫度下分解，將炭黑分離而附着於距火嘴$2^1/_2$吋之 channel 上。

Channel 具有特殊之構造，能使火嘴作上下往來動作，並設有剁落器，能將附着 channel 兩側之炭黑剁下而收集於漏斗中。剁落之炭黑由螺旋遞送器(screw conveyor) 移出燃燒室輸至篩濾室。篩濾室設有密封槽，槽下有篩濾機，炭黑經篩濾後，則行包裝存庫。

炭黑英文爲 carbon black，灯烟爲 lamp black，因兩者普通均譯爲烟炱，故極易誤會而視爲同一物。美國商品上所稱 lamp black 者，乃指以燻火法

(下接第13頁)

建築物汚水淨化設備之研究與構造

吳維鈞

概論

近代都市衛生，極為一般人所注意，蓋其影響人類之健康殊甚。例如工廠煤烟如何防止，不至飛騰；道路如何處理和改善，使塵埃絕跡；下水道如何擘劃，能使水流暢通不至於淤塞以及建築場所汚水如何處置，不至停滯積臭，使建築物失去美化與莊嚴。諸如此類，都值得我們研究與改善。我國都市居民，論者多歸咎於市民缺乏衛生常識致隨時隨地使人感到不愉快情緒，其實為政者能在各方面施以適當處理及合法規定，實際上不難收到整潔之效。一般不合衛生之惡習，將逐漸改變了。都市衛生所涉範圍甚廣，本文僅就建築物所屬之廁所汚水如何處理及採取何種設備，在構造方面應選擇何種方法，使人類日常生活所在地主要衛生問題能得合理之解决。

翻開我國歷代古書，絕少見到關於厠所之研究或有所成就，這都是認為汚濁積臭所在，儒者不洩為，以致因陋就簡，相襲至今，主要原因，不得其道。現代建築，在建造厠所都注意汚水淨化設備，其作用仍少為今日一般社會所明瞭，故提唱者寥々。化糞池為淨化汚水而設，屬建築工程附屬物，作用於淨化汚水防止臭氣迎合衛生。無論任何建築物，尤其是公共場所，更為迫切需要，且為歐美國家所採用，在工程上構造雖各異，但原理則一。我們進一步知道稍具規模之城市或鄉村對整個水流之疏導，普通都有其完善計劃，假使個別建築場所無汚水淨化設備，勢必同流合汚，其影響將不止建築物本身問題即全城或全鄉之衛生亦蒙受其害，故單位建築物非做到建造化糞池不可，用間接或直接導管導至有計劃之下水道。

汚水淨化設備之意義

汚水淨化，係將汚水中所有浮游物體經酸化作用後，有機物及含有毒細菌全部消滅成為無害之水，設有水壓設備之厠所，所排出之汚水照上述方法淨化到人畜無害程度，再導至附近排水溝，為達到此目的，稱汚水淨化裝置。

汚水淨化之原理

汚水淨化主要原理使含在空氣中之汚水細菌起自淨及化學作用。細菌可分二種；病源菌對人畜為害甚大，如可怕傳染病菌，非病源菌不但無害，且有助動植物之生長與繁殖。就細菌本身來說可分二類：好氣性菌及嫌氣性菌，前者限在空氣中方能繁殖，并發揮其性能，後者則反是，在空氣稀薄或無空氣處才能活動滋長，此外還有一類在任何地方都能生活的。病源菌固屬可怕，但混在雜菌處，就容易被殺死，所以糞尿中之虎疫菌傷風菌之存在期間，常被雜菌殺死或營養不足自戕。污水中之固形體無論屬有機或無機都含雜多種細菌，爲了各自適合其營養，不免互相蠶食變質起化學作用，近於腐化程度時，就無病源菌存在了。

污水淨化設備之構造

污水淨化裝置最初密閉於人造槽中，讓嫌氣性菌活動其中，促進有機形體之分解，此種作用爲腐敗作用。經此作用後之污水，再補給新鮮空氣與好氣性菌發生作用，變成安定之物質，此好氣性菌作用，稱酸化作用，與腐敗作用，皆佔污水淨化上極重要之工作。

根据上述，污水淨化設備，應設腐敗槽酸化及過濾槽，此外再加消毒槽，使達完全淨化程度。各槽之接連高低可依地形决定之。在可能範圍內應預留稍長之距離作延長污水移動之道程，下列第一圖爲污水淨化設備之一般構造。

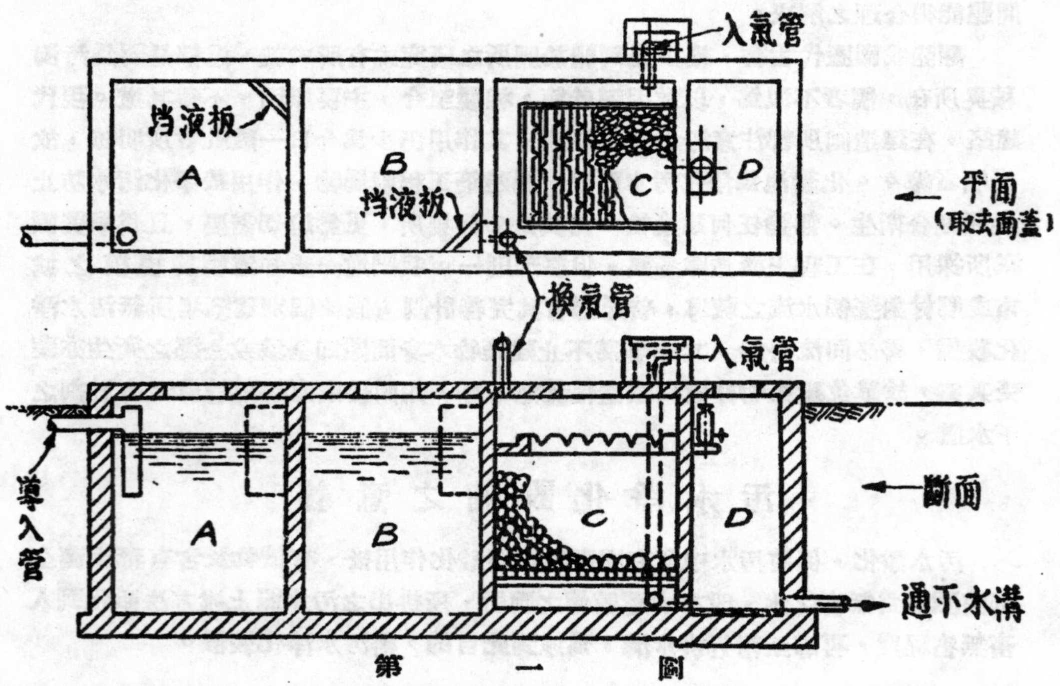

第　一　圖

A, B 爲腐敗槽，C 爲酸化及過濾槽，D 爲消毒槽。各槽之構造及大小茲分別說明於下：

腐敗槽之一般構造

腐敗槽構造要在防止空氣之侵入，故槽面設活動蓋板，於構造時應注意密閉，使污水儘速腐化，留意流進該槽內之污水，不得使槽內污水發生動蕩，故導入管做法應如圖二（丙）所示（甲）（乙）兩種均不適用。因固體沈量大部沈積於第一槽，故設計時應以該槽所能容納污水量爲標準，二三各槽容量可逐漸縮小。第一槽之污水因自然作用分三層：上層液（浮渣）中層液（流質）及下層液（沈渣）。導入管之對角向闢一口，前設擋液板使浮渣不得溢進第二槽。

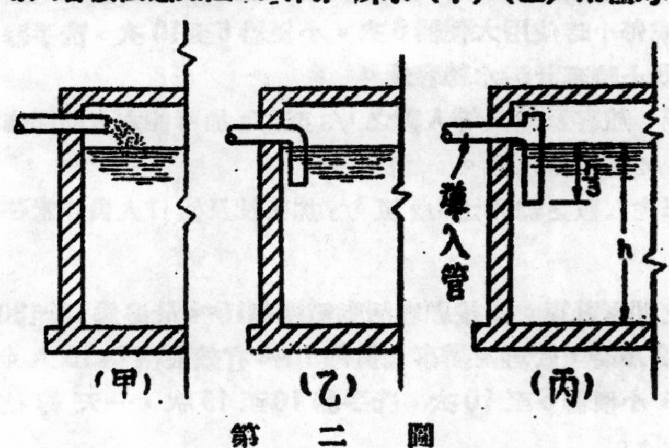

第　二　圖

導入管及擋液板之下端應在距液面全高之 $\frac{1}{3}$ 處。如腐敗槽有數個，二至三，三至四之互通處爲移流過程增長槽內污水適當產生淨化計，應互在對角處開口，同時爲浮離固形體最少之中層液導於溢流狀態，擋液板之裝置應與第一槽同，其全部上端高出水面約150mm至175mm之距離。在材料構造方面、槽底、周墻及隔壁以石、磚及水泥混凝土均可，其厚度應在15cm以上，同時內週及底應加塗2cm以上厚防水水泥粉刷塗。槽面及蓋板則多用鐵筋混凝土構造，離規定污水面應保持0.3m至0.45m。

腐敗槽之大小

本槽之容量要給嫌氣性菌有充份作用時間，但每因溫度差異，必須增長或減短，最少要停滯24至36小時，在普通溫度10°至16°C時24至48小時已足完成其腐敗作用，溫度降低，時間應加長。至本槽之容量可按使用人數若干來估計，最少應爲1740lit.即限用於30人以下，如超過此數，每增一人一日要遞加56lit.，假使用人數逾200人以上時容量自可減少通常規定於下：

200　人以上……………………每人一日50lit.

500　人以上……………………每人一日45lit.

1000　人以上……………………每人一日40lit.

設使用人數不明，可按屋內之有效總面積計算，即走廊，扶梯位置，廁所，雜物房及倉庫等除外。每5m² 包括外來人數平均爲1.25人。今以N代表使用人數，A爲有效總面積，則使用人數可於次式求得。

$$N = \frac{A}{5} \times 1.25$$

以上所述係適用於住宅，事務所或商店建築，如菜舘劇場等外來人數較常住人數爲多，須另行估計，下列資料，可作參考。

1. 劇場及電影院等以設計所能容納最大人數之 1/5 至 1/3 作一天之當住人數，外加預定辦事人員人數。或每小時使用大便器 6 次，小便器 6 至 10 次，洗手器 12 次一天使用時間約爲 5 至 8 小時來計污水總容量。

2. 旅舘以最大能住眷屬，旅客及傭人等人數之 1/3 至 1/2 加可能友人訪問臨時逗留及店員人數之 1/5 至 1/4 爲常住人數。

3. 學校將預定職員及學生人數之總和之 1/2 至 3/4 加公役及值日人員作常住人數。

4. 百貨商場以總面積之30%計算。或按顧客活動範圍每 $10m^2$ 最多爲 15至30 人，每人入場時間爲 10 至 12 小時，管理及辦事人員每 $10m^2$ 有效面積爲 15 人。或每小時用大便器 4 至 8 次，小便器 6 至 10 次，洗手器 10 至 15 次，一天約使用 8 至 10 小時來估計總污水量。

酸化槽一般條件

在腐敗槽受了嫌氣性菌作用之後，腐敗之污水流到本槽上部，受好氣性菌作用，爲使促進淨化程度，本槽應充份補給新鮮空氣，務使其接觸範圍廣大，濾過污水都能與新鮮空氣發生作用。外氣導入管可從槽底貫通到本槽上端，同時使流進本槽之污水能平均散佈，在沿內墻方向配置通溝 P 及多數分枝之 V 型 G 支溝如圖三所示，其中距約爲 100 至 120mm，導入管之頂端裝換氣管以促進空氣之流通。碎石分佈於濾過槽，其高度須在 91cm 以上，徑約爲 6cm。如濾過槽較大，則可分三層佈置，下部 12cm 左右，中層 9cm 左右及上部 6cm 左右。經本槽濾過酸化污水殆成無色無臭液體，再於槽底設坡度流到消毒槽。過濾槽容積最小爲 $0.834m^3$ 如使用人數超過30人，每人應追加 $0.0278m^3$，增至 200，500，或 1000人，可參照腐敗槽容量算法辦理。

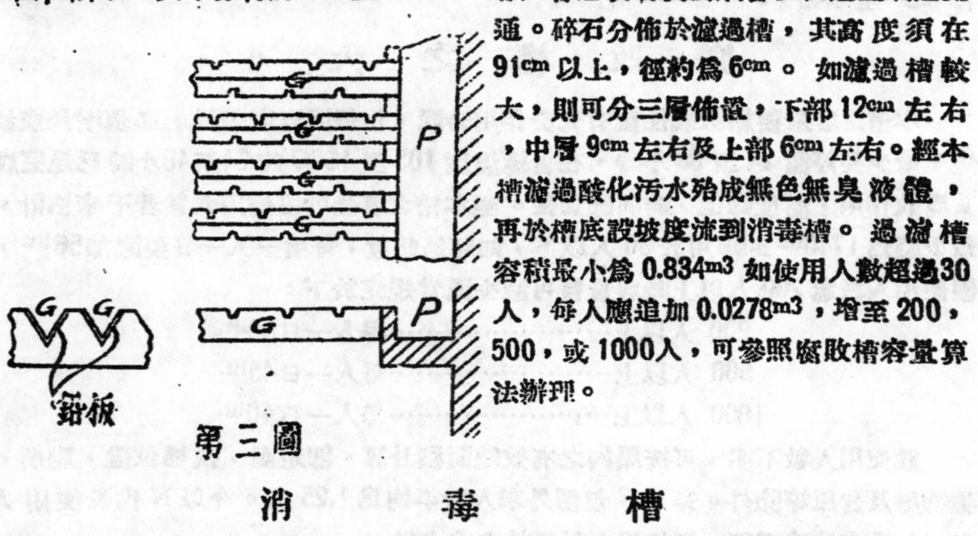

第三圖

消　毒　槽

經腐敗、酸化兩槽後之污水，病源菌寄生菌及卵等可說全數死滅及淨化；爲達確實境域再由本槽以藥液消毒及放流之。消毒裝置方法，於槽之上部設支架安放藥液瓶，或設水泥藥液槽，前者用 15lit. 容量之 （下接第２３頁）

建議一個新社會建設工程

梁炳文

第一節　改革現代都市與鄉村之必要

人類由日中而市的趕墟交易，隨着工商業的發達，而逐漸形成了固定的龐大的都市買賣。在最初都市的形成，以政治的成分居多，到現在則完全爲巨商大賈所操縱了。這雖然是自然的趨勢，但同時却遠離了大自然，而產生了許多人爲的惡果，和不自然的畸形發展。人口一天天的集中，不論是摩天樓與懸空及地下交通，祇不過增加了擁擠的程度，而無法解決其根本困難。在這都市臃腫得將要化濃流血的不衛生狀態下，反觀農村是什麼樣子呢？到今日農村還沒有享到二十世紀應有的物質文明，而過着荒僻與被棄的狀態。人力天天的逃避不管都市的失業問題如何嚴重，而從四鄉八野蜂湧而來的農民，仍不斷的向着貧民窟裏擠。這爲維持正常的血液循環起見，都市的臃腫和農村的貧血，也應該調濟一下了。

再就所謂都市是政治經濟文化的中心而言，也不過祇有幾分道理，並不能因此而加重其集中趨勢。一個人的健全，不祇是頭腦的健全，四肢軀幹一樣需要健全，大頭甕祇不過是畸形發展。如果地方自治的程度提高了，政治中心無形成大都市的條件。分配制度合理化了，商業中心祇貨棧與轉運的作用，也不能形成擁擠的大都市。教育文化應求普及，跟着政治與經濟一樣的講求集中，根本便不應該。再爲着解決交通，通訊，與給水，排泄的困難，防災防病的容易起見，都市形式，都有加以改造的必要。以下的改造建議，並非理想的烏托邦，而是配合原子時代，進入世界大同，最容易行得通而收効宏的辦法。茲先敘述其如何建設，再例舉其優點。

第二節　新工程計劃

現在的都市與鄉村的平面圖，都不過是大圈與小圈之別而已。圈內有街道，圈與圈之間有公路鐵路。改造的方式，即是將這些圈子化爲直線，與公路鐵路配合起來，成爲直線形的建設。不須有都市與鄉村之分。緊接房屋建築區，是人行道。人行道之外，是寬五十米左右的花園或草坪，作遊人休息之用。再向外走是汽車馬車道，都是行短程距離用的。自然在很多地方，在汽車道之外，還可以加上電車道。長途旅行，即應走到五百米以外的公路上去。兩者之間的地帶，作園藝菜圃之用。其上有兩排電桿，一排作電報及電話線用，一排作電燈及電力之用。公路以外，寬約一公里左右的地帶是森林區，或菓園區。其外是鐵道。鐵道之外是田野。以上各區域之間，另有橫行道相通。建築物最好分座落，不必緊連在一起，與現在的街市一樣。即使連接，亦應每距一百米左右，即須有短巷相隔，房屋建築的大小高低無限制，但必須限於一排。其至鐵路與公路間的距離，視各地環境而定。如在大平原地帶，其距鐵路間的距離，還可以遠一點。如在窄狹地帶，其間距離，即須縮短，必要時公路線可以與短程汽車道合而爲一。其實這種情形很少，因爲現在所有的鄉村與都市 大都是建在較爲平坦的地區上。在山區必要時，可闢爲兩個層級，一層級爲房屋與汽車路地帶，一層級爲鐵道。在人口稠密的地方，如果一排建築物不敷用時，可以在鐵路的另一面，以對稱的形勢，另築一排但這邊要省去一條公路。工業區域也應建在對面，以不與普通房屋建築混在一起爲原則。

第三節 新工程實施辦法

計劃實施時，先將現有都市及鄉村，轉移到現有的鐵路及公路線上。原有都市，絕不許再興土木。所有新興建築，都須按規定建設在劃定的路線上。事前須有整個的鐵路網及公路網計劃，在新築公路及鐵路前，即須預爲籌劃建築地帶，興築以後，附近都市及鄉村，卽遷移到預定的地帶裏去。

這種改革，對都市影響固鉅，而對農村的影響，則更大而收効亦愈宏。科學進步旣無止境，人類如不爲文明所毀滅，即終有被文明引入世界大同的一天。那時田地的種植收穫，一定都是用的機器，並有充分的灌溉設施。但用機器與水利，舉辦一切發展農業的措施，一定先從開農場着手。田地自商鞅廢井田連阡陌以後，已進了一大步，如欲再加充分利用，並求事半功倍的話，就應該是履阡陌闢農場了。現有土地者，不妨按多少瘠肥，以股分計算，積合起來，辦合作農場，再用平均地權的方法，由政府按價收買其股分多者，租讓給股分少或無股分者，以求民生主義土地政策的實現。大農場開闢後，現有村落很少再有存在的價值，自以移轉到交通線上，較爲便利，更因此讓出許多空地來。在四週距交通線過遠的地方，可以建設施種與打穀場，及臨時倉庫，由農場便道與主要交通線相通。以上所計劃的交通與與建築物配合的辦法，不一定每處必須有鐵路與公路。鐵路有一定的需要和密度，有很多地方，祇有公路即可，間或配以輕便鐵道。到農場的便道，可以是汽車路，馬車路，或輕便鐵路，或兼而有之，皆視各地需要而定。

至於房屋建築地帶的建設，也可以按一定的方式，予以科學化的編配。比如以一萬個房屋建築物爲一個自治單位，其中又分段以一百號爲一單位，設名符其實的里長。每一百號的某幾號規定爲鄉公所，郵電局，交通站，國民小學，游藝場所，合作社等，其餘爲住宅。每一自治單位，更規定每一號爲某種較大的公衆建設，這樣一來，要想找什麼公衆機關，買什麼東西，打電話找什麼地點，不必東找西問，或查電話簿，馬上可以找到或叫到，決不會有現在這麼雜亂無章。比如每一房屋建築的號碼，可以用數字作代表。頭兩位數字，代表在里內的號碼。第三四位數字，代表某一里在其自治單位內的號碼。第五六位數字，代表自治單位的號碼，相當現在縣的規模。第七八位數字，代表更大的行政區域，相當現在省的單位。這樣一來，全國各地，都可以通自動電話，說出任何一個房屋建築的號碼來，任何人都可以知道牠是在某一區域某一單位。地圖上祇須寫號碼，不須寫地名。系統既明，檢點自易。又以上所說將合作社固定爲某一號碼的意思，是今後合作社，應特別加强，由於與交通之密切配合與充分利用，合作社亦容易發展，藉以減少商人的剝奪機會，發展國家資本，實行公平的分配制度，又是實行民生主義的最好途徑。

或有人以爲這樣大規模的興築交通工程，不一定是經濟合算的辦法。這個反對意見，實際上根本不成理由。因爲祇就興築交通工程而言，即是富國利民，無可非議的事。並且與現在的交通情況相較，實更爲經濟合算。因爲新計劃的交通路線，不僅對附近的居民說是供日常活動的街道，而且每一段路，又是遠程交通的一部份。不像現在的大小圈子，裏面的街道，祇供裏面的居民自身週轉之用。比如以京滬線而論，如果祇將沿線都市內的街道連接起來，其總長即將超過京滬線的長度。如果將這些都市依線的形式分散起來，用在都市交通上的一大筆錢，即可省掉，而又便利了其餘廣大區域的居民。對這點或有人以爲街市連接起來既較京滬線爲長，則依新計劃，即無法容納如許建築物及居民。其實不然，因都市裏平均是起碼一條路線，配合着一排房屋，新計劃中，則是一條路線，可有左右兩排房屋。

第四節 新工程之優點

茲再將本計劃的其他各種優點，分述如下：

第一點，本計劃最重要的成就，是增加生產面積。現在的所有都市鄉村，都是建設在最有用的平地沃土上。如果照這計劃予以遷移，即可剩出大批可耕田地。因爲現在一個農村的所有田地，祇幾個機器便可以耕種。即令用牛馬，大家很可以合用一個大的棚場去飼養，用一塊平場去打穀，現在每家要備一份，家家重複，既費時間，又費空間，事無專業，人無專長，故無求進步的可能。再就交易而言，因農村離交通線遠，物資分配不易，故有居間的商人出現，乃有大都市的形成，如果實行這個計劃，大家可以辦合作社，大家可以批發整購，不須零買零賣。一個都市有幾千幾百個商店，經營着同一買賣，實際上可以用幾十個，或幾個合作社去代替他。一種工作，用不着許多人幹，弄成搶奪局面，這些人力，很可以剩出，去幹其他有益的生產事業。

第二點，是這計劃使人人享受到完美的物質生活，與科學的賜福，而又不脫離大自然，兼享田園之樂。不論是都市或鄉村，都是密擠在一起，影響全民健康。鄉村交通固然不便，都市雖受到一點交通的便利，却也受盡了交通擁擠的痛苦。這裏說祇一點便利，是指與新計劃的交通相比而言。因爲雖住在一個大都市裏；要想趕到某個車站，亦常須半個鐘頭以上的時間，又以人口集中的關係，在一個地方上下車的人也特別多，趕到站，又不一定能搭到車。在新計劃裏，出門便可以搭上公共汽車，不遠又可以搭上火車，無在一處上下，增加擁擠情形，走寃枉路浪費時間的弊病。

第三點，是在新計劃裡，一切公衆事業，容易普遍實現。因藉着交通便利，大家有汽車坐，而又不須自備小汽車。大家可以受到教育，可以享受娛樂。政治上亦容易完全平等，大家可以很便利的投票，很便利的參加競選。由於文化智識的傳播容易，消息的靈通，大家都能明瞭世界大勢，不受地域環境的隔閡，與少數人的欺騙。一個人想從事工業，或從事農業，不須到各處去找，在前門可以找到工廠，後門可以找到農場。大家更可以在農閒時從事工業，特別是與農場有關的輕工業及食品工業。農忙時即從事農業，家家戶戶，有自來水，有電燈，少操許多閒心，少跑許多寃枉路。公衆事業，自然容易提倡，公衆娛樂，容易普遍享受。

第四點，新計劃的特點，是科學化與簡單化，沒有隔離，沒有特殊。現在的都市，無論如何整頓，都少不了一團糟，亂蓬蓬的現象。交通線，電線，水道等，縱橫交織在一起，出事容易，整修困難。如排洩物在農村是貴重的肥料，在都市裡則不但無用，且有碍衞生，一旦濬疏失靈，臭氣薰城，一點也得不到自然循環的利益。都市的人太多了，有事不知道那個該負責，鄉村的人太少了，有事無人負責。在新計劃裡，即無此現象。譬如大家對門前的一段公路負責檢修，即無積年累月，無人理會的坎坷不平。大家都成了各安本分的蜜蜂，而不會有田野間的游蝶，或都市裡的蒼蠅。

第五節　新工程對防災之功效

以上就興利而言。就防災講，新計劃也是最有效的方法。人力既集中到交通線上，故可以充分發揮，對防災一點，也可以與興利一樣的容易。廣大農場的開闢，水利可以有統籌計劃，旱災可以預防。並且因農場與交通線的配合，物產可以流暢，縱有旱災，亦不會成禍。又水災與旱災，是孿生兄弟，能防旱災的地方，同時必能防止水災。再就火災而言，新計劃亦使其減低至最小程度。因普通都市鄉村，建築物皆叢集一處，本是火災蔓延的最好所在。且有災時，逃難的，救火的，與觀望的，擠在一起，要救也不容易。在新計劃裡，建築物既成一排，又互分座落，即有火災，亦蔓延不開。對逃難者與救災者，均稱便利。每家門前，有自來水幹道通過，又可以隨地取水滅火。再就預防疾病而言，因環境旣衞生，疾病可以減少。又以人口分散，不易傳染。遇有傳染病，隨時離隔在野外的療養所去，更以交通便利，急病隨時可以就醫。

第六節 新工程對永久和平之貢獻

現在人類都希望永久的和平但無人能肯定世界上不會有第三次甚至第四次大戰的發生。假使各國都致力於上述有益國計民生的建設，即不會再想發動戰爭，如把準備作第三次甚至第四次大戰的本錢，和可以估計到被戰爭破壞的物資生命，合併投資於上述建設，則用於改造全球之後，還有餘裕。因此或可消滅戰爭發生之一切原因。如不幸而於改造之後，還有戰爭，那時戰爭的破壞程度，亦將大爲減小。因爲各國人力，旣都集中在交通線上，到處交通線上的建築，又是最堅固的防禦工程。這使侵略者想乘人措手不及，以閃擊方式，發動戰爭的成就，大打折扣。且被侵國可以動用人力，步步爲營，侵畧者又處於不利的情況下，而到處打着巷戰，想包圍或迂迴被侵國的主力，是不容易的。再者第三次大戰中，破壞力最强的，無疑的是原子彈，而原子彈實際上等於一個威力最强的燃燒彈。上節曾言，新計劃在防火方面，是最有効的，原子彈的最大威力，將祇限於牠能直接引起燃燒的有効直徑的一條線上。想燒一大片，是不可能的。其破壞程度，不一定比一架飛機所載的普通燃燒彈，投在現代都市中所引起的災禍爲鉅。如果不能直接投在線上，而是投在兩旁的田野裡，則又無普通燃燒彈，隨便丢在都市上空，便可以燃燒一大片的那麼方便。到那時候，如果原子彈仍是很值錢的話，投彈的人，要考慮到所破壞的地方，是否够原子彈的本錢了。如果那時候原子彈已不是什麼很值錢的東西，則各國已均能廉價製造，屆時將無人敢於發動戰爭。因爲一般好戰的主要人物，都是那些自以爲安全可靠，不會被炸彈炸到的人物。並且普通侵畧國，都是那些力量强，地盤小，不安於現狀的國家。如有公約在先，他們决不敢先動用那些禁用的集體屠殺武器，因爲在這一方面，地盤小的國家是佔不到便宜的。這次戰爭，軸心國始終不敢動用毒氣，便是證明。眞正的原子時代，將是原子能可以普遍應用的時代，而不是拿牠作消滅人類文明的野蠻時代，新計劃則又是可以將原子能作普遍應用的最好機構。不論是工業，農業，和交通各方面，都可以得到牠的賜福。

（上接第18頁）

玻璃瓶一個，後者則做約 70^{cm^3} 之水泥混凝土槽，消毒液與污水比例以1：250,000爲原則。通常所用消毒液有二種，漂白粉溶液及鹽素，但前者爲較經濟。用 225 g 漂白粉配水約 5^{lit} 攪動後滲以稀薄，鹽酸約 0.17^{lit}，澱澱讓其沈澱，約以一份澄清液對 300 倍之污水量滴下，上法僅限 10 人每六天一次，若人數超過，可按比例增加，又開始使用二個月時漂白粉及稀鹽酸應增 4 倍施行。槽之大小并無一定，惟普通均用 $(90\times90)^{cm^2}$。

美國超級航空母艦

排水量 . 65,000噸 身長 1,030呎

飛行甲板長 1,090呎 甲板寬 190呎

最大速度每小時 35 海里 載機數量 不詳

美國海軍當局正準備以一億二千四百萬美元建造一艘六萬五千噸的超級航空母艦。此項計劃業經美國陸海空聯合參謀部批准，國會方面大致會通過。

此種母艦甲板之上，兩旁無主要結構 (Superstructnre)，使翼展在 190 呎以上及總重在75,000磅以內的海軍飛機可以起飛降落。現有母艦上之轟炸機總重未有超過40'000磅以上者。海軍當局相信此種新母艦上之轟炸機作戰半徑可達1,700哩，故可攻擊歐亞兩州任何戰略目標。

新母艦可以貯藏大量燃料軍火，故可較長期的逗留海上執行戰鬭任務。

海軍戰略家認為此種母艦祇是演進式的進步並非革命性的改變；1945年秋季開始設計，如獲美國政府正式批准，三十二箇月內即可完工。

美國現用的新型噴射戰鬥機

1、Lockheed's Shooting Star

Lockheed 公司的新型 F—80—C機，已開始大量生產，該機裝用 Allison 400 (J33—A—23) 渦輪噴射引擎在起飛時之推力為4,600磅，如在11,750r. p.m時注射 Water—Methanol 則可增加推力百分之十五。Lockheed 公司預定製造此新型飛機 457 架及 TF—80C 雙座位教練機128架。在以往三年內，F—80 式飛機的出產量是1000架，佔世界第一位。

新機的速度是每小時 600 哩。

2、Republic's Thunderjet

美軍定製 Thunderjet F—84式1000架，已交貨者約在 30 架以上。新型 F—84—C 機裝置 General Electric TG—190 (J—47) 或 Allison J 35—A—13 噴射引擎。作戰半徑是 600 哩。

該機並裝置八隻150磅的火箭於兩翼下，放射時使飛機速度增至每小時500哩，在火箭放射後，火箭裝置架可以縮至機翼內，因此駕駛員可在作戰時使飛機得到最大速度不會受火箭裝置架之影響。

3、North American F—86A

F—86A 機利用高度後掠翼以延遲壓縮震盪波之產生。其速度已超過

每小時600哩。

該機裝置 J—35 引擎，在本年六月，已有兩架正式出廠，現在改用 General Electric TG—190 (J—47) 引擎，其推力爲5000磅，如用水注射則可增至6000磅，故新機性能較以前大有進步。航程爲1500哩，作戰半徑500哩，總重是13,715磅。美空軍定製556架 F—86A機，及118架 F—86—C機，共計674架。

美國的超聲速飛機尙在試驗期中並未大量生產。

蘇聯的噴射飛機

鐵幕之後的蘇聯，一切都是謎，航空方面尤其不會例外。蘇聯五月航空節在莫斯科曾有各種飛機參加慶祝表演，据報紙所透露的消息有一架飛機曾經達到音速。這架飛機現在證實是 DFS 346 噴射戰鬬飛，由德國人開始設計的，後被蘇聯俘擄去。

現在 DFS 346 有兩種式樣都在應用，兩種皆是後掠式機翼。惟第一種的進氣口在機身前端出氣口在其尾端，而第二種的進氣口則在機身兩旁，

該機尾翼也是後掠式的。德國所設計的 DFS 346 從未完工，在戰爭末期德國的工程師們大致有很多人爲蘇聯俘擄去，使設計工作能够完成。

蘇聯還有一種裝置四隻噴射引擎的轟炸機，叫做 Ilyushin，與美國 Boeing ×B—47 很相似，翼剖面很薄，四隻引擎懸挂在機翼下面。起落架是三輪式的，因爲機翼很薄，輪子收藏在機身內，因此有人相信 Ilyushin 機也許是用串型起落架 (Tandemgear) 裝置，以解決起落架不能收入薄機翼之困難。該機自頭至尾外形十分平滑，正副駕駛員艙在機身前端，尾端有一槍塔，其型式別緻，令人醒目。

蘇聯的雙噴射引擎轟炸是由 Andrei Tupelov 設計的，與蘇聯的活塞引擎攻擊轟炸機 TU—2 相似，Tupelov 噴射轟炸機的特點是所用的引擎短艙 (Nacelles) 很巧小，這大概是用了德國 Junkers Jumo 004H11— 或 13—級噴射引擎。

蘇聯最近又有一種噴射戰鬬機，是由 A. L. Mikoyan 設計的，該機的渦輪噴氣引擎是裝在機身下部，機翼裝在機身頂部，其尾翼下部突出很遠（在直尾翅及方向舵下部）是該機特點之一，令人很難猜測其用意何在。

徵稿簡章

(一) 本刊內容廣泛，凡有關工程之文稿，一槪歡迎（讀者對象爲高中以上程度）。

(二) 來稿請橫寫，如有譯名，請加註原名。

(三) 來稿請楷寫清楚，加標點，並請註明眞實姓名及通訊地址。

(四) 如係譯稿，請詳細註明原文出處，最好附寄原文。

(五) 編輯人對來稿有刪改權，不願刪改者，請預先聲明。

(六) 本刊非營業性質，純以溝通學術相互研討爲目的，自第七期起，稿費取消。

(七) 已經在本刊發表的文章，歡迎全國各大雜誌報章轉載，轉載時不須任何手續，只望註明原文出處與作者姓名。

(八) 來稿非經在稿端特別聲明，槪不退還。

(九) 來稿請寄臺灣臺中66號信箱 范鴻志收。

◎新工程出版社◎

（非賣品）

總編輯：陶家澂　　發行人：范鴻志

印刷者：臺成工廠

通信處：臺灣臺中市66號信箱

新工程月刊廣告價目表

地位	單位	每月廣告費
底封面	全頁	臺幣 10,000元
封面裏頁	全頁	7,000元
正文前後	全頁	5,000元
正文內	全頁	3,000元

目　　錄

新工程出版社
MODERN ENGINEERING PUBLISHING SOCIETY
歡迎批評指教
臺灣臺中第六十六信箱

編者雜記

1. 本刊自從去年十一月創刊，迄今將近一週年，第一卷算是出齊了。這一年內幸蒙幾位朋友經常爲本刊盡義務譯撰稿件，才能夠勉强維持到今日，我們衷心感謝，莫可言宣！

我們原來的目標是以介紹工程學術，作爲普及教育的一種工具，以促進中國工業而躋入現代化的境地，這件工作是相當艱鉅的，非有工程界廣大的人士參加，不能發揮力量；所以我們時時刻刻盼望有新的作者惠稿，不願意僅勞少數人寫作，可是事實上與我們所期望的差不多完全相反，時常爲了稿子傷腦筋。

本社經濟問題也使我們傷透腦筋，在上一期我們已經談過，現在情形沒有好轉，將來也不會有奇蹟發現。

因爲第一卷付印齊全，工作上可以告一小段落，編者個人當然不希望本刊就從此告終，可是前途究竟如何，目前也不能預言的。

2. 美國汽車和飛機工業之所以能夠採用大量生產方式，因素很多，最主要的是他們特別注重 Tooling，因此不但出產量龐大而且同型的出產品也十分一律，同時其機件又可保持高度互換性。如問 Tooling 究竟是什麼？解釋起來就頗費周章了，因爲翻遍我們的康熙字典或最新的辭源也找不出一個單字或語句能夠充分表答牠的涵義的，眞是所謂可以意會而不可以言傳的。李永炤先生的『工具工程』一文，爲我們下了一種確切的解釋。李先生這次在離開臺灣前於百忙之中，爲本刊撰稿，編者十分感謝。

3. 民航機失事或延誤班期的原因，根據美國全球航空公司的統計，有百分之九十五是由於飛機零件或附屬系統發生故障，由於結構故障的尙不及有百分之五。范鴻志先生的『飛機需要更優異的附屬系統』一文，指出如何可能避免類似事件的發生，而改進之道，須從設計方面着手。

4. 原子能於軍事上獲得應用後，也有人正在努力研究如何可以應用到飛機和動力廠方面，小寧先生的『原子能與飛機』與馬國鈞先生的『原子能動力廠之冶金及經濟的問題』兩篇文章，爲我們找出急待解決的問題與其困難之所在，同時我們可以預言的原子能動力廠也許比原子能飛機早日實現的。

5. 英國噴射推進的研究，無疑的是居於領導地位的，洪漢華先生的『噴射推進』一文，對於英國噴射歷史、型別、應用及將來可能之發展，皆有概括地的敍述。

工具工程

李永炤

一 工具工程的意義

Tooling 這個字是可以意會而極難翻譯的。大家都知道，Tool 是工具，Tooling 必定是有關于『怎樣決定設計和製造工具』的。於是有人就叫牠『工具準備』，我們先從這四個字的字面看，就容易引起誤會，以為這原來是將工具購足數，整理妥當，至多也不過稍為化費腦筋，繪上幾筆，照圖製成工具，便是工具準備，然而這却不能說明 Tooling 的全部涵義。

在許多工廠裡狹意地設立樣板部（組，股）製模間等，廣泛地稱為工具課等，就可以知道他們對 Tooling 一字見仁見智各不相同；若問 Tooling 究竟是什麼？依舊是玄妙之至。

美國的汽車和飛機工業是最講究 Tooling 的了，廠無巨細，Tooling Department 終歸是很完美的，千百家工廠共同具備的東西應該是十分具體的。然而這 Tooling Department 究竟是什麼 Department，只看牠所載的 Tooling 帽子，不到他們廠裡去仔細揣摩，不到那些部分去翻箱倒篋，還是說不出牠究竟是什麼。然而這種仔細揣摩和翻箱倒篋的機會，又豈是人人可得？

再到美國幾個技術的最高學府去找點解釋，麻省理工學院有高等機工原理和實習，密歇根大學機械工程研究院有金屬處理學院，開設高等機工實習，翻鑄，鍛鍊，熱處理，衡量法和型架設計等課程；據說都是為學子們將來到 Tooling 這方面去工作的，先打下根基。兩年前美國西部的加州大學向密歇根金屬處理學院要求借用教授和講師到她的 Tool Engineering Department 去把 Tool Engineering 正式介紹到他們的最高學府，這還是春雷第一聲。Tool Engineering 就是我們題目所稱的工具工程。

我們却在這春雷第一聲中多少得到了一點啓示；知道牠原來是一種工程，猶如其他機械工程，電機工程，土木工程，化學工程，礦冶工程等之存在。

二十五年前 Dawn 和 Curtis 所著 "Jigs & Fixture" 一書，亦曾冠以 Tool Engineering 這兩個字，可惜當時工程界並無廣大的反應，逐漸消沉了。

最近密歇根金屬處理學院院長 O. B. Beston 教授，寫給作者一封信，談起目前在工具工程界活躍的技術人員遠比其他在機械工程中的，動力工程熱力工程的來多，這應該喚起大家的注意和培植，因為他在這方面學術界上極有聲望和權威，該信的結語是工科大學中應設有獨立的工具工程學系，雖沒有離開他從學的地位，却是極端重視的。

Tooling 的解釋，要借重於 Tool Engineering，也就是工具工程這個名詞了。工具工程用到工業製造上去，應該精確地估計到人工，機械，設備，材料，運輸，時間各因素及其效用的總和，歸納到一種在財力，人力，物力各方面最爲經濟的製造原則。在這原則下計劃出在這次製造上應該用那一類的工具，多少數量，製作的先後次序。根據這計劃，設計出或簡或繁的工具，根據這設計，製成各種工具，然後把工具分批送到製造機構。開始製造成品，工具一天天充足，出品一天天加多，有計劃的完成製造。

從工具的計劃、設計到製成，這一聯串相互之間的規定、方法和步驟是利用着工具工程的理論，去解釋估計和計算的，從事於利用工具工程的理論等去完成製造上的一環叫做 Tooling，從事於 Tooling 的人的組成，在工廠內叫 Tooling Department。目下正有許多工廠逕稱 Tool Engineering Department 或譯工具工程課、部、組或股，隨大家的便。

二 目 的 和 範 圍

工具大致可分別爲兩類：一類是普通工具 (Perishabe Tools)， 例如鑽頭絞刀板手銑刀之類，容易耗損的一般工具，通常是有專門的廠商供給，一個工廠經常購買補充即可；一類是生產工具 (Production Tools) 例如鑽孔型具，壓模，樣板，焊架，合攏架等，要看製成品是什麽，才可決定牠們是什麽，我們所要討論的工具是指第二類。

上面說過：從事於利用工具工程的理論等去完成製造上的一環，謂之Tooling，這一環究竟是什麽？用最簡單的方法來表明，就是：

設計工程 $\xrightarrow{\text{藍圖}}$ 工具工程 $\xrightarrow{\text{工具}}$ 生產管制 $\xrightarrow[\text{定貨單}]{\text{工具，材料藍圖}}$ 製造

可以說工具工程是將設計變成製成品之間的橋樑；橋樑可以是錢塘江大鐵橋，可以是水泥石橋，也可以是獨木小橋，其構通的意義是一致的；工廠內工具工程的範圍規模有大有小，其目的是相同的。

那麽工具工程的目的是什麽？範圍是什麽？

牠的目的，可以列舉如下：

1. 可以控制生產的快慢——大量生產，須要大量的分散工具，工具工程這一階段所須人力大而困難多。小量生產須要少量工具，而且不必十分耐久，以免浪費財力物力和人力。

2. 可以控制出品的精肙程度——所謂精肙程度就有製成品必須一律的意思 (Uniformity of work)，這就要看兩件事：第一是出品本身的精確程度(accuracy)，如外形尺寸，洞眼大小排列是否全在容差之內。第二是這一出品和另一出品裝配時，其間的交換程度 (Interchangeability) 如何，這祇有在設計和製造工具時，工具的精確程度高於出品所要求的方可達到，同時在設計和製造工具時，就顧及裝配時的緊密 (Fit)。換言之工具必須先合乎要求，然後才談得上出品的精肙程度。

3. 工人容易施工——這個道理很簡單，在製造出品時候，祇須把粗坯裝進工具，一鑽，一壓，一焊，一鉚就成了事。用不到劃線，用不到測量，這裡面的難易立即可以判斷出來的。而且在設計和製造工具的時候，工具受力的平衡等等的問題，早經一番攷慮，當然在求容易施工。因此經過工具工程的階段，製造工人的素質也可降低一些，也就不必憂愁找不到好工人，或者好手藝的工人薪水太高，戰時英美飛機戰車工廠的工人一半以上是女工，就是這個道理。

4. 顧及經濟之道——這是工具工程的最終目的；用最經濟的方法，造出最合適的製成品。我不說最好而說最合適，那是因爲合適的製成品是我們的要求，最好的製成品往往超過要求，須要過於精確的工具和人工，這就不經濟了。經濟之道的獲得，就在工具計劃和設計的時候，決定用捨的數量，採取的型式和利用的材料。當這些工具送到製造部門去應用時，一旦發覺這條生產線 (Production Line) 不能平衡，馬上可以查出某種工具應加複製 (Duplicate)。某種工具不合適，應該更改，應該添些什麼新工具，應該廢除什麼不需要的工具，有條有理不急不忙，工廠能够這樣做，經濟之道，自在其中矣！

上面說到工具工程應自計劃 (Tool planning) 始，繼之以工具設計而以工具製造爲終結。這實在已經說明牠的範圍了。且待以後我們有時間再討論吧。

三　組　織　及　其　他

工廠之內需要有工具工程課已在第一節闡明，牠的目的和範圍已略述於第二節，我們現在更具體一點，談談牠應有的組織。

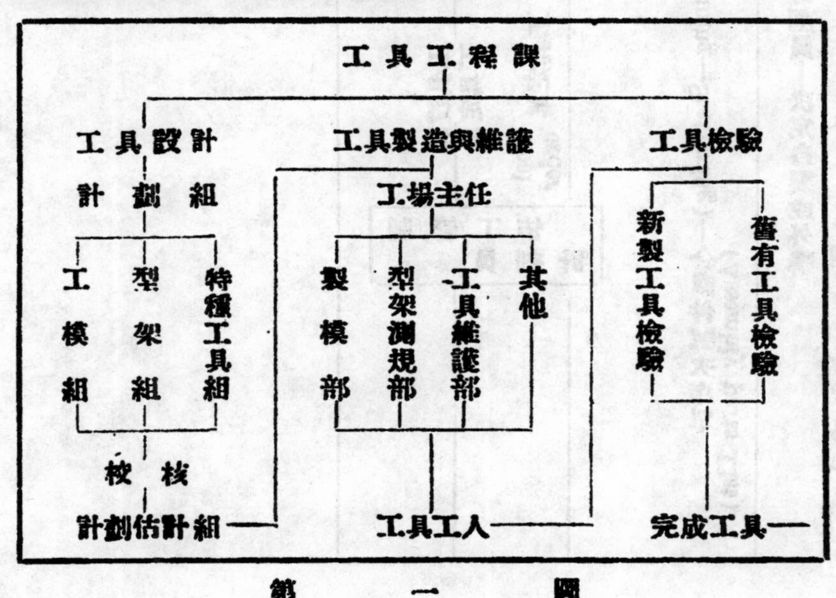

第　一　圖

在講究工具工程的美國工廠，工具工程課的隸屬大都巳標準化，牠與生產管制（Production control）製造工場（Shop）同隸於製造處（Works manager）；牠的下屬有工具計劃，工具設計，工具製造和工具檢驗，有的計劃和設計是合併的，有的工具檢驗是獨立的。這種細枝末節不必多贅。

我們隨便舉美國 Reliance 電器公司（Iron Age 7月15日 1948年）爲例，列表如第一圖。

我們再舉美國康索立特飛機廠（Consolidated Vultee）爲例（巳經簡化）：

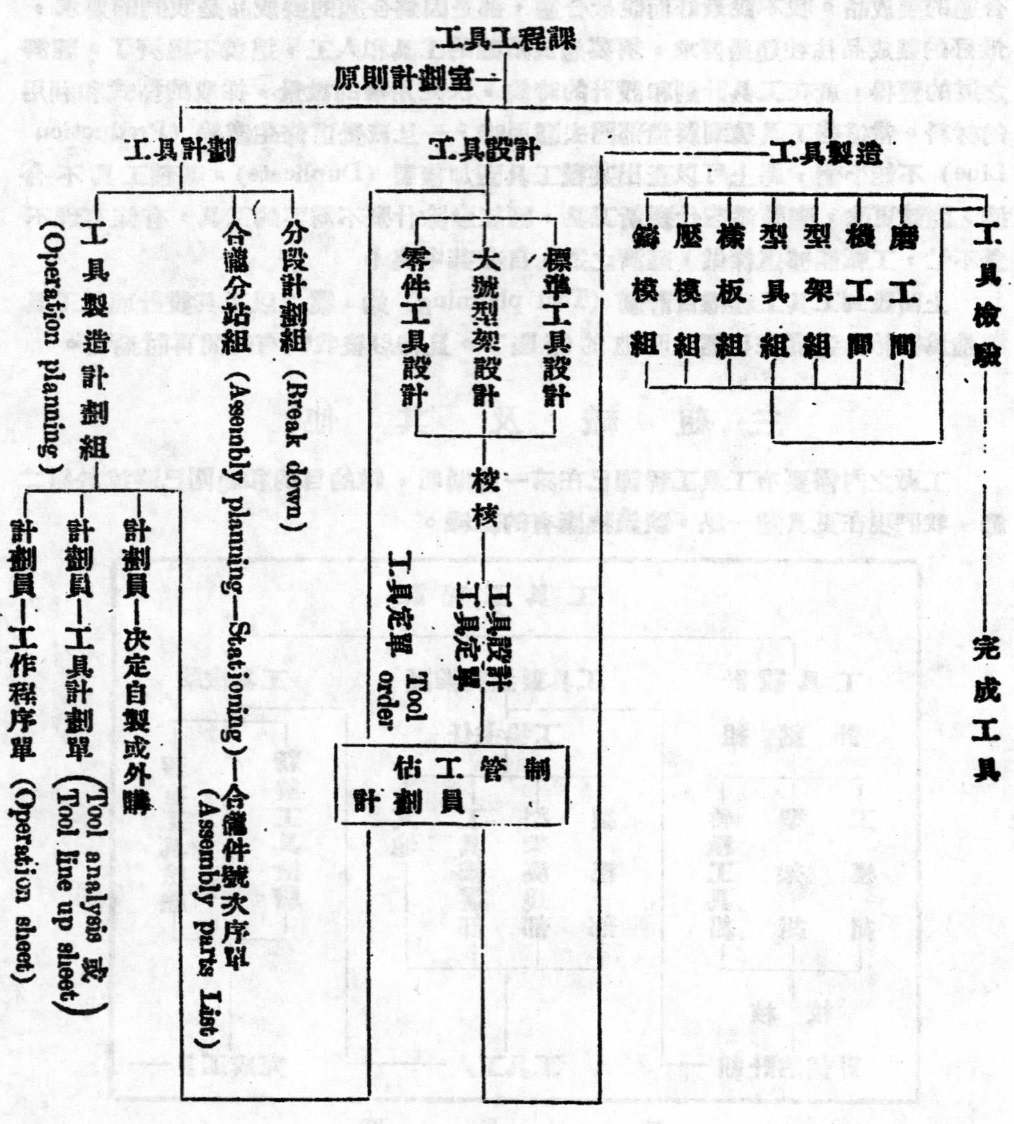

英國人對於工具工程之認眞，不亞於美國，因爲財力的關係，規模要小一點，譬如 A. W. Morgan 在 Aircraft Production（1948年5月）寫了一篇文章“Inexpensive Tooling”，主張廢除工具設計圖樣的繪描並儘量應用便宜的工具（Cheap Tools），這是在戰後財力較差的國家，生產量較小的場合，應有的態度，値得我們取法的，可是我們把他的文章翻遍，也看不出他有省除工具工程的意思，他祗是要爲節省人力財力，所以主張工具設計不用圖樣，必要時採用草圖。這實在是加重了計劃者計劃的周詳，加强了設計者的素質，他們必須直接能參加到工具製造上去，能够信手拈來，便成簡圖，便能指導工人製成工具；加高了製造工具的工人的素質，他們必須能時時出奇鬥新，用了他們的手之外還要不斷用他們的腦，我們希望我們的工具設計人員和製造工人能日漸提高其素質，向這條節省的路上走，然而切不要誤會工具工程在英國是走的下坡路，相反地牠是日被重視着。

四 生產工具的分類

生產工具的分類法有很多種，對我們最有用處的有二種，第一是以工具的繁簡來分的，第二是以工具的種類來分的。

第一種以工具的繁簡來分的方法是把生產工具分成等級，稱之爲 A, B, C 和 D 級。

A 級的工具是百分之百的嵌板合攏法（Panel Production）及百分之百的完成孔（Full size holes），在裝配的時候，零件次合攏件（Sub-assembly），要百分之百的準備妥當。合攏牠們時，不須再鑽孔、鉸洞，在製造零件時只用一次“動作”（Single operation），就將外形孔洞等完成，即可裝到合攏件上去，當然有關防銹工作如油漆等，不能計入。

B 級工具也須百分之百的嵌板式生產，盡量用完成孔，若干地方也可用先導孔（Pilot holes）。零件製造時，經過第一次施工後，須達到毫無問題的可以進行第二步工作。

C級用分段合攏法（Segment）或（Barrel production）；若不需極嚴緊的交換程度，可用先導孔聯結到下次裝配件上去。零件製造時全部不用手工，有時光邊算是例外。

D級用分段合攏法，只準備大件的型架，若以飛機爲例，除機身機翼外，不準備其他分段的型架，僅有少數先導孔，大多數的孔都到合攏架上鑽，次合攏件型架用木塊或鋁板即可。零件製作以避免用工具爲原則，儘量利用如彎邊，滾模等機器和樣板等工具，此外便要靠人工了。

綜上所述，A, B 工具是很繁細的，工作分散，工具數量大，而且要很準確，除了極大量的生產之外，是很少用得着的。C, D 工具除一二大型架很難製造外，比較簡單多了。我們仍以汽車和飛機工業爲例，大量生產汽車的工具是介於 B, C 之間的，小量生產的飛機是介於 C, D 之間的，試製汽車或試製飛機是用 D 級工具的。

第二種分類法，是列陳工具的名稱，冠以簡號，一看到這簡號就容易認識這是什麼工具。這種分類法的詳簡，出入很大，下面所列是作者認爲相當完美的一種，特爲介紹。

1. 塊狀工具 (Blocks) — 包括：

FB — 成形塊 (Form Block)

HB — 液壓機塊 (Hydro-press Block)

RB — 外線機塊 (Router Block)

SB — 旋塊 (Spinning Block)

其他

2. 衝壓模—(Die)—包括：

BD — 衝形模 (Blanking Die)

BFD — 衝壓成形模 (Blanking and Forming Die)

COD — 切斷模 (Cut Off Die)

FD — 成形模 (Forming Die)

JD — 變形模 (Joggle Die)

PD — 衝孔模 (Piercing Die)

PBD — 衝孔衝形模 (Piercing and Blanking Die)

PBFD — 衝孔衝形成形模 (Piercing Blanking and Forming Die)

TD — 剪形模 (Trimming Die)

3. 型架 (Jigs) — 型架是固定工作物的工具，通常並不與機器連接。裝配，鑽孔，鉚釘等工作皆可在上面施行。

AJ — 合攏型架 (Assembly Jig)

DJ — 鑽孔型架 (Drill Jig)

LJ — 定位型架 (Locating Jig)

WJ — 燒焊型架 (Welding Jig)

RJ — 鉚釘型架 (Riveting Jig)

其他

4. 型具 (Fixtures) — 型具是固定工作物的工具，通常與機器連接，鑽孔銑面磨孔等工作，皆可在上面施行。

BOF — 搪孔型具 (Boring Fixture)

BF — 括孔型具 (Broaching Fixture)

DF — 鑽孔型具 (Drill Fixture)

GF—磨面型具 (Grinding Fixture)

LF—車床型具 (Lathe Fixture)

MF—銑床型具 (Mill Fixture)

SF—鋸床型具 (Saw Fixture)

SHF—鉋床型具 (Shaper Fixture)

其他

5. 測規 (gage)—測規是一種工具，校驗型具型架衝模等工具和成品合攏件上的若干主要尺寸。

CG—校驗測規 (Check gage)—校驗型架等工具相互之間的主要尺寸。

IG—檢驗測規 (Inspection gage)—檢驗成品及合攏件上主要尺寸。

MCG—控制主規 (Master Control gage)—校驗各種主要測規，如下述MDG，MG等。

MDG—鑽孔主規 (Master Drill gage)—校驗鑽孔工具相互間的準確性。

MG—主測規 (Master gage)—校驗工具相互間輪廓 (Contour) 上各主要點，使其維持一定的準確性。

PG—測孔規 (Plug gage)

RG—測徑規 (Ping gage)

其他

6. 機器附件及其他特種工具。

FR—滾形模 (Form Roll)

ME—機器附件 (Mechanical Equiment)

RIT—鉚釘工具 (Riveting Tool)

MC—銑刀 (Mill Cutter)

MDT—心軸 (Mandrel)

NT—不需工具 (No Tool)—不需工具是表示機器或手工可以完成的工作，在某種場合下，不需另外供給生產工具。

其他

7. 樣板 (Templates)

ADT—鑽孔實用樣板 (Apply Drill Template)

ATDT—鑽孔切緣實用樣板 (Apply Trim & Drill Template)

ATT—切緣實用樣板 (Apply Trim Template)

IT—指示樣板 (Index Template)

NBT—管口樣板 (Nibbler Template)

RDT — 切線鑽孔樣板 (Router Drill Template) — 用在切線機上

MKT — 標記樣板 (Marking Template)

SST — 下料樣板 (Stock Size Template)

其他

五　語　　　　結

工具工程的範圍實在太廣，我們暫且談到這裡爲止，歸納以上所述，我們至少可有下列的幾種概念：

1. 工具工程是把設計圖樣，經過工具的計劃、設計和製造後，以製成生產品的技術活動。

2. 工具工程既然是設計工程和製造工程間的橋樑，在設計工程開始的時候，工具工程方面的高級人員就應該參加到設計工程方面去，提供製造意見，使許多主要設計，不致因爲爲廠內設備力量所限而不切製造實際。這幾個人員叫做 Tool Representatives，他們在工具工程製造之前，就應該作業務上的活動。

3. 工具工程課通常隸屬製造處，牠與設計部門和支配部門有密切的關係。

4. 生產量的大小，決定工具工程的繁簡，故有工具 A, B, C和D四級之分。

5. 工具名稱，可以相同，但屬A級，B級，C級和D級的同一名稱工具，其製造方法、取材、準確程度都有差別，以PBD爲例，A級的一下就得完成的出品，B級的也許上面的孔是先導孔，出品的邊也須用另一步驟去打光，C級的一次衝成外形，再衝出孔來，或者用DJ去鉆孔，D級的則根本不用牠們，用鋸或鑽的方法得到出品。

6. 工具的繁簡決定製造工人所須的素質，工具愈完美，製造工具愈困難，愈費時費錢，但製造出品時，却變得輕而易舉，工人的素質就不必太高了，反此則反是。

本文目的在介紹工具工程的一般意義和其重要性，國內對此有研究的必不乏人，願同好者提供意見，竭力提供倡，對我國製造事業引起一種革新運動，而未來的收益是在意料之中的。

最後作者特向應懷谷先生申謝，爲着這件文稿，他化費很多時間幫助作者整理。

飛機需要更優良的附屬系統 范鴻志

譯自 1948 年八月九日 Aviation Week

飛機的結構很少發生故障，飛行延誤的原因，有95％是零件及系統發生故障。

一架性能及結構非常良好的飛機，假若各種系統（如電氣，液壓等）很差，則這架飛機也便不能充分發揮效能。這是 TWA 的總工程師 L. R. Koepnick 經過實際調查研究後向自動車工程師學會的國家航空及空運組在紐約開會報告時所下的結論。

這種說法是代表航空公司的多數維護人員的意見，同時也表示有從新考慮現在新型多發動機運輸機上的各種系統的必要，以便飛機能夠更發揮她的功用，並減少維護的困難和費用。

結構及操縱系統已臻完善

最近 TWA 通盤調查的結果，所有飛行延誤的原因，有95％是零件及系統發生故障，結構的故障尚不及5％。

這些結構故障多半是風擋及窗子發生毛病，所以我們可以說飛機製造工業對于近代民用運輸機結構之設計，實在是做了一件超等工作。

調查的結果，操縱系統差不多從未延誤過飛行，這是航空界的另一成就。

然飛機之結構及操縱系統所以能有今日完美的成就，完全是過去工業界、使用者及民航局對這兩點特別注意及努力的結果。

民航局及購用飛機的人對於結構及操縱系統有種種詳細的規定，但其他系統則變化多端，難於確定。

建　　議

Koepnick 先生對於新型飛機設計的各種系統改善，做了一個詳盡的建議及指出幾處基本考慮之點。

1. 航空公司或其他使用單位應該使他們對某種飛機系統的要求標準化。

這個問題早就是飛機製造廠們所提出的，但各家航空公司却承認他們本身尚得不到一個共同的意見，比方像氣壓座艙，暖氣及通風等系統。這會使得各飛機製造廠所造的飛機內部系統各架不同，變化多端。

在這種情形下，為了避免費用增加，飛機製造廠便不免將各種系統將就一下，許多基本另件仍是相同的，為的互換方便。結果便是這些系統在某幾架飛機上是妥善的，但在同型的另外一些飛機上便不合適，於是便增加了維護的費用，時間和困難。

2. 航空公司應該指出對於系統的最低要求，規定出合理的運用限度及希望達到的標準。

每一種新配件的問世，我們當然可以希望牠的性能是優越的，特別是在增加自動工作方面。然而這種觀念往々會使航空公司及飛機製造廠招致嚴重浪費的錯誤。

有一個最近的例子，某家航空公司堅持要在一種多發動機運輸機上裝用滑油溫度調節器風門自動操縱。這種飛機交貨時便裝有這種設備及座艙空氣壓力自動調節設備。

但這兩種自動調節系統全靠不住，常生錯誤，最近這家航空公司的新飛機上已取消這兩種設備，可以節省50,000美元，每年維護及翻修費用可省10,000美元。

現在滑油溫度及座艙壓力之調節則由隨機工程師調節管理。

航空公司已漸漸增加其注意力到人力操縱的各系統，因爲比較安全。並減少飛行之延緩，降低設備費用及維護和翻修費用。

3. 在設計飛機的時候，各製造廠應該對各種附屬系統非常注意，像是對於空氣動力、安定性及結構一樣。

航空工程師們在設計新飛機時一直是按照空氣動力——安定性——結構的程序，最後才是設計各種系統及配件。

負責設計系統的工程師們便必需與已定的空間及路線鬥爭，因爲這些系統必需附着在機身或機翼的結構上。航空公司的多數工程師們却願意在飛機性能的方面犧牲一點，使結構能適合於某種特別需要的系統。

各種單獨的系統最好是各自分開。這樣比較安全，也減少維護的困難。將電線裝在金屬導管裡面便是一個很成功的好例子。雖然在戰時金屬導管被暫時不用，但各航空公司的維護人員却希望立即恢復採用。

最近有一個例子，即是電線裝在液壓管子的下面。當液壓管漏油時，這容易燃燒的油便將電線絕緣腐蝕而釀成火災。設若當初設計時將電線裝置在液壓管的上面，是輕而易舉的。現在航空公司却被廹從事更改，費用浩大。

4. 飛機製造廠應該事先將各種系統裝置實樣試驗。第一應注意是否可裝置在規定的位置內，第二需作各種動作試驗。試驗時應做各種情況下之動作。這個試驗計劃並需包括記錄此系統各種配件之混合損壞情形。

星王號飛機的液壓系統便差不多曾做到了這種試驗，在設計時 Lockheed 廠的工程師們事先裝置了全套液壓系統的實樣，並用四只福特 V—8 發動機做動力，又做了一個駕駛艙的實樣，看是否適合。這套系統曾做"試飛"試驗數百小時，並曾記錄各部損壞情況。

試驗的結果，這套液壓系統雖極複雜，但故障却出人意外的少見，並且比其他液壓系統簡單的飛機尤不易發生故障。

5. 一架或一架以上的樣機在開始生產之前，應該做一個時期的"使用"試驗（Service Test）。

Northrop 廠的 PIONEER 型飛機及 Beech 廠的 TWIN-QUAD 型飛機在開始生產之前，皆經過詳細試驗。

許多系統僅憑在試驗室內的試驗還嫌不够，有無數的例子是在試驗室內試驗結果很好，等到實際應用時便不靈了。

6. 應將各系統嚴格規範規定出來，用最直接簡單的方式說明要求。當設計任何系統時，必需注意下列各點：

a. 自動動作是確實必需的嗎？人工的動作可以達到最低的要求嗎？

b. 如果打算採用自動動作，則牠的費用，性能及重量必需詳加分析，再與用人工動作的逐項比較。

c. 從維護人員的觀點，來分析一下系統的各部，如可及性（accessibiilty）與集合各件成爲一體的可能性。

d. 各系統必需是各自分開的，需計算其所佔的空間。

要做到上面這幾種建議，則飛機製造廠必需僱用一部分在航空公司有經驗的工程師們。

飛機製造廠還需派工程師們到航空公司去實習六個月，以便獲得維護的知識及使用時困難所在。

現在所有各飛機製造廠派往各航空公司的"外勤工程師"（Service Engineer）還嫌不够，雖然他們對於臨時發生的問題很有幫助，但對於新飛機的設計，作用很小。飛機設計工程師們必需從航空公司直接得到知識，如果要想航空公司的經驗充分發生効能的話。

Douglas 飛機製造廠曾將上述這些建議付諸實行，在設計 DC-9 時曾派人到各航空公司作維護及使用廣泛的考察，並在初步設計時約請各航空公司代表開會徵詢意見。Douglas 廠將 DC-9，DC-3 及 DC-6 作了一個複雜的比較，希望明瞭各系統如何可以簡單化。

構　成　一　體

將複雜的系統各部份設法"構成一體"（"Package"），確是達到簡單化的一種方法，一個複雜系統之各部裝在一個共同的板上構成一體可以很快的更換。當故障發生時，整體可以很快的從新更換經過試驗良好的新件。有故障的整體再拆開修理不致遲緩飛機的起飛。

這種方法雖然更換方便，但無疑的其費用是增加了，因爲必需儲存整體，而不是易生故障的另件。

T W A 儲存備用的加熱整體等于需增加投資100,000美元，但是假如儲存備用加熱系統另件，則僅需增加投資25,000美元。也就是說為的更換方便需增加投資75,000美元。

多發動機運輸機的構造十分複雜，其內部需時時注意的另件及項目，何止數千。

一架四發動機運輸機每天消耗的汽油量比一個四五千人的小城用的還多。她裝用的儀表比20部柴油機車還多。她的機翼結構比許多橋樑還堅强。她裝用的無線電及各種電子器設備超過一座小廣播電臺。但是這些配備全需藏在一很小的空間。

所以構成這樣複雜的原因是飛機製造廠，航空公司及政府一致要求安全的結果，他們所尋的路線並不盡同，有時却是重覆的。

我們現在已到達一種境地，就是飛機各種系統成為首要的問題了，而不是空氣動力學及結構學。

在今天，配件及系統並不是在事先完全為飛機而設有的。一個壞的系統會把一架其他各方都完好的飛機弄糟。任何系統必需經過小心的設計，研究和試驗，正像對於結構所下的功夫一樣。

大家都了解這種嚴重的問題是存在的，上述的步驟是很有效的可以求到解答。

(上接第14頁)

M = 分子量 (Molecular weight)

因此我們希望噴射劑的溫度愈高愈好，而其分子量愈低愈好。

在用化學能的火箭噴射內，高的溫度是靠燃料燃燒及氧化而得來的，他們的燃燒產品便是噴射劑。但是這種噴射劑至少是由兩種原子合成的，因此他的分子量也便增高。比方是用的氫及氧，那麼噴射劑便是水的蒸氣，他的分子量是18。

如果用原子能供給高溫，則不必有燃燒，可採用極輕的噴射劑，像氫的分子量僅為2。

原子能與飛機　　小寧

摘譯自 1948 年 7 月 19 日 AVIATION WEEK

利用原子能推動飛機正像利用原子能做其他的功用一樣，仍然是一個工程上的問題。

近代人類對於分裂鈾原子的知識也許比對於燃燒的基本機構和超聲速的空氣動力學等知識來得更多些。

可能性很大

用原子能的飛機是可以成爲事實的，這種飛機可以直接不停的飛到地球上面任何地點而返回原防。其主要優點爲原子能飛機可以集合高度的性能及長航程於一身，因爲她所携帶的燃料量很少而且幾乎是一直的不變的。

現在的飛機，雖然有的速度很快，有的載重很大，有的航程很遠，但決無一架飛機可以同時俱備這三種條件的。

遮蔽（Shielding）放射

原子能是由原子分裂而來的，分裂的危險並不在分裂室（Reactor）的繼續工作，而是分裂時所產生的"殘質"（"Ash"）。

要防護輻射的爲害——原子在分裂時產生輻射及大量的能——我們需分成兩部來解決；即"遮蔽"及"單離"（Canning）。

遮蔽的作用是停止分裂室內的輻射。單離是對鈾塊而言的，使放射現象的微物（Radioactive fragments）不致進入分裂室的冷却系統及外部，並防止遮蔽所不及的地方。

第一架用原子能推動的飛機大概要用很重的材料作遮蔽的。

據說遮蔽是和層板的作法很相似，使結構的分子層層轉換而達到協助停止放射現象的目的。

飛機的情況

這速度特高的原子能飛機最初的大小，大概是和 B—36 差不多的。

她起飛和落地的重量是相等的，因爲在飛行中幾乎是不用燃料。

航行人員的位置距離發動機盡可能的遠離，這樣可以節省遮蔽的重量。

飛機的結構與普通的不同，因爲她所需的燃料將集中在一點，即是位於飛機重心的分裂室。普通飛機的燃料却是分散的很廣。這很像正在研究之中的高速度噴機型的飛機，油箱不是裝在機翼上的。

許多種基本型態的發動機皆可利用原子能來推動飛機。

氣　　輪 (Turbine)

用蒸氣或者水銀的閉合循環的氣輪 (Closed cycle turbine) 是可能被採用的一種熱力發動機 (Thermal power plant)。蒸氣是利用分裂室的熱能而產生的，分裂室便代替了鍋爐。

蒸氣推動氣輪，氣輪轉動螺旋槳。用過的蒸氣則經過氣冷式的凝結器 (Condenser) 凝結成水或液體水銀。又經抽送泵送至分裂室式的鍋爐加熱氣化，以推動氣輪，成為一個循環行程。很顯然的，這種飛機速度不會太快。

渦 輪 噴 射 (Turbojet)

渦輪噴射式發動機的燃燒室在這裡是被原子分裂室代替了。空氣經過空氣壓縮機之作用，壓力劇增，再導經分裂室。則空氣溫度驟增（普通是由燃燒燃料而增高溫度）。此項高溫高壓氣體經過氣輪後，以高速度自管嘴 (Nozzle) 噴出，而產生推動力，氣體經過氣輪時，即將氣輪推動，而帶動連在同一軸上之空氣壓縮機。

衝 壓 噴 射 Ramjet

在此式噴射推進中，空氣是藉飛機在空氣中進行的高速度而壓縮並進入擴散管 (Diffusser) 的，然後經過原子分裂室，溫度劇增，最後經管嘴澎漲噴出，而產生推力。

在超聲速時，衝壓噴射是很有效的。她的空氣的溫度極高，遠超過渦輪噴射空氣所需的溫度。

衝壓噴射對於空氣在分裂室內或燃燒室內所產生的壓力降落，是異常的靈敏。在將空氣加熱時必需注意到這一點，勿使壓力降落太大。因此衝壓噴射的應用並不簡單。

火　　箭 Rocket

在火箭噴射方法內，所用的噴射劑 (Propellant)，比方說是液體氫氣，由泵送至原子分裂室，使之氣化，並成為高溫度之氣體。以高速度經管嘴噴出。

原子能對火箭的應用有一個特別的優點，就是噴射劑之推力比率 (Specific impulse)，即每秒鐘內所用之每磅噴射劑所生之推力是與噴射劑的絕對溫度及其分子量的比值平方根成正比例的。這可以用下面的公式表示出來。

$$P \propto \sqrt{\frac{T}{M}}$$

P = 每秒鐘所用之每磅噴射劑所生之推力

T = 噴射劑之絕對溫度 （下接第１２頁）

原子能動力廠之冶金及經濟的問題

馬　國　鈞

原文載1948年六月號 Metal Progress

大家都知道整個原子能計劃以及其將來可預期之出路，都是以鈾(Uranium)作基礎的。這種鈾，叫做鈾235，在自然界發現之鈾原素中僅佔一百四十分之一。U235乃鈾之同素體之一，是自然界惟一可以大量發現的可分裂的物質，而爲衆所週知的原子能的基礎。U235從其同素體U234與U238中提取出來以後，便直接拿來用作原子能原料。位於田納西州橡樹嶺 (Oak Ridge, Tenn.) 之巨型原子能工廠便是一例。有時候則從廢棄之同素體 U238 中製造另一種人造原素鈽239，(Plutonium 239)，牠也是原子能的原料；例如華盛頓州，漢佛 (Hanford, Wash.) 之巨大核子反應器 (Nuclear Reactor) 等是。第三種從鉒 (Thorium)，中製造出鈾的另一種同素體 U233，這也是原子能的原料，但仍是科學上的好奇而已。所有這些同素體，U233，U235，Pu239。不論怎樣得到的，皆是可分裂的物質，可供給和平或戰爭之使用。不論我們是否願意，我們總不能把原子能和武器的觀念完全分開。萬一可能，那眞是奇蹟，但人類天性如此，不用分辯。

就原子能經濟方面來說，我們可能預言的，大概分屬兩個判然的領域，第一是動力，第二是所謂"放射性同素體"(Radioactive Isotops) 的使用。此外，還有第三種非常有趣的經濟展望，這可視爲原子學的先驅者面臨某種特殊要求從所必需的工作中而獲得的副產物。這也就是在科學界，工程界，技術界爲對付前二領域所產生的各種特殊問題時所獲得的知識。這種知識，將繼續增長而漸趨完滿之境界。

首先，討論動力的產生：

從核子反應器獲得可供利用之動力問題，又可淸楚地分爲兩方面來討論。第一，動力究竟能否得到呢？第二，如果第一問題是肯定的話，多久以後，才可能望和其他各種動力競爭呢？

第一個問題，我相信可以肯定地回答，但有一段相當長的時間因素在內。一座原子能動力廠要產生較其附屬機器所需要的更多的動力，至少在五年之內，希望甚微。甚至需要十年或十五年也說不定。我們希望從長島，布洛克海文 (Brookheaven, Long Island.) 那座正在建造中的核子反應器於1949年底前後，獲得一些動力。然而這座反應器原不是爲產生動力而設的，所以目前最樂觀的猜想是可能產生足供附屬設備所需動力之一半。此項設備乃反應器所不可缺少之一部分，如泵，鼓風機等是。

直到目前爲止，除非像普通燃料的用法一樣，將反應器中之U233，U235，或 Pu239 等原素放射出來的能量先變成熱能，沒有一個內行人有理由希望更能從旁的方法獲得動力。這是一潛令人扼腕的事。因爲熱能是能量的最低形式，熱能一變再變，譬如說，變成了電，這不曾說最初發生的能量，已經消失了四分之三。同時很顯然地爲欲達到最高的效率，其熱能必較普通動力廠者，有較高之勢位，預期大約在 1800°F 與 2700°F 之間。

大家都知道，原子能的來源連鎖反應堆，(Chain Reacting Pile) 不過是鍋爐之另一形式而已，而動力廠之其他部份將仍與目前所具者相同。通常的鍋爐，我們將熱能以蒸氣之方式送入渦輪，而產生動力。所以就原子能動力廠而言，我們必須藉重於其他極高溫的媒質；多半不是蒸氣，可能是某種惰性氣體 (Inert gas)，更可能是一種液狀的金屬，甚或我們必須在反應堆的外面加裝另一套熱能交換裝置，於是我們獲得某種能力，用以轉動普通蒸氣渦輪或某種形式之氣體渦輪 (Gas Turbine)。有許多原因，其中一部分下文將略加提及，在連鎖反應堆中產生高壓蒸氣並直接加以應用，如同普通動力廠一樣，大致是不可能的。

就說普通動力廠吧，鍋爐或其他換熱器 (Heat Exchanger) 上應用之普通鋼或合金鋼，是否能承受如此高溫呢？其答案殊足令人疑惑。但是如果再攷慮到第三項一般熱力機上所設有的要求時，則我想，此項回答，簡直變爲無條件的"否定"了。

核子反應 (Nuclear Reaction)（或者叫做分裂，(Fission)）的發生，是由於一個鈾原子中之基本質點中子 (Neutron)，放射出去，衝擊另一鈾原子，如此連續不斷而成者。假使某種東西介入其間而吸收其活躍之中子時，則其連鎖被破壞，而反應便即停止。因此，核子反應器要義之一便是：反應器內外，均不可吸收其過量之中子。鋼，乃鐵之合金，在這方面不見得適用。

所以，擺在我們面前的是一個冶金上的問題。建造一座發生動力的反應器，(Power Reactor) 似乎需要一種金屬，（與普通鋼相似或更佳），具有優異的結構應力，要能受得住更高的溫度，而不要吸收太多的中子使連鎖反應滯緩或停頓。假使可能的話，這種材料希望能廉價獲得。再者，動力廠的設計與材料，必須"可靠"。在連鎖反應堆中，輻射性 (Radioactivity) 之强，與大，遠非世人可能夢想者，其修護直不可能，人們僅能在極笨重之遮蔽 (Shield) 裝置後遙加操縱而已。

究竟要循什麼途徑去推想何種特殊材料適用，筆者尚無把握，即使有把握，也說不出其所以然來。試檢視原子週期表，人類對宇宙間諸富有元素之智識表示鈦 (Titanium) 或者可能勝任。顯然地，鈦較普通建築鋼有更佳之强度重量比率 (Strength－Weight Ratio)，似可承受很高之溫度，我們姑且假定其吸收中子係數 (Neutron－Absorption Coefficient) 亦甚低，雖然這種假定正確與否，目前尚不可知。同時，自然界之產量亦極豐富。工業上除其氧化物用作基本塗料外，尚少利用，雖然在某種特殊合金中含有極少量的鈦，可是純粹的鈦金屬尚未見觀。此與八九十年前鋁之情況龤似。如果鈦果有吾人所希望的性能的話，我們沒有理由說無法廉價大量供應的。

換言之，反應器之建造問題，似爲艱鉅而費時之工作，可是此項問題終將循冶金專家與工程師們所熟悉之途徑而獲得解決。因此，筆者在上文提出了那第三項經濟上的考慮—其他二領域內必要工作的副產物。這些大都可應用到冶金學上去。一些以前被人忽視的金屬之全部冶金學上的問題，必須解決。各種不同的冷媒（Coolants）或換熱劑（Heat Exchanger）均將重加研究，不論其爲液態或氣態原素或化合物，甚或是金屬，而研究的結果，可能是工業上用途極廣，但却與原子能沒有關係。

其次，第二個問題，便是用什麼東西來做換熱器？怎樣從反應器中取出熱能送到渦輪裡去作工呢？常用的蒸氣顯然不能採用。蒸氣在如此高溫，即產生極高壓力，也就是說輸送蒸氣的管壁必須大爲加厚，管壁之金屬用得愈多，其吸收有效中子之力量愈大，殊有防礙甚至停止連鎖反應之進行。

另外還有一種普通動力廠設計範圍內所無的要求，這便是換熱器不可將反應器內之輻射能大量帶出到動力廠的本身各部分去。倘若不幸如此，那麼，在反應器與渦輪之間可能另加上一套換熱器，庶幾輻射能不致被輾轉帶出，因此，便僅限於前述之少數惰性氣體或液體狀態之金屬可能被採用。不論採用何種東西，許多有關侵蝕，生銹，特種泵之設計，以及漏氣之防止而免混濁冷媒或動力廠周圍之空氣等問題，勢必接踵而至。同樣，這些問題與我們曾經多次解決過的問題不相上下，當然，我們可預期此等問題，將能獲完滿的解決。

此外，還有一些更嚴重的問題，例如燃料之復原（Reconaitioning）與含有輻射能的殘渣如何處置等是。總而言之，初次試行解決此種問題必將面臨無數困難。據筆者的看法，應該分成若干互相配合的小組，從各種不同的觀點出發，分途進行，然後歸納爲兩三種不同的設計，使每一種設計集中於某幾個特殊問題或設計上之特徵，進而分析其利弊得失，重加改進。初步設計中，除非我們非常幸運，要完成一座能適應各種目的而產生有用動力的核子反應器，非經無數次的逐漸改進不可。

上文所述"某些困難之點"尚待少加解釋，大部分原子能科學家的思想，均集中於高效率與高溫度的追求。可是，一部份經驗豐富的動力廠設計專家却認爲溫度盡可比前面所建議的減低，亦於動力廠之效率無大損失。倘若這種意見正確的話，那麼目前許多極傷腦筋的問題便可降爲次要的困難了。

與其他動力來源之競爭

現在，試將原子能動力廠與其他動力廠作一經濟上之比較。

差不多可以說任何動力的價格，均可由其初步設備費 (Capital Cost) 維持費 (Operating Cost) 與折舊率 (Depreciation, or Obsolacence) 三者來決定。人人都知道水力發電廠的初步設備異常鉅大，但其維持費與折舊率却微乎其微。因爲一座眞好的水力發電廠其效率大致已臻至理想，廢棄的事，幾乎可說沒有。一座蒸氣動力廠——此地所討論的是限於鍋爐本身，因爲用核子反應器產生動力時，也不過相當於一個鍋爐而已——的初步設備費較低廉，但維持費用則極昂貴，(大部分是燃料的消耗)，折舊率不小，也不大。惟因初步設備費低廉，故折舊率對於動力最終價格影響亦不甚大。

至於原子能動力價格的估計，我們不防坦白承認，所有一切決定其費用的主要因素，我們均茫然無知。非待一座眞能使用的原子能動力廠建造成功之後，其所需資本，我們是無法得到一個正確的概念的。根據目前貧乏的參孜資料來估計原子能動力的價格，在創始時期其初步投資一定會高到一種境地，即使維持費用與折舊率全部累而不計，單就投資之利息一項即將使之喪失與其他產生動力的方法競爭的資格。但是，這却無關大要，因爲，只要第一座樣品能够使用以後，成本問題將會而且一定會獲得解決的。如果歷史可作吾人之南針的話，精眞研究的發展與工程上之技巧會使之銳減的。

其次，討論原子能動力廠之維持費用問題，在剛開始的一段時期內，維持費可能很高，燃料價格亦無法預言。如果勘測鈾礦大量蘊藏的工作成功的話，我們有理由希望其維持費可以降至普通的程度。這是一個人爲的努力與時間的問題。事實上，我們已朝着這個方向努力了。創始時期人工費用 (Labor Cost) 也將很大；但經驗漸多，亦必逐漸減省。

至於折舊率，我們預料在創始時期必定很高，並且欲使其將來逐漸降至較水力發電廠更低之程度，實非合理之期望。

因爲需要笨重的遮蔽裝置，以防原子能對人體的損害，小型的原子能原動機 (Mobile Units) 似暫不可能。但在遠航程的輪船上，因遮蔽設備而增加的重量可能較減省之巨量燃料載荷爲輕，故原子能動力似可利用。我們猜想，最先成功的使用，將出現於軍艦的推動上。因爲使軍艦長期航行而不添加燃料之性能，可能較使用成本較高一事更爲重要。

至於陸上之應用，試孜慮其各種必要配備之重量與體積，一座巨型核子反應器與今日若干最大的動力廠作一動力產量之比較時，則其成本可能不致太貴。這樣一座原子能動力廠將能與其他動力來源直接競爭，更詳細點說起來，很顯然地在煤或其他燃料的價格在每噸二十元美金之地區，原子能動力必較每噸六元之地區早被採用。來日方長，瞻望來茲徒增吾人困惑而已。

諸位諒已讀過不少關於未來的原子能動力而與此文題異的文章，其中有些出自相當正確的來源，但有些則不過盲人騎瞎馬，不辨東西而已，有些則簡直像洛

28850

格 (Buck Rogar) 之作漫畫，歪曲事實，聳人听聞。據說只要一片阿司匹靈那麼大小的一塊燃料，汽車便可東奔西跑，遠航海洋的巨輪，其發動機可以盛在小提手箱內。我們有理由相信，原子能動力的使用，不適宜於汽車以及任何小型的原動機。這種理由之充分，正如我們對地心引力，物質之融解以及各種化學藥品和化合物之顏色，氣味，一樣地確信不疑。除非發明一種極輕便的防禦輻射能之遮蔽體，原子能汽車之顯斷不可能。

時間的因素

說到此地，筆者擬畧加提要申述，然後擱筆。

上文所述，問題在：第一，核子反應器究竟能否產生有效的動力？關於這一點，我想其答案是"肯定的"，然其所需之時間，則相當長——姑假定五年至十五年。

第二，如果第一個答案是肯定的話，我們對任何決定成本之主要因素所知太少，而不能武斷其是否能與目前各種動力來源競爭，但是憑目前貧乏的知識與推測能力，我們相信原子能動力廠將首先適用於動力價格並不重要，或者目前動力價格特別昂貴的地方。筆者個人的猜想是：許多許多年內，原子能動力廠決不致超出其輔助他種動力來源之地位用以供給動力需要量激增之局面。

上接第23頁

次一步驟是發展幾個空運機，試用純噴射不與活塞引擎混用的研究和試飛。第一種是 Tudor VIII，裝有四部 Nene，接着是Nene－Viking 兩。這兩架均準備在今年試飛。兩架噴射試驗無尾機——這是大的飛翼式空運機的先鋒——已經試飛過了。一個是 D.H. 108 的第三新型，裝有一部 3,500 磅推力的 Goblin IV 渦輪噴射引擎，牠是裝有四部 Ghost 橫跨大西洋每小時飛500哩的運輸機 D. H. 106 Comet 的先鋒。另外一個是裝有兩部 Nene 的 A. W. 52，這是 A. W. 55 的先鋒，牠已飛過，裝有幾種新式設備包括最新發明用吸力理論的邊界層節制 (Boundary－Layer Control)。

五 結 論

從上面看起來，關於噴射機方面，無疑地英國處在領導地位。假若美國的飛機工廠能够得到政府的支持，牠會迎頭趕上的。

噴射推進在英國 洪漢華

譯自1948年四月號航空文摘

一 歷 史

1926年，A. A. Griffith 博士在英國皇家航空研究部 (Royal Aircraft Establishment) 宣讀一篇論文，於是立下了渦輪葉子設計的翼形理論基礎，使該部在1935年左右研究軸流渦輪噴射 (Axial-flow turbojet) 的工作得到發展。

還有一個使英國渦輪噴射發展比較直接的因素，就是 Frank Whittle 君的輝煌成績。1930年他設計了一部離心壓縮式渦輪噴射發動機並請了專利，後來用到渦輪推動的飛機 Gloster E. 28/29 上，於1941年五月作了第一次飛行。1945及1946年 Gloster Meteor 飛機裝用 Rolls-Royce 廠的渦輪噴射引擎（這也是照 Whittle 氏的設計造出來的）創了世界高速飛行紀錄。

二 離心式和軸心式

因為戰前和戰時的發展，英國航空氣輪自動地分成兩種型式，每種型式又有許多分型，這兩種型式是：

（1）離心流型 (Centrifugal-flow Models)，如 Rolls-Royce 的 Nene 和 de Havilland 的 Goblin 均是。

（2）軸心流型 (Axial-flow Models)，如 Metrovick 的 Beryl 和 Armstrong Siddeley 的 Mamba（螺旋槳渦輪）。

英國最先設計成功的是 Whittle 氏的離心流型。因為 Rolls-Royce 及 de Havilland 兩廠首先集中注意力於此，以及以往許多關於離心增壓器的經驗，在同一性能之下容易而較快地造成氣輪來。後來為了大戰的關係，發展的速度甚為重要，所以這兩廠在他們的離心推進設計中就有了分歧。Rolls-Royce 依照原來 Whittle 氏的設計採用兩面的葉輪 (Two-Sided Impeller)；而 de Havilland 則選擇單面的 (Single-Sided) 葉輪因此使離心流型分了兩種分型。

每種型式的優點業經兩廠極力的研究。兩面的葉輪能够在一定的前面積 (Frontal area) 下得到較大的進入空氣，並且使引擎的總尺寸與推力的比例減小。單面的葉輪的優點似乎是所有氣輪設計家們的對象，就是：最大衝壓効果——由于直接穿過的氣流進入進氣口，然後被葉輪的特形葉轉作同一方向的推進。而且供應葉輪後面空氣的問題也沒有了。

目前英國具有兩面的離心葉輪引擎的例子有 Derwent 和 Nene；具有單面的離心葉輪的有 Goblin 及 Ghost。

多級軸心式 (The Multi-Stage Axial)——雖然關于不同的離心推進器討論

過許多，可是還有許多優點只有用多級軸流壓縮器才能達到。

這種型式有幾個特別的設計問題，一個是要避免旋葉失速（Stall）的趨勢，這問題的處理與其他型式不同。更進一步，假使油門開得太快的話，軸流式引擎容易停車而失作用。在飛行中重新發動或點火大有困難。不管怎樣，軸流式引擎可從吸氣部門供給理想的直接穿過的氣流到噴射體去。這種設計也可使引擎縮小。

從這些理由看起來，英國許多大發動機廠家或許在早年汽輪發展期中已經有了作軸流渦輪的經驗，特別是渦輪螺旋槳。1943年十一月，Metrovick 的 F2 裝在改良的 Meteor 內試飛，發出馬力甚大，後來加以改良而成 F2/4A，就是現在的所謂 Beryl。新型 Saunders—Roe 飛船戰鬥機裝有兩部 Beryl，去年夏天作第一次飛行。這本爲太平洋戰爭時設計的。Beryl 引擎每分鐘 7,700 轉，發出靜推力 3,500 磅。離心流型的轉速要高得多——如 Derwent V 差不多比軸流型要快兩倍——因爲離心流型是單級（Single Stage）壓縮，而軸流式是九級以上的壓縮，空氣壓力，級級增高。

三 渦輪噴射的展望

英國如美國、德國一樣對渦輪噴射的應用比複雜的氣輪轉動螺旋槳要早，雖然後者銷路較廣。大的廠家如 Armstrong Siddeley，Bristol，Rolls—Royce 和 Napier 等都致力於渦輪螺旋槳引擎，其大小，約從 1,000 到 4,500 相當馬力。幾星期前，Dart 和 Mamba 渦輪螺旋槳引擎作過初步試飛，裝在最適宜作試飛用的 Lancaster 轟炸機前面，算是牠的第五部動力。

英國的螺旋槳渦輪照現在的發展看來，似乎是比渦輪噴射要複雜很多。有些引擎內之壓縮器轉動和螺旋槳軸轉動是從不同的渦輪傳來的。差不多所有的這些引擎都要用殘餘的排氣化作噴射形狀而成爲一個附加的推力來源。Bristol 廠出的 Theseus 有一獨立的單級渦輪轉動螺旋槳。

燃燒室設計在英國也是種類很多的。像這種基本設計不同的例子如 de Havilland 的 Goblin，牠有 16 個燃燒室，Rolls—Royce 的 Nene 有 9 個，Napier 的 Naiad 有 5 個，然而 Metrovicker 的 Beryl 只有一個環形燃燒室。

對軸流而言，在理論上似乎環形燃燒室比許多小的要好。軸流壓縮器及大的環形燃燒室已經在皇家航空研究局研究了好幾年。Metrovicker 的 Beryl 的成功，原因在此。還有件有趣的事，美國的 Westinghouse 和德國的 BMW 兩公司雖在不同地方各自研究，可是都認爲環形燃燒室是最好的一種。

照重量而言，英國的氣輪與美國的並沒有很顯明的差異。舉例來說：5,000 磅推力的 Nene 淨重 1,630 磅，二者相比僅大於三，這只比 Allison 型 400（J33—23）稍好一點。軸流式的 Beryl，其推力爲 3,850 磅，重量爲 1,750 磅，然而

Westinghouse 的 24 C 能以 1,250 磅重發出 3,000 磅以上的推力。關于渦輪螺旋槳方面，Bristol 的 Theseus 發出 1,950 匹馬力和 500 磅噴射推力，共淨重爲 2,310 磅，這數字與奇異廠的 TG—100 B 相差不遠。

四 小型的渦輪螺旋槳

目前英國螺旋槳渦輪如 Rolls—Royce 的 Dart 和 Armstrong Siddeley 的 Mamda 是現在經過試飛的最小的兩種。二者都有 1,000 多匹的馬力和 300 磅的噴射推力。除此以外，听說還有三種更小的型式正在研究中。

一個是 250 匹馬力的引擎在 Whetstone 的國家氣輪局裡研究。牠是 Whittle 氏的設計之一，有一兩級離心壓縮器，兩級渦輪和 6 個燃燒室，總直徑約 14 吋（對於小引擎，軸流和環形燃燒室的理論優點並不可靠）。de Havilland 在造一種小型渦輪螺旋槳取名爲 H3 是爲 Deve 航空公司造的。牠可發出 500 匹相當制動馬力（ebhp）。Bristol 也有一與此馬力相當的渦輪螺旋槳，叫做 Janus。

從這些小引擎數上去（一個 250 匹馬力，二個500，二個 1,000—1,200），還有 Napier 的 Naiad，有 1,500 相當制動馬力和上面提到的 Bristol 的 Theseus，約有 2,400 相當制動馬力，改良的林肯式四引擎轟炸機上就裝有兩部 Theseus，飛了一年多 —— 也是目前渦輪螺旋槳試飛時間最長的一種。Bristol 廠另有一 3,500 匹相當制動馬力的 Proteus 渦輪螺旋槳正在製造中，是預定二三年內裝在大 Bristol 167（Brabazon Ⅰ）的第二新型"空中瑪麗皇后"飛機上的，並且要用在 Saunders—Roe SR/45 飛船上。Napier 廠還有一馬力較大的"雙Naiad"，實在情形，不知道。

另外一個大的螺旋槳渦輪是 Rolls—Royce 的 Clyde（差不多 4,000 匹相當制動馬力），尙未試飛，但在地面試車兩年多了。牠是相當的複雜，却是認爲有希望的。再比上述較大的，是 Armstrong Siddeley 的 Python，有 4,500 匹相當制動馬力，牠第一次地面試車是在 1945 年四月，並且用複雜的對轉雙螺旋槳試車了很久，約於今年裝在改良的 Lancaster 轟炸機上試飛。

最大的一種是 5,000 匹馬力多級軸流渦輪螺旋槳引擎，這是英國國家氣渦輪研究局設計出來的。有一合併軸心及離心的壓縮器，爲一兩級渦輪帶動，該渦輪又由齒輪轉動對轉的機構，以帶動螺旋槳。用齒輪轉動螺旋槳有許多困難，使得試車時間延長，不與純噴射引擎一樣。

在任何情況之下，英國有一渦輪螺旋槳的極好範圍來供選擇；自然，有些會遭淘汰。三種已經試飛過（這並不包括最先飛的 Rolls—Royce 的 Trent，牠是具有螺旋槳的而爲 Derwent 改良式），其他都在發展之中。試驗中的運輸機如 Mamba—Marathon（2引擎），Mamba—Apollo（4引擎），Dart—Viscount（4引擎），Theseus—Hermes（4引擎），Naiad—Ambassador（4引擎）都預期在1949年底以前飛行，有些在今年。

英國出了兩種用渦輪螺旋槳的新式三座教練機：Avro 的 Ahena 和 Boulfon 的 Paul Balliol。第一次所用的引擎是Rolls－Royce 的 Merlins（1,280馬力），但以後將用 Mamba 或 Dart，須在經過完全試飛之後。

在渦輪噴射方面，就動力說，種類不多。目前 Goblin III 的海面靜推力是3,300磅，牠唯一用處是裝在 Vampire 機上（皇家空軍戰鬥標準噴射機的一種）。瑞典空軍在兩三年內將要用牠作主力。除掉長程的 Vampire III（1,150哩）外，還有兩種短翼，上翹，低空攻擊機，一是 MKV，皇家空軍用的，另一種是 MKVI，瑞士空軍用的。還有兩種新型的 Vampire 是為皇家海空用的：MKXX 和 MKXXI。

Rolls－Royce 的 Derwent V 目前有3,600磅海面靜推力，僅裝在 Meteor IV 上，這是皇家空軍隊的另外一種噴射戰鬥機。Derwent V 實在是照 Nene 的設計縮小，到85％。Rolls－Royce 在1945年用牠作 Meteor 的動力，希望打破當時速度紀錄。實際上英國許多工程師都認為牠比 Nene 好，因為 Nene 除了5,000磅推力外，無其他優點，另外僅存的離心推進器是 de Haviland 的 Ghost，也有5,000磅推力，還希望牠最後能超出6,000磅。

Derwent V 所說要裝在別的飛機上，大約是權宜之計。加拿大 Avro 的 Chinook 軸流渦輪螺旋槳引擎的發展趕不上 Avro C－102運輸機。所以打算改頁後裝四部進口貨 Derwent V，這也許是飛到空中的第一架純噴射運輸機。

關于軸流型引擎：Beryl 現有3,850磅推力。英國許多新設計工作亦在進行，將增高英國最大的噴射引擎的推力，超過 Nene 和 Ghost 很多。如 Rolls－Royce 和 Metrovick 的6,000－7,000磅推力的一組，都用軸流壓縮器。事實上，主要的工廠都似乎傾心於軸流理論。

英國的工程師們已經注意軸流和離心流氣輪，極像他們以前注意氣冷和水冷式活塞引擎一般。以前這兩式引擎的首創者曾有過激烈的爭論，結果彼此都有廣大的應用。英國的情形也是一樣。歷史是會重演的，所以軸心及離心兩式對渦輪噴射引擎都會各有千秋的。

雖然目前純噴射的引擎是幾乎整個地用作快速的戰鬥機的動力，可是對於民航機非常重要的尚有長航程一項。這在1946年夏末已開始進行了，試飛的是 Nene－Lancastrian（2部 Nene，2部 Merlin），接着的是1947年初的 Ghost－Lancastrian。

這些飛機對强大有力的噴射引擎說來雖然與理想的相差太遠，但是可從這裡得到許多有價值的飛行紀錄，而且許多乘客（大半是不同的飛行研究團體）證實裝噴射引擎的運輸機有快的，無震動的飛行効果。

下接第19頁

簡　訊

1. 美國 NACA Langley 航空試驗室，建造一座四呎見方的超聲速風洞並在進行校準試驗 (Calibration Test)，這是當今風速最高及同型中最大的一所風洞，其馬氏數 (Mach No.) 已經達到 2.2。附設有空氣乾燥及冷却設備，可以使空氣由華氏表 250 度降至 100 度，這座風洞在明年春季可以開始正式研究工作。

2. 美國北美飛機製造廠的 F−86A 機最近裝置機身俯衝閘 (Fuselage Dive Brake) 並經試飛證明此種設備非常滿意而且是最有效的一種。掠後翼的 F−86A 戰鬪機在陡峻俯衝時如利用該閘，可將風速減至 360 mph，該機在第一架試飛時不用閘，在同樣情况下可達到聲速。

3. 美國空軍最近設製一種 JB−2 嗡聲炸彈 (Buzz Bomb) 的遠距離操縱 (Remote Control) 機構，JB−2 是德國的 V−2 改良型脈式噴射飛彈 (Pulsejet Missile)，可以由一母機 (Mother Plane) 或地面站於遠距離控制，高達 150 哩。

4. 美國空軍正在考慮 Douglas 公司的六十種不同設計的 X−3 超聲速研究機，其馬氏數為 3.0，可能達到廿萬或卅萬英尺高度，機身形狀由 Blunt-Nosed 至彈頭形各種皆有，發動機有衝壓噴射 (Ramjet) 脈式噴射或渦輪噴射的單獨式或複合式。

5. Convair 公司的 B−36 六引擎長距離轟炸機由推進式的螺旋槳改裝拖引式的螺旋槳的計劃，業經美國空軍否決，因為美軍高級將領對於此種戰略巨型機並不熱心，据聞如經前項更改其速度可增加 100 mph。

6. Douglas C−124 機可以載乘全副武裝士兵 222 人，如作救護用可載輕傷者 123 人，重傷者 45 人及看護 15 人，如載貨可達 50,000 磅航程 2500 哩，坦克車，挖路機等均可裝運。

7. Boeing 公司的長航程渦輪螺旋槳 (Turboprop) 轟炸機設計，已為美空軍選用，此次共有十三家公司競爭，結果十二家落選。Boeing 的轟炸機擬裝置四隻渦輪螺旋槳，其航程與載重均超過該公司現有的六隻噴射引擎的 XB−47 機。XB−47 機生產計劃仍照常進行，不受新機的影響。

8. 英國的 Bristol Theseus 渦輪螺旋槳機已完成 500 小時試飛試驗，該機計有兩種型式：即 Theseus XI 與 Theseus 21，前者馬力為 2180，燃料消耗率每小時 129 加侖，後者馬力 1950，燃料消耗率每小時 96.5 加侖。

9. 美空軍直升機 (Helicopter) Piasecki XH−16 之外形與載重比美海軍現有的 HRP−1 機的約大一倍，前者轉動翼之直徑為 80 呎酬載 (Pay Load) 6000 磅。

28857

徵稿簡章

(一) 本刊內容廣泛，凡有關工程之文稿，一概歡迎（讀者對象爲高中以上程度）。

(二) 來稿請橫寫，如有譯名，請加註原名。

(三) 來稿請繕寫清楚，加標點，並請註明眞實姓名及通訊地址。

(四) 如係譯稿，請詳細註明原文出處，最好附寄原文。

(五) 編輯人對來稿有刪改權，不願刪改者，請預先聲明。

(六) 本刊非營業性質，純以溝通學術相互研討爲目的，自第七期起，稿費取消。

(七) 已經在本刊發表的文章，歡迎全國各大雜誌報章轉載，轉載時不須任何手續，只望註明原文出處與作者姓名。

(八) 來稿非經在稿端特別聲明，槪不退還。

(九) 來稿請寄臺灣臺中66號信箱 范鴻志收。

◎新工程出版社◎

（非賣品）

總編輯：陶家澂　發行人：范鴻志

印刷者：臺成工廠

通信處：臺灣臺中市66號信箱

新工程月刊廣告價目表

地位	單位	每月廣告費
底封面	全頁	臺幣 10,000元
封面裏頁	全頁	7,000元
正文前後	全頁	5,000元
正文內	全頁	3,000元

新建築

28859

新建築 第七期 戰時刊 （五月廿日出版）

編輯顧問　林克明　胡德元
編輯人　鄭祖良　黎倫傑
發行者　中國新建築社
通信處　廣州惠愛路將軍東路
　　　　廣德路二十三號四樓轉
定　價　零售國幣七分
國內各大書局均有代售

7 戰時刊

致讀者（代復刊詞）

1936年在「新建築」創刊時曾要求：建築要受軍事的處理和提倡普遍的民衆防空建築。自七七蘆溝橋事變以後，上海，南京，相繼失陷，敵人打擊我文化界，致領導中國科學化運動和專門研究技術刊物相繼停刊。其中以提倡新建築運動爲主旨的「新建築」也受同樣的厄運。這種顯示着我國學術界脆弱的危機，是比敵人的大炮還可怕呵！

要準備長期抗戰，就不能使科學和技術的研究中斷，歐洲大戰時，德國的威廉科學研究所，還照常工作，在法國的戰壕上還有演着數學習題的士兵。集中一切人材貢獻給國家，繼續我們的新建築運動，爲了經濟上的關係，與適應目前的抗戰環境「新建築」改發行戰時特刊，望讀者原諒！

1.5.19.38編者

國際新建築會議十週年紀念感言

Congris International D' Architecture Moderne Au Chateau De La Ssarra Gonton de Uaud, Suisse' 1928—1938

林克明

新建築思潮興起於 Wien 的 Secession 運動，卽於1897年博覽會後，始決定造型藝術之大革命，提倡 Secession 最力而關係最深者爲 Otto Wagner 氏，一般青年齊集於 W 氏之下而完成其主義，繼 W 氏之後爲新建築之鼻祖而反對舊式建築之最力者爲 Hoffmann氏。

浪漫的個人主義思想經倡導以後，一致主張材料的正用，構造的眞實表現，於是產生所謂構造派，如 Behens, Berlage, Josef olbrich, Adelf Loos, Hans Poelzig, Vander Uelde, Perret, Kotere and his Fupil Cocar 等羣均致力構造的新樣式的創造。他們認爲建築的新表現之必然性，應適合

我們共同的信念：

反抗因襲的建築樣式，創造適合於機能性，目的性的新建築！

本期要目：

無先例的構造之形式，建築藝術的價值並非追求美麗裝飾的樣式，在實際上係需要構造的實在性與適合目的性者始認爲有建築藝術的價值。

新建築的鼻祖 Otto wagner 氏在計劃時的神態

他們的主張和態度，及其本身的地位是極有影響於建築的直接背景的。可是當時還沒有「樣式」的成功者，及至歐戰以後，促成種種的失敗，加重經濟的需要，此時益見構造對建築是不可分離的。

但當歐戰時期，荷蘭是一個中立的國家，它和其他國家一樣先後發生政治的革命，此時藝術繪畫家盛倡所謂表現主義，而影響於建築的構成，反對建築的抄襲主義採用幾何式，色彩和直線，此種思潮大抵由 Dudok and Rietveid 影響，他們的工作做成了新華貴及前代裝飾的基礎，表示直線及幾何式平面的價值，空間及比例的新意義。其後由歐戰慘痛的結果，引起自然主義的傾向，其目的在求自然的解放，以完全發揮其個人自由思想爲前題，而構成另有深刻的意味的建築。

歐戰後十年間(1918—1928)，鑒於大戰後的疲弊狀態，從新奠定建築與科學及新生活的基礎，進而達於單純化的時期由 Le'Corbusier 氏所影響，新建築的表現是基于科學的實施和機能底忠實的分析。這種思潮是以法蘭西爲中心經1925年巴黎工業藝術博覽會後，新建築正蓬蓬勃勃的，以最快的速度向前邁進。但此時國際對於建築的意見仍未統一，故於 1928 年6月遂有國際新建築會議的舉行，其議決要案播傳于歐洲大陸，而國際新建築的重心從此奠定。

新建築的權威 LeCorbusier 氏

時間過得眞快，國際新建築會議到現在轉瞬間又過了十週年了。歐洲新建築的成果當然獲得長足的進步，而且還創立了不少新的紀錄，如意大利由 Leonardo Lusanna 氏計劃的停車場，Pagano 氏計劃的美術院 Le Corbusier 氏計劃的蘇維埃中央議事場及蘇維埃之宮(Le Palais Du Centrosoyus,Moscou) 巴黎的安息區(La Cite de refuge,Pairs) Aiger 三百住戶的新公寓，John Burnet Vait & Iosue 的倫敦國立醫院等。如此種種合理的機能性的新科學建築實在不勝舉述因此，新建築今後的發展與進步實在是未可限量的。

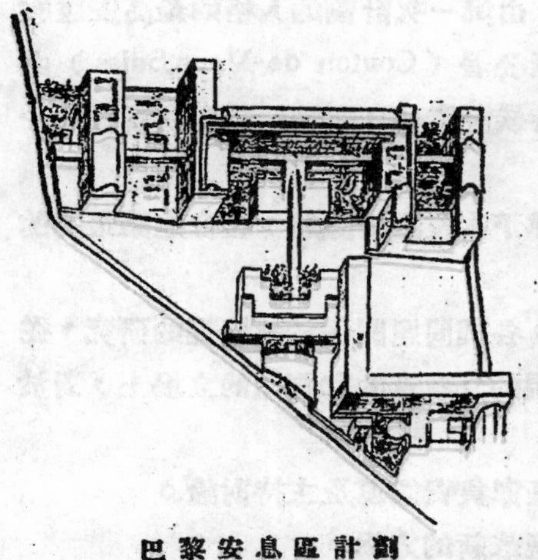

巴黎安息區計劃

我現在把1928的國際新建築會議的經過及其宣言譯成本文，介紹給我國的青年建築家們。雖然這是過去的史實，但是它底影響的重大，在十週年的回顧，我們認定今日新建築的美滿成果之獲得，是由這次會議所賜與的。並且盼望我們從事于新建築運動的同志們和政府當局對于新建築在國際的情况，更能獲得一個比較正確的認識，這不特是作者的願望，亦是我國文化前途的曙光。

一九二八年·六月·

國際新建築會議舉行於瑞士 Conton de Uaud 城沙拉斯公署。

「此次爲第一次國際會議，其目的在組織實施的普通章則，有從舊式建築的末路解放出來的對象並把它提高到社會的及經濟的真實的中心，此會議應由領袖們的精神指定其討論問題的範圍的綱要，至其細則則由最近建築的新會議完成之，此次會議以組織彙集章則的綱要爲其使命。」

此次會議的綱要章則解釋如次：本會議有把建築提高到實在的計劃的使命，即社會的計劃及經濟的計劃。

「大部份世界共同的意見集中於新建築的因素。在世界各國雖有特性的表現，而其表現尙非一時的時髦的動態：新建築由於一種精神活躍着，和機械的進化同時幷進，藉以此進化推動整个社會，幷把我們強迫到創作的信念，新建築存在於一切的基礎當中——一種新的均衡的狀態。

「然其因果應從一種情况之下區別之，大部份建築業務的集團和大部份的指導者，在本份上應有領導都市或國家的責任，而他們還要立於真實問題之外，緊於舊習慣的思想，他們祗以一種不能收效果的響導，並常以反對論斷定其應達之目的，這種混亂的思想還是流行着呵！

「建築問題在今日，係基於社會的均衡。它將來是很危險的由於舊習慣舊法規隱蔽，所以我們的責任應令社會認識新建築的知識。

倫敦國立醫院的外觀

28863

『解答國際意見的一個問題，建築界的領袖們，由第一次計劃的人格的最高愛護所驅使，曾召集各國多數著名的建築師們會議於沙拉斯公署（Conton de Vaun,Suiss）由Mme De mandrot 盛意的欵待，工作正緊張實現的時候証實他日保管的課題與責任的一種認識。

『沙拉斯會議在三天內的工作中，一致主張演述下次會議的課題，組合建築最高的要素，社會與經濟的組織與事業。

『各種問題均能確認各國專家的因遇而解答之，各種問題關係於新情況的研究，從現代新藝術所倡導，在工作的，純理學的，市政法規的。教育的和國家的立場上，對於各問題均有聯系的研究。』

六個問題爲一組均列於實用上的討論，由一建築家負責領導及主持討論。

會議工作完成後，發表修正的總章則和關於建築革新的方案。

議程：

六月廿六日九時：問題一現代藝術的建築的結果。

廿六日十五時　問題二標準化論。

六月廿七日九時　問題三普通經濟問題。

廿七日十五時　問題四都市計劃。

六月廿八日九時　問題五小學校的對于家庭教育。

廿八日十五時　問題六建築與國家之關係。

此次會議聯合十二國派來的新建築家四十八，各提案均從全體觀察，及各國立場加以討論。此次會議深感 Mme mandrot 之愛助及忍耐，故得完滿的議決，在預備聯會中，引起很多題外的重要問題。又在此四日雄辯當中，各建築家雖屬各有所見，然於友誼上極爲融洽，當時集高級長官及名流學者於一堂，並由 K'moser教授任議長到會列席者有國際勞工會主任 M.Aibert Thomas 該會主席 M.Arthur Fomtaive 捷克外交部長 M. Benes M. Lucien Romier 比利時公使M. Van de Ueld,巴黎捷克公使OSusky及Franfort市長Land mann及其他各流等。

提案討論終結後，出席會議者發表宣言如下：

署名的建築師們，現代建築師們國際團的代表者，共同認許其統一的意見，對於建築的基本觀念，及其對於業務上的責任。

我們要特殊注意於事實，『構造』係人類的一種初步活動性，此活動性有密切聯繫於進化及人類生命的進展。建築師們的天職應與其時代的趨向相符。其作品應表揚其時間的精神，所以我們鄭重的明確的反對，在我們作法中應採用任何能活躍過去的社會的則原；在反面說：我們承認建築的新觀念的需要，滿足現在生命的物質的智力的精神的需要，由機械主義良心的根本改革達到社會的組織，我們今後認識秩序的革新與社會生命的革新，是不可幸免的聯系於建築的實現的相關改革。本聯會的明確目的，在求實行對於現在的要素的和充性(及統一性)并把再建築放在眞實的計劃去，即社會的計劃及經濟的計劃，并同時打倒禁固的無意義的過去方式的古典式保守者。

共同努力於這種信條之下，我們宣告一致聯合，并務求在精神上物質上的互相呼應，在國際計劃上樹立光明的基礎。

新建築的初次正式會議之一頁，其意義震動於全世界，具有不可辯論的肯定的新傾向之存在性。倘若或有人懷疑，致意外的事件發生時，則此會議中之一幕已足令其信服而愉快矣。國聯會會員 Genive,M Uago氏（建築師團代表之一)曾致書於沙拉斯國會，Uago氏承認完全忠誠的信仰新建築，並請其分送他們的議決方案，俾能汲取一種重要力量，高揚新建築的旗旆！且同時一位國聯會會員 M Fleg nheimer 通電主張這個問題。議會已電復兩氏畧謂討論方案已純一的保留于現在的建築師們了。

我國向來文化落後，一切學術談不到獲取國際地位，建築專門人才向無切實聯合，即過去的十年間建築事業畧算全盛時代，然亦祗有各個向私人業務發展，盲目的苟且的祗知迎合當事人的心理，政府當局的心理，相因成習，改進殊少，提倡新建築運動的人寥寥無幾，所以新建築的曙光，自國際新建築會議後已成一日千里，幾遍於全世界，而我國仍無相繼响應，以至國際新建築的趨勢適應于近代工商業所需的建築方式，亦幾無人過問，其影響于學術前途實在是很重大的。更以近年政府極力提倡中國建築，據首都計劃所發表：「中央政治區市行政區的衙署，有新商業區的商店，有新住宅區的住宅，其他公共場所，如圖書館，博物館演講堂等要以採用中國固有的形式爲最宜，而衙署及公共建築尤當盡量採用，所以採用此種形式之故其中最大理由如下：

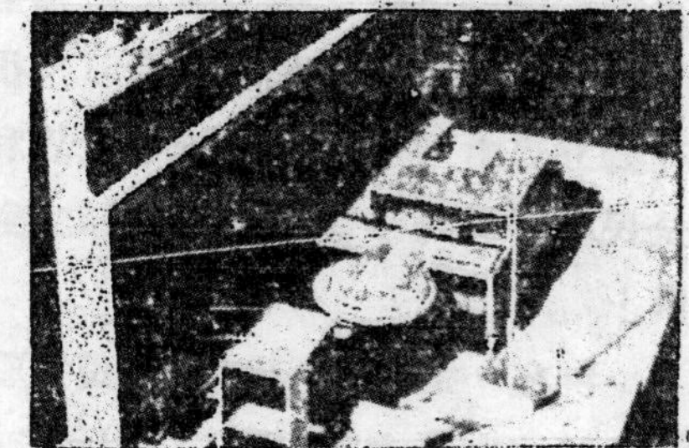

巴黎安息區計劃的一部

(一)所以發揚光大本國固有之文化。

(二)顏色之配用最爲悅目。

(三)光線空氣最爲充足。

(四)具有伸縮之作用利於分期建造。

查以上所舉理由，稍加思度已知其無一合理者，且離開社會計劃與經濟計劃甚遠，適足以做成「時代之落伍者」而已。

自去年蘆溝橋事變發生以來，暴日向我無止境的侵畧，我國全面抗戰，因舉國民衆同仇敵愾，軍民合作努力支撑，現在已到了抗戰的第二階段，秉以擁護領袖，通力合作，節節勝利，實在不難把日寇驅出中國，是以復興民族的願望，實指日可待的，在戰時建設，除國防及交通工程以外，其他當然暫告停頓，此次各大都市受日寇的濫施轟炸者，舉目皆是，戰後創痛之餘，經濟與社會當必有一番變化，工業藝術亦應同時改進則對于建築亦必有一番新景象，希望我們青年的建築師們，以十二分的熱誠愛護適合時代需要底機能性的目的性的新建築，努力前進，領導社會人士，務使中國的新建築提高到國際建築的水平線上，共同信念1928年的國際新建築會議的宣言，則我國學術定有着很光明的前途呵！

參考文獻：L'Archltectue Vivaute

Deuxieme Serie

首都計劃

1938,5,10,

現代建築計劃的防空處理

鄭祖良

世界各國無日不在擴整軍備去準備戰爭，固然一方面是由於法西斯強盜底侵畧者要不惜破壞世界和平而燃放着戰爭的火把企圖掩飾其掠奪底無恥的行徑，使整個世界都在大戰快要爆發底氣氛之中度活。然而我們爲着維護世界和平，爲着尊重人類的正義，爲着求集體的安全，爲着我們整個民族的生存獨立自由解放，我們是萬二分應該從事抗戰，大規模的抗戰，給侵畧者以強有力的打擊，務要粉碎侵畧者要底白天的迷夢！

戰爭！戰爭！我們在今日是很須要爾，我們爲着與侵畧者以打擊，爲着求民族的生存獨立自由解放，爲着維護世界和平，正義，我們應該傾整個民族的一切力量，去參加全民戰爭，每一個國民都應該立刻參戰，國家的一切都應該配合戰時的需要而加以總動員！

現在，這歷史所無的全民抗戰已經開始了，爲着要達到最後的勝利，我們應該立刻傾全民的力量去對外苦撑，對內洗擦。我們更須要檢討自己的過去以圖改善而策勵將來。

從過去的教訓，我們發覺一般的建築計劃都大過忽視軍事處理(防空處理)了。自八一三滬戰發動以後，敵人在這方面的軍事曾遭遇過很嚴重的打擊，不獨受着嚴重的消耗，而且大有被驅出滬濱的可能，當時敵人在軍事上的策劃機關(海軍俱樂部)已經四週給我們的隊伍包圍着，此時敵人在戰爭上的危機是無可否認的，可是，它們底侵畧的野心在許久以前已經存在着，早已認識這個地方在軍事上底高貴的價值，而加以強健的軍事處理，當時雖經我們幾度的轟炸，炮擊，但終不能如我們所望而加以佔領，於是，這個建築物乃成爲敵人挽救重大危機，完成搶佔上海的重要據點。反之，我們覺很十分慚愧，耗費幾千萬去經營的虬江碼頭竟是給敵人登陸底良好的地方。耗費數年心血金錢去經營的市中心區的一切公共建築物，竟不能抵禦敵人的炮擊和轟炸。至於廣州，漢口和其他都市的公共建築物又何嘗事前加以防空的處理？每一個都市又有着多少是屬于耐彈和不燃性的建築？這無他，在計劃時沒有考慮適應抗戰的須要而忽畧加以軍事的處理（防空處理）而已。

從這些事實的舉出，我們已經很清楚關於現代建築計劃底軍事(防空)處理的重要性了。過去的忽視是已經變成陳蹟了，可是我們應該從這血的教訓而加以鮮明的改革，希望我們每一個建設家，建築計劃者今後對于建築計劃的防空處理加以眞實的重視。

所謂現代建築計劃的防空處理，當然不是獨求建築底外觀形樣的裝煌華麗；（歷史告訴我們：華麗而注重裝煌的建築樣式(像廬易十四的洛哥哥式，中國的宮殿式)正是一個國家，民族，朝代底衰落的象徵啊！）和傾全力於裝飾花樑，斗拱，欄干，綠瓦背，天花，地板底違反時代須要的行徑，而是在現代建築的計劃能充份滿足和適應建築底機能性和目的性的要求以外，而通過防空的處理以圖吻合于下列幾點關於對空防禦的迫切要求：

一、對於破壞炸彈(Spreng—oderBrisanzbomben)的侵徹力，爆破力具有偉大的抵抗力，與及對于炸彈的侵徹以後而在室內爆發的風壓力及破片作用所受損害底破壞程度上的減輕。

二、對于燒夷炸彈(Branbomben)的發火作用具有抵抗能力。

三、對于毒氣炸彈(Gas bomben)的作用不受透過及侵蝕。

現代建築計劃如何能滿足上列三項要求而作妥善的計劃此問題作者根據學理及參照國外實例曾加以數度的研究，所得結果如次：認爲如能依照所舉各種結構加以實施當能收獲相當滿意的效果，希望國內防空建築先進及防空專家加以指正，盼甚！「又所擬計劃因在構造上，規模上，形式上，均較一般民房爲大，故認爲極難適於一般民房所採用，（此計劃以一般較大規模的公共建築物(衙署，百貨商店，公寓，較大規模的商店)爲適合至於一般住宅的防空處理無疑亦可依照原則上參用，但本人爲應一般市民的須要當於另期提出關於「住宅的防空處理加以研究」，特註。」

A 一體式的架構　建築物須具有強固的骨幹，這是十分必要的。此等骨幹以採用鋼筋混凝土框架構造(Frame Structrue)，鋼鐵架構(Skeel Shelton Structrue)或平樓面 (Flatslab)爲理想的構造，並應依照通常計算以外特別加強各部剖面的大度。若爲鋼筋混凝土建築則于配筋法方面宜加以最妥善的考慮，以圖發揮其特殊的效能。

「解說」 此等構造方法雖被爆彈命中，甚至一部份或被破壞，但建築物之整體仍能發揮其相連性的支撐，可望免受部份的牽連或震動力的影響而致全座傾塌。

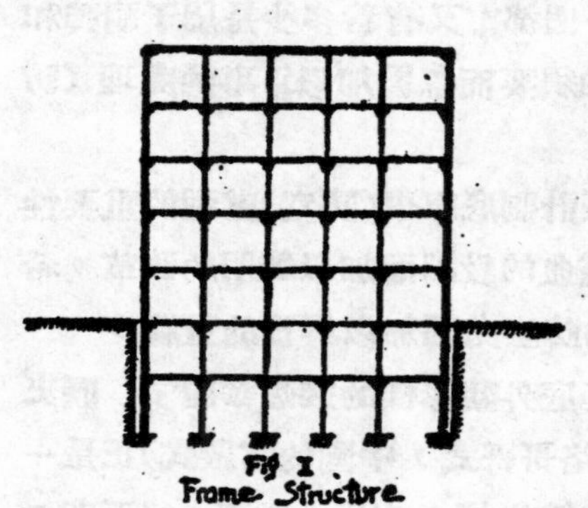

樓面的構造可依照 Hans Schossberger 氏的主張而採用阻止爆彈的侵徹法（遮彈法，請參照拙著：防空建築第九章新建築物內的防空室設計 p.38.）此法即將頂層特別加强，其餘各層亦宜畧爲加厚，以防炸彈的侵徹作用，務使炸彈在屋頂之上爆炸，此爲最妥善最理得的應付破裂炸彈的侵徹力及爆破力的對策。

B 洩氣法的牆壁構造

建築物的四週壁體及內部間牆，除近地面的一二層的外壁外，本人均不主張採用過於堅强的構造，認爲應採用堅固鋼架的玻璃壁體，目前在國內或受物質供給的限制可採用薄板釘面及較廣濶的玻璃窗戶混合構成以代之。至若爲高層建築物則其下方近地面的一二層外壁在構造上應屬例外而須特別將其加强。

「解說」 苟遇敵機投下爲巨量的延期信管的炸彈，有時雖頂蓋特別加强，但仍不能預決其無被入的可能，爲滿足炸彈被侵徹後而在建築物內部（即頂面以下一、二、三、四層）爆發時所受損害的破壞程度上的減輕，則此時四週壁體及內部間壁的構造不應過於强固，正如炸彈藏於極密閉的箱內，其爆發效力常生非常的高壓而作極驚人的破壞。故在計劃上爲圖減輕其所受風壓力的損害，免除建築物的整體所受嚴重的牽連起見則應採用洩氣法的牆壁構造以補救之（此法爲近世各國著名的防空建築家所多數主張者。）採用此法四週牆壁如在經濟能力及物質供應的許可範圍以內，最好能全部用强固的鋼架構成的玻璃壁體，內部間壁亦宜用玻璃壁構成，使其一但遭遇炸彈的爆炸所生的風壓力的打擊亦易於宣洩，而減輕其所受程度上的損害。

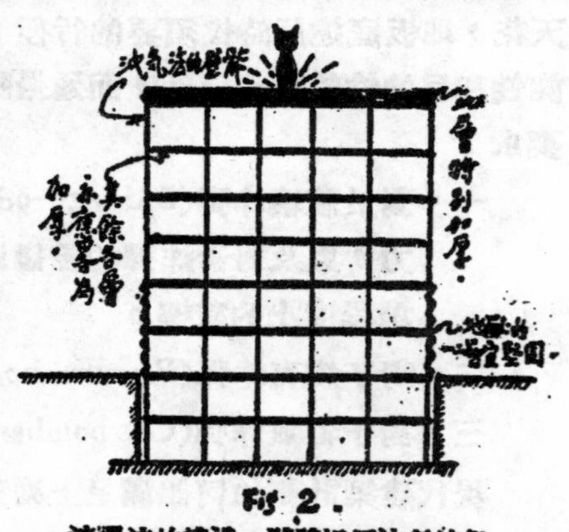

Fig 2.

遮彈法的構造。壁體採用洩氣法但下方的一二層則宜採用較强固的壁體。

又在高層建築物近地面一二層的外壁須加以堅固構造的原因，則在求充份抵禦在建築物附近墜彈爆炸時的震動力，爆炸碎片及風壓力的侵害。

C.防空避難室應盡量利用地下建築。

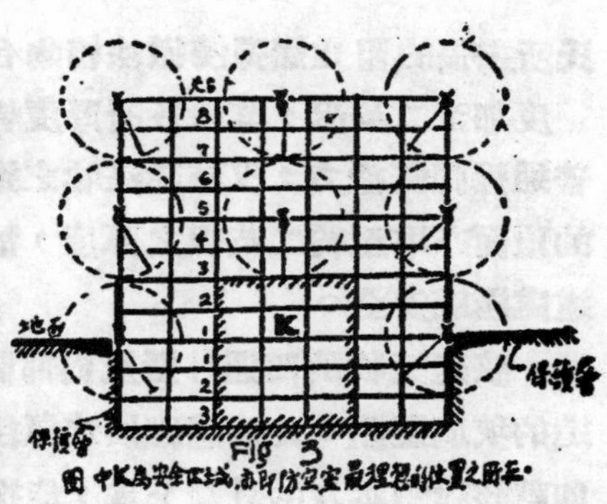

「解說」如圖所示無論通常所用的炸彈(250Kg以下的炸彈)在圖中所示部份作垂直的命中時，則K部在該建築物內實爲最安全的地帶。在構造上除如 A.B. 兩法能充份保護地庫的安全外，並爲防禦炸彈向地下的侵徹，最好能在路面及地庫的側壁，設置相當強固的鋼筋混凝土保護層，則當能減除炸彈從旁侵徹的地雷作用的危險，故防空避難室苟能依照學理妥爲設計，則居住者當能在防空及防毒兩方面均敢確信能獲得相當滿意的安全保障。(關於防空避難室的建築請參照拙著：防空建築新民書社)。

D.建築物的形狀須使目標不易爲敵機發現，毒氣難於滯留。

「解說」建築以採用通常一般使用的形狀爲佳，如屬奇形怪狀的建築不獨易爲空襲的目標，即附近重要的公共建築物即易爲敵機發現，又口、匚、L、形亦屬易爲毒氣滯留之形狀，宜加避免。

荷蘭的SCHUNCK百貨商店的外觀

E.建築物的色彩務須選擇灰暗系統的色澤，並宜與附近建築物的色彩互相調和。

「解說」建築物的色彩宜避免白色，至灰，草青等色實爲防空方面最有利的色彩。

實例： 本文所舉的實例爲荷蘭的：Schunck：百貨商店載於英國建築師學會所編雜誌 (THE Architec and Buildjng N.ws, Subtember 24,1937,)

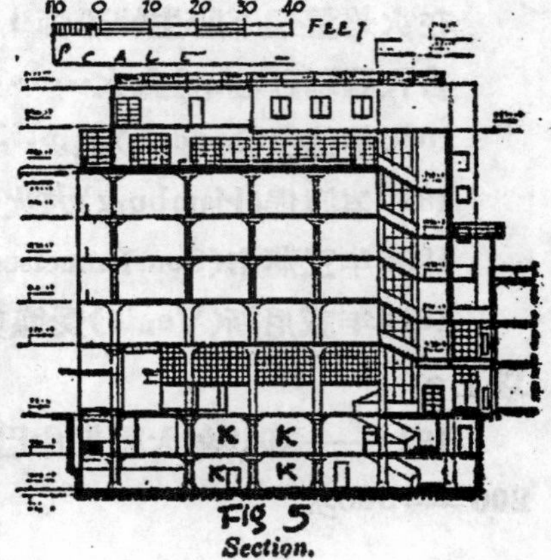

Fig 5
Section.

該建築的構造，大部份與本文所提出者相吻合，故一併登出，以作讀者諸君的參照。

該建築的構成，在形式上爲九層建築，因頂樓之上附有花園式的餐室兩層，地庫爲兩層，故主要部份實爲五層。主要部份的構造爲一體式的構造，採用Flat siab Constuuction,此種構造被近世認爲載重較強的式之最優良者，樓面構造似與 Hans Schossberger

氏所主張的阻止爆彈侵徹法相吻合，因該建築的頂面度加至二英呎，其餘各層厚度皆爲一英呎，故足耐普通爆彈侵徹力，又該建築物之進入地庫的出入口處的頂面亦增至約二英呎之厚度，故於進入防空室之孔道處極感安全。

該建築物的四週外壁及內部間隔墻均採用鋼架構造的玻璃壁體。此爲適應於洩氣法的最理想之構造。卽就該建築本身的計劃上言，能採用此廣大的玻璃構造，對於現代衛生，明亮（大陽光之充份使用）與現代感覺亦認爲新建築中不可多得的名作。

外壁採用鋼架構造的玻璃壁體

從本建築的剖面圖觀察圖中的K部份適與第三圖中的K部（安全區域）相類似，苟能在該處計劃合理的防空避難室，則對於防空上防毒上均能獲得相當滿意的安全，此爲現代建築計劃的防空處理底最好的實例。 19385.10.廣州在空襲中

論近代都市與空襲縱火

黎倫傑

在近代戰爭中利用火焰的威力，來襲擊敵人，站在戰術的觀點來看，在戰場上使用火攻的技術當然 不及重火器的運用和毒氣毒菌的襲擊， 可以獲得迅速地完成戰鬥的任務。

可是利用火焰來襲擊現代裝備不完的都市，做成都市的恐怖，將整個都市毀滅，在打擊敵人經的濟和交通的據點，是近代戰爭中所採取的戰畧的一主要部門。

在火焰襲擊下所生的恐怖，歷史上有名的大火事件，他的驚人的破壞紀錄：

古代羅馬(Rome)大火…………毀滅羅馬的主都

1666年倫頓(London)火災…………全市毀傷2 3

1842年漢堡(Hamburg)大火………延燒4日毀傷第3區全部

1906年三藩市(Son Francisco)火災……延燒2晝夜損失全市燃燒面積達12公里

1916年威尼斯(Venie)受德奧同盟飛行聯隊縱火襲，在24小時內引起大小火災45件以上。

1914——1918年大戰期中巴黎 和倫頓受德國飛行隊投燒夷 彈所引起火災的次數自200——300次

空襲縱火是特別和都市相關聯的，歷史上大火的起因，不少是偶然的失愼或地震的關係而引起瓦斯管的破裂和高壓電流的斷洩。然在今日，以裝備惡劣的都市，如受空襲的威脅，那末一切歷史上所引起大火的恐怖，將重現於今日。

理想的縱火材料——：

現代化學兵器用來做縱火用的可分：

（1）猛烈性類——：目的是用來襲擊都市的堅固建築物，使其發生強烈的燃燒，他的特質是具有較高的侵激能力，和燃點較高，能侵入不燃材料。

（3）散佈性類——：目的是襲擊劣等裝備的都市和古舊的木造都市，以引起集團的燃燒爲目的，特質是具有散佈性，能在同一時間內，引起多數的火頭燃燒。

具有縱火作用的有效化學藥品如燐和鈉，鋁熔劑（Thermit）金屬鹼（MstaLLes Natrium）等自燃液體如含燐的二硫化炭燃料油，煤膠油，賽璐珞等。

燒夷彈的種類最大的20kg

通常用爲空襲縱火用的燒夷戰是鋁熔彈（Thermit ben）主要的彈藥是鋁熔劑，鋁熔劑是粉狀的鋁和養化鐵的化合物，彈的外殼，由鋁鎂和鎂合金製成，具有點火器。由點火器將彈內的鋁鎔劑燃着導入熔解程序（SchmlfProfess）而成流出，滴下，散發，或衝出火焰的物理現象。彈殼的合金燃燒時，熱度可發至2000—3000 c，在這高溫之下卽三合土版或鐵版也在白灼赤熱的鐵滓下燒穿。如果這白灼的鋁熔劑和水接觸，卽能引起化學作用，一部分解爲能燃的毒氣，一部化爲水蒸氣，而該流質金屬，更由水蒸氣和毒氣作更遠的噴射和發出火花衝於四周，引起無數的火頭。

現代都市所受的空襲縱火的威脅——：

世界著名的都市如巴黎，倫頓，柏林，羅馬，維也納，等是由古舊的封建城堡生長起來，美洲的都市如紐約，三藩市波，士頓等是掘金者的城市，在都市計劃上毫無秩序的生長，對于空襲的縱火仍受嚴重的威脅。

從技術上的觀點來看，都市之難於防禦火災的不良狀態有以下數點：

（一）耐火材料的建築構造太少。

（二）建築的密度太大。

（三）都市內缺乏園林地，廣場，和大宗的水面。

(四)市內道路邊狹，計劃陷入混亂的狀態。

廣場和園林最好的是巴黎，採取耐火材料而建築的最完備的是紐約，但在人煙稠密的住區地，就市內全體建築物而言，依然是木造的集團構成。

德國防空協會曾有這樣的警告防禦空襲縱火：

「每爆擊機大隊有機36架， 每架能裝燒夷彈 1000枚 。(彈重每個約 250g—→5kg)，每一大隊能載3600枚。假如向都市集團的投擲，假定其投下彈只得1/10命中房屋，而又只有 1/4 能發生燃着的効果。則藉此 900 枚能點火的命中燒夷彈，發生數百火頭，致防火隊不能救滅，而僅被攻擊之都市付於一炬」。

爲了防禦和減少都市所取受縱火的恐怖和危險，德國的防空建築取締章程最令人注意的一項：

「因輕燒夷彈槃投向屋宇爲目的，故所具有燃燒危險性的廢物， 不宜儲于屋頂，最好一律摒除」。

空襲縱火對於我國大都市的危機——我國大都市，以裝備的落後，可燃的房屋幾占80%以上，自七七事變以來，重要的都市無日不受敵機的威脅，防空處雖極力引導市民跑入科學的防空途徑，但市民對於空襲縱火的利害仍然忽視，對於掃蕩一切足以引起燃燒的雜物，棚架木架等處理，仍然未做。

佔着支撑戰局的幾個主要都市如武漢，廣州，南昌，長沙，重慶等地，相反地更有「防空」竹棚的出現，無疑的利用鋼網，來作減低轟炸彈的効能，或應用鋼條代替木條足以減低燃燒性的効果。但如用竹棚來防空適足以給空襲縱火以有利的環境。很易引起都市自身的毀滅。

一切棚架和屋頂上的引火物質都是敵人投擲燒夷彈的目標。

我們更考慮當一個「防空」竹棚受空襲縱火而燃燒的遺害，他不獨自已的本身要受火焰的襲擊，環繞四周的屋宇，首受尚未燃盡的竹頭等侵害，引起無數火頭，而燒燃這是都市防火的重大的危機啊！

假如都市內的「防空」竹棚生長至某一程度時，這棚將廣成一能燃的火網，一受敵人的空襲縱火，那歷史上有名的大火災將重見於今日的大都市了。

危險當前，我們不應埋頭伏腦，須舉目四顧，我們要有忍受攻擊的意志，對於空襲的防禦要加以科學的處理，那未立即掃蕩屋頂上一切足以引起燒燃的物質和慎重考慮「防空」竹棚的利害，是謀抵禦空襲縱火，保護都市的活動的有効處理。 1.5.1938.

「防空」棚與燃燒彈的防禦

榮 枝

——廣州防空底一個現實的嚴重的問題之探討——

『將來的空襲，大有放棄使用破壞彈而代以燃燒彈和毒氣彈爲主體的趨勢。大抵飛行機對於後者的搭載量比較前者爲多，故所收效果當較破壞彈的威力尤爲廣大而慘酷也。』法蘭西，保節中校。

近數年來，各國的防空專家對於燃燒彈和毒氣彈的防禦問題都在埋頭研究；加緊訓練，差不多已經確認是防空學術部門底重要的課題了。

事實上，當敵機空襲時，他們一定不是單獨地祇投下些爆炸彈便認爲滿足的。並且還要投下燃燒彈，企圖使燒夷的威力強大，致火災的禍害遍佈於整個都市及附近的地方。並且又爲妨害消防隊的活動起見，他們還要投下毒氣彈，使市民所受的禍害更加慘烈，而達到擾亂交戰國的後方都市的最終目的。最近徐州被敵機縱火狂炸就是明顯的例證。

看！敵機月前對本市的空襲，他們投下的就是破壞彈和燃燒彈的併用，並且被命中的適巧是容納數百工友工作的大利車衣工廠，遂致傷斃工友達三百餘人，造成本市空襲以來受害最高的紀錄，成爲驚動一時的最慘痛事件。我們試一研究，當知此次傷斃人命如是之多的主要原因，是由於：

（一）因敵機所命中者適爲密集工作人數的工廠。

（二）工廠本身爲古舊大屋，對於破壞彈的抵抗毫無能力，一旦遭彈命中，卽行倒塌，致令在廠工作的工友無從逃避。

（三）該廠的建築構造材料多爲可燃性者，缺乏抵抗燃燒彈的燃燒及擴大的能力，致令引起火災。

（四）數月來敵機多向本省各交通線施行破壞，雖過市郊亦屬過境性質，故市民往往對敵機空襲存有忽視（輕視）之心，雖發出緊急警報及敵機已入市空亦不理會，故一旦遭受敵機投彈，當然是一件極出人意料之事，故該廠傷死之慘實非偶然之事。

由於這一事件之發生，一般市民都把它作爲談話的資料，並且許多都承認對於燃燒彈的防禦是一件很急切須要的問題，尤其是在缺乏耐火建築而街道密集房屋相連的廣州。假如一旦遭受敵人更慘酷的空襲，則引起火災及更大的破壞都是極有可能的，所以不能不加以嚴重的注意。

數月以來，由於防空當局的努力宣傳，及市民直接感受敵機空襲的威脅，故一般市民苟在能力的許可，是很願意協助當局對防空方面的建設的。最近本市許多規模較爲宏大的商店，如城內的商務印書館，哥崙布餐室與及漿欄路一帶的舖戶，都在天台之上建設了所謂「防空」棚的構築，由於這一事實的表現，我們知道一般市民對於空襲的防護是已經感覺到很迫切的須要，而且很努力於對空防禦方面的建設了。因此我們感覺到萬二分的快慰，然而，不幸得很，此等一「防空」棚一的構築，經過我們一翻研究以後，知道它不獨不如一般市民所願望的去發揮它對空襲的防禦的效能。並且大有危害整個都市的安全，而遭受更嚴重更慘酷更廣大的損失。

現在請先將此等「防空」棚的構築大概作一介紹罷！就目前已經構築完竣的去觀察，所用的材料多爲較粗大的竹桿和幼小的杉桿，成方格子形或棖楔形的結合，格子的面積約英尺八吋至壹尺丁方，其四周及中間各部均用較粗大的杉以作支柱，從外觀看去，和普通人家天面所蓋的夜香花棚極爲類似，所區別者不過在規模上較爲宏偉；格子形的竹籬的層數比較增加（普通多爲二三層）而且所用的材料與構造都較花棚爲粗大而堅固而已，從構造上觀察，因其構造容易所用材料的價值低廉，故建設費用自然並不昂貴，正因爲如此，目前本市各商店戶大有相繼倣效建築的趨勢，假如這種「防空」棚在對空防禦方面是有相當價值的話，那當然是一件值得獎勵和提倡的事情，然而據本人研究所得，確信此等「防空」棚在防空建築的學理上簡直是毫無根據，它祗是一種空想家底不合理的幻想的表現，它對於爆彈的侵徹力是不能防禦的，它在構造方面往往會引起影响建築物本身的安全的，它的劣點尤其是在對燃燒彈的防禦作更明顯的表現，而且往往因蓋搭所謂「防空」棚之故而引起嚴重的火災，致令整個都市受其危害，因此，關於這個問題不能不急速地提出作公開的研究，引起當局的注意，假如大家都確認此種「防空」棚對防空會發生反作用的話，那麼應該立刻下令拆除，免致本市容易引起火災，直接受其危害。

28874

正面圖
鄭官裕作

正面圖
莫汝達作

戰時後方傷兵醫院計劃

廣東省立勷勤大學工學院建築工程學系三年級建築圖案設計成績

設計指導：胡德元教授

透視圖　　連錫湊作

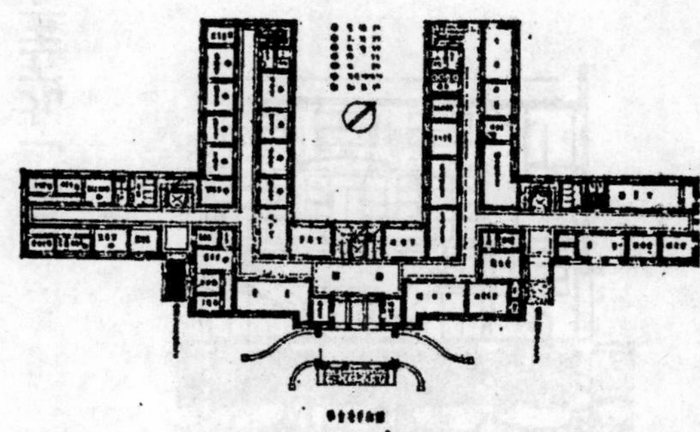

平面及透視圖陳楨祥作

28875

游泳塲計劃　建築家：Jones And Mcwilliams作

新建築戰時刊

世界建築名作

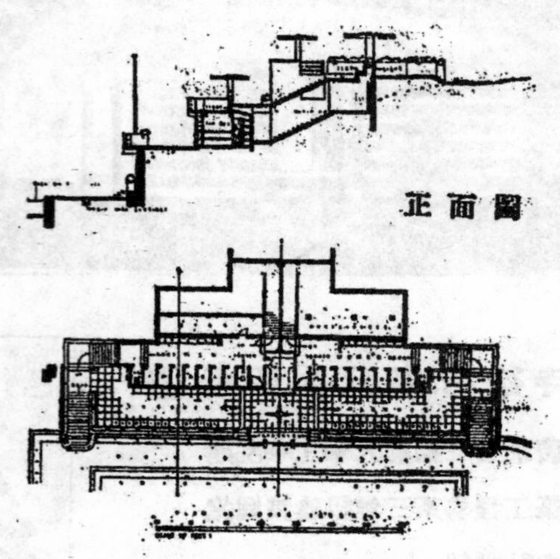

正面圖

剖面圖

側面透視

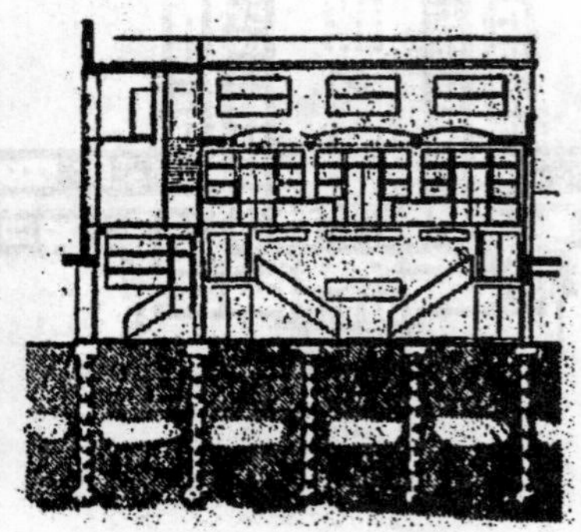

巴黎航空研究所計劃　建築家：Gaorges Heuneguin作　剖面圖

新建築 第八期 戰時刊 （六月廿日出版）

編輯顧問 林克明 胡德元
編輯人 鄭祖良 黎倫傑
發行者 中國新建築社
通信處 廣州惠愛路將軍東路
廣德路二十三號四樓轉
定價 零售國幣七分
國內各大書局均有代售

我們要有忍受任何空襲打擊的意志

近代戰爭對于空襲的施行，除破壞敵方重要軍事設施及公共機關外，並圖利用空襲的威力以打擊敵國民衆的戰鬥情緒及勝利的信念。苟敵機空襲都市時，市民每因受害之慘烈而存極端恐怖心理，而趨於混亂狀態，此時無形中便陷入敵人戰術之中，如此，敵機雖未擲炸彈，而空襲之目的亦已完成大半。故戈林將軍嘗言：「在戰爭爆發後，苟受敵機攻擊略受禍害而國民即爲恐怖心理所襲，則實較敵人的炸彈尤爲可怕，因事實上所表現於「精神戰鬥」者可謂完全陷於失敗地位，故爲支持戰局達到最後的勝利階段，每一國民都要加强戰鬥的情緒，每一國民都要養成能够忍受任何空襲打擊的意志，遇敵機空襲市民都應泰然自若毫無恐怖的心理表現，如是不特裨益於都市的防衛，其威力且足以沮喪敵國的士氣。」

如何才能使每一市民都能够養成能够忍受任何空襲打擊的意志？能夠遇敵機來襲以泰然自若的態度出之，毫無恐怖的心理表現？我們認定解答此等問題的唯一辦法，祇有充實防空設施而已。關於積極防空方面，軍事當局當有整個計劃以謀應付。至消極防空方面祇有信賴「防空建築」以保市民的安全，而減少損害，雖遇空襲亦能增强市民鎮靜的心理。

希望市當局，防空負責機關從速增强整頓本市的防護設施，每一防空室，防空壕都應該聘請防空建築專家作合理的計劃

我們共同的信念：

反抗因襲的建築樣式，創造適合於機能性，目的性的新建築！

本期要目

，否則，雖築有防空室亦不敢進入避難不獨浪費金錢，且於防空的效果影响殊大，我們更不應該因一二不合理的防空壕的失敗，而對於防空建築在防空上的效用加以懷疑，我們應該用研究的態度去從事補救。

信賴防空建築(合理的)，是培養國民戰鬥情緒，增强必勝信念，打擊恐怖心理的唯一對策，因爲在空襲下獲得安全的掩護，減少市民的受害及損失，才能够個個鎮靜應付，才能够養成能夠忍受任何空襲打擊的意志。

恐怖心理在「精神戰鬥」中實較敵機投下的炸彈尤爲可怕啊！希望當局從速加强及整頓市內的防護設施，立刻建築多數合法的防空室，馬上掃蕩危害都市底不合理的防空棚。

六月、五日、一九三八、 編者

現代建築的特性與建築工學

——摘者：現代建築第二章的一節——鄭祖良 黎倫傑

因爲新式工業技術的進步，使玻璃，鐵及三合土等經濟的，合目的性的構築，給與複雜的適用及關於技術上的解决。從現代建築之特質而言，以工業生產的大量架構爲其特徵，說到建築物(不論是工場或橋樑…)均已不見前時代之特質及課題。至從各種經濟機構出發，要求解决建築上之問題與處理法，現代的建築觀亦以此種規定爲發展的條件。因之建築外面的形式問題，遂成爲最先的要求條件，而此等之要求，亦爲建築上目的之相對條件。(他如怎樣去適應？怎樣去處理？也是建築底重要條件。)因此而生的現代建築之特性，從此等之要求，材料與技術二者，結果取了一定之方向而形成了現代建築之「型」及「樣式」。

關於此點，在優秀的建築學者Adolf Behne 氏所著之現代的目的建築一書曾有如下的叙述：「最初之「家」是工作的用具(Werkgeug)，同樣的亦是遊戲之具(Spielzeug)此兩極間是否持續平衡實難斷言。」

在歷史的過程此種平衡實甚稀少，SPiel之本能持有形態創作的意味，此種本能對於工作的對像「家」是有着良好的外觀，雖然有一定之形成，但不能成功爲理解的意圖，即假定適應變化之法即是 Spiel 的本能。」

此種言「形的建築」是 Spiel 之本能的論調正如「目的建築」是爲工作而產生一樣，在時代上有着偏頗的作用，所以在過去一世紀之歐洲建築史上重形態而輕目的；在現世紀突然地偏重「目的的建築」是即以工作爲對像而產生者。

審美或是時時起革命的，九十年間對於蛇足的形態曾作義務的讚美，藝術以裝飾爲能事，但不久便回轉到清朗，簡素，明快之美一合目的性之美——過剩之物被強調美化之時，情感最初是被反抗着，但此爲追及機能的理論。Jugendstii（適用於1910年前後的新建築之總稱）的解釋，我們暫且不論，今日我們對于根本問題之樂觀距離還遠着，因Jugendtii可謂爲形態重視的緩和者，初期的Van de Veld及A.Endei.與J.olbrich之傑作，其嚴格性，潛力，工學的機能之緊張表現，實不可輕於看過，所謂解釋，實際上根本地被發改了，誰向建築的形態去冒險，對於目的之實現，以了解較好建築之保証，以前目的同樣是作較好的建築，現今對于較好建築的形成希望甚大，形態能自由地使用，建築家確信能歸於目的的實現，即建築物應從較合理的地方去走！

將建築的形態的理解代以機能的理解，合目的的建築物是確立內容與特質之建築物之舉，建築家之自由的創作與工學家及技術家之實用同站在建築上結合了今日的建築，（就是目的的建築），因爲這個條件便發生所謂機能，目的的遂行，既然是建築形成手段之一，所以 Otto wagner 氏於其所著的「現代建築」一書曰：「無實用即無美」。

最重要的事却是構造材料的變遷，不獨新構造法從此發展，即建築之在於空間的觀念亦因之而變更。因之許多現代建築之指導者都認爲『今日我們完成的現代建築之外形，不是飢渴於新機軸的少數建築家所能成就，而是現代的，智慧的，社會的，技術的互條件，形成之不可避免的結果，此實有充分的證明和立場，此等形態——如果和過去的互相比較，便知其有着很多基本的，構造上的變化——它能獲得今日之效果，實爲一世紀中佔了四分之一的時間經過內體鬥爭之結果，現代的狀態，如果要簡單地說：即須切斷過去的連繫，以我們的生活時代和技術文明相適應的建築新說『打倒死的樣式的形態學（morpho'ogy）』所以我們再度回歸到思考和感情的真面目，以前對於建築無關心的一般大衆，已經醒覺起來，以我們日常生活的接觸，建築對於個人趣味，廣迅地流行着，其將來的發展的路徑是世界的光明。

新構造與現代建築的型

現代建築家要洞察現代社會之要求，此種新建築解釋的目的的啟示曾經現代建築的鼻祖 otto Wagner 氏於其所著之『現代建築』一書加以很詳盡的提揭。其所舉列建築之四要項並已成爲現代建築家，技術者所謂『行動的綱領』，同時亦以 otto wagner氏之啟示不獨於十九世紀末所發表之理論，即二十世紀的建築家所指示者亦大致相通，其自覺性爲建築生產之特殊形態，即建築應就各個情形，旬同設計像生產的推移，使在藝術的生產裡，成爲真的工業的『型』的建築，感動於工學的構築的強大的魅力的審美觀乃至藝術觀是新建築論之發展。

建築美術的目的是形成量體和空間，此種成爲量體的物是由各種素材構造而成功的，藝術上的材能是利用玻璃，鐵骨等材料，以創造空間之安定和量體所持的不透性的感覺。

現代，伴着工業形態之發達，活潑起渴望構成的慾求，鋼製的橋樑，交通機關等之建造非常地努力於優良形態的創作。如汽車，汽船，飛行機等以特殊的形態來增加其速度，此種明快之外觀，表露着工學的有機體的錯雜，直至工學的形式和藝術的形式發育爲有機底的形態。

新航空館計劃

工業作品從新的形態出發，時代的精神如河床的擴大，除去一切的障外物從新鮮的渦流，較新的一般社會的生活形態，獲得漸次的統一性，創造單個的樣式也能成功了，從社會中分出新的信仰和福利，再度滿足藝術之最高目的，其內面則求純化的表現，代替初期生硬的形式爲新的創造，明朗的審美形態。

工業技師設計之「裸的結構」的新的建築工學美被人認識了。此種外面審美的推移，實感深深的意味，此等工學的建築，是構築一定的建築以最適應的美，換而言之：新的材料，鐵三合土等的單簡的紀念碑的建築物，是創造建築物的目的性的最宜的構造，此等使用新時代材料的建造物有着真的美和材料與構成法所成有力的美的存在，關於從此而生的「新樣式」可以這樣說：『問題的正當解決必然地生出構築的美，建築的都市的審美感其材料之處理如何是有着直接的關係的。』

鐵骨建築特別地以美國爲最發達，1913 年 350 m 高的完成，各種鐵及三合土（特別地鋼骨三合士）的架構力學的可能性之根據，使近年鋼骨構造力學上的新論和實際的經驗的結果形成現代建築發展之助力。

防空棚論

李曉峯

我國自全民抗戰的幔幕啟開以來，各大都市因常受敵機的威脅，對防空已感有急切的需求，無論在公衆或私人方面均已完成了不少的空防設備，尤以對於空防的辦法更無不盡量搜尋。最近在消極防空方面乃有防空棚的產生，此種「防空」棚的構造卻以粗竹結成三數層縱橫交錯之棚架於建築物的頂層，每竹的距離約八吋，構造極爲簡易，材料方面亦祇應用普通的粗竹，杉木，鐵線等便可完成。故自此種防空棚產生以後，市民即爭相仿效，盛極一時，但是此種防空棚對於空襲的防禦効果究如何？對於整個都市的影响又如何？是否爲一合理的防空設備？到底成一嚴重的問題。事實上已引起就近各防空專家一個現實的注意。此問題最近在各大報章及本雜誌上均有提出討論，在都市防空立場上已咸認爲并非合理的設備 可是此種反對的理論雖然發出，而市內防空棚的擴展幷不因此而止步。因此，對防空棚的効能，本人以爲應擴大的提出公開討論，搜集各方面的意見；并以爲凡站在新建築陣線上的防空建築研究者均不應放棄其應有發揮意見的責任。

『防空』無疑地是以空襲的方式爲對象，現代空襲的方式雖有轟炸彈，燃燒彈，毒氣毒菌等的襲擊、但較能罷脫天候及地勢環境的限制隨時隨地可施行有効的襲擊者，祇有轟炸彈及燃燒彈二種，對于防空棚能直接發生關係者亦祇有轟炸彈及燃燒彈二種，故欲討論防空棚的効能，自必先以轟炸彈及燃燒彈的威力爲研究的出發點。現先將防空棚對于此兩種彈的防禦作用分別述之：

燃燒彈的威力是很可怕的

(一)防空棚對轟炸彈的防禦

用於破壞建築物的轟炸彈，其威力在投下時先產生一種侵徹力，侵入建築的內部以後，其本體卽發生强烈的爆炸而發揮其爆炸力，空氣壓力，碎片衝擊力，地面震動力而將建築物摧殘。防空棚對于轟炸彈的防禦，顯然的祇能將投下彈的侵徹力一部份減低，縮短其侵入的距離，冀可保全建築物底層居民的生命，除此之外，毫無其他作用。且此種防禦作用，是指以粗徑竹構成的防空棚而言，若現在市面間有以僅及二吋的幼竹搭成僅三層的敷衍構造，不過爲虛耗財力的點綴品，收効極微，因 50 kg 的炸彈，其侵徹力常可洞穿三層普通鋼筋三合土的樓面。

(二)防空棚對燃燒彈的防禦

燃燒彈的投下，其侵徹力并不大，但其威力在爆發時能發出2000 °F 至3000 °F的高溫熔液，以燒燬不易燃燒的建築物。此種熔液祇可用純淨的乾沙蓋熄，不能用水撲滅。防空棚對於燃燒彈可說毫無防禦的作用，非特無防禦的作用，且有能助長燃燒促成火災的反作用；普通鋼鐵在 1400 °F 時已爲熔解，何況以2000 °F 至 3000 °F 的高熱施於久經日晒的竹棚？故知其甫一沾着勢必立成火災。且燃燒彈在棚上爆發，其高溫熔液必散附棚上徐徐下滴，此時雖有砂沙亦失去其撲熄的作用，必至束手無策。

由上的觀察，可知防空棚對于空襲的收効祇單能用作短期的抵禦轟炸彈一部份的侵徹力，對于燃燒彈非特不能防禦，且有能助成火災及增加撲滅困難的弊端。根據此種結論，現在可以討論廣州市設立防空棚的是否合理：

現先從轟炸彈及燃燒彈的特性說起；轟炸彈的特性專用於破壞各種重要的建築物如要塞，車站，軍事機關，及有特別關係的建築，因重量的關係，每機的容載量非多，而其破壞効能亦祇能及於命中點最貼近的四圍，故對於都市內的普通建築甚少施用。但燃燒彈的特性適與之相反，燃燒彈的重量甚輕，普通無防禦的建築物祇須 0.5 kg便發生効力，故每機的容載量可甚多，且有在一命中點而能蔓延四處的功能，久已成為摧殘都市最有効的破壞品。此亦可說為燃燒彈的特長。是故都市的防空計劃實非注重於轟炸彈的襲擊，而注重於燃燒彈的撒下。換言之，卽都市內的防空設施，首先應以燃燒彈的襲擊為對象。此種結論，自燃燒彈產生以後卽已成為各國防空專家所承認的共同意見。

廣州乃華南一大都市，且擁有多數的橫街窄巷及密集的木材建築，對於空防的設施更非先以燃燒彈的襲擊為對象不可。從防禦燃燒彈的立場上而言，現有廣州市內各建築物頂層一切非必要而易惹起燃燒的設置如木棚，竹棚，竹籬等均應一律切實清除，已絕無理由再有能助成火災之防空棚的存在，何況於再為興築？且防空棚非獨在燃燒彈命中點能助成火災，由附近災區火屑的下墜，亦每成為另一災區開始的因素，而將整個災區的範圍作加速的擴張。故廣州市的防空棚倘不立卽加以禁止，由其繼續產生，實隱為整個都市將來的大患。

廣州市屋舍密集，木材建築多，在環境上已最適宜施行燃燒彈的襲擊，倘再參以密集有可燃性的防空棚，無形中是將敵人燃燒彈的威力再予增大，至為不值。

燃燒彈擊中後的發火現象

且廣州位接海岸，敵機從母艦起航，瞬息可達，倘不幸被五十架共載有1000枚小型燃燒彈的敵機侵入市空，施行大規模的燃燒襲擊，將所載彈全部撒下。設使其撒下的結果，有50%落於空地，他50%之中又有50%不發生效力，則市內最少亦發生 250 處不易撲滅的火災，若再有密集的防空棚來作蔓延的嚮導，試問廣州市將如何應付？

雖然由普通眼光的觀察，以為燃燒彈在防空棚上爆發燃燒時，建築物下的居民可從容逃出，得以保全生命。但是可以保全生命的方法並不止此，此種防空棚在都市內旣認為不合理而有最大危險性的設備，又何必再迷惑於此方面着想？何不移此項費用轉作他方面較爲合理的建設？如設立獨立避難室，地下避難室，或共同合建公共避難室，或增强臨時公共避難室的設備等，又何不可爲居民生命的保障？故以本人的意見，認定市內的防空棚必須立即禁止，並須將市內各屋頂所有非必要而易惹起燃燒的設備一律切實清除，而注意增强臨時公共避難室的抵抗力，設法增加臨時公共避難室的數量，在可能範圍內應建立獨立避難室，地下避難室，或避難壕等。因防空棚在都市內到底不是合理的設備，適足以增加都市的危險。即使就普通的火警及「冬防」上而言，亦已有清除之必要！

「防空」棚與燒燃彈的防禦　（完）

——廣州防空的一個現實的嚴重的問題之探討——

榮　枝

中央社徐州五月十四日電：

「敵機54架今晨6時起更番來徐轟炸，直至下午六時徐州始解除警報，本日敵機投彈目標完全集中於徐州城中，共擲下大小燃燒彈280枚轟炸之烈，燃燒之廣，致無法施救，爲徐州空襲以來之第一次，死傷平民七八百人，焚毁房屋三千餘間。」

看了上段的新聞，使我們認識了燃燒彈的使用在近世戰爭是有着特殊地位的。因爲它祗要能夠貫穿屋頂引起無數火頭的焚燒，便能充份滿足它所負的使命；事實上它沒有增强命中威力的必要，所以它一向以多數而輕量的彈體出現於每一城市的上空，而逞其威風，它是由接觸點發火的，而且；發火的效應是非常保險的，假如是易燃性的物質和它接觸，便馬上引起燃燒，不然，它還可以利用飛散的金屬液的幫助而引起廣大的延燒，無論任何構造的樓宇都有給它毁滅的可能。徐州這次遭敵人的空襲從火底災情的慘烈，使我們每一個國民對於燃燒彈的威力都留着很深刻的印象，同時，我們看出空襲縱火對於後方人心的擾亂是有着極顯著的成效的。申報的社評說：「徐州人心的不安定，是由於敵機連日的狂炸縱火所致」。這是很切當的。

火油池爲燃燒彈擊中後的燃燒情形

近世不少軍事專家對燃燒彈的威力發表過他們的意見：

Custrow:「在沒有人証明多數小燃燒彈的不能引起巨大的火災以前，燃燒彈在未來戰爭中是有着很大的前途的」。

Bulow:「在一次空襲中用飛機36架，投下2kg重的電子燃燒彈18000枚，那麽城市的一切都有給它摧毀的可能」。

Siegert:「燃燒彈的危險比死光更利害」。

Rump:「假如要引起這種令消防隊無能爲力的燃燒，便是一般投撒燃燒彈的目的。因爲燃燒彈連續大量的投撒，可以收獲物質破壞的最大效果，甚至把全體居民的生活完全解決。但此等情形的能否實現須看投撒量的多寡，及城市的可燃性程度而定」。他還承認：「近世的城市是很容易破壞的，一般建築物的屋頂，首先便是不適宜于燃燒彈的防禦。他如鋼筋混凝土的樓宇能逃脫火災的實不多見，而且；建築物的燃火性不能單從它的構造材料與方法來決定；而須由它內部的陳設物決定」。

現在且就本人觀察所得，把「防空」棚的劣點作較詳細的舉出：

A.對燃燒彈的防禦可謂絕對有害

燃燒彈的主要功用在乎燃燒房屋，在歐戰時德國曾極力注意於燃燒彈的使用及改良，當其時嘗用大量燃燒彈向倫敦施以空襲，結果，發生火災的地方達240處之多，使倫敦感受極嚴重的威脅，嗣後德國對於燃燒彈更加努力研究，於大戰末期完成了電子燃燒彈(Erektlon)的大量製造，欲一舉而毀滅聯盟國的都市，當是時，英國爲謀應付起見，對於燃燒彈亦加以苦心的研究，故在生產上亦極進步，正謀向德國加以報復時，大戰即告終結，而此等可怕的空襲禍害乃能避免。

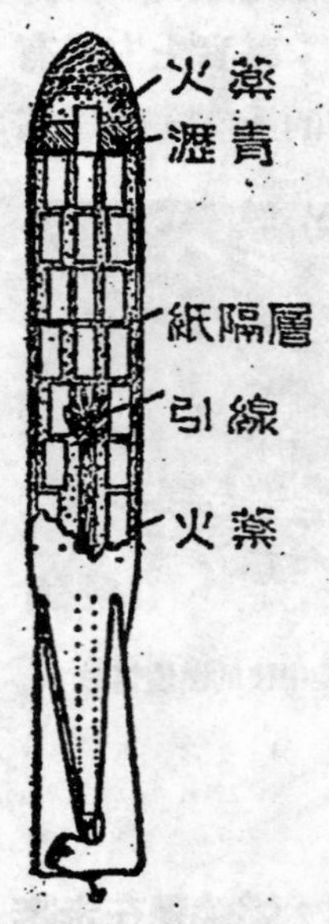

德國的燃燒彈

歐戰以後，各國對于燃燒彈的研究並不中斷，近數年來更有急速的進步，最近以De. mint爲主劑的，其發生高熱達至攝氏表二千至三千度，一彈燃燒時間竟能延長至十五分鐘之久，無論任何物質爲其碰着，無不立刻燃燒，是故歐美各大都市的防空當局雖其建築物多爲不燃性材料所構成者，但對于燃燒彈的防禦絲毫未敢疏忽，積極對建築物本身加以改造，使其達到防禦擴大延燒區域的目的；並於消防隊的組織，隊員之技術的訓練及器材的使用等無不加以調整，並于一般民衆亦積極貫輸防火及救火的智識，其成就的普遍與敏捷實非一般意料所及，總之無日不在尋求確立合理的對策，以作將來科學戰的準備。

反觀我國都市的建築，其構築材料多爲可燃性材料所構成，且市街狹隘，房屋混連，消防設備與技術比之歐西各國相去甚遠，苟一旦遭受敵人巨量燃燒彈的空襲，正不知何以應付，譬如廣州一市，其建築物的構造多極簡陋且多爲可燃性者，市民對於消防訓練之未見普遍的施行，苟一旦發生多處火災則消防上實感莫大之困難，彙以近日市內竟出現有謂「防空」棚的建造，其目的雖欲求防空上的安全，意本良善，但其使用構築的材料全爲引火之物（竹與杉），本人對於此等現象實難忍耐，苟當局任令此等「防空」棚繼續存在及其他店戶繼續倣效，則未來可能發生的現象，將爲無數給敵人擲燃燒彈的燃燒網或燃燒地帶的組成，目前廣州市已大量增築此等「防空」棚，則將來歷史所無的火災將有出現廣州之可能，望當局對於此等有危害整個都市的「防空」棚，加以嚴令禁止。

B.它是不能抵禦通常爆彈的侵徹作用的

所謂爆彈的侵徹力是指爆彈命中目標而貫穿的力量。一般爆彈的侵徹力可從爆彈的構造方法加以說明，大抵普通爆彈多有一種所謂信管，他往往會因其對於攻擊的目的物而發生差異的如用作殺傷人馬者（如在戰場或密集羣衆的目標）則當用殺傷彈，卽當爆彈衝擊時一與目標接觸便作瞬間的爆發，但普用於破壞都市的建築物及攻擊公共及軍事設施時，則多用延期的或半延期信管的破壞彈，（卽于信管內使其爆炸時期延長，因爆發的調節卽在信管選擇的自由 ）使其能貫穿屋頂及樓面而深達建築物之內部然後爆炸，因在四周密閉的室內爆炸，往往發生非常之高壓而作猛烈的破壞。有人說：「建造「防空」棚於屋頂上希望炸彈在棚頂上爆炸而減輕房屋本身的傷害程度」。但是，假如你淸楚空襲都市是很少應用殺傷彈的（多用破壞彈。延期或半延期信管的破壞彈）那麼此等「防空」棚的建設者一定會感覺相當的失望。

現在我把關於爆彈威力的紀錄舉出，看「防空」棚能否抵禦爆彈的侵害，這是以前的紀錄，近來的爆彈的威力恐怕已經進步得多了，表如下：

爆彈對于建築物之威力

爆彈種類 kg	可貫通層數	爆破威力
12	2	破毁10m以內之窗玻璃及木造房屋臨于使用不能
50	3	破毁 5m 以內的建築之堅固石壁
100	4～5	破毁10m以內的建築之堅固石壁
800	6	破毁15m以內的厚50cm之石壁且能以其餘力大破壞力
500	貫通地下間	倘落于附近亦可粉碎大建築物[illegible]可倒毁鄰近之建築
1000	自根底破壞	同上

看左表，我們知道12公斤的已能貫穿普通樓宇2層，50公斤已能貫穿了層至3層，至於現在廣州出現的「防空」棚（區區用些竹或杉來結構的）如何能望其抵抗爆彈的侵徹力呢？退一步言：縱使此等「棚」能畧阻爆彈的侵徹力正如設備此等棚架者的初意，而在棚之上或棚之下（卽在天台處或在天台的下一層處）發生爆炸作用，則其危害程度並不因此而減低，大抵近來敵機所投下的爆彈在構造上往往兼有燃燒作用者，若此等棚一經爆發後，則被炸後的傾塌材料與棚本身的可燃性材料 — 竹與杉—— 混積一起，極易引起火災，故其危險性亦自大。

還有一點，據經驗得來，彈之落下很少成垂直角而命中建築物的，（普通多由45度至80度）那麼炸彈不一定從棚頂投下從建築物的側壁來亦在所常見，既然如此，單在屋頂搭棚又何補於事。前數日敵機空襲廣州，「彈成移角落下命中某處四層防空棚當卽貫穿，因彈之落角關係，彈亦繼續向地面侵徹（幸不致命中該建築本身，）該地面炸後所成之漏斗孔深凡十三尺，活四十餘尺）如是，當能證明「防空」棚之於事實是無補的。

就上面所舉出者不過是較顯著的劣點而已，假如再經較切實的研究更不難將其在構造上，經濟上之不合理之點舉出，然而，我以爲單就他對整個都市對于燃燒彈的防禦之影響，已無存在的價值，本人願值此機會把對燃燒彈的防禦底幾個應該急切施行的工作，獻給防空當局，希望加以採納：

鋼筋三合土樓宇亦爲燃燒彈所毀滅

(一)請防空當局對此等「防空」棚立刻派出技術人員加以調查及研究，倘認定爲於防空上是有利的，那麼應該加以提倡和獎勵，以增市民防空上的安全。反之，正如本人所見一樣，他是對于防空上是有害的，那麼，不應不聞不見任其存在，應該加以嚴令即日清拆，以免危害整個都市的對空防禦。(關於此點當局經已採納特註)

(二)如當局認爲對燃燒彈的防禦是一件當前底急務的話，那麼對市內一切建築的天面所蓋搭的易燃物(如竹搭凉棚，風兜，花棚，杉皮廚房等)與及那些可燃物料的積集都應該馬上下令清掃，務求一切建築的天面毫無可燃性的引火材料存在，如此，即令敵人施用燃燒彈空襲，可望程度上減低火災的擴大及延燒。不然，如像本市目前的狀態，那麼在在都是對于火災的引起是極有利的。

(三)數月前，市防空當局曾下令市民儲備和當量的乾沙，以爲必要時對燃燒彈防禦之用，這是很正當而應做的事情，可惜一般市民竟把這件事情看得太隨便了，多把沙放在門口，以爲掩飾門面之用，加以日久無人理會，沙已經和雜物垃圾互相混雜了，假如目前想再利用這些乾沙來對燃燒彈施救已不可能，並且還有增强其燃燒效力的危險，這是很可怕的事情。我以爲一般市民如認定對燃燒彈的防禦是必要的話，那麼應該馬上從新購備相當份量的幹沙，存放在天面之上，此等沙應用箱載之，以免與雜物再相混雜，如經濟能力許可加購鐵鏟一把，以爲必要時載沙施救燃燒之用。(據法國防空當局的試驗，天面蓋以二尺至三尺厚的乾沙，可以阻止燃燒彈的燃燒作用。(曾載廣州中山晚報)

28886

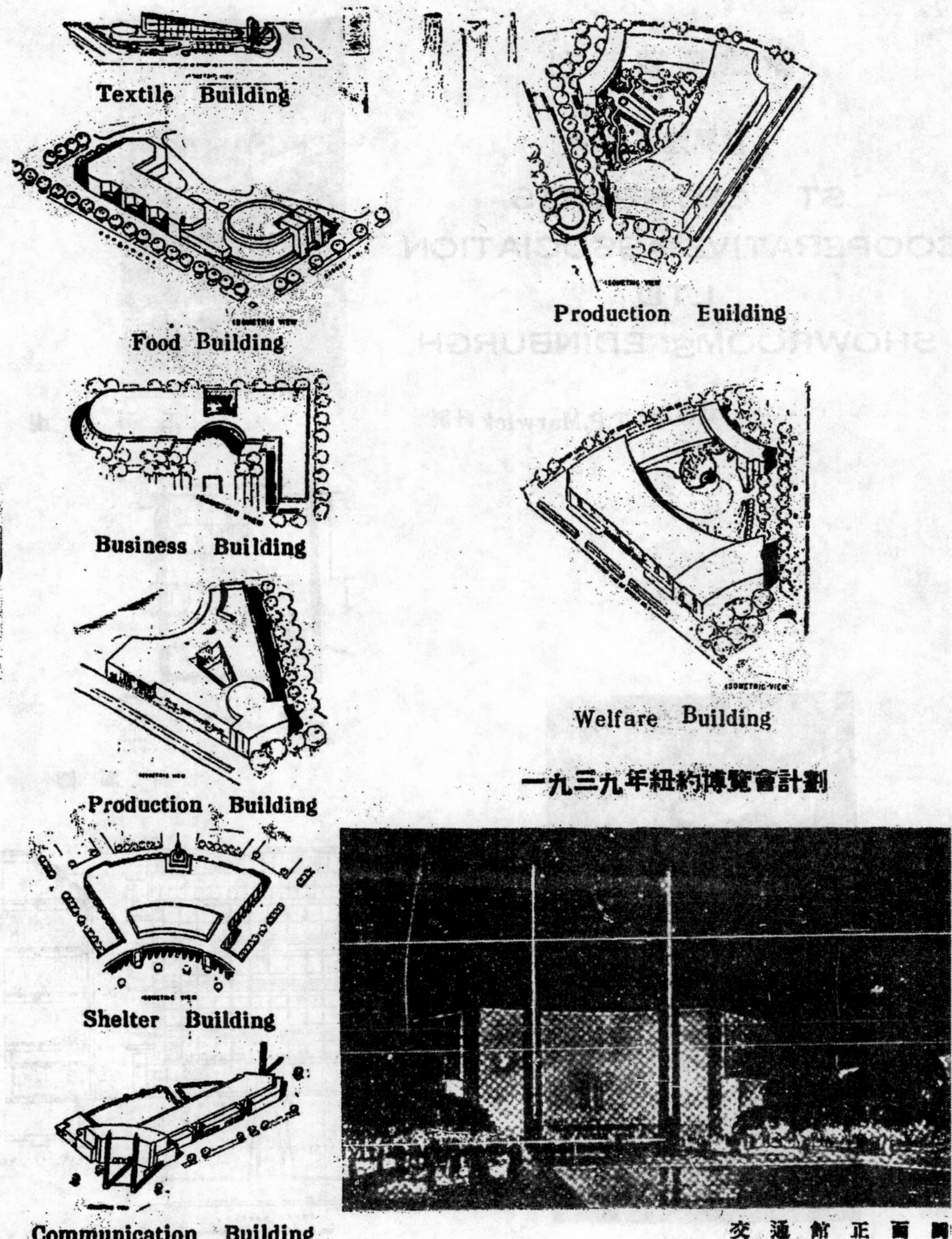

一九三九年紐約博覽會計劃

交通館正面圖

28887

新建築戰時刊

世界建築名作

ST CUTHBERTS COOPERATIVE ASSOCIATION LTD SHOWROOMS; EDINBURGH

建築家：T P.Marwick 計劃

正面透視

平面圖

正面夜景

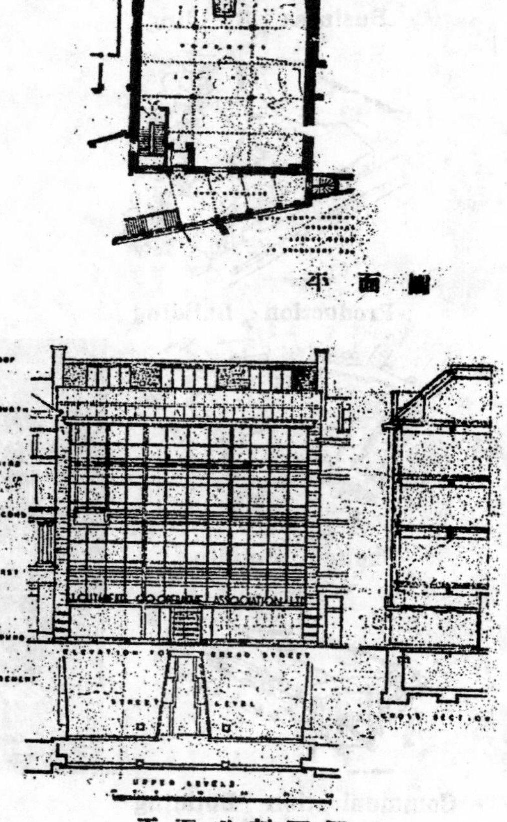

正面及剖面圖

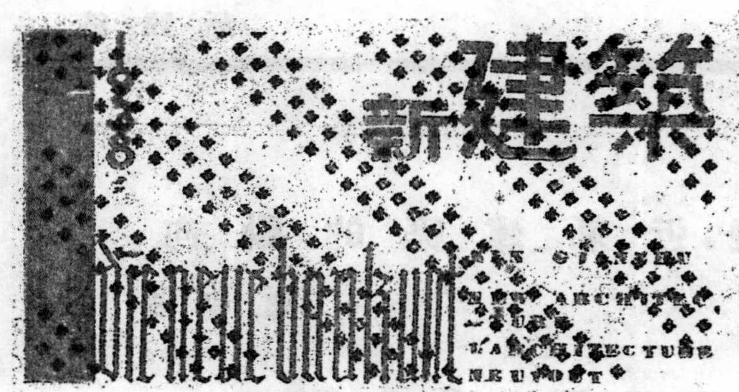

新建築 第九期 戰時刊 （八月五日出版）

編輯顧問　林克明　胡德元
編輯人　鄭祖良　黎倫傑
發行者　中國新建築社
通信處　廣州惠愛[illegible]將軍東路
　　　　康樂路二十三號四樓轉
定　價　零售國幣七分
國內各大書局均有代售

journal of new architecture
Edited and published by
THE NEW ARCHITEC TURE SOCIETY OF CHINA

戰時物質之節約與軍工材料之徵用

第三期全面抗戰展開了，我最高領袖蔣委員長曾堅決的表示：「中國政治，經濟，人力各方面力量均極充實，中國絕不爲日本所戰敗」。我們最後勝利的堅決信念，不是任何炸彈與砲炮所能消滅的。

動員各方面的人力與物力以支撐整個的抗戰局面，一方面是政治與軍事的協同工作，他方面我們技術界應負有指導與運用物質的當然任務，現在我們要指出過去抗戰一年中對于戰時物質的約制之忽略和軍工材料的沒有徵用而耗費了不少財力與物力。

在廣州，敵人加緊空襲下的後方都市，還有人耗費不少寶貴的鋼鐵和士敏土以建造樓房和其他。在目前緊迫的需要是前衛的炮壘和後衛的防空室，我們每一分一秒都有死亡的可能，我們應當節約這些寶貴的材料來建造保衛大衆壁壘啊！

我們更鄭重的指出，每一個都市的每一舖戶都貯有不少可爲軍事工業的材料如鋼鐵；銅；錫；鉛；木材等，我們有取法蘇聯十月革命時代的戰時共產手段以徵用一切被遺忘了的珍貴軍工材料。務使各方面的人力和物質獲得其充分發揮他們自已的能量。

7.7.1938　編者

我們共同的信念：

反抗因襲的建築樣式，創造適合於機能性，目的性的新建築！

本期要目

28889

輓近新建築的動向

鄭祖良

向着國際建築之路前進

『個人，民族，人類。』

檢討今日世界的特性，它是朝着統一的形象底動向前進的，把一切超越個人限制的客觀的評價高抬起來，於是現代建築含有客觀化底個人性與國民性的特徵，便基調於世界的交通技術的現代建築的統一形相，超越了個人，民族的自然底界限，向世界文明諸國而普及。建築雖然是國民底個性的，民族性底的，但在三個同心圓——個人，民族，人類——中，最大最後的一個便畢竟把其他二個包括着。

因此，我們須要把現代建築的特徵提舉出來：

A.它不限於一地方一樣式的模倣的再現，要基調於建築本體的機能，以追求合目的性的建築計劃。

B.它不限於個性的自由創作，而須站在科學的技術的基礎。

C.它不是個別的手工業生産而是世界共同的工業生産。

於是建築遂因新材料與技術的共通性，並因人類生活關係與接觸受着交通工具的日益發展，把一切空間，平面的距離大大的縮短，而便利於文化及人士的往來，必然地，國際間的共通性便達到完成國際建築的形完的新階段，因爲共通的要素的增加，使個性，鄉土性均爲此要素所包括，至此，國際建築的思想遂成爲今日新建築的主潮，更成了國際新建築會議與現代建築家互相關聯的指針。

維也納的市街航空站計劃(奧)

我們從許多新建築的形態上觀察，便立刻明瞭：新建築不是當世風的形態事件，而是表現着新建築的見解，這見解正是要求着：『建築從個性，民族的表現，踏進人類共通的表現的新階段』。

新建築形態要表明許多內在的意味，更須依照作家的個性和各個民族的特性爲基點而主張新建築要國際化。現代建築形態可說是國際化的時代，它把各民族的特性立於交錯之間而統一新建築底可視的『型』，因此；所謂國際建築乃爲現時代特有的產物，而且是包括現代的特性之總稱，因爲新時代的統一思想與感情及世界觀之認識與乎內心共通性的意義，使人類今日的造型藝術之製作不能不作綜合諸要素而產生新時代的建築結晶——國際建築。

原來國土給與藝術的差別決非絕對一定的。因爲發生於國土底物質條件，常常依據着工業的發明和其他技術，及物質的條件而產生相當的演變，交通工具的擴張，運輸的發達，敏捷，生產手段，工具過程的改進，在在皆足以援助此種物質條件而使國土的傳統觀念和條件以不絕的變更。

正因爲世界各國間的交通工具的完善，使各民族(國家)的文化作廣濶地迅速地傳播，而各民族間底直接或間接的接觸機會亦較之往昔增繁，是以那爲一切藝術底概要的建築受着自身環境的驅使，於是在國際間便產生同一或近似的建築形態。

新建築之假定與原理甚多，且每每因使用上的要求而決定建築工作的目的。材料與構造是建築架構的實際手段，因此生產技術和經營事務與乎經濟學與社會學的因素遂成爲緊要的影响，且建築家之創作意志，要支配各種以決定各個要素之相關比例而從事統一之。

形成處理之方法，決定新建築家之特質，由這裡不僅要將外面的裝飾除去，而且還要將各種要素的精神作滲透的表現。美學要素，因是之故不是特別地單獨來處理，而是被全體的要素包含着，而全體的連繫底意義與價值，是被保留着。抽出其中一要素，便妨害到全體，由此，新建築應該是總要素的平衡以追求調和，而且無外面的法式的顧適，各個課題始終是新務族的。

集合住宅計劃(匈牙利)

不假定全般樣式之法則，是一體系的意智的統轄之下爲總要素的普遍性的表現，故新建築並不是式樣的問題，而是基礎於構築的問題。

但國際建築的外形，明白地顯出成爲驚奇的一致。這不單祇外形的流行，而是全新建築觀的要素之表出。各地方乃至國民的特殊性，作家各人是有差異，是一樣地形成所謂全體生產的假定。生出越過境界的形式統一，是所以引起精神的同盟。

上面說過：新建築並非一種「型」的問題，而是屬於構造法與材料的擇取的問題。因爲建築構造和材料是決定建築形態的主要樞構的原故。當今世界各地對於鐵骨架構，鋼筋混凝土，金屬，玻璃及磚，木，等材料的使用已極普遍．因此，我們相信：『假如建築形態的構成所使用的材料與構造法能爲國際的共通性所統一時，那麽結局所產生的建築形態當然不難一致。』

事實上，因爲今日國際一切的關連已較往昔爲密切，因之，建築底國土（鄉土）的觀念已經漸形減弱，使大家作一致的漸次的傾向於國際的近似的途徑上。兼且，新建築的形態早已傾向於合理化，單純化諸方面，所以我們確認建築形態底國際的統一的必然性早經獲得，「由鄉土的階段，進而爲國際的階段」，這僅是屬於時間的問題而已。兼且，近數年來努力於這方面的建築家多是世界倡導新建築運動的權威，他們摒除了國家的觀念，去探求世界的統一的形樣，我們深信這件偉大而有意義的工作，一定不會擬作虛工，而能獲得完滿的結果。

此種新建築思潮所得的是怎樣的建築，那有待於我們的說明：『關於國際建築與其唯一的「型」的問題曾被具體的提出， 1927 年從某住宅群間始，其主要的是併置的，各個住宅而成的集合住宅的住宅群，有普下面幾點的特徵：

（I）統一從來所見立方體之集體形式，此種不是建築的單形所能構成，而爲顯示統一的實際，與及此種約制之故而成爲必然，共通的形成要素之統一，因此具體的認識到達立方體之業績。

（II）給與建築上重要的成因的經濟上的解決，和工作上形式上的考案與實驗，及此後之革新與發展的指示。

（III）許多建築家的圖案製作是基底于新建築的構想，是得集國際的設計者，此種驚人的事實，和此輩建築家在現世紀的建築實成一系統，而今呢；在新的形成上，是指示指導者的立場，而其宣言中亦示同樣的效果，担當集合住宅群之各建築家有從事于國際的集合的企圖，這是現代建築史上有味的事，但實際的結果，對于德國地方的緒條件亦有作不適合之設計，因此頗受非難，然而新建築不祇是從來建築的新陳代謝，而被人認爲全

競技場計劃（意大利）

28892

體的意想及態度，這是社會的廣佈力而不能否認的事實。

立方體未必是國際建築之樣式，它不將形式固定，却是基本的法則，雖然如上述所記關於國際底的，但其方法是把握普通有性，材料共通所成結果之立方體建築，却被國際所採用，並已獲得效果者。此種新時代的形與量，主要建築如德國之殖民地的住宅區，其求實現的主題，與以前的注意相共通。從此以後之新建築國際建築之「型」便爲一種「樣式」的形成，如 Hitcheok 等著書，所謂 Style 的形成。因此，現代的新建築——國際建築實是代表現代的特性而形成者。

Kexnet House(英)

粵省防空建築設施的檢討

黃理白

法西斯侵畧者瘋狂地擴張軍備；加緊製造殺人利器，爲的是什麽？就是掠奪弱小民族的領土，轟炸不設防的城市，屠殺非武裝的平民，造成恐怖的局面，以進行『精神殲滅戰』削弱交戰國的民衆對政府的信念，使不廢一兵一彈以遂侵畧者的野心。因此；我們要認清目標，對於敵人的殘酷政策，要堅定我們的意志，加强我們的防禦，以强硬的手段答覆侵畧者羣，予他們以嚴重致命的打擊！

由立體戰爭變爲立體屠殺的今日，爲了避免死亡的威脅，逃亡的可怕，精神的安定與維繫，每一都市對於防空建築設施的完成確是刻不容緩的事。你看，戰爭展開到現在，已經踏入第三期準決戰的新階段，自然；敵人爲了挽救自身快要失敗的危機，爲了達到速戰速決的目的，他便每天都向着重要的城市鄉鎮盲目地轟炸，其中尤以廣東一省受禍爲最深，報章記載，不是損失奇重，就是慘絕人寰的消息，自五二八繼續向廣州市區大規模的轟炸，屠殺半月以來，死亡

廣州市區建築的受害實例

及損失的慘酷與重大，弄至哀鴻遍野，民不聊生，誠有史以來未聞的災禍，敵人可謂盡了屠殺非武裝區民衆的能事了！然而；這鮮血流下給我們的教訓，使我國知道過去的建築計劃完全缺乏防空的處理與設施，甚至有些鋼筋混凝土樓宇在受敵彈的命中以後而致破壞倒塌，顯露出了下列不少的在構造上的弱點：——

一•施工不合法。（陣與樓面的構造不相密接，柱與陣或樓面的鋼筋毫不作堅固的聯繫，稍受外力打擊即不能發揮其鋼筋混凝土架構的原有優點。）

二•柱陣所用鋼筋大小。

三•混凝土的本質太劣。（從二，三兩點觀察，往日的施工恐有偸工減料之弊。）

其他如煉磚承力樓宇的對於爆彈攻擊的毫無作用，給與我們今後修改建築取締章程以力的例證，相信今後斷不再有「五四四三雙雙」的磚造樓宇重新興建於廣州。

煉磚承力樓宇對於爆彈攻擊毫無抵抗能力

至於廣東市鎮多是古老城市，設施多極落後，更無防空的見地可言，即就廣州而論也是老城改造而來，當其時祗就目前的需要，加闢幾條馬路，和興建一些公共建築，後來市區日漸擴展，也是依樣糊塗，沒有整個都市計劃的確定，所以中心區，住宅區，工業區，商業區都交互雜綜，沒有區域的劃限，我們覺得開闢的馬路太狹而沒有規則，市區的綠地面積和自由空地的缺乏，建築物的參差不齊而互相密集，至於內街的舊民房（木造的）更了市區建築物的半數，我們一看徒覺混亂而沒有規則，這樣的城市在初時已失却了現代都市計劃的機能，現今欲加以防空的佈置便覺困難，不怪敵機空襲就體無完膚了！

當本誌創刊時即努力於民衆防空建築的提倡，故國內人士對於防空避難室建築的重要已多認識，然而；可惜得很，廣東各地自今還沒有實行去大量的興築，以爲民衆過難趨避之用。甚至最近廣州遭受敵人大規模轟炸的時候，市民因避難設施的缺乏而致擲躅街頭，致受意外的死傷。有些一聞警報便相率趨避於租界之前，致成人山人海之象，此種非科學的避難——密集羣衆的避難方式——實有待於糾正的。最近防空司令部參謀長陳海華先生發表談話，已準備在廣州市區內大規模興建避難室壕，這一點我們認爲實在是都市防空底當前的急務，是十分值得贊同的，我們希望此等防空室壕能够早日實現！

至於廣東一般民衆對於防空設施是日益注重了，這是値欣慰的，然而，可惜萬分，最近廣州竟出現無數主張所謂『竹棚禦彈論』的奸商市儈者流，大放空談，說五層防空棚能禦500kg的爆彈命中威力，結果，此種『反防空建築』的論調，爲一般市民誤以爲真，遂多不惜重資在屋頂蓋搭此等防空棚。此種非科學的防空設施，本刊前期曾提出論及並加以糾正，希望市當局加以禁止。幸而市工務局長最近也發表談話認定此等防空棚對于防空是害多益少，有危及整個都市安全的可能，並會同市警察局佈告禁止，但是禁者自禁，搭者自搭，此等防空棚仍然日有出現，這是對于防空上非常不利的，我們認爲萬分遺憾，希望工務局警察局本令出法從的主旨，加以嚴正的執行，馬上掃盪全市『反防空建築』的防空棚。省回搭竹棚的費用改作建築防空壕的工錢，那才是一個合法的行動！正當的防空設施！

應該馬上掃蕩的防空棚

我們知道：防空壕在缺少民衆防空室的廣東爲應付目前的最急切的需求；至於爲了金錢與時間經濟起見，防空壕的確有採取的必要，因爲它在構造上比較簡單，營造費比較低廉，而且能容納較多數的民衆避難，所以，我認爲今後廣東各縣市都有立刻增建防空壕的必要(至於國內各地也是一樣)。至于以前各縣市已經建築完成的防空壕，據本人實際考察的結果，感覺多屬因陋就簡的，沒有依照標準的方法去施工，這一點希望省防空當局加以注意，設法派員到各地去重新檢查一趟，改善及加强一切避難設施，這是對於當前防空是一件很急迫的任務。

最後，我還希望防空當局加以正當的指導和民衆普遍地採用一種最簡易而有效的防空避造設施方法，就是利用每一處的空地開掘四尺以上深度，二尺半濶的露天防空壕或個人的防空坑，這樣，敵人雖然每天來轟炸，但是，我們是不會受着嚴重的打擊的。

28895

蘇聯建築通訊

黎倫傑譯

> 目前抗戰已經踏進第三階段了，日寇加緊進迫我經濟，政治，文化的中心武漢，文化界重新要求國民去認識始終援助我國抗戰而並無任何野心與企圖的偉大社會主義國家——蘇聯——一般人對於蘇聯的誤解，對於社會主義與三民主義的絕對原則的關聯性的漠視，是目前抗戰的一大阻力！理解蘇聯！理解蘇聯，我們不獨要在政治，經濟；社會；軍備；中去理解，這頁蘇聯的建築通訊，是使我們從技術中去理解蘇聯理解布爾塞維克的技術界所做的工作 孫總理曾告訴我們，我們被壓迫的民族要完成歷右上的任務須與這偉大的社會主義國家共同攜手，爲人類的和平與幸福而奮鬥。」
>
> 編者

Mr:clough Wlliams Ellis 是個著名的蘇聯研究者，尤其是對於聯俄的建築，他六年前已到蘇聯了，最近參加莫斯科建築師會議（Architet Cobnress Moscow）在這裡他是唯一的英國代表，從他的談話我們可以得到布爾塞維克（Bolsihcvik）的建築師是如何在他的責任上來考慮蘇維埃的建築。

這裏來了許多外國的建築師，他們被招待於Nobles club 這是他們舉行會議的地點。Marcel lods是代表法國，瑞士 Sven Markceius 那威—Hazata Oats 還有兩個土爾其的代表和一個羅馬尼亞的女建築師。西班牙來的友人是 Aueat 他的代表作是馬得里(Madvid)的市立大學區，

William Ellis 曾這樣的指出，蘇聯的建築式樣與政治是同一束的去討論，事實上，特別的問題是平面的計劃和技術問題，這裏反動的反抗「抽像底，明快底，如箱子一樣的建築，」已被掃盪，在政治上這反現代（Anti Modern）的表現已澄清了。

在蘇聯境內大批改良房屋的運動是與生產的勞動者相關聯。

蘇聯正從事於世界建築上獲一新的紀錄，當每個建築師是被政府命令從事於技術的工作，這種技術的工作就是他們的機會，他們是願意爲無產階級而服務，值這機會以他們的技術爲建立社會主義的國家而奮鬥。他們明瞭他們的技術是爲廣大的人羣謀幸福，而不是爲少數的剝削者所勞役。

單就莫斯科未來計劃(Moscow Plans for The Future)而言，主要的計劃有二

（1）經營世界生長最速的都市，實行擴張必要的都市設施。

（2）此等必要的設施要企圖其未來的發展，換而言之是個長期的計劃。

在歷史的放射形的平面的擴展中，力避都市人口的集中，最多人的人口量以五百萬（現時人口三百六十萬）

基於以上的方針，樹立十年的計劃，都市的面積自 2,850,000 Aec 擴展爲6,000,000 -Aec 將西南部的高燥地帶造成爲市郊外的森林，公園的綠地環狀帶，利用市內既成的動脈的大道統合組織起來，在煤氣，電氣，水道徘水等地下設備給與人口最大的情况下設計。

與道路形式的發展相密接關聯的公園及水路，通通自都心放射，在市的外綠爲一公園路，使外周的公園地直接與市域相關聯，更在（mockba）河與無數的運河及湖水的岸，發展公園路。

住居問題，在莫斯科都市計劃上負担着非常重要的任務，因在這社會主義的國家裏，消滅了私有財產制度，住居的建築，特別是與勞働者關係至切，過去的五年間，曾有二千萬平方呎的住居建設，但在質與量上感到不足，今後十年間，預定一萬六千五百平方尺的都市住居的建築，尤其是大規模的改變小邸宅變爲集合住居基於共產社會的體制下計劃學校，劇場，映畫館，合作社，公共建築物等，這種離開了純然的技術問題，盡可能的程度內，加入社會主義的意識形態，這是蘇聯一切建設的特色。

在市街地人口其可動性的發展，莫斯科所完成的都市輸送計劃，備有比任何都市都超越一點的高度輸運性，市街電車，地下鐵路，長途氣東，等一年間約有四十億的乘客。

莫斯科的 Auto-traction club 其構成的明快，是代表蘇聯建築的最近趨向，這種趨向是和國際建築的水準相吻合，

中央電氣站(Central eleetric station)是莫斯科有名的建築物，這晚滿爲光線分割起來是慶祝，偉大的的十月革命，屋頂上的列寧，和蘇維埃的聯邦的國徽，爲地上的光芒映照，閃耀人類的光明。(參閱本期建築名作)

蘇維埃之宮(Palace of Soviets)亦開始建築了，地基工程，正在進行中。(關於蘇維埃之宮的詳細情形與蘇聯建築之種種請參照拙著『蘇聯的新建築』一書)

1638，摘譯 Architect and Buildiug News

合理主義的建築再論

冠中

標榜極端合理主義的現代建築，亦有其程度上之差異與技法上的巧拙，一般所謂國際建築之「型」其被採用的技法是共同的，此種不是如過去樣式之原形是不拘於規準的，而次第完成現在特有樣式之成果，然而，就現代建築之特徵的合理主義，此種合理的信念正如：『建築的：凈化不止通過一部份的職責，他方面在所謂人的滿足，是和物質佔有同樣的重要，即兩者是相互中生活着而合一，由建築的裝飾使建築物解放出來，此種構築材料之機能的強調，簡潔經濟的解約的探求等，是新建築實用價值形成之過程，不是單門通過物質的側面。『此與 Corbusier 氏的言論『合理主義之機械的觀念化是可成爲眞的創造的現在建築之特徵』相吻合。

『技師是健康的，男性的，活潑的，有爲的，道德的。

前代的建築家是絕望的，怠墮的，這是何故？

『合在力學的計算上，技師尊重幾何的形式， 我們眼被幾何而滿足，我們的精神因數學而滿足，技師的作品是偉大的藝術。』

Le corbusier常高唱其發表關於合理主義的理論，這並非沒有思考的理論，此種必然地以充份的精神滿足爲前提者：『澈底機能主義者同樣地和澈底的合理主義者有陷入停止的可能，機能主義的理論與合理主義者同樣有理論傾倒的可慮。

關於合理主義與機能主義的區別，『 合理主義者明白地不是強調形態的，形態不是人間相互結果的以外物，一個個體正如自然界中的唯一的『物』，不應當有形態的問題，個體是超越唯一的『物』的問題，因此，形態是綜合之處產生，形態是有着假定的可能，因此形態是顯然在帶着社會的性質，能够眞正地來理解社會，才能正式地認識形態』。而『機能主義者却以目的爲其唯一的強調，以各個的機能爲各個之「家」然合理主義者全般地以適應各種情形而計劃，故合理主義者的「家」之永久性是把握着時代進展的相伴形態，故此充份地獲得 Spiel 之空間。

其實、合理主義者對於機能主義者並不冷淡，此種由天才的Baroque作家（也不輕蔑目的的。然而誇張的避免目的之專橫，機能主義者被極端的特殊化，以全力適應目的，合理主義者是向最普通的情形以求適合，機能主義者對於特殊的場合是要求絕對的適應，即要求唯一之物，合理主義者是要適合一般的必要，即求其規格（Norm），至機能主義者單單因機能的適應關係而求抽象的利己心的，擬態的，對於合理主義者，是主張一個意志，「自己的知覺」。

蘇聯新建築圖版

（參照蘇聯建築通訊）

Central electric station（莫科斯）

Worowsky 的紀念碑

Au to-traction workers club（莫斯科）

Auto-traction workors club（透視圖）

28899

新建築戰時刊

世界建築名作

A HOUSE AT MOOR PARK

ARCHIETS：CONNLLARD計劃

外

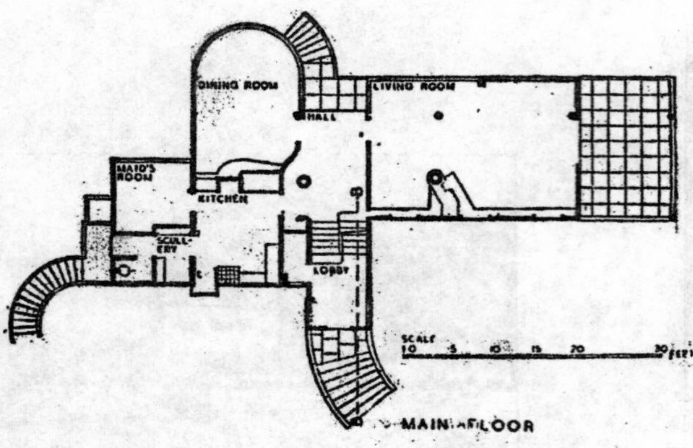

天台花園

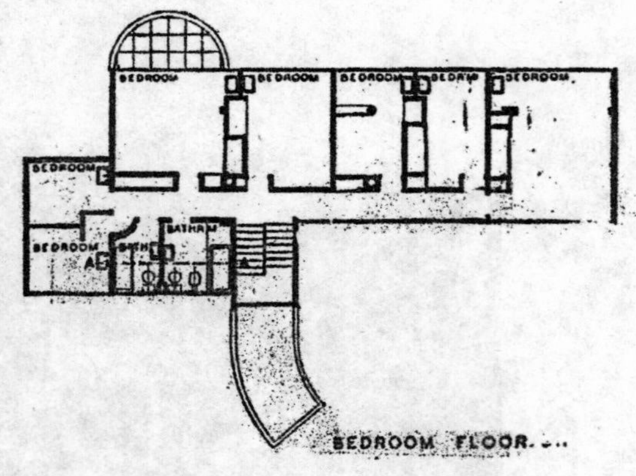

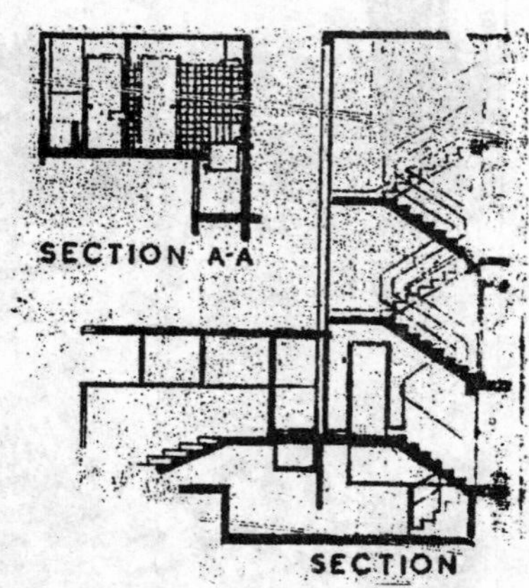

新建築

SIN GAINZHE
NEW ARCHITECTURE
DIE NEU BAUKUNST

НОВая АРхNТЕКТУРа
LARCHITECTURAL NEUROUT
NUESTRA ARCIRTECTURE

新建築戰時刊

一九四一年五月十五日出版

編行者：中國新建築社
編輯人：鄭祖良 黎倫傑
發行人：霍雲鶴 莫汝達
通信處：重慶中二路十一號轉
桂林馬房背八號樓上
經售處：全國各大書局
定價：每期實價國幣六角

一九三六年創刊·渝版第一期

A journal of new architecture
Edited and published by
THE NEW ARCHITECTURE SOCIETY OF CHINA

復刊之話

本社同人

一九三六年是光榮的有歷史意義的一個年頭。倡導中國新建築運動的中國新建築社，負起發揚新建築學術底重大使命的新建築雜誌；和有着豐富的歷史價值底『我們共同的信念』：『反抗因襲的建築樣式，創造適合於機能性目的性的新建築！』均先後於該年成立，創刊及提出。

記得在新建築底創刊詞中，我們——青年的建築研究者曾就中國建築界的現狀加以坦白的指出，我們對這種無秩序，不調和而缺乏現代性底都市機構是不能漠視的；對於這種不衛生，不明快，不合於機能性目的性底建築物是不能忍耐的。新建築的使命將要把『建築』從泥水工匠，土木工程師的觀念中解放出來，使人們也認識『建築』是有它底專門的尺度；非泥水工匠，土木工程師所能勝任的。我們希望再進一步，使一般人獲得建築上的一般智識；明瞭建築藝術與人類生活的密切關係而加以深切的注意。

『防空建築』在本刊創刊時即努力於技術及理論之實際研究與介紹。今後更當努力於這方面，以應戰時的需要。

一九三九年新建築因廣州之淪陷而停刊。今後為了負起抗戰建國給予它底歷史的偉大任務，同人雖於情況困難之下，仍當繼續過去一貫的精神，使這刊物——中國唯一的純建築刊物，能夠支持下去，並希望海內外建築先進加以指正和援助。

一九四一年

反抗因襲的建築樣式，創造適合於機能性，目的性的新建築！

本期要目

28901

五年來的中國新建築運動

霍揄樑

（紀念新建築 DiE neueboukanst 發刊五週年）

三十年後歷史家必爲着這一場空前偉大的抗戰而歎想，且必將指出，我們混混沌沌的過了二千多年的靜止生活，在這幸逢西歐盛大的時會，受了外力的渲染，正是獲得明瞭歷史的時機，了解時代的意義，我們置身人類空前的怒潮中，在我國學術方面，曾激發過什麼有意義的新潮呢？或更專門一點，在建築技術(BanKcmst)方面曾發生過什麼有意義的運動？抗戰已入第四年了，追懷往昔撫抱無窮的希望。

（一）

學術思潮的發動，必有思維術與方法論爲其憑藉，五四文化運動至今顯然可以劃造兩個時期，在這兩個時期中，中國學術各方面均受其影響，第一期以「新青年」雜誌敢在公開態向數千年來神聖不可侵犯的孔教進行自覺的挑戰，始引起胡適之先生提倡實事求事的精神，「整理國故」，此或可稱爲實驗主義（Eimepericism）時期，第二期則自郭沫若先生發表「古代社會史」一書隨而引起了的「中國社會史」論戰，科學的人生觀等討論，直至今日可稱爲「辯證革命」時期。

這相當於十八世紀的法國啓蒙運動的五四文化精神，使我國學術思想受了兩度的洗禮，這兩期的學術思想是代表了現代中國學術邁進的漩渦。

中國的建築技術界，受這五四新文化運動的影響，在這兩個徼漾的漩渦中，我們可以分出三個顯著的活動：

一、古典折衷主義時代

中國，具有四千餘年的歷史與郁燦的文化，在建築方面自有其傳統的珍貴與價值，然而站在現代之構造技術，與材料之使用上，則中國建築距離現代太遠，換句話說即不適合現代生活了。進步的唯物造型藝術理論家，如以式樣作爲社會意識形態的表現，那末中國建築是代表中國四千餘年封建文化及封建社會的上層機構。而不是代表今日進步的的中國文化與社會。中國建築之表現如希臘海倫（Hilenism）時代的神殿建築與羅馬凱撒（Kiezar）時代的市場，中世紀時代的教會堂等，是代表該時代的政治機構的反映。

五四新文化運動的渦流，抽起了建築學者對於中國古典的懷戀，更加以諸歐戰的景氣而興起的小市民階級的資助，古典折衷主義因之興起，利用現代材料，再造古代的樣式，一時傳統的中國宮殿樣式，最爲公共建築物所採用，在學術界方面是由梁思成先生作領導。設中國營造學社於北平，從事故古代建築遺跡之發掘，這正是上承清代三百年考證的遺風，外接歐西的物質文明，營造學社所發行的營造彙刊，最可象徵這個時代的精神。到處找尋種種有關係的史跡，更在破瓦殘垣中，謀古典建築物之復原（Revible）這是代表五四文化運動的初期精神，又可以說是小市民階級勝利的反映。

二、殖民地樣式時代

五四文化運動之影響，一方面是懷戀國故，他方面則徘徊於歐美的建築技術，而又不能了解國際建築新發展的理論與基礎，於是藉着帝國主義侵略中國的根據地，如上海天津漢口等爲活動中心，大大地受西洋建築技術，可是因認識之不足，所獲的結果，只居於帝國主義的殖民地樣式而已，觀於我國的大都市，佔都市全部的建築物，其計劃與表現之雜路，紛亂與可笑之情態，非建築學者所能忍耐。

這時代是正値九一八的前後，國內外政治沉悶到極點，盲目地狭戀過去，與盲目地接受外來技術，是小市民階級意識形態的特徵，上海建築師學會發行的「中國建築」月刊，及以廠商爲背景的「建築雜誌」月刊，最足以代表該時代的精神。

上述兩大勢力支配了整個的中國建築工業界，其爲功爲罪，余不願論及，我們認識歷史的法則，從歷史的決定因素，因矛盾的揚棄必然有1936年之新建築運動之出現。

三、新建築時代

歷史在辯證的過程中前進，未來的時代，必然以前時代爲其生長的養料。意與照的意味均屬前時代的土壤，因此學術的新潮，是以社會背影作爲養料，以時代物質的持有環境爲發酵的溫度，其所成之華是中國新建築運動之渤起。

五四文化運動其勞績雖多，然我們知道五四文化運動之一般的狹隘性，這種狹隘性一方面是市民本身狹隘性的反映，另一方面則是一般勤苦市民的力量不够壯大的反映，因此在建築技術方面，只能止步故古典建築之無意義的復原，與被迫接受殖民地之樣式，與1920年前後的世界建築新潮相距過遠。

十九世紀人類在世紀末的苦惱中，對於雄覲一時的古典傳統起了反抗的作用，演成了國際間一般新建築的要求，然而又可以說這種要求是內在併發與摸倣的自覺。中國新建築運動亦起於，反抗古代傳統建築的思潮中。

國際新建築運動，自新建築家澳陶・華格（otto waguer）始，澳陶氏以新時代的建築要求，要自材料與構造之內在性而發揚建築造型的法則，此爲給與新建築運動以一明確的觀念，新建築運動發展以至今日，其顯著的表現有兩大主潮一以建築爲完成空間藝術爲目的者爲空間藝術主義，一以完成滿足建築之機能性者爲機能主義，機能主義亦分兩派：一派主要的以構造爲造型的表現，一派則以建築的實用形態表現建築的量的感覺，是以實用爲目的。

1930年前後的德國，更以其機械生產工業社會爲背景，創造合理的規型主義（Formoism）主張以建築爲完全一種工具，因此建築對於社會生活及文化的要求要充份有其目的性，尤其是在住居工業方面主張住居之規格化，這與名建築家戈必意（Le Conbusier）所稱：「住宅的工業生產及「住宅爲居住的機械」的提示。」此種學說之影響及於歐美，蘇，中各國。

中國新建築運動以1936年起始，他是世界新建築運動的一環，是代表反抗數千年固有傳統的封建的建築技術，，更否定了殖民地樣式建築的入侵而主張創造適合於機能性與目的性的新建築。

1936年在廣州革命策源地創刊的「新建築」，是代表擁護新建築的青年建築學者的思想，他們以鮮明的態度去抨擊，因襲古典樣式之不當，並提出了含有歷史意義的信念——反抗因襲的建築樣式，創造適合於機能性目的性的新建築」。牠以嶄新的姿態介紹世界建築新潮，這正是中日大戰的前夜，這無疑的是適應未來的新政治，新經濟與新社會的一種技術啓蒙運動。

新建築之出現與二十世紀法國之 Ecole De Beaux-art，（註一）1918年德國之工作同盟（D,w,B）及國立Bauhaus（註二）蘭荷之 De Slyle 學派同爲世界建築史上最光輝的一頁，他們的工作在中國新建築運動中具有劃時代的意義與不可磨滅的紀念碑底功績。

（二）

新建築運動自始即受多數民衆之擁護，數年以來，對於中國建築工業影響極大。1937年中日戰爭爆發，我國大都市相繼淪陷，代表前期建築運動的作品如南京鐵道部及官舍大上海市中心區（Cive Canter of gerat Shanhai）中山文化教育館，廣州之中山紀念堂，圖書館等巳爲敵人破壞，此種未能與現代生活發生密切關係及未能將現代構造與材料加以正當之態度來處理的作品，我們不要可惜，而對於建民地樣式時代的作品，因其對於建築思潮的認識太缺乏了。建築家受殖民地勢力所支配以虛僞以模倣，只具商業上的價值而已。

抗戰已達三年半，「新建築」在陪都發行渝版，在大後方抗戰建國途中，新建築運動較前應加猛烈，今後因脫離各種束縛，應用民族資本於建築工業方面，建築當然爲通過科學批判及社會之意識形態，求合理主義的精神以爲建築造型的創造。擁護新建築運動的建築師其任務是以組織，秩序，及規型化以表出其爲建築造型的經濟學者，

自神殿建築始之，世界建築歷史，經數千年之辯證揚棄過程，已漸近民家的水平，屬於個人的都會建築，已迫近其本質，由理論由實踐，這不是理想的發見而已。

今後新生的中國除仍在帝國主義掌握中久延殘喘之外，新建築必爲自由的中國探爲建設社會的目標。

註一•• Ecole Beauxárt 是巴黎建築學院繼續文藝復興期建築工作影響及於全世界。

註二•• Banh aus 原名國立 Bauhaus（Stiutlicker Bauhaus Weimer）爲戰後德國新建築運動之中心學術機關，影響於全歐。

註三： De Style 學派爲荷蘭新建築家

T,V, Doesbuag 主持之雜誌爲荷蘭新建築運動之權威雜誌。

1941，重慶沙坪壩。

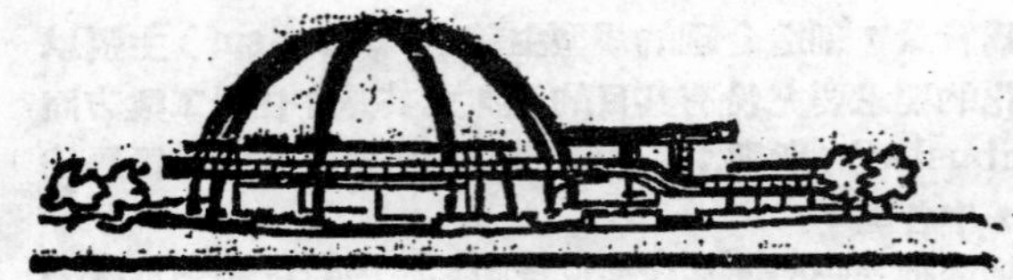

論新建築與實業計劃的住居工業

鄭樑

——新中國的住居工業的一瞥——

「要使大多數人享大幸福，非民生主義不可。」

——國父——

實業計劃是 國父底最天才最卓見的傑作。它是中國現代化的計劃；同時也就是建設新中國底國家經濟底最偉大政策。它曾獲得國際上的欽佩與讚揚，決不是一件偶然的事件。

在 國父手訂建國方略底實業計劃的時候，首次歐洲大戰剛剛終結。他想利用參戰國家在停戰以後底過剩的生產機械，人才，資本以助長中國實業發展之用。然而因爲當時各國人民久苦戰爭；朝問和議，夕則緊忘，大家都企圖馬上將戰前狀態恢復，不獨戰地兵員陸續解散，而後方工廠亦多同時休息，故大勢所趨，致該計劃之進行遭受極重大之影響，當時雖獲各國三數高明的政治家，實業家之讚助，卒亦無補於事，蓋心有餘而力不足（註一）。二十年來因國內政治經濟環境之變動，該計劃未付諸實施，即較有系統之精密設計亦未開始工作，誠屬憾事！乃時至今日，中華民族因爲有了三年多抗戰的優異成績，業經建立最高的自信心，目前我們所憂慮的問題固不是民族底自由解放，而是國家底如何獨立富強

而是如何使一個產業落後的國家越過農業經濟的階段到達全盤工業化的問題，在去年，中國工程師學會在蓉舉行第九屆年會，當時出席會員均以為中國欲圖自給自衛實非興工業軍不可，並曾將 國父手訂的實業計劃為中心議題，結果都已深切地認識：新中國底未來的建設工作，雖經緯萬端，頭緒紛繁，但大家能通力合作，根據 國父所訂建國方略以作初步方案，繼續研究詳細實施計劃，則 國父底實業計劃之實現亦非極困難之事。兼以目前之國際環境適與 國父訂定該計劃之時極相類似，而今日世界大戰之範圍，遠較從前為廣闊，且國際對我抗戰建國之同情與援助，日益殷切，故信抗戰勝利來臨之日，世界大戰亦為當告終，國際友邦當必給我工程建設以更大之援助。由於此種堅定的信念，工程師學會會決議組織五十人之實業計劃研究會，並通過六項原則以作今日對實業計劃重新檢討，細密設計及付諸實施之根據。（註二）

又關於實業計劃之內涵，中國工程師學會曾分析其相互之關係，決定類別各種工業為五十項。其中屬於建築工程師學會担任者有農倉建築工業，建築材料工業，家具製造工業及居室建築工業等。（在該會在分配上祇有港埠工程由土木工程師學會担任。而關於都市計劃一項並未見有規定，未知是否遺漏？查 國父在實業計劃一書上曾對都市計劃作極端的重視。他認為：「鐵路之建築，運河水道之修改，商港市街之建設等皆為實業計劃之利器，非先有此種交通，運輸，屯集之利器，則雖全具發展之要素，亦無由發展也。」（註三）假如在分配上，已將都市計劃包括入港埠工程，則作者認為似有未當者。蓋都市計劃在計劃上實不全歸入土木工程範圍之內也。）在該項分配決定後，即分別發交各專門學會着手進行，希望獲得最後之結果供獻中央，以作實施之準備。作者現本建築師之立場，並以中國新建築運動之理論基礎作探討 國父手訂的實業計劃之根據，希望能於短期內獲得較滿意之收獲，陸續在本刊發表，並希望海內建築專家不吝指教和參正。

現將新中國之住居工業的初步研究一書的主要綱領列下：

第一節：新建築與國父住居工業計劃

第二節：實業計劃中之家具工業計劃

第三節：實業計劃中之建築材料工業計劃

第四節：實業計劃中之農倉工業計劃

——順論集體農場計劃——

第五節：新中國的住居工業建設問題（本書之結論）

——順論都市計劃——

三

「民生主義的實行，在生產應現代化，分配應社會化。

——孫科——」

「生產現代化」是從事實業計劃底精密設計的最主要的根據。故在中國工程師學會所通過關於檢討實業計畫的六大原則中，曾明白地指出：「各專門工程學會應就其過去事業之計劃及經濟補充實業計劃之細目！並應根據過去二十年世界工程及科學技術之發展，增加實業計劃之項目。」（見第四原則。）這就是說：我們在從事探討或設計實業計劃的詳細項目時，應本着現代最新的眼光，並着眼於國際水準，使該計劃能增加最新的內容，以補原計劃之不足，使該計劃成為最現代化的計劃。

我們細讀 國父底實業計劃關於居室工業部門之陳述，對 國父遠大的眼及嶄新的思想深致敬佩。國父不獨為民族革命的偉大導師；而且還是中國新建築運動底理論的先知先覺者與實踐家。（註四）在該計劃上，他曾說：

28905

『中國四萬萬人中，貧者仍居茅屋陋室，北方有居土穴者，而中國上等社會之居室，乃有類於廟宇，除通商口岸有少數居室依西式外，中國一切居室，皆可謂爲廟宇式，中國之建築居室，所以爲死者計。屋主先謀祖先神龕之所，是以安置於居室中央，其他一切部份皆不及，於是重要居室非以圖安適，而以合於所謂紅白事，紅事者即家族中任何人嫁娶，及其他喜慶之事。白事者，即喪葬之事，除祖先神龕之外，尚須安設許多家神之龕位，凡此一切神事，皆較人事爲更重要，都先謀及之，故舊中國之居室，殆無一爲人類安適方便計者。』（註五）他對舊中國——封建的舊中國所產生的建築方式作直白的痛罵。認爲過去中國的舊建築在式樣上是廟宇式。（神之住居，而非人類好住居啊！）而在住的實用上言，殆無一爲人類的安適方便計者。此種主張正與本刊一貫抨擊中國舊建築的論調極爲吻合，故吾人稱 國父爲新建築理論之先知先覺者誠非過甚其言。

至在建築的計劃上，他曾說：『中國若棄其最近一千年愚蒙的古說，及無用的習慣，而適用近世文明如予國際發展計劃之所引導；則改建一切居室，以合近世安適方便之式，乃勢所必至。』（註六）他又說：『一切人類進步，皆多少以智識，即科學計劃爲基礎，依吾所定國際發展計劃，即中國一切居室，將於五十年內依近世安適方便新式改造，是予所能預言者。』（註七）我們從他的主張觀察，深知國父是主張採用『建築形態簡純化，合理化，與實用化的現代合理主義的建築理論』以作未來建築（居室）工業設計之根據。蓋合理主義的建築是實用及安適本位的建築，是以衛生，快適，實用爲第一義，形式美觀爲第二義。同時還主張以『用最少，材料最省』爲設計的基本條件，而求效用最大的機能，此外還主張廢除虛飾，力求純粹，簡明，以求達到尊重建築底目的性，機能性爲目的。故吾人綜合 國父在實業計劃以對建築樣式的主張不外如下：——

（A）他對中國舊建築樣式絕對不滿意，主張廢除。

（B）他主張採用現代方便，安適的新建築樣式。

這正與本社在1936年所提出的『我們共同的信念：』

『反對因襲的建築樣式，創造適合於機能性與目的性的新建築。』的主張，所謂完全吻合。故吾人希望在未來新中國建設計劃實施之時，沒有人再拿『國粹』的『廟宇式』來高唱適合於中國的怪論。未來一切有關實業計劃的建築工程的設計，實均應根據現代新建築的理論從事設計，把中國的建築藝術提到國際建築的水準，這是 國父最天才最卓見的建築觀，同時也無可抨擊的理論。

國父對於新構造法與新材料的採用，及建築經濟的講求亦極多先見的主張；他說：

『以預定科學計劃建築中國一切居室，必較之毫無計劃者更佳更廉，若同時建築居室千間，必較之建築一間價廉十倍，建築愈多，價値愈廉，是爲生計學的定律。』（註八）他是主張把建築工業從事工業化定型化底大量生產的。這個主張在生產與消費兼籌並顧底社會主義國家蘇聯，因爲過去幾個五年計劃的成功，工業發達，技術水準日益提高，單就過去的一年（1940）已完成此類大量生產，由許多廠造零件所結構的建築物成千成萬。（註）使社會主義國家的公民益獲有住居徹底充份之保障，此種國家爲人民謀公共福利的舉動，正與 國父在民生主義的主張：『民生主義的經濟政策的目的，不是爲社會中的某一階級或某一階層謀利益，而是爲多數人謀大利益。』和『民生主義在住居工業的供給應由政府來保證一切人民的生活需要的滿足。』的主張是互相一致的。（至關於建築底工業大量的討論將於第三節再詳述之。）

由於近世工業之進步，一個有基礎的現代國家，應有其獨立的建築材料的生產組織，中國在未來如欲自給自衛，則對重工業的建立實不可少。假定中國在重工業建設完成以後，則對於現代建築材料殆不再成爲重大的問題，如玻璃，鋼鐵，士敏土均能作工業的大量生產，則正如蘇聯一樣，此時 國父所主張之大量生產將能達到，此時一般國民對住居的解決將獲得良好的保障了。

至關於居室之建築方面，國父是主張國營的，他說：『建築事業包括一切屋宇。公衆建築，以公款爲之，以應公有，無利可圖，由政府設專部以司其事，其私人之居室，爲國際計劃所建築者，乃以低廉居室供給人民，而司其建築者，仍須有利可獲。』（註九）從這段的主張我們知道關於一切屬於國家的公共建築物（如工場，學校，辦公廳，醫院，劇場，療養院，俱樂部，托兒所，集體農場之公共建築物……等）國父是主張由國家設專部担任設計及監理，至於私人之居室的建築，為防止私人之壟斷計，故在實業計劃實施時，依據國父的主張，是應與城市的土地，交通的要點等同歸國家經營，以低廉的代價供給人民使用，作為私有，而以所獲的利益，歸之國家所有，這與社會主義的國家蘇聯把千百種經濟財源之一的居室列為私有，在大體上是相同的。（在私人享有之居室當然有嚴格之規定與限制。）孫科同志曾經明切地指出：『我們以農立國，和二十年前的俄國是一樣的，所以俄國便是我們的好榜樣，我們如參考俄國的方法來建國，並不是要抄襲俄國的方法，而是實行 總理的主張。』（註十）我們認定這樣的主張，是合理的，是值得中國廣大的羣衆所擁護的。

國父又說：『此類居室之建築，須依一定模範，在城市中所建房屋，分為二類：一為一家之居室；一為多家之居室；前者分為八房間十二房間諸種，後者分為十家百家千家同居者諸種，每家有四房間至六房間。』（註十一）從上文觀察我們知道 國父對都市住居建築的主張分為兩類，一為單家住宅建築與歐美，蘇聯現代建築家所提倡的市郊低層住宅羣或最少限住居（Eunrichtung der kleunwolung）的主張吻合。其次為集合住居的建築，在社會主義的新國家蘇聯一般都市勞動者所公同享用的集合式住宅，早已像星光的密佈，而獲得極優良之效果，對都市住居問題給與便利的解決。 國父在二十年前已有此種先見的主張，誠屬難能可貴。（關於都市住居之詳細計劃在另章詳細討論之。）

又今日之農業經濟論者，多主張：『中國農業要現代化，必先要機械化；必須要大規模經營。蓋我國農場面積狹小，形狀不一，這樣的農場自無法機械化，很難科學化，工業化和商業化的，所以我們如要實行中國農業工業化，就非擴大農場，實行合作農場或集體農場不可。』關於集體農場的實行，蘇聯與意大利均曾實行，結果證明了各種大農場有一般經濟的優點，而無資本主義農場的社會缺點。故我國在平均地權，土地國有底主張實現以後，合作農場的實現當不能免，此時吾人對農村的住居建築應依照 國父的主張：『考察人民習慣，業務需要，隨處加以改良。』（註十二）使一切建築物均適合合作農場或集體農場的實際需要。而鄉村建造住居工事，國父是主張：『務須以節省人力之機器為之，於是工事可以加速，費用可省節。』（註十三）這與新建築底合理主義底建築理論是極相吻合的。（至於於集體農場之計劃及農舍建築工業之討論當於另節詳述之。）

三

在本段之終結，作者擬順論實業計劃實施之前提設非如此，則一切計劃恐將成為『虛工』；成為空論。此非敢言主張，不過以『一得之見，』貢獻於相當抗戰建國的政府當局而已。

（第一）實業計劃之實行，生產手段歸公有消費手段歸私有。

吾人研究 國父著作，深知其主張是如此的。關於生產手段方面，在實業計劃上 國父曾說：『此所以發展中國實業當由政府總其成，庶足稱為有生氣的經濟政策。』以住居工業言，如由國家經營，始不致為大資本家，地產投機者所操縱居奇；始可避免資本主義之種種惡弊。其次，我們知道都市計劃之能整個作合理的解決，人民住居問題之能作適合分配，實非實行孫科同志之主張『生產手段國營，分配社會化』不可。蓋國營實業（不獨住居工業如此。）容易籌集雄厚的資本，能够實行大規模的有計劃的生產，能够避免生產的浪費，減少建築的造價。此與 國父所主張『生產與消費應兼籌並顧，使兩者保持均衡。』是相同的。

（第二）必須有一個强有力的實施統制的權力機關，負責一切計劃之決定，執行及監督。

（第三）必須有一個為廣大羣衆共同贊同，進行的建設計劃——這就是說，實業計劃之詳細設計須獲得廣大羣衆的明瞭，擁護及堅决執行。關於這一點，我們明白民生主義的經濟政策的目的，不是為社會某一階層的利益，而是為着廣大羣衆謀公共的福利，它是有着豐富的社會性與公共福利性的。它將獲得廣大羣衆的了解，擁護及堅决執行是無疑的。國父說：『大衆對於這四種要求（衣，食，住，行，）都不可短少，一定要由國家來担負這種責任，如果國家把這四種需要供給不足，無論何人都可以向國家要求。』（註十四）在實業計劃實施以後的社會，羣衆將獲得了衣食住行底最大保障，我們企望這個計劃的早日實施，我們企望這快樂日子的來臨！

（一九四一年重慶）

（註一）見物質建設自序

（註二）見大公報　年華作　新中國的物質建設（記中國工程師學會年會）

（註三）在二十多年前，　國父故鄉的一般建築均為廟宇式，但當國父營建其寓宅時，獨先採用新建築樣式。在今日當不足驚異，但當時封建思想的濃厚　國父獨能實現其主張，由此可見國父革命的精神，同時亦足稱之為新建築運動之實踐家。

（註四）見物質建設第五計劃

（註五，註六，註七）均見同上

（註八）請參閱　鄭樑作　一九四〇蘇聯新建築之檢討（市政評論第六期第三期）

（註九）見物質建設第五計劃

（註十）見孫科…：民生主義的第一步（抗戰期間的經濟政策）

（註十一，十二，十三）見物質建設第五計劃

（註十四）見民生主義第三講

國際建築與民族形式

——論新中國新建築底『型』的建立——

霍然

『虛僞的思想是和藝術的形象不相宜的。——蒲力汗諾夫』

上篇

中國底新的藝術家（建築家）是建設新中國底引路先鋒。他們應該學習正確的新建築理論和實踐不可分離的配合起來，去征服一切陳腐的盲目的必然；完成中國新建築底『型』的建立底中心任務。

因爲理論，祇有理論幫助實踐，不僅使我們理解中國新建築運動在必須怎樣前進，並向何處前進，而且使我們理解在近的將來必須怎樣前進，並向何處前進。

在意識形態的戰線上，要真正戰勝反抗新建築運動的敵人，我們的理論與思想必須與社會主義的實踐合作着步調而進行。（因爲適應於社會主義底意識形態的新建築才是向着人類，向着太陽，向着更光明更現實的人類生活前進啊！）我們深知正確的理論是由實踐而產生，由於實踐而內容豐富，實踐爲理論的結論所支持，更加緊確實前進。

我們今日提出新建築底民族形式問題，不僅是藝術生活的問題；不僅是中國新建築技術水準的問題，而且政治上的問題。我們應該把這個問題看作建設新中國底理論鬥爭的一部，它是不能被孤立地割分開來的。

藝術是國際性的，人類的，祇要它底立脚點站在人類的現實。假如把國際主義的內容與民族形式離開來，是一點也不懂得國際主義的辦法，我們需要把二者密切地結合起來的。因爲在今日，文化的『民族性』正處在被揚棄的過程上，在藝術和一般文化的民族的特質是和牠底人類的世界的本質處在辯證的關係中，這關係也在形式與內容的關係中表現着。我們從形式與內容的關係上，可以把『民族性』的地位從下列的解釋看過清楚：

『我們倘使從形式和內容的關係上看，則所謂『民族性』，首先是存在在各民族在共生活鬥爭的發展過程中獨自地創造着的文化形式的特性上的。例如在建築的各種不同的文化形式上面，各民族都表現着牠的民族的特質。在這裏，這特質是對內容的世界的本質而說的，並且在這裏，內容的民族的特質是在形式的特質上表現出來的。於是從形式和內容的關係上看，則在人類跟着生產力的發展，各民族的生產關係和社會關係都發展着發生着變化的時候，各民族的文化形式首先就已跟着內容跟着新的社會生活而起着變化了；這時又是人類有着世界的結合的必要的時候，各民族的文化就又發生着交互的關係，而且互相影響而起着變化，並且在形成着國際的文化。在這樣的時候，『民族性』纔開始作爲問題，但『民族性』本身却已經被揚棄着。由於民族內社會關係的變化和各民族交互影響而來的國際文化的形成的過程，是文化的特質向着本質發展的過程；從形式和內容的關係來說，就是形式跟着內容發展的過程，歸結便是所謂民族國際化。換言之：就是各民族文化既具有世界性的內容，這世界性（國際性）的內容必然而且必須具形爲民族特質的民族形式的存在。則民族文化之形式上的民族的特質，也是具有牠的文化上的民族價值。而且也將和內容不可分離地取得世界的價值。

然而，這民族的特質之向着世界的本質的發展的過程，是一種矛盾的鬥爭過程。而在這過程上，民族形式必然而且必須在世界化着（國際化着）了。所以，從形式和內容的關係的發展來看，則民族的國際化是民族文化發展的內在必然性，也是非常明白的。

28909

而且又是民族文化發展所必需的。這樣，『民族性』的問題，在文化上是失去了獨立的意義的，牠的意義是祇能在文化的民族形式的特質上去求，而且，這是由內容和本質去決定的（參考：民族性與民族形式）

『個人，民族，人類。』

檢討今日世界的特性，它是朝向着統一的形像底動向前進的。把一切客觀的超越個人限制的評價高招起來，於是現代建築便以含有客觀化底個人性與國民性的特徵，更基調於世界的交通技術的現代建築底統一形樣，超越了個人底民族底自然界限，向世界文明諸國而普及。建築雖然在獨自地創造的文化形式的特性上是個人底的民族性底的，但在民族的特質向着國際的本質的發展過程上，結果在三個同心圓——個人，民族，人類——中，最大最後的一個便界境把其他兩個包括着。

在這裏，我們需把現代建築的特徵提供出來：

A·它不限於一地方一樣式的模倣的再現。（因爲萬物是進化的，歷史是不重複的，一個時代有一個時代的建築形樣，凡是過去時代的形樣是永遠不能磨滅的典型，但也無法再與（再現），因爲產生它的那個時代的一切條件是消失了。）要基調於建築的本體的機能以追求適合於目的性與機能性的建築計劃。

B·它不限於個性的自由創作，而須站在科學的技術基礎。（科學與技術是國際性的，西洋的科學與工程技術就是中國的科學與工程技術，在起初本來是沒有什麼國界的區別的，不過走上了牛角尖的中國人，因爲自已對於科學與技術一點沒有貢獻，又不能溺於科學的迷夢裏，沒有半點科學知識，請問這科學和我們有什麼相干？科學既然和我國民沒有相干，那末，這世界的科學與工程技術祇可認作西洋的科學不是中國的科學。（杜亞泉先生的警語）然而今日的中國已經進步許多了，最新的最高級的數理化都在學習上漸漸普遍起來，而且能够在實際上運用，在工程技術方面，我們在戰時艱苦的環境裏也能建立我們的軍需工業，以補充戰時的消耗，土木工程上的鋼鐵構造，鋼筋混凝土底最新的力學計算方法，新的構造與新的材料都能够使用於一切實施工程上面，因此，在今日，大家再不敢否認科學與工程技術不是中國的了。

C·它不是個別的手工業生產而是世界的共同工業生產。（在新的內容，中國應該確定『以工立國』或工業化。因爲這才能代表中華民族的新興力量，把中國推向近代化的進步政策。中國在抗戰勝利以後，踏上新民主主義國家到社會主義國家的路上，把重工業建設起來，此時像蘇聯完成二次五年計劃一樣，同樣可以作共同的工業生產的。）

由於上列諸特徵，於是現代建築遂因新材料與新技術的共通性，並因人類生活關係與接觸着交通工具的日益發展，把一切空間，平面的距離大大的縮短，而便利於文化及一般民衆的觀念的往來，必然地，國際間的共通性便達到了完成國際建築（International Architecture）的形式的新階段。因爲共通性底要素的增加，使個性，鄉土性均爲此要素所包括，至此國際建築的思想遂成爲今日新建築運動的主潮，更成了國際新建築會議與現代建築家互相關聯的指針。

最近的國際建築會議曾發表過富有歷史意義的宣言：

『署名的建築師們，現代建築師國際團的代表者，共同認許其統一的意見，對於建築的基本觀念，及其對於業務上的責任。

我們要特殊注意事實，『構造』係人類的一種初步的活動性，此活動性有密聯絮於進化及人類生命的發展。建築師們的天職應與其時代的趨向相符合，其作品應表揚其時代的精神，所以我們須宜的明確的反對，在我們的作法中應採用任何能活躍過去的社會的原則；在反面說：我們承認建築的新觀念的需要，滿足現在生命的物質的智力的精神的需要，由機械主義良心的根本改革，本聯合的明確目的，在求實行對於現代的要素的和光性（統一性）並將把建築放在實質的計劃去，即新社會的計劃及新經濟組織的計劃，並同時打倒禁固的無意義的過去方式的古典主義的保守者。

共同努力於這個信條之下，我們宣告聯合一致，並務求在精神上，物質上的互相呼應，在國際的計劃上樹立光明的基礎。（見新建築雜誌第七期）

我們從這個宣言及許多新建築形態上觀察，便立刻明瞭新建築運動不是當世風的形態事件，（根本不是一種流行的藝術(Fashionable Ait)）而是表現着新建築的見解，這見解是要求着：「建築從個性，民族性的表現，踏進人類共通的表現的新階段。」也就是中國藝術革命的偉大導師魯迅所言：『有地方色彩的藝藝作品，倒容易成爲世界的，即爲別國所注意，打出國際去，即於中國有利。』同時他還正確地告訴我們：『要藝術創造技術進步，是應該看國際名作家的作品。』他是主張吸收國際技巧，方法及理論的優點，並且指出了民族形式的發揚（發展）就是給世界大同的文化基礎條件，全世界各民族生出的先進革命藝術，成爲國際主義的人類共同文化的胚胎，可見民族形式的新建築不應是狹隘的民族主義的藝術，在技巧上也不是保全古舊的構造法與舊材料的關門主義的，而是主張同時吸收國際建築底進步的技術，採用現代的材料，從這個堅固的基礎上，去建立民族形式的新建築藝術。它必須是戰鬥的，也是爲了民族文化的最終目的——世界文化的建立——，決不是一種當作被揚棄的過程看的民族形式。詳言之，我們現在所要創造的新建築藝術，應該在民族的形式，革命的內容『的認定上努力，是爲了適應於時代底新的內容而創造新的民族形式，應該與社會革命這國際性的浩大的內容配合而產生出來的。

新建築形態要表明許多內在的意味，更須依照作家的個性，民族的特性爲基調而主張新建築需要國際化。現代建築的形態可以說是國際化時代，它把各民族的特性立於交錯之間，而統一新建築底可視的「型」，因此；所謂國際建築乃爲現代所特有的產物，而且是包括現代的特性之總稱，因爲新時代之統一革命思潮（馬恩列主義）及新世界觀(辯證法唯物論)之認識與乎內心共通性的意義，因此，在建築的構成底作風上，材料之做舉底，線條底組織有優越之意義，則新興階級的特色的理智底世界觀即愈表現在這種作風之上，而使人類今日的造型藝術之製作不能不作綜合諸要素而產生時代的建築結晶——國際建築。（現代的藝術家必須持着普通的生活，用一種勞力求生存，他必須把高尙的精神力量的結果交與廣大的群衆，因爲這種情感之能傳達於廣大的羣衆，實爲他——建築家——的愉快，而不像資本主義國家的建築家以多傳自己作品和高價賣出自己的作品爲快樂。今日的新建築其形式是簡單明快的，它的內容是促進人類情感之聯繫人，因此，新建築之形態是廣闊的，沒有絲毫不明與複雜感覺。）

現把國際建築底社會要素的根據列下：

（一）應該有自覺的階級性，祗要有自覺的階級性，便有藝術價值之存在。

（二）應有明快的感覺，須與現代的羣衆生活全部相聯繫的現代感覺。如大工業製作工場，集團農莊集合性之勞工住居，托兒所，療養所等便成爲國際建築底最主要的課題。

因爲新建築應該是總要素的平衡而追求調和，且又無外面的『型』底一定之創作法則之適應。因此新建築之『型』是不定型的，它不是從事全般樣式之法則的假定而是一體系的意智的總稱下爲統要素的普遍性的表現的『型』，故國際建築的『型』不是樣式的問題，而是基礎於新構造方法與新材料使用，新建築構成的原理之適應與及對下列諸般要素之滿足而產生者：

（一）要徹底適應於建築底目的性與機能性。舉凡有利於大衆的建築作品，如集合住居，勞運者之家等課題均應切實滿足其計劃之眞正需要。

（二）凡最合實用的建築就是最美的建築。

（三）凡屬於實用本位的建築應以居住的衛生快適爲第一義，形式美觀爲第二義。

（四）國際建築是經濟的，應以費用最少，材料最省而求最大的效用。

（未完）

隧道式防空洞之入口處理

——「隧道式標準防空洞的提案」之說明——

鄭祖良

(一)

重慶——世界和平的燈塔！它在敵人不斷轟炸之下，始終巍然獨立，發出爲人類和平，自由，正義而奮鬥的光芒，是光明而榮譽的。

萬事莫如防空急！其中以防空建築的設施更有着重大的意義，根據劉時司令在「中國防空事業的昨今明」一文中的報告：「在1940年內敵機侵襲重慶共六十四次，敵機動員3743架，投下炸彈共9226枚，而我們因防空建築設施的完備，死亡不上三千；受傷不上五千的人數。平均每三彈還不够炸死一人，每二炸彈亦祗能炸傷一人，而且這裏所計算的人數還包括整個重慶防空區域，故實際單就重慶市而言，則大致每五彈至六彈始能炸死一人。」從這報告上觀察，一方面因由於敵人空軍素質的低劣，而重慶市區防空避難山洞建築之完善，實爲重要之決定因子。故在今日，整個世界都在戰爭火藥氣氛度活的今日，重慶式隧道防空洞已被世界軍事工程界所注意，相繼從事研究與倣效。此實爲我國防空建築工程家在抗戰期內努力所表現之成就，這是我國民衆所不成忘談的事實。作者在抗戰前曾著有防空建築及副本防空建築計劃二書，交由中國新建築社在粵出版。及至廣州淪陷，即來重慶參與防空建築工程計劃工作。二年以來對防空洞，防空庫房，防空廠房諸項建築曾專心研究，已將研究所得草成論文，然以涉及軍事性質，未便公開發表。一俟抗戰終結，即將全稿付刊，以求教於海內外軍事工程專家。至本文之作，因防空洞爲公共較爲公開性質之工程結構，故擬將個人所見，關於防空洞出入口處理之部份先行發表，以便請教於專家之前，希望由此文之發表，引起國內軍事工程界對防空洞研究之興趣，陸續發表關於隧道式防空洞改善之意見，使該項防空結構益獲完善，此爲作者個人之企望，亦我國防空建築界之幸事也。

(二)

岩石層之隧道式防空山洞，如洞頂石層有相當厚度，則對於常用爆彈之侵徹深度及爆炸力之防禦，可謂安全。現根據防空建築學上所常用之計算爆彈公式及算得之結果介紹如下：

A. 對爆彈侵徹深度之防禦

今假定重量不同之各種爆彈自四千公尺高投下，落速爲280公尺。

(a.)彼氏(petry)公式：

$$侵徹深度=\frac{p}{2R^2}\times K''\times F(V)$$

上式：K'' =材料(砂質石層)之抵抗係數=0.94

$F(V)$=存速函數=$F(V)$=6.92

(b)聚氏(Visser)公式：

$$侵徹深度=\sqrt[3]{\frac{E}{wb}}$$

上式：E=炸彈投下時之功能 $\frac{Gv^2}{2g}=\frac{G\times 280^2}{2\times 9.8}=4000G$

w＝被侵徹物體之凝結係數＝1

B＝沙質岩之極壓力（假定＝$200kg/Cm^2$）

應用上述兩公式計算結果如下表：

彈重 (Kg)	用彼氏公式		用韋氏公式	
	$p/(2R)^2$	侵徹深度(Cm)	E. Kg. Cm	侵徹深度(Cm)
100	$100/28^2$	83	40.000.000	58.5
200	$200/34^2$	113	80.000.000	73.7
250	$250/36^2$	125	100.000.000	76.7
300	$300/38^2$	136	120.000.000	84.8

由上表可見彼氏公式所得之侵徹深度比韋氏公式所算得者大半倍以上，而韋氏公式在立論上比較合理可靠，如防空山洞之拱蓋頂上岩石層在3m之厚度以上，則僅能抵抗300Kg爆彈之直接命中。然為安全計，仍應計及爆炸彈所發生之爆炸力之防禦，以便增大其安全係數（Factor of Safety）

B. 對爆炸力之防禦

就防空建築之一般理論，物體被炸之形狀常為漏斗形狀，其體積爆炸公式，按照格能氏彈道學計算結果如次：——

被炸體積　$j=0.194\,S.\,s.\,L.m^3$（上式見Cranz：Ballistick Bdis479）

上式：L＝炸藥重量（kg）

s＝炸力係數（假定＝2）

S＝侵徹深度（m）現選用前節韋氏公式所求得之結果如為100kg之爆彈，L＝55kg

$j=0.194\times0.585\times2\times55=12.5\ m^3$ 又假定漏斗孔直徑為斗深之三倍，即 $t=\frac{b}{3}$，則

$$j=\frac{1}{8}\times\pi d^2\times t=\frac{\pi}{8}(3t)^2\times t=3.54t^3$$

$$t=\sqrt[3]{\frac{j}{3.54}}=\sqrt[3]{\frac{12.5}{354}}=1.52^m,\quad d=4.56^m$$

如為300kg之爆彈，（d＝170 kg，s＝2）

代入 $j=0.508\times0.85\times2\times170=146m^3$

倘用延動信管，則 $j=1.4\times146=204m^3$

假定　d＝4t　則 $j=\frac{3}{16}\times\pi\times d^2\times t$ 或 $=10t^3$

$$炸穴深度=t=\sqrt[3]{\frac{204}{10}}=2.74^m$$

面徑　$d=4\times2.74=11^m$

由上式所計出之炸穴深度爲 2.74^{m}，尚未達上述假定之厚度（3m），但上式二公式均屬首次歐戰之經驗結果，歐戰後炸藥製造日益改良，視乎最近德國空軍狂炸倫敦市區之炸彈威力，即知遠較以前爲進步，惜無確實統計數字可作防空洞計劃之根據爲憾耳。可是日寇對我過去數年所施的空襲，因其國力及技術均屬低劣所用爆彈威力較弱，故假定防空洞頂之岩石層厚度能增至 4^{m} 以上者，則雖受 300kg 之爆彈之命中，亦可信其安全。故作者一向主張，認定如計劃建築防空山洞道，當注意地形地物之選擇，如地形之能充份對空掩蔽，岩石層之素質良好，厚度相當（最少在 4^{m} 以上爲合用。）經過合理的設計後，則此山洞建築完成，雖不經洞內之砌結施工，亦當成爲一優良合用之防空設施。故今日之討論隧道式防空山洞改善問題，不在洞頂掩護層之抵抗强度。（因天然岩石層之利用實爲抵抗爆彈威力的無上用材。）而在乎防空洞之出入口之合法處理與改善。茲篇之作，即爲論及此重要之課題者。

（三）

假定敵機投下爆彈，不落到防空洞頂部，而落在防空洞出入口之前，則爆彈所發生之侵徹力，爆炸力，空氣壓力及破片威力等，當向其威力所及的距離內施行侵襲，此時，防空洞出入口適爲「首當其衝」之部份，故爲避免此種損害計，今日之防空洞計劃，對於出入口之處理在形式上約有下列數種；現分別加以介紹及對其優缺點加以檢討。（請參照插圖１）

（一）落級法　此法之使用不蓋爲抵防洞前爆炸彈所發生之威力者。其主要的用意，每因洞頂岩石層厚度不足，故於入口後即向下落級，然後進入容納避難者之部份，因落級之故，則避難部份之水平高度當較地面水平爲低，如是則避難部份之洞頂厚度可如願增大。故此法之優點乃在安全之獲得。至於劣點；則在(1)避難者有上落之苦。(2)氣流較難暢通。(3)施工較難。(4)落級部份相當於通路，在佈置及使用上似欠經濟。然此法在使用上仍有其本身之價值。

（二）轉曲法　此法洞內之水平與洞外爲一致者。其設計上之特點及在入口後 2^{m} 深度處即行轉曲，希望能避免洞前爆炸彈威力之向洞內侵襲，故在未轉曲之部份爲不容納避難者之部份。此法之優點在：（1）構造簡單。（2）出入方便。（3）氣流易於暢通。至其劣點則在不甚安全可靠。然此法之採用者仍多。

（三）氣閘法　此法於洞口部份用條石或沙箱（沙袋）或混凝土建築相當厚度（約30—40 ^{Cm}）之防彈壁，作綜錯狀，形狀如一般氣閘之構成。此法之優點在：（1）相當安全。（2）構造容易。故在使用上頗有實效。

（四）挖坑法　此法之計劃，即在使洞口作實際上之「懸空」，希望洞前着地的爆彈能在洞口水平較低之處爆炸，務令爆彈威力不致射入洞內爲止。此法之一般構造，多於洞前(出入口之前)挖一 $3^{m}\times 4^{m}\times 3^{m}$ 的深坑，於坑面再用木料構造法做成通道，即使爆彈落上木模板上，即當立直貫穿直達到坑底然後爆發。此法之優點在於安全，不過在建築費上略需提高，而爲美中不足之點，但仍有其採用之特殊價值。

（五）綜合法　此法將第三第四兩法作綜合之使用，設計與構造請參照「隧道式標準防空山洞之提案」之略圖，換氣，及舒適之效，如屬經費充裕，此法實爲最優良最安全最標準的防空山洞計劃，極適宜於較重要的公共機關之採用。

其餘尚有懸空式的防空山洞計劃，其標準圖當於下期作簡略之介紹。

又當重慶市遭敵人大空襲之際，市公務局曾公佈一取締法規，禁止一切建築物在距離防空洞口 3 m 以內建築，爲避免建築物之燃燒及倒塌後之傾塌材料阻塞防空洞之出入口，此項法規，則對防空洞之出入口處理爲一良好補助。希望市當局，防空司令部能加以切實的執行。

——1941.1.10.重慶——

中國新建築社會服務部承辦委託設計及調查簡章

一、本社承辦委託設計及調査關於建築方面之工作。

a.關於研究建築之書籍與文獻　　b.關於國內外之建築狀況調査

c.關於各地建築材料之調査　　d.關於樓房山洞設計及建築工程之詢問

二、委託本社設計者以建築方面爲限，如樓宇設計力學計算防空山洞廠房庫房及避難設施等，對於委託計劃防空建築之一切工程尤表歡迎。

三、委託本社調査以下列各項爲限：

a.關於研究建築之書籍與文獻　　b.關於國內外之建築狀況調査

c.關於各地建築材料之調査　　d.關於樓房設計建築工程之詢問

四、代辦調査與委託設計原則上不受報酬，但工作過於煩雜者得酌收計劃及調査必需之費用。

五、一切代辦調査與委託設計均得在本刊發表。

六、委託調査與設計請賜函重慶中二路十一號鄭祖良轉。

新建築投稿簡章

一、本刊爲純建築刊物，歡迎外界投稿，但以關於建築學術之專門研究及譯術爲限。

二、本稿文言白話俱可。但要橫寫，各項插圖務須清楚，以便製版。

三、編者有删改來稿之權。（不願者請預先聲明）

四、來稿揭載後暫以本刊爲酬，如屬有價值之專著，則本刊略具薄酬，每篇自二十五元起至一百元止。

五、來稿不論發表與否概不發還。（請勿附郵票）

六、來稿請寄重慶中二路十一號鄭祖良轉中國新建築社。

新建築承登廣告價目表

等級	地位	全面	半面	四分之一
甲等	底封面之外面	一百五十元	八十元	五十元
乙等	封面之內面及對面正文首篇對面及封底之內面	一百元	六十元	四十元
丙等	正文之前中後	八十元	四十五元	三十元
丁等	小格廣告	二十元	——	——

一、上表均係每期價目，連登多期，價目從廉修改，隨時在新建築廣告欄內通告更正。

二、廣告概用白紙黑字，如用色紙或彩印價目另議（底封面之外面印二色）。

三、負責代辦打樣製版工價外加。

四、欲知詳細情形請賜函重慶中二路十一號鄭祖良詢問，約期面議。

28915

28916

隧道式標準防空洞之提案（附設計略圖及說明）

鄭祖良

一、建築環境：岩石層堅厚及對空掩蔽性良好之地區。

二、防禦對象：抵抗中型炸彈之命中及防毒。

三、構造概要：本設計之砌結工程，洞拱用條石砌結，面用灰沙粉光，地台用1·3·6石灰三合土水泥粉光，洞前挖坑用木樓板桁陣建造，氣閘用1·3·6水泥三合土或條石間隔，門用鋼製或木製防毒門，固定座位用石砌（臨時增加之座位用木凳），洞外進口處裝備有防毒幕，幕面塗以與附近地貌彩色一致之防空偽裝圖彩。

四、可容人數：洞內有換氣裝置，每公尺長可容九人（有座位者），必要時可增加至一倍。

五、建築費：按各地建築市價計算。

六、設計特點：本設計之特點在進口處之處理良好，較之一般防空洞之進口處理，可望獲得更大之安全性。洞內特別注意防毒設施，尤爲一般防空洞計劃所不及，他如洞口之偽裝幕之懸掛，洞內座位之採用石砌，均爲本設計之特點。

（附註）本設計適於較重要的公共機關之採用。
本社服務部備有施工詳細圖，欲採用本設計者請賜函接洽。

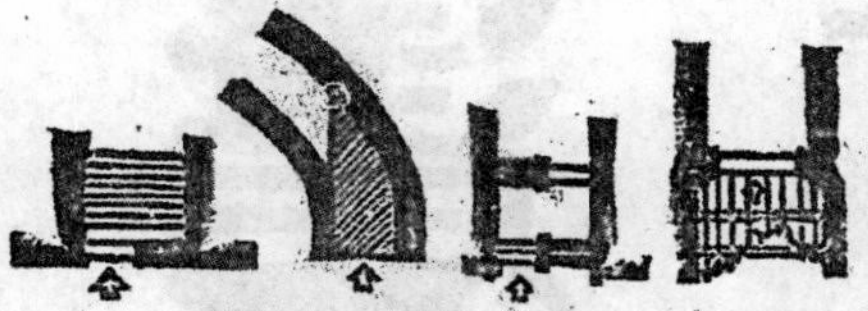

（一）落級法（二）轉曲法（三）氣閘法（四）挖坑法

防空洞進口之一般處理

平面圖

甲甲剖視圖

說明：A氣管　B氣閘防毒門
C坐位　C′臨時木坐位
D排水溝　E偽裝幕　F洞外挖坑

乙乙剖視圖

比例尺：1：100

渝夜營桂字第五四八號

請聲明由本刊介紹

鼎新建築公司

專營業務：

一、土地測量，土木建築工程設計。

二、承建樓宇，防空山洞，橋樑及其他大工程。

三、代理地產買賣。

★ ★ ★ ★ ★

本公司忠誠爲社會服務，成績久爲社會所嘉許，倘蒙委託，無任歡迎。

事務所：重慶五四路（華光樓）

die neue BAUKUNST · 新建築戰時刊

新建築

一九三六年創刊 · 渝版第二期

A journal of new architecture
Edited and published by
THE NEW ARCHITECTURE SOCIETY OF CHINA

鄭祖良 黎論傑 主編

國土防空技術改進專號

上

本期要目

我們共同的信念：

反抗因襲的建築樣式，創造適合於機能性，目的性的新建築！

28919

論國力與國土防空

民族必需認識他們生存鬥爭的本質

戰爭是一種很莊嚴的事實。這個事實如果用比較底歷史的眼光來看，今日的戰爭在二百年前已經開始了，由於今日政治上的蛻變，戰爭至今日將更接近其本質，極度演出「戰爭的抽象形態」。

克勞塞維茨（Von Clansewity）在論戰爭的多樣性中說：假使戰爭的動機越是偉大和堅強，戰爭包括民族生存範圍就越廣，戰爭的緊張空氣越是強大，那麼戰爭就越是接近其抽象的形態，越是成爲一種克復敵人的事情，戰爭的目的和政治的宗旨越趨於一致，戰爭就越是成爲一種純戰爭而非政治的東西，反之假使戰爭的動機越是弱，那麼戰爭之自然動向——武力，也越是離開了政治的路線，也就是說，戰爭將由其自由發展的動向被阻折了，政治的宗旨和一種理想的戰爭目的就是越分歧戰爭就必定越是成爲一種政治的東西了。

戰爭是政治的繼續，戰爭達到今日其本質和形式上都發生了劇烈的變化，

由於法國革命對於法國本身及整個歐洲所引起的變動了的政治中產生出來的，新的政治供給了新的手段和力量，造成一種平常不可思議的施行戰爭之力量，

戰爭已改換了新的形式表示如何把民衆捲入戰爭範圍之內，

在今日所謂戰爭的「抽象的」或「絕對的」形態下，民族力量與軍事力量已不能分開來，這是民族生存鬥爭的臨界點。

當我們民族與敵人作乾坤一擲的巨人鬥爭（Titanen kam）我們怎可以不去考慮「國力」之貯備問題呢？

「國力」在邏輯上是個很廣泛的名詞，人力，物力，資源與一般經濟組織的維持力都是潛在的「國力」然潛在的國力並不就是武力，蔣百里先生說：「武力者國力之用於戰爭者也」又說：國愈大專愈難而武力轉因國力之大而益小者矣，故國力要「組織」「貯備」再加上民族精神之統一，與民族對戰爭之持久力，才使國力變成武力。這所謂國力置於全民戰爭的絕對値下「國力」即「武力」

戰爭的本質變化了，政治必需顧及一個民族戰爭的最能事，能瓦解我們經濟的組織，能破壞我們民族統一的堅強意志，是從空中來的威脅，

由於現代空軍之發達，前線的戰法同樣是適合於後方，人煙稠密的都市，最易爲空軍襲擊的目標，最易破壞一國所據有的根據地。並最易瓦解一國民族精神之統一。

四年來之抗日戰爭及這次歐洲大戰所與我們的經驗，是緊迫着我們急急及時作一番新的適應，因此在艱苦當頭的今日我們必需認識國土防空爲國力之一種而列入與海陸空軍事設備同一重視。

戰爭已緊迫我們去估算作全民鬥爭的力量，向之僅以軍隊爲決勝之工具，今則全國人民間接亦爲參戰之一員，軍隊與人民合一，勝負是決於軍隊與人力能力之總和，和民族精神之統一。

我們要認識國力與防空之關係，民族精神統一的力量，要把每個生命有限的人牢牢地締結在無限的民族生命中。

全民戰爭是最不容情的，轉向全男女要求極度的力量，要求民族生存鬥爭的本質的認識

（1941新春）

通風技術研究

劉開坤

（一）空氣問題

在科學上實是極其重要的問題。空氣之於人如魚之於水，頃刻不可缺，但以其充塞宇宙，不待尋求而得之，故不覺其可貴。實則空氣之質與量，有關人類之康健，空氣之溫與冷，則關於一切物類之保存，所以空氣問題，在今日已自成立為科學上之大部門。茲將研究所得供諸同好。

（二）重慶天氣

防空洞的整部通風設計，除與所在地之地形，及洞之設計有關外，所在地之天氣，是一須待解決的重要條件。

重慶夏季由五月至九月間天氣，據中央氣象台報告，大約如下：

溫度平均由23°C.至29°C.最高44°C.最低12.2°C.

濕氣由69%至76%。

氣壓由735.3至743.6公厘水銀柱。

日照為日出時間之60%。

風速1.5　風向NW及雲量7.4，則以全年平均計算。

（三）空氣

一個人需要多少空氣，是一很重要的問題。平常靜坐中，每一大人每分鐘呼吸十七次，每次吸入及呼出空氣500立方公厘（cm^3）一小時便需要空氣500公升（dw^3）即半立方公尺（m^3），若在跑防空洞時，呼吸較促，每分鐘達二十三次，一小時需要空氣便增至700公升。

空氣中含有三種重要成分，即氮氣（N）78%炭素（Co_2）0.03至0.044%，及氧氣（O）20.99%。此外尚有空氣等氣體七種，為量甚少，且無大損害人體。炭素及氧氣，對於人體健康，特別需要，而氮氣的作用，不過將氧氣稀薄之。炭素份量過多，可致人於死，而氧氣份量不足，不可致人於死。

新鮮空氣所含炭素，平常約為0.04%，而一大人在靜坐中呼出的炭素，每小時約為20公升（l）。即呼出空氣所含之炭素為4%，亦即為新鮮空氣所含有的百倍。欲使空氣時常保存其應有之炭素，則每人每小時所需新鮮空氣，應為50立方公尺。實際上，防空洞中，尚非完全封閉，而一般保健組織的規定，認為混和空氣所含之炭素在0.15%時，仍無損於人體之康健。故普通每人每小時在洞內，就有20立方公尺之空氣亦足應付也。

照明設備，若為臘燭及火油燈，則產生大量之炭素，計每小時每燭光發出炭素13公升及94公升。

若以氧氣而言，在靜坐中每人每分鐘約需氧氣0.25公升，或每小時需15公升，因新鮮空氣所含氧氣約為21%，而呼出空氣所含為16%，故每人每小時即有500公升或半立方尺之新鮮空氣便足。在跑防空洞時，呼吸較促，約需1000公升或一立方公尺。

每人每小時在夏季所應備空氣量，據歐美各國建築規定，在戲院飯館及公共集合場所，應為40至50立方公尺。據造船規定，在貨輪客輪及機輪，應為30至50立方公尺。

吾人所需大量空氣，非因氧氣之不足，而是炭素之過濃。據試驗所知，在空氣中炭素成份達2%時，即之呼吸增大半倍，達4%時增大二倍，迨至6%時，則呼吸十分困難，若達10%更失知覺，甚而致窒死之危險，及其達25%時，始可致人於窒息。

重慶隧道，大抵高二公尺餘，闊約二公尺半，其斷面面積約為5平方公尺，洞內座位四行長，每一公尺可坐三人，則每人所佔有之空氣容量，不過為0.4立方公尺，若洞內並站滿人時，或不及0.25立方公尺，其與所應需要之空氣量，相差甚遠。在此情形之下，若洞口不能通風，則在三小時內，洞內空氣炭素，已超過10%便可致人窒息而死。

（四）濕度

空氣中含有水蒸汽，其最大之份量，絕對不能超過空氣在該溫度所屬之飽和點所含有者。平常空氣中水蒸汽之份量，以其飽和點之百分數表出之曰濕度。在夏季洞外空氣輸進洞內，遇冷而降低其溫度，但空氣內之水蒸汽份量，並不減少，故在溫度漸降至冷凝點時，水蒸汽份量，便即飽和，而開始凝結。春夏間天氣潮濕之現象，即此理也。

洞內牆壁，全為泥石，常保持其相當冷度，而夏季洞外空氣，總比洞內者為熱，故洞內空氣之凝結，實難避免，此種潮濕空氣，實為人類康健之大敵。

洞內濕度，除因空氣濕度之遇冷而發生外，吾人之呼吸，亦增其值。據計每人每小時在靜坐時，呼出之水蒸汽，約重0.15公斤，即180公升之容量。其在跑防空洞時，且增至0.215公斤。

此外照明，每小時每燭光所發出之水蒸汽，計臘燭13公升，火油燈9.4公升。

重慶夏季濕度約為69%至76%。醫學上認為對於人體健康最適當之濕度為30%至70%。夏季洞內潮濕，即濕度已達飽和點或逾飽和點之100%。為避免此種不舒適之潮濕，祇有將空氣中濕度減少之，使其飽和點之溫度，降低至所欲得之舒適溫度之下。其法大都用冷凝機將空氣冷却，使其濕度減少，然後加熱，輸送洞內，此則京滬大建築，如影戲院大飯店等，所可見者也。

（五）熱量

普通人體中發出兩種熱量，一種是由身體溫度所發出，另一種則由呼吸汽度所發出。此種熱量之單位為卡（Kcal），人體在不同溫度及動作中而絕對不相同。計在夏季靜止中，每人每小時發出之熱量，由體溫者約50卡，由呼吸者約120卡，合計共170卡，其在酷熱時跑防空洞，則可達300卡。此熱量在洞內，以人衆關係，反見減少。

照明設備亦發出大量之熱量，計每小時每燭光之臘燭發出90卡，火油燈發出41卡，鎢絲燈泡發出之量最少，祇0.9卡。

人體呼吸除發出熱量外，並有食物腐化之臭惡氣味，可用特別設備消除之。

上列熱量，可增加洞內空氣之溫度，而於人體健康，未見有益，應設法除去之。

（六）空氣更換

為使洞內空氣充足，祇有一定量之新鮮空氣，不斷輸送洞內，同時復將已用過之污濁空氣，抽出洞外，使其川流不息。該輸送及抽出空氣量之多少，普通以洞內空氣之更換次數計算之，而視上述炭素，濕度，及熱量等各項情形外，並視地方之環境，及天氣之變幻而定。大體上每小時洞內空氣之更換次數，須視

一、洞內定炭素之保持程度。

二、洞內定量濕度之保持程度及

三、洞內熱量之保持或除去程度如何。

濕度之保持至30%至70%之間，與熱量之減除，除用通風設備外，非並用冷凝及暖氣設備不可。若保持洞內定量之炭素，（即所謂空氣問題，實則空氣問題，並非如此簡單）則使用鼓風機即可能解決。

空氣更換次數，全視建築之情形，及其用途如何而定。若為戲院，飯館及會場，則每小時更換二次至五次，若為輪船客艙及工廠廠房，則約四至十次，至火爐機器間，則可達十次至四十次。

據第二段所述，洞內每人每小時新鮮空氣之需要，約為20立方公尺，此乃指洞內空氣永遠保持新鮮程度，即混和空氣之炭素不超過0.15%而言。以重慶公共防空洞，每人在洞內所佔之空氣容量0.4立方公尺計，空氣之更換，每小時應為十七次。但洞小人衆，而空氣更換過頻，亦足令洞內之人不舒適，且通風設備，又過於龐大。若混和空氣之炭素份量，略為增加至0.5%，則每小時之洞內空氣更換五次，亦資應用。

（七）鼓風機

通風設備，有自然通風及人工通風兩種。

自然通風在普通建築，則由門窗及牆壁，均可通風。在防空洞，則除洞口通風外，其他全受天氣之影響，絕不可靠。故自然通風，除在短防空洞外，對於長洞，絕不適用。

人工通風，有利用溫度之高低，將進氣或出氣加熱，而使空氣在洞內流通。亦有利用風力之方向將風吹進及吸出，而使空氣在洞內流通。此法雖均不用機械，但難於調節，前者所發生氣壓之差甚少，後者祇適用於移動建築，如船舶火車等。

低壓鼓風輪（通稱鼓風機）為人工通風之最可用，亦最理想合用者。其優點為：

一、不受洞外溫度，氣壓，風向等之影響，

二、能調節洞內舒適之空氣量及氣壓，

三、可並裝設濾氣器，

四、並無風吹之現象致令人感不適，

五、易於管理。

鼓風機之選擇，視其輸送空氣量之多少，及氣管所具氣壓之大小，而定其種類。其推動以直接用從轉之交流電動機，其能力以能達到平常力量±50%而可自由調變者為佳。

鼓風機宜另鑿一洞安置之。座板宜用減少響聲及減少震動之材料。

冷凝機，暖氣機，除臭機及濾氣器等似非今日重慶環境所許裝設，故略。

（八）風管

風管之用，雖在引導空氣，然安裝設計，不得其法，便損失大部應有之流動壓力，所以減少鼓風機之效率也。

風管須直，並應盡量避免各種灣曲，如必須轉向，則其轉向半徑，不能少於管徑之六倍，因轉向半徑太小，能減少其流動壓力也。故直角轉彎，根本不適於用。管之變換，由大管而小管，不能立即縮小，管壁應漸傾斜，其坡度不得超過1：10。原理上，風在管內之流動，與水在河床上之流動，全同一理。風管之安裝，若不適順氣流，便發響聲，不特令人聞之不舒適，且損失流動壓力，至不經濟。

風管以圓形為尚，方形次之，若長方形風管則因地位關係，於不得已時始用之，其邊線之長度比例，不能超過1：8。風在圓管內之流動，極為平均，其與管壁面之磨擦，亦甚均勻。風在方管，則管角常無風流動，或並發生真空，故其流動及磨擦，均不均勻，若長方筒管，比較更劣。

風在管內流動速率，有一定之限制。進氣管最大速率每秒鐘不應超過20公尺，其噴口在距地面15公尺以內之噴氣速率，最好不超過每秒鐘0.6公尺，否則人體感覺不適，然或以輸氣不足，亦可增大至每秒鐘2公尺，若噴口在地面2公尺以上，則可增至每秒鐘8公尺。抽氣管抽氣口之速率每秒鐘可為2至4公尺，噴口則可達18公尺。空氣在洞內之流動，最大速率，不應超過每秒鐘0.3公尺而以0.1公尺為最佳。

（接第九面）

論防空洞之容積與避難人數之決定

鄭樑

防空洞之容積與避難人數之決定，應以每一避難者每小時所需空氣之容積及居留於洞內時候之久暫爲標準。查從一般防空洞對容納避難人數之估計專從以面積之可能盡量安插人數爲標準，實爲嚴重之錯誤。

現將估計每一避難者在防空洞內應佔有之空氣容積之計算法介紹如下：

（甲）從氧的容積計算防空洞容積法

據實驗所得結果得知吾人每分鐘所需氧的容積如下：

在靜臥時需要　　0.18公升。（Liter）
在靜坐時需要　　0.25公升。
在行動時需要　　0.50公升。
在走跑時需要　　.90公升。

今設　L＝每人每分鐘所需的空氣容積（公升）
　　　A＝每人每分鐘所需氧的容積＝0.8公升。
　　　P＝呼吸後噴出的氧（%）

公式

$$L=\frac{A}{0.21-P}$$

據實驗所得在防空洞內若P＝12%則避難者的身體已覺不甚舒適。若P＝7%則避難者思想與記憶力失去，若P＝5-6%則避難者的知覺始將失去昏或死亡。故P之值最好能等於或大於15－17%。

今　P＝0.17　　則$L=\frac{0.80}{0.21-0.21}=\frac{0.80}{0.04}=20$公升

由上式求得每小時爲 1200cc 即 1.2 立方公尺之空氣量（每人每小時所需）

（乙）從炭酸氣（co2）計算防空洞容積法。

在避難者棲息於防空洞內時間之久暫與炭酸氣濃度及氧之百分數均有莫大的關係。根據實驗，人可棲息的空氣，其炭酸氣濃度爲 1.5% 以下，氧之含量爲 17%以上。又人可棲息的空氣中，炭酸氣濃度爲30%爲最大限度，氧之含量以12－13%爲最小度。氧若再減少，則須加以補充，否則防空洞將有窒息人命之可能。故防空洞之空氣安全界限如下：

炭酸氣濃度……………………2%爲最大限度
氧　　量……………………15%爲最小限度

故在「室內空氣自給」（即密閉的防毒室）的情況下，該防空洞之容許停留時間即爲洞內空氣中炭酸氣含量未超過上述限度之時間，故若欲知防空洞之容積與容納人數及單位時間，炭酸氣之噴出量或氧之消耗量均可從公式推算之。

今設　L＝每人每分鐘所需空氣的容積
　　　C＝空氣所含Co2之百分數（%）
　　　b＝每人每分鐘所噴出的炭酸氣量

∵　$C\times L=b$

$$L=\frac{b}{C}$$

又關於每人的炭酸氣噴出與每人之勞動程度發生極密切的關係。從實驗所得靜止時b之值約等於0.

29 公升/分鐘 b至0.31公升/分鐘。然爲安全計，在計算時以應用0.7公升/分鐘爲妥善。

又據實驗所知，在防空洞內C=5%時則避難者開始感覺不適，在C=6%時，則避難者已至苦異常，而致呼號，故吾人爲防空洞避難者的安全計，洞內炭酸氣濃度以不超過上列之空氣安全界限爲必要。

今 $b=0.70$　　$C=.02$

代入上式　　$L=\frac{0.70}{.02}=35$ 公升/分鐘

依本法計算則每人每小時所須空氣量約爲二立方公尺。故每一避難者每小時所須新鮮空氣最小爲一立方公尺，如能達到三立方公尺方合理想。

根據以上二式計算之結果，吾人即可獲得防空洞空氣容積與避難人數確定之標準，即在防空洞有換氣設備或自然通風（空氣對流）良好情況下，每人每小時能有一立方公尺的新鮮空氣爲標準。至言避難者停留於洞內時間之久暫，應以當地通常空襲時間的長久度爲計劃的標準。在平常情況下，似以規定爲四小時較爲妥善。

×　　×　　×　　×　　×

又關於防空之容積與避難人數之規定，據英國防空室建築之一般規定如下，特於此抄錄出以供讀者之參照。

防空室在無換氣裝置所需之面積	
空襲繼續時數	佔有面積
12 HOURS	100 SQ.FT.
6 HOURS	75 SQ.FT.

最大許可之人數	
房之大小	人數
10×10×8—	5
15×10×8	7
20×15×10	13
30×15×12	20

圖中所示（A）爲無通風設備以10×10×8之房所容人數爲五人。

（B）同樣大小房間如有人工通風設備可容16人。

人工換氣裝置	
換氣機之大小	150Cu.FT每小時每人
最大面積	8 SQ.FT每人
最小面積	3.3 SQ.FT每人

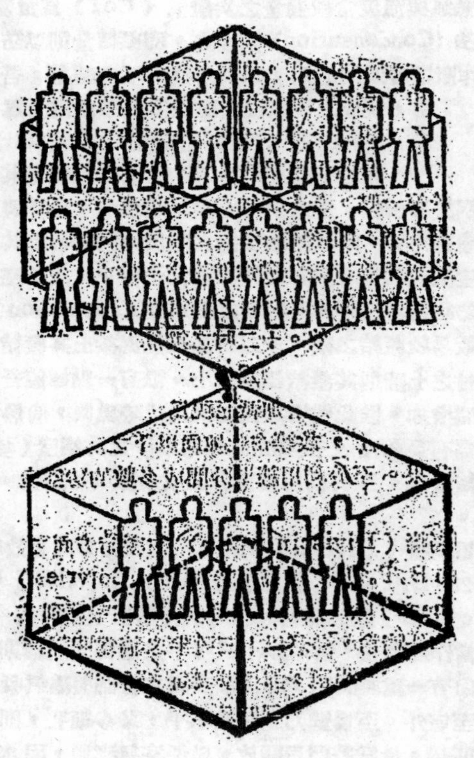

防空室之通風問題

彭技正

——英國防空室設計規條及其註釋的附錄之第一章節譯自The Goverment,s policy for A. R. P Structures an Analysis. By Felix J Samuely and ConradW. Hamann. 原文載The Architects Journal for June 1, 1939

防空室之通風問題在規條上並無明文規定。（僅天然通風防空室對面積加以規定。）但事實上研究防空室之通風問題，應包括下列三種：

（a）天然通風防空室。

（b）人工通風防空室。

（c）不透風（防毒的）防空室。

在規條上，曾對（a）種防空室加以論述，至其餘二種可分見「防空手冊六本」及「空襲避難室」兩文獻中。現擬將上列三種防空室之通風問題作較詳細的討論。

A. 天然通風防空室　規條上每人應佔面積爲25平方呎一節，原根據以下之假設：「即防空室空氣中之熱氣與溫度常較過量之炭酸氣（CO_2）爲危險，熱氣與濕氣對吾人身體所發生之不良影響，可用凝結法（Condensation）減輕之，而凝結量則以防空室內之面積成正比例。」以上假設極爲合理，然若不慎作概括普遍的應用，則反易獲得不良結果，吾人認爲規條上對此項防空室似未考慮下列兩個要點：

甲．規條上並無提及防空室牆壁或樓面爲單面或爲雙面及其對於凝結情況之差異。

乙．規條上並未說明在何種情況始足以計劃成天然通風防空室。關於此點，事實上因防空室徒有若干直接通風道，並未足以確定其納進空氣量之多寡。

關於第一點，吾人須知在凝結進程中，凝結與牆壁或樓面內外之溫度差成正比例。如牆壁或樓面爲防空室共用者，則該兩防空室之溫度可同時升高其凝結量，遂因之而遞減至該牆壁或樓面之溫度，至與防空室空氣相等時凝結動作即將完全停止，故防空室在牆壁之爲一邊者，其凝結動作比牆壁或樓面兩面均有防空室者遠勝。又材料之隔氣性（Insulation）越小，其凝結效力越大，就側面保障言，吋半厚之鋼板最易收凝結之效。十二吋之鋼筋混凝土其凝結力較低。十三吋半磚築物在效果上不如混凝土，而二呎六吋之土牆則其凝結極爲微小，惟有一點極值吾人注意，即牆壁越厚，其內熱亦越大，而其凝結量亦隨之而增加，惟此種增加祇能視爲暫時現象，倘熱氣確然不斷由牆壁或樓面向外流出時，則凝結動作即可認爲有長久性，故築在此地面以下之防空室（壕）或利用地窖而建築（補強）之防空室，常收良好之凝結效果。至於利用牆壁分間成多數的防空室，多數在事實上，其凝結量往往較爲低微，其理由即在此。

間隔牆（Diviscin walls）在凝結方面之效率，全賴該牆之熱容量，普通每人發出之熱量約爲每小時250 B.T.U.（即每小時63.000 Colvries）假使此熱量完全爲牆壁所吸收，以牆壁之比熱（Specific heat）除此熱量，即可求得防空室達到某一熱度所需之時間。就一般言，間隔牆厚過三呎九吋者可當作外牆論，惟若以十三吋半之牆爲間隔牆則頗嫌不足也。

尚有一重要問題，即牆壁表面之粉飾與濕氣凝結之關係，如牆面光滑則凝結水份自可下降至旁溝而流出至室外。至牆壁乃屬凹凸不平，又多細孔，則水份易於浸透牆壁，濕氣乃因之而加重，故防空室當無空襲時，最好將門戶開放，以便空氣流通，而水份得以蒸發。

關於第二點（即如何利用天然通風），天然通風乃利用熱氣上升之原理，惟防空室之建築，多有未能應用此原理者。例如防空室有兩出入口均設於同一室內，則此種氣流動作（空氣之對流）亦將隨之而加強，故設計時應以能建築此種通風道達至最高點爲目的。樓梯間或升降機間常可利用，但在可能範圍內仍以加設氣洞爲佳。

欲使此種天然通風法達到最高效率，則空氣進既與出氣洞宜設法分離之。（又出氣筒祇需裝置於必要部份。）

吾人可比較天然通風法與人工通風法之需要條件（見下文B段），按照「空襲避難室」一書所列之數字，假設每人面積已符合不通風防空室所規定之條件，仍須有每小時150立方呎之空氣變換量，用天然通風法以求此數量則每人須有一三十呎高及橫切面1.5平方吋之直通氣管，以四十人計算，則氣洞應加大至二呎乘二呎三吋，如通氣筒須用灣曲者，則其橫剖面更須加大之。

B.人工通風法　根據「空襲避難室」一書，對防空室換氣之需要，以三小時之逗留時間爲標準，臚列所需要之面積及空氣變換數量如次：

	每人應佔面積（平方呎）	空氣變換量（每小時立方呎）
在地面上之防空室	30	450
	40	150
在地面下之防空室	20	450
	20	150

地面上防空需要較多之通風，蓋牆壁之透風實有受地面溫度日光等之影響而此種影響在地面下之防空室可不必顧慮之。

上列數值表明在地下防空室，其尺度不論如何規定但每人每小時需有150立方呎之空氣變換量，此數值約爲人工通風之要求之三分之一。地面上防空室之面積較前段所述天然通風所需面積（每人250平方呎）爲大雖則每人之空氣變換量已爲每小時450立方呎之多，但由此可見規條上所規定之天然通風所需求數量實爲不足。

如用人工通風法，以供50人之空氣變換量（即每人每小時150立方呎），其所需馬力約爲士四始能將含毒之空氣經過濾後而輸送至防空室內。

「空襲避難室」一書並述及化學方法之通風，惟此法一則效力不大，二則設置雙叉昂，故在此不擬加以述及。

至防毒室（不透風防空室）之解述請參照規條第三十四段。（註一）

註一：該規條第三十四段之註釋爲：（一）除防毒室能達到每避難者佔有面積75平方呎者外，需裝設通風濾毒機。（二）防毒室應將一切向外及通風窗戶封密，並加裝防毒保險門。（三）防毒室內應增加消毒及救護室。

（接第五面）

噴氣口以在地上一公尺之高度爲佳，外宜加空氣分散器及調節口，其流動速率宜劃一，使不致發出聲響。

風在管內流動，發生有兩種壓力，一爲流動壓力，速率愈快而愈大，一爲摩擦壓力，管之愈灣曲，及管裏之愈不平滑而愈大。此兩種壓力應盡量減少之，所以使鼓風機之效率增大，其於設計時，不應令其超過150水柱之壓力。

（九）結論

通風技術如祇設鼓風機，洞內雖有空氣流通，仍不能滿足人類舒適及健康之要求，因吾人生存，在在受天氣之限制，吾人需要空氣以外，並受溫度，濕度，氣壓等之影響，故洞內冷凍機及暖氣機等設備，不當漠視。

28927

論山峒廠房與地質之關係

徐　愈

一個精密正確的探測，在開鑿山峒工程前，是非常重要的，因為祇有把握着，那山岩石層內部的情形，才能預先計劃好，怎樣設計和開峒的方法而不致於在進行中發生障碍，以致於失敗。

所以在選擇峒子地點時，必先探測那帶地方的地質情況，如沒有很合適的山岩石層，還是採用混凝土，防空建築，比較易於觀成，有時結果或者經濟些，就是稍費一點材料，而工作則有把握得多，因為山峒工程，如遇到困難負責工程的人需要很大的魄力與毅力，才能克服他，而期限常常不能控制，因為山裏的石質是這樣難測的啊！所以作者對於大一點的山峒工程，以為最好不要冒昧從事，必須把當地的地質土層察考清楚，對於當地的地質史與洪水的情形，都須花費相當的功夫去研究一下，才動手去做。

若是沒十分把握，而從事開鑿，必處處發生困難，耗費時日。且不經濟，如土質不佳，必須很多木料的支撐，和很結實的襯砌。才能施工，才保安全。且對於地下水及通風的控制，都不是容易的事情，不如鋼筋混凝土等，防空建築，最容易做容易實現我們的目的，且合乎工業的應用。

然而像內地常有很好的山岩石層土質，若經過精確的探測後再從事去開鑿，是比較經濟，安全，而界隱蔽得多，所以山峒或地下工場，仍當是我們工業防空的一個很好的方法，祇要愼之於始而持其堅毅地做去，也可以有很好的成績。

石質的變化常令人莫測，但他逃不了自然的法則，若稍研究一點地質學課程，就不難把握住牠，同時要處處留心，，刻刻謹愼，不要冒險從事，以圖僥倖，僥倖很少成功，所以開鑿山峒，必須有步驟，（所謂程序）有計劃，而且有嚴謹的施工方法，尤其開鑿相當大的山峒，事前必須詳細週密地計劃好，而且準備在最惡劣的情況下工作，方有成功希望，才能事半功倍，所以鑿峒有如作戰一般，必須把石頭，流沙，土壤當作我們的敵人，時時設法對付他，不然稍有疏忽，就有傾倒殺身之禍。同時也必須有絕大的勇氣，如遇到石岩惡劣時，或崩塌不已時，要冒險進峒去察看，實地情形，以從事搶救，千萬不要灰心，因為經驗告訴我們，石岩土壤的坍陷，多因其中一部挖空，而未能及時用木架支撐或襯砌，去支撐上面的緣故，或支撐不善，所以祗要我們將支撐加強或改善，穩紮穩打地一步一步推進，很少修不成功的峒，祗要經濟不經濟的問題罷了。所以即使稍有疏失崩塌很寬利害時，工作者也須鎭靜從事，搶救未坍壞之處，使坍壞範圍減小，因為無論任何土質石岩，都會做成一種自然的拱，互相撐托自身重量，而維持不墜，至相當時間。

1.地質影響峒之地位，剖面和設計。山峒地位剖面和設計，常常受地質的影響，尤其是很長或很寬大的峒，峒的縱剖面與橫剖面，都要根據層的情形，和地質狀況而定，因為岩層的構造，是經過長時期和極大的壓力，剪力，或彎曲力而成的，一旦有一面或多面抽空，任其至自由舒展，或因其自身重量，失了支持（Support），自不免發生力的不平衡，而使石岩或沙土發生移動變化，的情形，所以我們在選定峒子的地位時，必須詳細探測研究，那石的性質，來確定那峒的橫剖面和縱剖面，大小，和設計上應用的材料結構，以及開鑿的程序。

因為我們知道有些石岩土質，開鑿某種寬度的峒顯得很好，而開較大的峒時，就感到棘手，或費工費料（木架支撐和襯砌），便不經濟，故此在設計施工前，我們最好將開峒和做鋼筋和混凝土的防展建築，所需的費用時日和牠們的功用，精細地比較一下，以決定採用那一種工程，如有很好的「鋼帽子」（指很好的堅石層，厚而無裂縫，如同一塊鋼，開鑿的包商或工人稱牠做（鋼帽子），那麼有時在那下而可以任意開鑿很大的山峒，都無危險，甚至挖時可不用支撐，挖後可無須襯砌，就可利用做廠房，或庫房，然而這種天然的賦予究屬不可多得，在較劣的情況下，如果我們從事山峒工程的人，認清那岩石，沙土，的性質，而採取科學的挖峒方法，也可做成相當寬大的峒。所謂科學的方法，就是我們不應僥倖，不盲目地進行，而選擇適合那種岩石沙土的縱橫剖面，使牠開鑿時發生變化的可能，減到最少限度，襯砌後能夠維持週圍石坍施於牠的壓力平衡不至走動，所以普通橫剖面最好採樣弧形，圓的，橢圓形的，或蛋形，有時因機器和工作的需要，縱橫剖面都不能如我們理想的那個模樣，我們就要設法使得襯砌的結構，及所用的材料堅强不易被周圍石岩沙土所用壓迫變成扭曲，務使山峒襯砌的結構，自身能够相當於未挖去的岩石沙土，所發生之平衡力量，這樣方保永久的安全。同時最好能够使得我們設計的結構單位，在施工的程序上，就能利用作支撐，以免石岩墜落，而易於進行工作，如峒頂之拱，或洞中之柱，在施工時當做支撐架懸墜石岩或沙土之用，做成就是襯砌，進行程序，必須有計劃，有步驟，但遇到石質發生變化或有特殊情況時，我們的設計也須隨機應變，因地制宜，以適應環境而趕工完成，以免失敗。比如有時石質不佳，我們就須先將上層的拱砌好後，才砌石牆，這樣設計自不免要稍加更改，拱兩端須添加墊脚的工程，使無坍塌傾覆之虞。而拱厚和用的材料，也須視土性和石質來定，所以峒的設計及剖面均須根據而設。

2.開挖程序（Drivinq Method）也受地質影響：

開挖程序，是根據工程經濟，工程期限，和土性石質來定的，而地質的關係，尤爲重要。

各國對於開挖鬆質山峒的方法，都不相同，自然堅質的山峒（指開挖寬度中間石質上無縱橫垂直裂縫而說，因爲有些石質雖然很堅硬，但縱橫裂縫很多很密，也容易鬆墜）是比較省事一點，無須過分考慮開挖程序。但爲謹慎計，最好還是一種方法，作有系統的開挖，才不致中途發生障礙，而事半功倍，各國方法，都有牠的優點和劣點，但我們選用時，爲須適合那石質土質，並且在中途遇到地質變化時，方法也須隨時更變。尤其現在我們討論的是工業防空峒。

剖面自不能和以前那種，僅用作坑道一樣，但最好採取昔日的經驗，學習那開隧道的方式，將峒子修得狹小些，常須長點，因爲山峒愈寬愈難修。

但必需要很寬很高大的洞身時，我們開挖的程序，自不能照辦成法，一定要易用心設，細心檢驗那要開挖的石質土質，想好一個妥善週到的程序，並且謹守那擬定的程序，如無特殊緣故不加變更，這樣去進行是不難成功的。

若是其中遇到石質異常時，我們開挖的程序，也須略加修改，因爲這種寬大的峒，工作者盡有用武之地，不難像運動戰一般，迂迴進行，俟其他部開挖並撐托或襯砌好，再回而開挖那困難的一段，或局部，所以有時我們可以將鬆墜不堅的地方，挖狹些，或留下一個「自然石柱」留到最後才挖。

總之我們應該牢牢記住一句開挖山峒的格言：

「敲碎那石頭時，不要擾亂那周圍的石層」。

因此除去選擇優良底程序，去開挖石岩時，我們還須時刻告誡工人，將炸藥的峒，挖得深些，半徑細些，藥裝得少些，以免爆炸得過火，震動過大而影響到峒頂，炸藥的藥也須用溫馴一點較安全，過度猛烈的藥，不但影響工程，而且易傷害工作人員，

一面要注意木料支撐必須够堅固而襯砌，是做得愈速愈佳，常常早幾天把襯砌（Lininq）趕起，山峒就轉危爲安，晚幾天，山峒就崩坍倾覆。不可不謹慎。

3.支撐和襯砌要根據地質而設。

前節提到支撐和襯砌，在開挖程序中所佔的位置，現在我們要討論到支撐和襯砌所受地質的影響。

木器支撐，可以減少開挖時工人能受到的危險，幫助進行，減少坍塌的事件，和推緩襯砌的工程，如峒子不寬，石質很好的時候，木架支撐或許可以省去，甚至於連襯砌都不需要，但在任何情形之下，都須作支撐的準備，工料一定要充分的預備，以備應用，如石質不佳，或遇到風化石時，須立即趕辦撐

28929

進度而將砌襯做好。

石質的分類的須很多，但大體不外火成岩，水成岩，及變成岩幾類，而在我們山峒工程中，卻可分做以下幾種：

第一種，穿入之地質：花岡石（Grouitaid RocK）片麻石（Gheiss）片石（Schists）等。

一般現象——沒有異常的石岩壓力，很少地下水，但有時深山下因石的傳導熱力低下，使峒中的溫度很高。

開挖山峒遇到這種石岩是很少特別的困難，木架支撐大都用作支撐那因爆炸而震碎的石片，有時簡直可以完全不用支撐，（襯砌也不須很厚，但總以稍為有襯砌好）但必須注意檢查那塊地方曾否受過地震，或其他地質變化影響，尤其在開挖很寬的峒子時，必須探測那上層有無縱橫裂縫。

第二類，穿入的地質：石灰石（Limestone），泥板石（Shales），泥土（Clays），泥灰岩（Marls），礫岩（Conglomerotes）沙石（Sondstones）等。

一般現象——地層壓力及水泉多半不可避免，傳導熱力最高，故峒內溫度熱力也不高，有時或遇某種炭酸體，或其他氣體。

開挖山峒遇到這一類的地質，牠的堅度和黏性差別很大，而岩層也變化得多，間或一層硬石中夾一層鬆石噢石或沙石都可預期到，至於岩層和地平所成的角變，有時也估計得到，地下水的多少都要看岩層的情形，多半地層垂直水量要大些，地層平行要乾燥些。

這種地質常需要很堅的木料撐架，以免峒頂坍墜，石壁倒，峒底凸起，有許多例子全峒必須砌倒拱襯砌，以阻止峒底向上的舉引力，而開挖方法沒有很多出入不能固守成法，須按實地情形，採取適當的工作方法和防禦物，以保障工人的安全。

第三類，穿入之地質或許是更迭的水成岩層（Igneous RocK），火成岩層（Agueous RocK），或成形岩層（Metamorphis RocK）

一般現象——温度地下水，及岩石壓力變化不定，而且差別很大，全視其地層是否垂直，平行，摺皺抑或扭曲而定。

開挖這種山峒，常發生意外之變化，有合併前兩類現象之可能，而複雜離奇之現象則有過之，而有時由易底階段，或突變為艱難之階段，或反是。

編　輯　室

本期稿擠，本刊為滿足讀者的渴望，盡先登載關於防空技術改進之論文。

論文中如劉開坤先生之「通風技術研究」，彭技正之「防空室通風吹腦」，與樑先生之「避難人數之決定」等，值得讀者細心參攷。

黎掄傑先生之「防空都市論」，在今日陪都改造建設中，誠一不可多得之論文。

徐慾先生之「山峒廠房與地質之關係」，係為一極富經驗之文章。

本期可作一技術論叢看，連着下期便成一本很好的防空參考書，希望讀者不要忘記了第三期「急版新建築」。

編者 一九四一

「中國古典樣式建築之批判」專號

本專號徵求關於中國古典樣式批判之論文，條例依底封面之投稿則例辦理，論文截止期間本年十二月底。

中國新建築社

28930

防空都市論

黎倫傑

戰爭所給與建築方面的影響，在中古時代之都市城堡計劃最爲顯著，自羅馬殖民地都市以至於中世紀之城市，以三十年戰爭爲其終結，都市受戰爭之影響極少。因戰爭受地區上之限制，戰場限於一區之地域，然而第一次世界大戰結束之後，航空機之發達及各種武器之發展，現代戰爭已不受地區上之限制矣，在四年抗戰後之我國，及今次歐洲大戰所獲的教訓。戰爭不只是軍隊負担，一般國民，即不在前線之國民，亦爲保衛祖國而列身爲戰鬥員之一分子矣，這並不是古代形式之再現，從此都市計劃方面其意念亦自邁向上改變。

現代之空中戰爭特殊在大都市方面，被非常之重視，稠密之地區，因受大量炸彈之襲擊而毀滅，現代之飛行士其活動之範圍較一次大戰時放大得多，自信能把握與大都市以極度之破壞因此都市之計劃之新的意念不能不及時作一番適應於戰爭的都市計劃之考慮。

防空之目的在保護大都市，而防空都市之原理是使都市鬆張的分散（Anflackerung der Stadt）戰爭之影響，都市計劃專家有其各個理想的都市形式出現，如Filarete, Cataines, Seawozzi 等。其理想之都市計劃均能表明防空（Luftschitz），與都市之關係，因精密的研究，防空都市之理想，計劃之概念。雖獲成功，然對於防禦空襲最安存之理想都市型，則從未有何等特殊顯著之結果。

對於都市計劃防空之必要條件，最初由俄國 Koshounikor 所注意，1926年在 Moskowa 雜誌發表「氣體化學戰爭對於都市及主要兵站之計劃」一文認爲都市中之寬活街道，受炸彈襲擊時，不受建築物崩壞之影響，而使救護隊與消防隊易於活動，主張，街道之寬度要較兩旁建築物之高度爲廣，主要之街道當與恆風之方向相平行，且永受日光之光線照耀，如此之位置，化學氣體因風向之關係而吹散，更受日光之蒸發而消滅，主要之道路，依地形之傾斜關係，因而有太陽之射線將毒瓦斯分解。

主要之建築物應極力避免在一區域內密集，而求開放之計劃，廣大的廣場尤爲必要：

「都市之破壞程度是與建築物之密度及建築物之高度成正比」。

氏之提案已具有完備之防空都市之意念，然對於都市之組織之具體計劃，未能充足，誠爲憾事。

Dresdon 市之都市計劃委員 Dr. Panl Wolf 曾著文「防空之都市計劃問題」發表關係防空都市之形態與構成問題，氏之著名理想都市之計劃認工業地域應將各各工場向四週分散，主要之建築物散於市中住居地域更遠離市中心，而凝成一衛星式之都市計劃。該理想市之構成在減少空襲對於都市之危害。

防空之最大目的是保護大都市，使不因空襲之破壞而窒息，一般都市計劃家在都市之衛生範圍中討論，認英國式之田園都市（Garden Stadt）爲防空都市之理想典形，然一方面又有人主張都市要向上發展，即利用摩天樓以爲防空之地域，主張此論者有法國著名之防空專門Dr. Vauthier 氏，氏於1930年發表，「空中之危險與國家之危機」（Le dangee aerien et laveuir deepays）（Revuo militairo francarse）。

他認爲高層建築有防禦炸彈之效果，主張都市之建築物用分散的形式減少佔地之面積而以集中之向空間生長，他曾作對於巴黎防禦空襲之高層建築之考慮，Vauthier 之理論爲 Le Corbusier 所採納，Le Corbusier「之明日之城市」是以 Vauthier 之理想爲根據 Vauthier 曾宣稱

「大都市之廣大分散，在今日爲不經濟，使都市向地下伸展，而地下之防空室必發對於人類之呼吸最不愉快，由於想望建築物之達於完全防空之效果，疏散之最高層建築實爲防空建築之最輕負担，在非常時期以地下室爲防禦毒氣之侵襲，以屋之頂層爲防禦爆炸彈及燃燒彈之襲擊，以中層爲安全地帶之用。」

Le Corbusier 主張以地下層爲交通停車場，他認爲廢止街道以建築物之底層爲列柱以作交通地及使自然之毒氣分散，建築物之四週由噴泉綠地，及水面以吸收毒氣之作用。

氏之論文對於高層建築之防空理論有非常大之貢獻。

Vauthier 又作關於防空都市之實施提案，主張建築物之改造有一定之時期古代建築物以20年一新，百年則須改建，因此村鎮之改造20年即可完成，而都市之改造則五年即可完成，完成後防空條件即完備可負担新的課稅如都市或村鎮越此期限而不能適應防空之條件者，政府可以用漸進之法增加其稅率，反之履行防空建築之義務者，在一定之期限內獲得免稅之利益，由此空襲之危害即少，限制個人之建築對於共同建築則減稅，一個建築之眾，分爲各個人所共有而組合一統，而住居於集合建築中者亦進半數以上的安全。

Vauthier 之提案是對於空襲的消極防禦之實際指導其提案具有特殊歷史上之價值。

近代飛機工業之發達，保認都市爲防空之必然措置。在現代都市組織上要精密地研究以能減少空襲之危害程度爲計劃之決定，理想之都市如 Siercles 及 Wolf 氏其放射形的理想設計，亦爲防空上之絕大成就。

自今日既成都市之計劃而言，今日大都最大之缺點爲都市市心（City Focus）之凝成，在此市心上，交通縱橫，主要之建築物櫛比於市之心狀，形成現代都市之繁榮與其特殊任務，構成一顯然易於被襲擊之地帶，在空戰之際，市心構成之重要建築物如官署，學校，消防局，中央郵局，交通電訊機關車站，均爲活躍之飛行士之轟炸目標，市心一經破壞，全市之防禦機關即成癱瘓狀態。如都市之交通中心一經破壞，全市之神經即受影響，對於敵機施行襲擊之際，不必多費彈藥即能破壞都市之中心是矣。

市中心區既爲都市經濟之活躍地帶而又爲現代戰術攻擊之要點吾人自防空觀點而論，都市必須各區獨立之經濟與其交通效結，各部區均有共同之重要性，對於部份之破壞不影響於全體之組織。以下所論之典型防空都市一帶形都市系統一，（Syotenr der Bandstadt）。

帶形都市（Brend stadt）於 1882 年在西班牙 Soriay Mota 已經嘗試過了，蘇聯亦曾自經濟及交通之觀點亦爲帶形都市之設計，德國 Eerast mag 氏爲帶形都市之實施者，蘇聯 Milgirtin 氏曾於Moskowa 雜誌中著論「社會主義之都市構成問題」曾詳加討論，氏認爲都市不應放任如現代都市一樣之弧狀或直角狀之密集形態，都市之中心要沿交通綫配置。此種帶形之配置，飛行機無力在全市施行襲擊，因帶形都市無市中心區，及唯一市中心之組織，市在空間上分散而以高速之交通爲時間上之接合，以保持大都市之形態，特殊主要部份之存在否爲都市生命決定之意從直線狀之都市配列者甚少以同程度之主要部份爲一列完全均一之配置。此種帶形都市與現在稠密之都市相比較，前者破壞較難，交通機關較易安存，又因各地域如工業地，住居地，農林地等之分脫爲對於空襲防禦之有效措置。

帶形都市在防空技術之意味上，今日已特殊被認爲防空都市之良好計劃然關於該項研究之學術文獻甚少，而各國之研究尤以蘇聯更爲熱心。

上面論列大半爲防空都市之理想方案，各有所長。然並不能以烏托邦之都市計劃視之，吾人努力研究之結果防空都市非無成功之可能，都市計劃家在每一都市計劃形成之前，或改造之前，特別對於防空條件須加考慮。今日防空技術尚屬幼稚，但以漸次對有防空研究與準備之結果，欲將炸彈之威力及空襲之作用減至最少，或使空襲全無效果亦未可定。本人對於帶形都市曾著有專文，整理後即將其全部發表。

本文參考文獻：

1.Moskowa 1930--1934.

2.Vanthier, Panl, Le Dangee Aerien et Layenir Dr Pags.

3.Wolb, Dr. Lng Fanl : Lnftsehutz und Stadteban,

4.黎甯著論帶形都市與重慶之改造（1941）

殷體揚 鄭祖良主編

市政評論

陪都建設計劃專號

要目

社址：重慶下南區馬路一九三號

預定全年 三元六角 本期特價二元

中國新建築叢書之四
黎掄傑・鄭祖良合著

現代建築的造型理論及基礎

本書爲研究新建築造型理論的專門參考書，內容包括下列各章：（一）用與美；（二）工藝機械及建築；（三）論現代建築（唯物的建築史觀及現代建築的到達點）；（四）新建築的造型問題及合理主義；（五）都市美；（六）都市之構成及其分裂作用；（七）土地計劃等。實爲建築界之良好讀物。（不日出版）

新書預告

防空工程與工業

著作者：徐愈

出版者：中國新建築社

精美圖版百餘幅，是戰時工業建設之指南。（新建築叢書之六）

本年底出版　定價十元（歡迎預約）

中國新建築叢書

書名	狀態	著譯者
防空建築	（將再版）	鄭祖良著
蘇聯的新建築	（將再版）	鄭祖良 黎掄傑合著
現代建築論叢	（將再版）	霍雲鶴等著
防空建築計劃	（將再版）	鄭祖良著
到新建築之路	（印　出）	鄭祖良譯
構成主義的理論及基礎	（印　出）	黎掄傑譯

中國新建築叢書之五・

新建築論

鄭祖良著

定價國幣一元

（外埠酌加寄費）

中國新建築社發行・重慶中一路一〇七號三樓

28934

28935

之江土木工程學會會刊

28937

之江土木工程學會

會徽

民國二十三年五月

之江土木工程學會會刊

創刊號

杭州之江文理學院

土木工程學會

之江土木工程學會會刊

創刊號　目錄

土木工程學會會刊序言

徐鎮

本校創設土木工程學系，垂五年於茲，莘莘學子，於課業餘暇，復組合土木工程學會，以收研討攻錯之益，頃以發行會刊，徵序於余，用贅一言，以爲發端。

余嘗謂工程師之職責，不僅以出則指揮工事，入則專心設計爲已盡能事，必於社會情形，經濟狀況，靡所弗悉，而於物料之供輸，人事之調節，尤當有審密之觀念，庶易收事半功倍之效，此豈學校四載課業，十數種書藉，所能包羅無遺。

今日潛修學業諸君，他日出而問世，雖尚有待於一番實地經驗，惟能在此時即知工程師責任之重大，於技術上之修養外，所應關心之事尚多，隨時隨地，加以注意，未始不足以樹相當基礎，而爲異日發展之助，雖然，各個人之時間有限，機會難得，欲於此繁複之情形下，有所探索，未免顧此失彼，端賴羣策羣力，各本其時間機會，盡力搜求,然後共同研討,學會之設,殆應以此為一重大之使命,而發行會刊,卽所以表現研討所得之成績者也.

抑有進者,工程學子,往往對於文字上之修養,不甚注意,以為此非數理力學可比,異日將無所用之,其實文字為傳播思想,紀載事物之唯一工具,他日身任工程師,不能無規訂計劃,草擬報告之事,凡非圖表之所能詳盡者,若無暢達之文字,將何以顯示其意旨,況工程上習用之文字,每有其特殊之風格,與普通文藝不同,必綱舉目張,辭簡意賅,卽圖表攝影,亦無不須一一合乎法度,非經相當練習,豈能確有把握,則今日發行刊物,藉以促進文字上之修養,亦非無所裨益.

余揭斯二旨,敢以勉吾工程系諸同學,於學會之使命,則注重實地觀察,互相切磋,於是刊物之資料,不患竭乏,而於刊物之發行,則凡吾同學,皆應切實負撰作之責,藉收文字觀摹之效,一舉而數善備,異日之成功,殆將以此為嚆矢也.

民國二十三年二月

對數作圖法

顧世楫

運用對數從事計算之法，凡曾習代數術者無不知之。其便利優勝之點，亦可以無煩解釋。茲所述者，乃將對數原理運用之於作圖方法，尤有特殊之效能，且爲研究工程者所應具之常識。蓋一切實驗公式及實驗系數，每多藉對數作圖法，始可得相當結果也。

對數作圖法，並無新穎之學理可言，其方法亦至簡單。祇須知對數之定義，及初步解析幾何中，如何應用坐標繪製曲綫之方法，即可完全瞭解。其方法之要點，乃將坐標上之數值，用對數表示之。於是凡屬各種指數方程式，在普通坐標上應成曲綫者，在對數坐標上，均可成直綫。

今試舉一淺顯之例，設有一曲綫如圖一，其方程式爲

$$y=\frac{x^2}{2}。$$

今將各點之坐標，並其對數，列如下表一

點次	x	y	logx	logy
1	0.50	0.125	9.6990	9.0969
2	0.90	0.405	9.9542	9.0675
3	1.20	0.720	0.0792	9.8573
4	1.60	1.280	0.2041	0.1072
5	2.00	2.000	0.3010	0.3010

若照普通作圖方法，將logx及logy之值作爲坐標，而繪出各點之位置，則其所得結果，有如圖二，皆在一直綫上矣。

28943

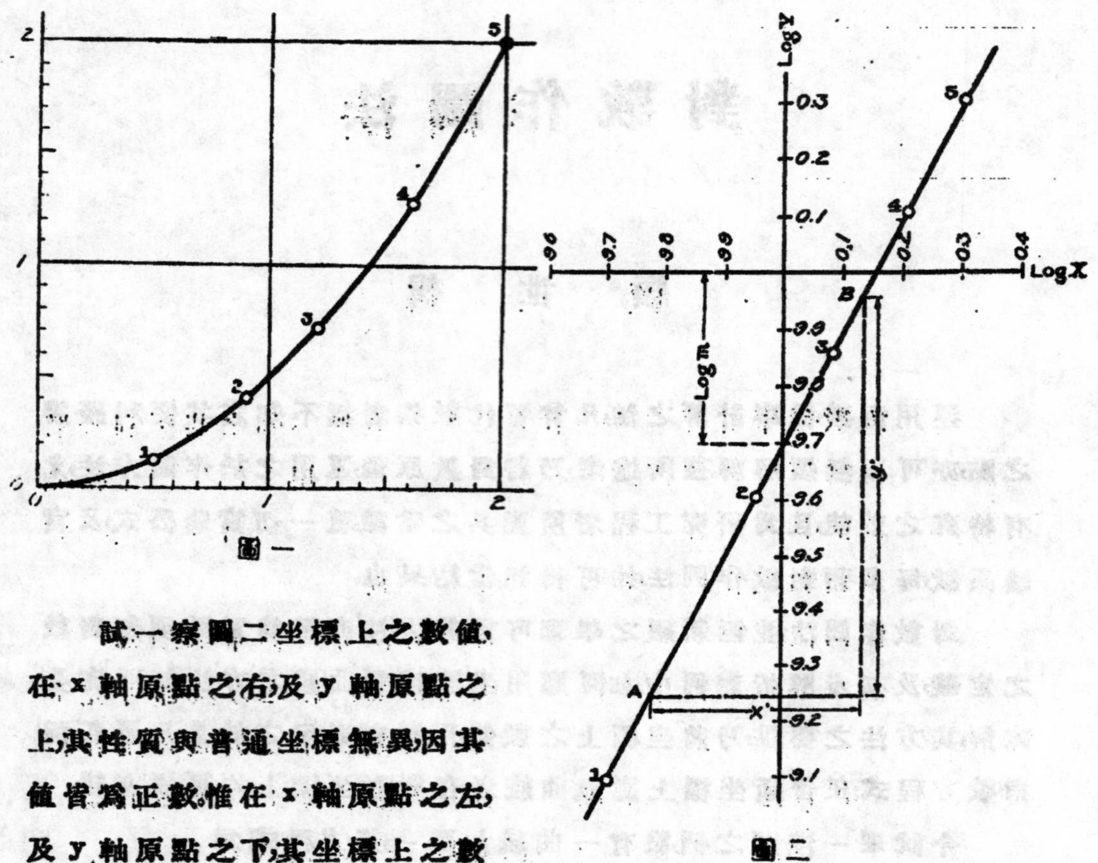

圖一

圖二

試一察圖二坐標上之數值，在 x 軸原點之右，及 y 軸原點之上，其性質與普通坐標無異，因其值皆為正數。惟在 x 軸原點之左，及 y 軸原點之下，其坐標上之數值與普通坐標略殊，用再申述之。

凡數值之小於一者，其對數必為負數，如 $\log 0.5=\log\frac{1}{2}=-0.3010$。但在運用時，普通多不書作 −0.310，而以 9.6990−10 代之，或竟書作 9.6990，而將 −10 略去。於是為便利起見，x 軸原點之左，及 y 軸原點之下，本應自原點向左向下表示負數者，今逕以略去 −10 之數表示之。故在 −0.1 處書以 9.9，在 −0.2 處書以 9.8，在作圖時既極便利，且與原點之右及原點之上所表示之數值適成同一方向，尤易記憶。

應用對數作圖，照上述方法，並不便利，因須先求其對數，然後按法繪之。但有一特殊之點可述者，則凡如圖一近於拋物綫形之曲綫，其方程式為 $y=mx^n$ 者，用對數作圖，均可成為直綫。蓋將上式兩邊均取對數，

總成

$$\log y = n\log x + \log m。$$

若以 $\log x$ 及 $\log y$ 爲兩變數,則此式恰與普通直綫方程式 $y=mx+b$ 之式相符合。式中 m 代表直綫之斜度,b 代表直綫與 y 軸相交點之縱坐標。故如圖二以 $\log x$ 及 $\log y$ 之值繪出各點,則各點必在一直綫上,此直綫之斜度,卽相當於 n 之值,而其與 y 軸相交點之縱坐標,則爲 $\log m$ 之值。

根據此理,凡欲求曲綫之方程式,非常便利,其在實用上之效能亦甚顯著。蓋由實驗所得之結果,兩變數之關係,有成直綫式者,有成曲綫式者。成直綫式者,將其兩變數作爲 x,y 坐標,繪出各點,當在一直綫上,於是求其方程式非常簡易。若係成曲綫式者,則照同一方法繪出各點,必在一曲綫上,欲求其方程式,比較困難。今若將此變數之對數作爲 x,y 坐標,而繪出各點,則凡曲綫之近於拋物綫形者,所得結果當在一直綫上。於是求其斜度,及與 y 軸相交點之縱坐標,卽可確定此曲綫之對數方程式。再將此方程式兩邊各取反對數,遂得此曲綫之普通方程式。

今以圖一之曲綫爲例,此曲綫各點之坐標,求其對數後繪出之各點,如圖二,皆在一直綫上。故僅須求此直綫之方程式,卽爲此曲綫之對數方程式,惟其變數爲 $\log x$ 及 $\log y$ 耳。試由圖二,任取直綫上 A,B 二點,量其縱橫距差 y' 及 x',因係求直綫之斜度,故取任何一段,用任何比例均可。於是得

$$n=\frac{y'}{x'}=2$$

再求此直綫與 y 軸相交點之縱坐標,知爲 9.699,卽 $\log m$ 之值。於是

$$\log y = 2\log x + 9.699,$$

或　　$$y=0.5x^2,$$

卽圖一中曲綫之方程式是也。

凡實驗所得結果兩變數之關係不成直綫式者,大率可以此類推

數方程式表之。因指數可爲正可爲負，可爲整數可爲另數或分數。其另一常數m恆視爲正值，因工程上常用之公式鮮有m爲負者。且m若爲負數，僅使全式易正爲負，與變數x並無關係。至於x及y亦僅以正數爲限，因負數之對數爲虛值也。

上述對數作圖法須將各點坐標值求出對數後，再依普通作圖法繪出之，未免繁瑣不便。實際應用時並不如此，僅須將坐標上之尺度，依其對數值分劃之，例如2之對數爲0.3010，則在0.3010處作爲2；3之對數爲0.4771，則在0.4771處作爲3；餘可類推。於是圖二之坐標，可一變而爲圖三之對數坐標。凡各點之坐標值不必先求其對數，然後繪製，可逕依對數坐標之尺度而繪出之。試細閱圖三，即可了然。今爲易於明瞭起見，將對數坐標繪於左方及下方，藉便對照。求此直線之方程式時，亦可無庸求其與y軸相交點logm之值，可逕在對數坐標上，求得m之值爲0.5。惟求直線之斜度，須仍依普通尺度作比例，不可根據對數尺度上之數值作準，因所求者爲此直線之實在斜度，與其對數無關也。

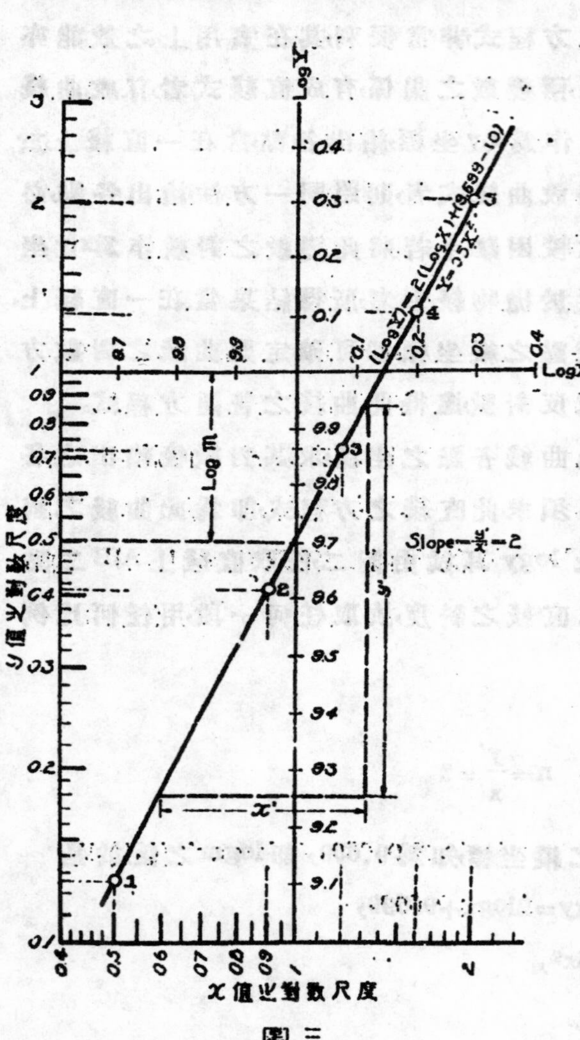

圖三

在應用繁多時，上述製成對數尺度之法，實非常便利。雖其初須繪一對數尺度，費時較久，但以後則可應用無窮，而所有求對數之手續，均可省免。惟繪製對數尺度，往往難以準確，實為應用時一大窒礙。於是有特製之對數格紙，專為此用，即以縱橫綫俱按對數劃分之，其單位則可任意選定。若未備此項格紙，除上述按對數自製尺度外，亦可將計算尺面之分度量下，作為對數尺度，因計算尺即根據對數而劃分也。

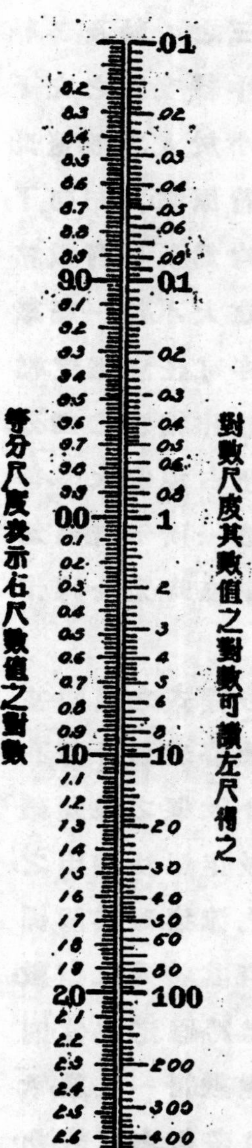

圖四

試檢對數表，凡以10為底數者，僅須知1至10間各數之對數已足。蓋凡小於1及大於10之數，其對數之差異，不過在小數點前之整數耳。例如，log 2 =0.3010，log0.2=9.3010—10，log200=2.3010，其小數點後之數皆為0.3010也。對數表之精密與否，僅在其間隔之大小，及對數位數之多寡，而其限度則無不自1以迄於10而止。對數尺度亦然，繪製之時，僅須確定1至10間各數之劃分。欲表示小於1或大於10之數，僅須將此整個尺度向左移或向右移。向左移者加以小數點，向右移者，加圈於數值之後，蓋一為減小十倍，一為增大十倍也。

圖四表示對數尺度與等分尺度之比較。對數尺度上所表示者為實數，其對數可自等分尺度上得之。等分尺度上所表示者為對數。其相互之關係，既可一目瞭然，而實數與對數進位之變化，尤易得確切之意義。蓋自1至10，10至100以及1至0.1，其間對數尺度均各相等，不過其數值增十倍或減十倍耳。在等分尺度上，則仍依次增進，因數值增進十倍，其對數僅在整數上增1也。至在對數尺度上，自1至10間之劃分，可極簡略，亦可極詳密，猶對數表之間隔有大小也。

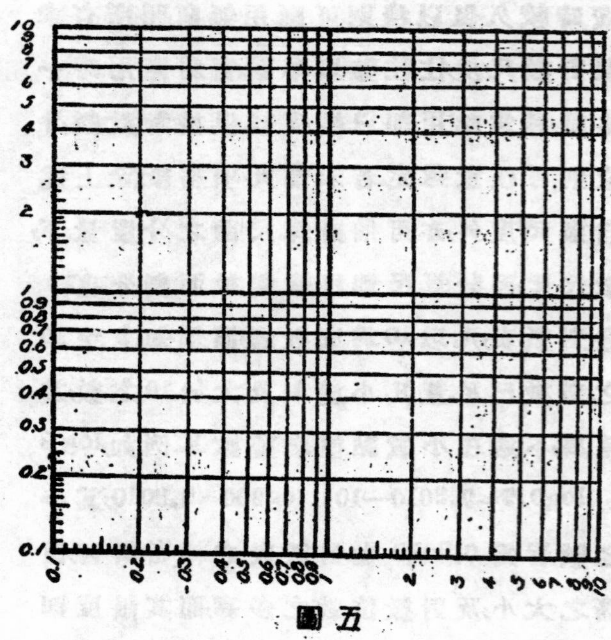

圖五

圖五為一對數格紙之雛形，縱橫均僅兩個底數，各以中綫為單位，即相當於圖三之x軸及y軸。於是在中綫交點之左下方，表示小於1之數。蓋此交點不啻原點，向左向下，其對數均為負也。對數格紙，不限定大小，每一底數之長度，亦可任意選定。惟過短則難作精密之劃分，過長又所占地位太多。每一格紙，決不止限於一個底數。凡現成之對數格紙，其邊緣所示者，僅為1,2,3,4……等數字，須先確定單位所在，始可應用。定單位時，完全視作圖時之便利，及本問題中可遇數值之大小而斷也。

對數作圖法，雖僅可應用於指數方程式，但指數方程式之範圍甚廣。尤以水力學中之各種公式，幾十之七八屬於此類。最著者如計算孔門流量，及堰上流量之公式，均以水頭作準。苟孔之大小及堰之長短確定，則流量與水頭之關係，即成一單純之指數式，用對數作圖法繪出之，僅得一直綫，即可表示無餘。其他如計算管中及河槽之流速，雖其關係兼及傾斜度與水半徑，且常用之實驗公式，二者均各有其特殊之指數，似每一公式中須含三個變數。惟若將其中之一變數作為假定之值，則此等公式亦可化作單純之指數式。於是每一假定之變數得一直綫。欲表示該公式全部關係，可根據多數之假定變數值，繪成多數之直綫。此即今日一般水力學中圖表之大概方式。故能明瞭對數作圖法，則凡稍為繁複之圖表，極易推究其作法，而欲自行模製，亦非甚難。

抑有進者，對數坐標，並不限定縱橫均取相同之尺度，亦不拘於悉

導一致之方向，例如表示y值之對數坐標尺度，可使其縮小一半，同時

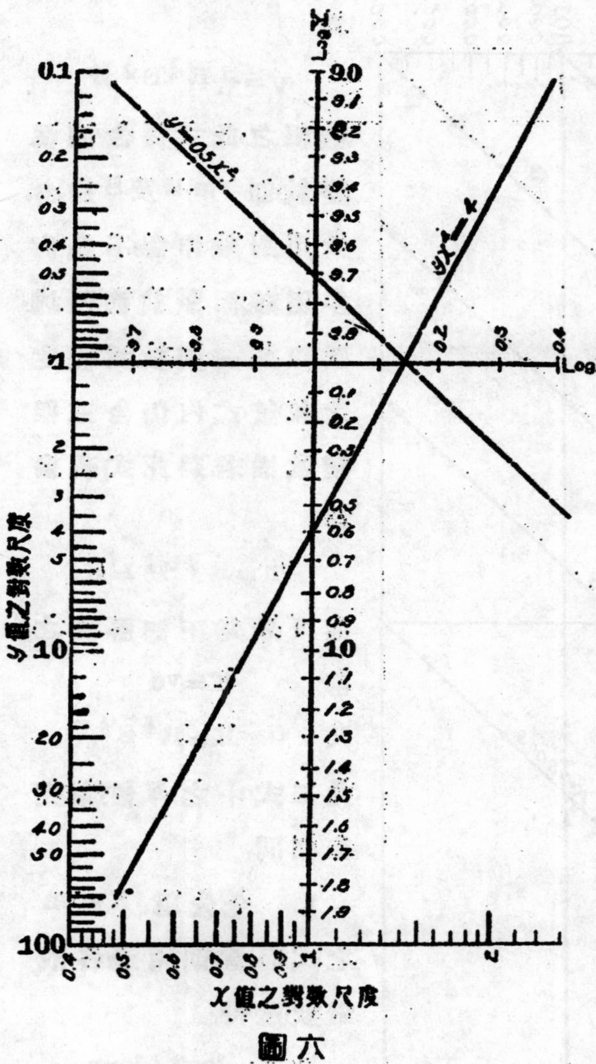

圖六

並可倒置之，使成相適方向。即y軸上之對數尺度，本應自原點向上遞增者，今反之使其向下遞增，則所表示者，適為其反數之自乘方。若以圖三為例，今僅將y軸之對數尺度，照上述方法改換之，使成圖六之情形，而原有之直綫仍舊，則在此新尺度下，此直綫之方程式將成為

$$yx^2=4。$$

蓋在圖三之原尺度下，其關係本為

$$\log y=2\log x+\log 0.5,$$

今在此新尺度下，遂成為

$$-\tfrac{1}{2}\log y=2\log x+\log 0.5,$$

將此式兩邊各取反對數，所得應如上式。

若在此新尺度上，表示方程式$y=\frac{1}{2}x^2$，則得如圖六之直綫。此綫之斜度及y軸上之交點均已變換，惟仍為一直綫。故如將縱橫坐標取不同之對數尺度，以及將一坐標之尺度逆置之，可使指數方程式所成之直綫，適合任何預定之斜度。y軸上之尺度與x軸上之尺度相比，不必定成整數，為任何分數及另數俱可，因此其變化無盡。凡較為繁複之公式，皆可化之使簡，而得適當解決方法。

今舉一水力學中常用之公式為例，即Manning氏計算河槽流速

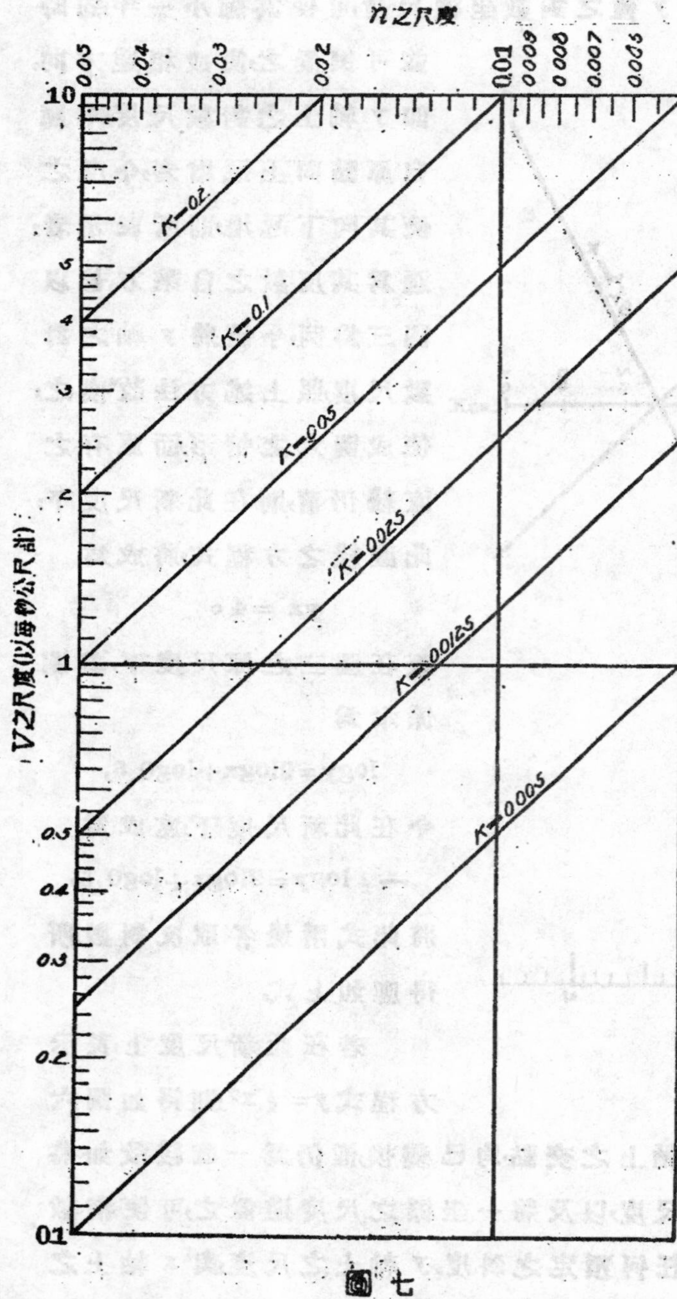

圖七

之公式,其用公尺制者為

$$V=\frac{1}{n}R^{\frac{2}{3}}S^{\frac{1}{2}},$$

驟視之,此式係含四個變數,即 v,n,R 及 S 是也。欲用對數作圖,不免尚多困難,因照前節所述,雖以其一變數為假定之數值,式內仍含三個變數,惟若將此式改書為

$$vn=R^{\frac{2}{3}}S^{\frac{1}{2}}=K,$$

則可分為兩部解決之,

即　　$K=vn$

及　　$K=R^{\frac{2}{3}}S^{\frac{1}{2}}$

此二式中之 K 值,應完全相同。

今先就 $K=vn$ 之式而言,則兩邊各取對數,遂得

$$\log K=\log v+\log n,$$

或 $\log v=-\log n+\log K$。

苟以 $\log v$ 及 $\log n$ 為變數,則應使 n 之尺度與 v 之尺度相同而取逆向,於是每一假定之 K 值,各可得一直線,其斜度均當為1,或與 x 軸相交成45°,如圖七左方及上方之尺度,並斜線是也。

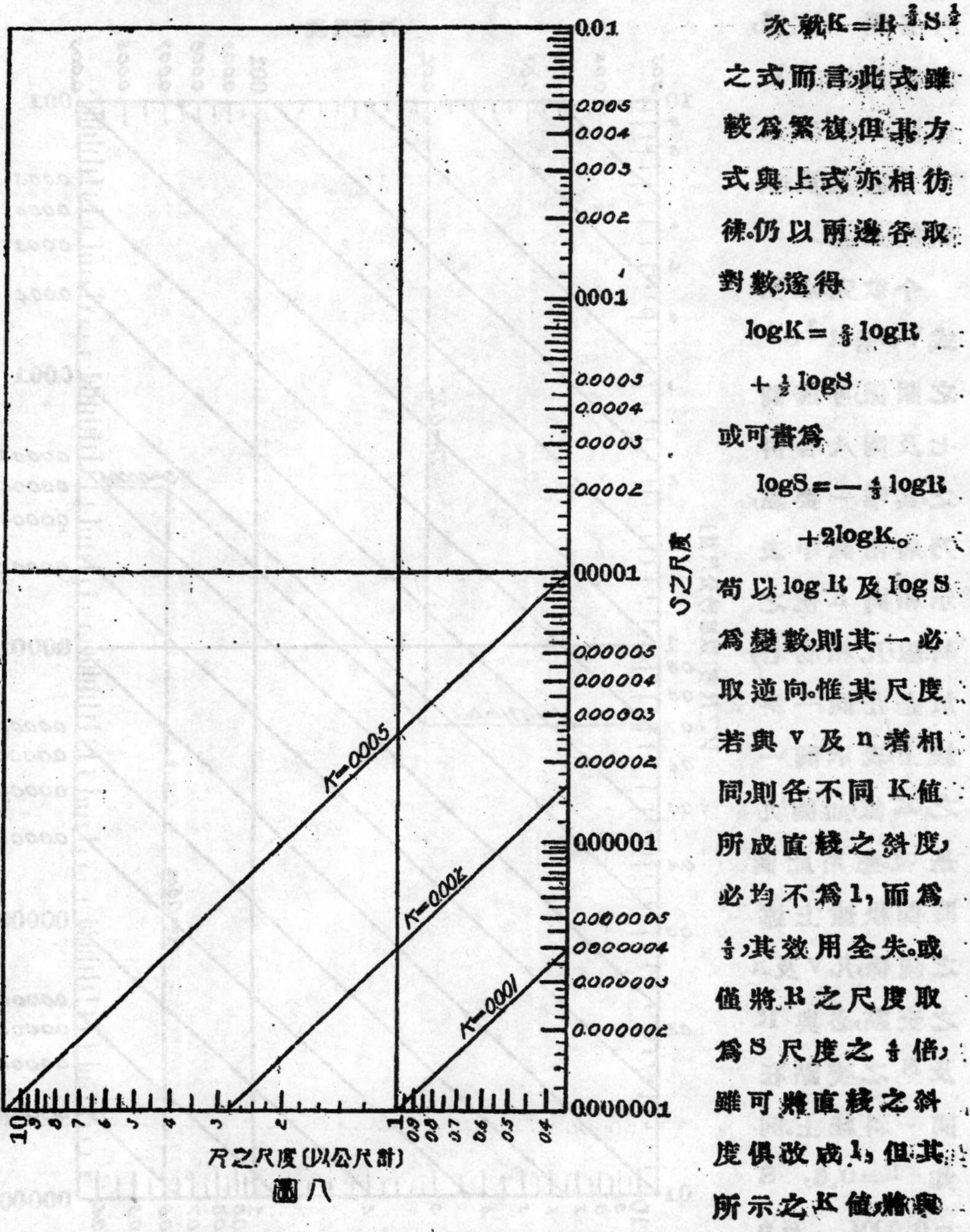

圖八

次就 $K=R^{\frac{2}{3}}S^{\frac{1}{2}}$ 之式而言,此式雖較爲繁複,但其方式與上式亦相彷彿。仍以兩邊各取對數,遂得

$$\log K=\frac{2}{3}\log R+\frac{1}{2}\log S$$

或可書爲

$$\log S=-\frac{4}{3}\log R+2\log K。$$

苟以 log R 及 log S 爲變數,則其一必取逆向。惟其尺度若與 V 及 n 者相同,則各不同 K 值所成直綫之斜度,必均不爲1,而爲 $\frac{4}{3}$,其效用全失。或僅將 R 之尺度取爲 S 尺度之 $\frac{4}{3}$ 倍,雖可將直綫之斜度俱改成1,但其所示之 K 值,將與上圖之 K 值不相一致,亦屬無用。欲糾正此缺點,應將 S 之對數尺度取爲 V 尺度之 $\frac{1}{2}$,R 之對數尺度取爲 V 尺度之 $\frac{2}{3}$,於是 R 尺度既爲 S 尺度之 $\frac{4}{3}$ 倍,且與 V 尺度及 n 尺度俱有相當關係,而每一假定之 K 值確可各得一直綫，其斜度俱爲1，如圖八右方及下方之尺度並斜綫是也。

今欲完成全式$V=\frac{1}{n}R^{\frac{2}{3}}S^{\frac{1}{2}}$之關係，可將圖七及圖八合併之，其唯一要點，乃將兩圖中表示相同K值之斜線互相吻合，於是在同一斜綫上表示同一之K值，如圖九是也。應用此圖時，即根據上述之關係，凡v及n之交點，必與R及S之交點在同一斜綫上。例如R=0.6，S=0.0004及n=0.02，可得v=0.71。凡相交點不在圖中斜綫上者，可推一平行綫以定之，因圖中所示之斜綫，僅數個假定之K值。斜綫與縱橫軸均相交成45°，即其斜度

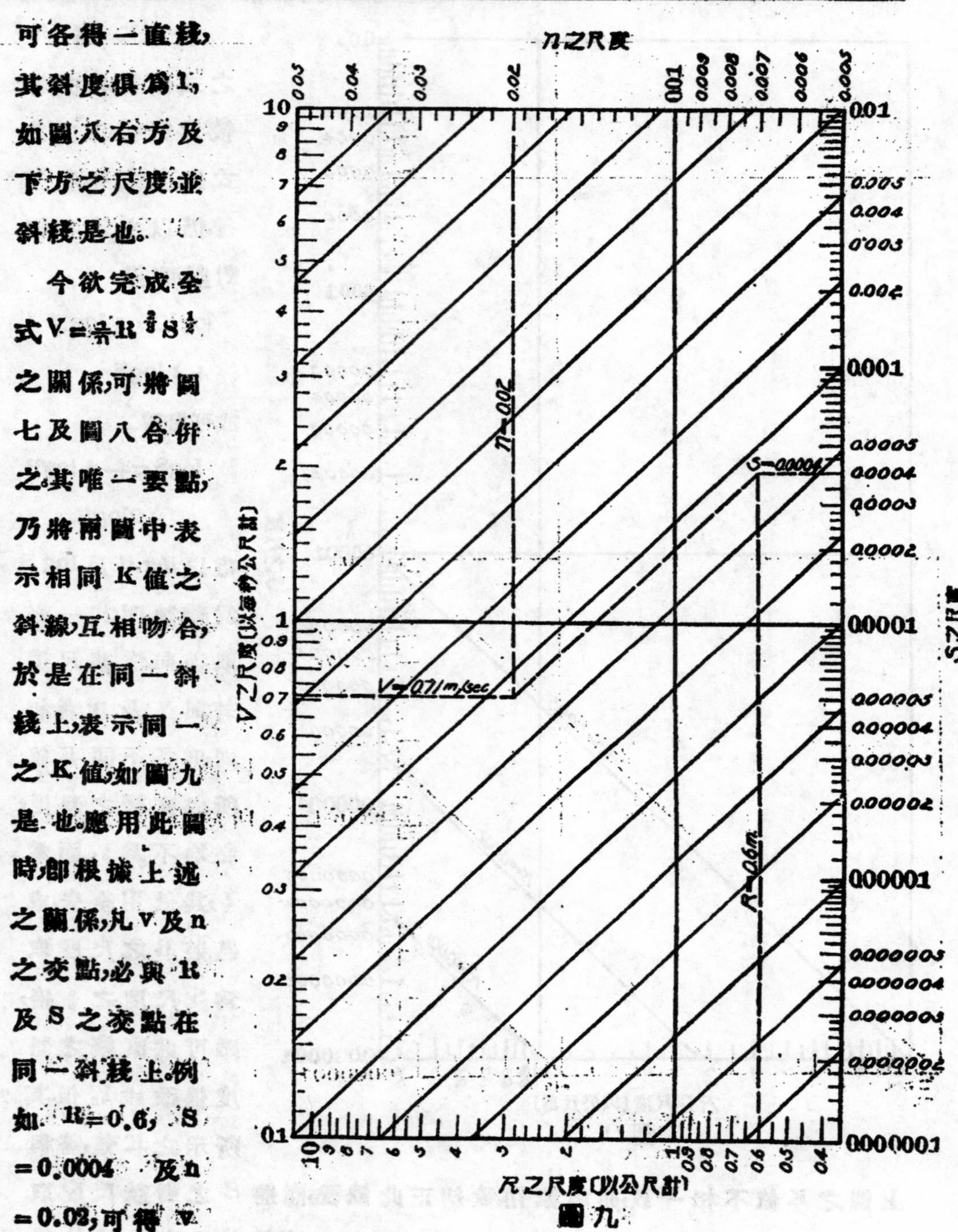

圖九

俱爲 1 也。

欲使兩圖表示 K 值之線恰相吻合，尙有一法。卽將縱橫軸推移而湊合之。今在圖七中以 $V=1$ 及 $n=0.01$ 爲縱橫軸，若假定 $R=1$，則照原式 $V=\frac{1}{n}R^{\frac{2}{3}}S^{\frac{1}{2}}$ 之關係，應得 $S=0.0001$。故在圖八中，應以 $R=1$ 及 $S=0.0001$ 爲縱橫軸，但將此兩縱橫軸相合，所有各 K 值之綫無不吻合矣。實際上表示 K 值之綫愈多愈妙，但應用時反易誤視，不如稍爲疏簡爲佳。因 K 值僅係介數，並不欲求其確值，故普通多任意繪間距相同，與縱橫軸成 45° 之若干斜綫，作爲檢圖時之遵循已足。初不必按各不同 K 值繪成斜綫，更無庸註明 K 值爲若干也。

（完）

28953

維也納河之治理工程

王壽寶

維也納河 Wienfluss 爲奥京維也納市 Wien 之唯一市河,位於市之西部,本幹流經不遠,即與諸小支流相匯合。上游河面雖不甚寬,但風景秀麗,蔚爲森林中之幽谷,及至罕德爾村 Hüftel dorf 而河身漸闊,然後流入市區,終以多惱運河 Donau kanal 爲其尾閭(圖一)。全河在未經整理以前,其坡度自發源處起至流入多惱運河止爲468公尺,長度爲34.180公里,總流域爲224.2平方公里。域內以環境性質之不同,約可分爲三區:一爲市廛區,約佔25平方公里,區內多道路,廣場,兼有舖設路面及下水道等工程,而公園空地則僅佔一小部分。二爲鄉村區,約佔18平方公里,區內有農田,草原及園藝,而坡度極小,各村內之下水道,亦非完全設備,而下水道之出口,又大抵直接流入維也納河。三爲高地區,佔181.2平方公里,區內多森林草原,約69%,復有山地,而同時又爲其河流發源所在,支流密佈,是以高低不一,坡度極大。考其地質,則全河自發源地起至罕德爾村爲沙石層,其次爲第三紀泥灰岩層,下游則全屬洪積層。流經洪積層之距離,比較甚短,故水位之高低,受洪積層之影響者至微,此從地質方面而言,河流水位之變遷,與上游砂石層關係至鉅。

砂石層之構造,示顯明之層狀,大抵由細砂及膠質而成,粗砂及卵石之成份極少。膠質所含成份爲炭酸鈣,炭酸鎂及若干之養化鐵。各層成份,層各不同,有富於土質者,亦有富於石灰質者。砂石層之新鮮斷面作青灰色,但一經風化,即變爲赭石色,以其間膠質中之一養化鐵 FeO

業已變成三養化二鐵 Fl_2O_3 也。故山之表面，均呈黃褐色泥土狀；而因纖砂粒與雲母等質組織緻密，雨水不能再滲透入石層內部矣。泉水作用，乃付闕如，雨水直接沿地面而下，傾入河流，結果使河流每遇大雨，下游必呈汎濫之勢，但一入旱期，旋即乾涸，此維也納河未經整理以前之現象也。維也納河上游本身之啣砂量極少，直至潑勒斯堡 Pressbaum 起而較多，其最甚者當推波爾格村 Purkersdorf 附近，其下漸少。及毛兒河 Maverbach 相匯，始又大增，自罕德爾村至聖佛 St Veit 一段，在昔已成淤塞之河道，卵石砂粒，堆積其間，一遇洪水，即挾此種砂石，灌入多惱運河。然河在市中心之一段，當未經整理時，其兩岸早已築有駁岸，河底漸形穩固，不若最初淤塞之情形矣。

以上所述維也納河淤塞之情形，原因殊多，其最甚者，莫如沿河一兩帶鄉村下水道之直接流入。其污穢程度，一經波爾格村即形顯著，良以受罕德爾村啤酒廠，染坊等污水之輸入也。自 1830 年後市府雖宣佈不

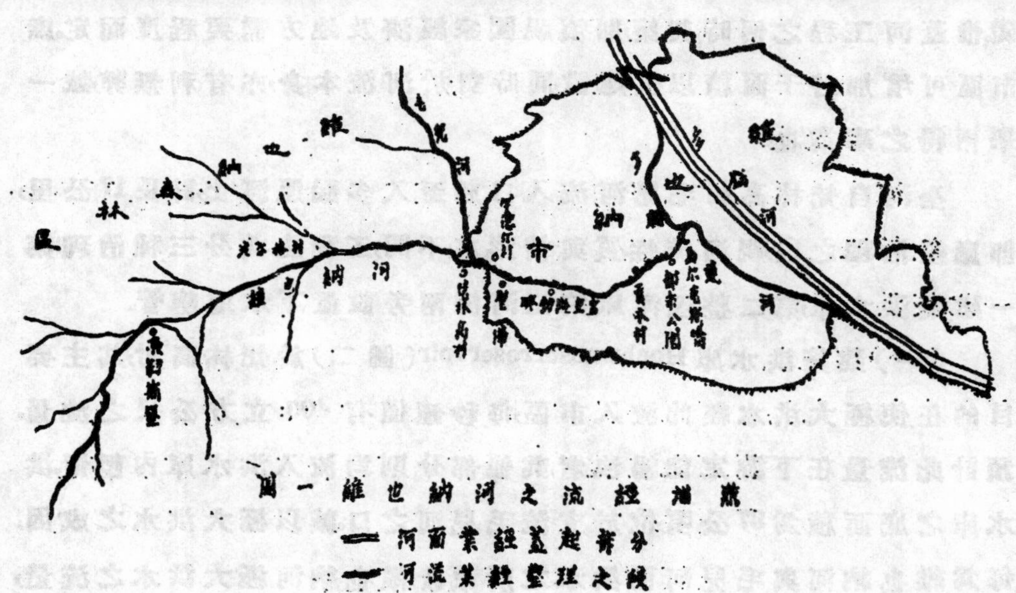

圖一　維也納河之流經情狀

━━ 河面業經蓋起部分

━━ 河流業經整理之段

准污水直接放入維也納河之禁令，左右兩岸，均興築下水道，使污水送入多惱運河。復以下水道溝管過大，故沿河裝設溢口 Notauslass，以便大雨時可直接流入河內，以減其量。惟溢出之水，含有家庭污水成份，沿

長雨期中，餓雨水之冲洗，然後流入河中，直達下游，固無妨礙，然一遇驟雨，則谿口所出之水，因河水不繼，滲入河底，下層污物仍不免留積其上。此外如洗衣作，染坊，啤酒廠，煤氣廠及其他工廠之設於兩岸者，所有污水均仍直接排洩河中，而沿河各村家庭污水之通入，垃圾之傾倒，又在在皆是，此其下游幾不成河流之狀，而淪為一眾污所歸之地，對於市內衛生，大相逕庭，當局乃有整理是河之決心焉。

整理維也納河之計劃，在1781年動議，不久衛生局即正式宣佈，以市內流行傷寒等種種傳染病與市河發生密切之關係也。1880年市府已搜集各種建議，從事整理，其建議有主張地下火車與河流同行者，亦有主張河流單獨進行者，理論不一。河身斷面，亦有分低水道及洪水道兩部份或三部份者，直至1891年得決定圖樣，採取低水及洪水合流之建議，其主要目標，即在以至少之經濟，謀最大之利益是也。鋪砌河底，整理駁岸，建築洪水庫，同時並舉，而其駁岸又為將來興築河蓋工程之基礎，惟蓋河工程之何時興築，則須視國家經濟及地方需要程度而定。庶市區可增加若干面積以供建設，同時對於河流本身，亦有利無弊，誠一舉兩得之事業也。

全河自梵林高村毛兒河流入口起，至入多腦運河止，計長17公里，即應經治理之段，視河流性質與情形之不同，工程上共分三種治理：第一建築洪水庫，第二整理河床，第三河流兩旁設置下水道總管。

（一）建築洪水庫Hochwasserreservoir（圖二）於梵林高村，其主要目的在使極大洪水經此流入市區，每秒鐘僅有400立方公尺之流量。預計此流量在下游定能暢洩者，其他部分則均流入洪水庫內暫留。洪水庫之底面積為37公頃，位於支流毛兒河之口，誠以極大洪水之成因，每為維也納河與毛兒河兩洪水之所激發，維也納河極大洪水之流量，每秒鐘為480立方公尺，而由毛兒河流入者，每秒鐘為130立方公尺，其總計每秒鐘為610立方公尺，其間400立方公尺業已准其流入下游，尚餘每秒鐘210立方公尺之流量，則由溢水壩導入洪水庫中（圖三）洪水時間經多年之觀察，每次僅兩小時耳。故洪水庫之容積當為 2×60×60×210=1,512,000m³ 即1,600,000立方公尺，一俟灌滿即可歸之河內，

圖二　維也納河之洪水庫

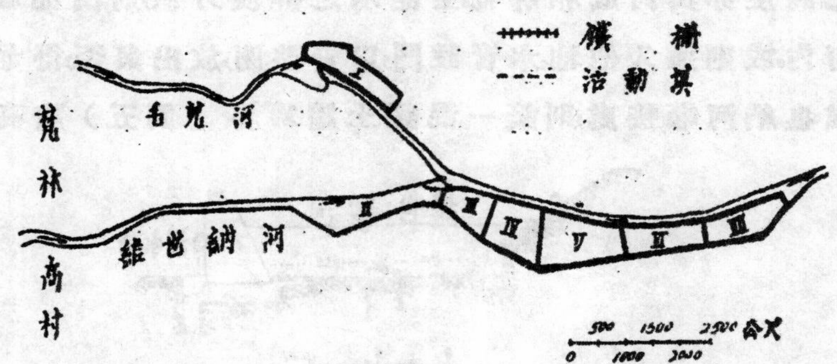

以洪水時間之業已告終也。

洪水庫沿河建築，所用之地大抵由開掘而來。庫前置有鐵柵，（圖

圖四　洪水庫旁之鐵柵

四）長可48.2公尺，使河內木排樹枝垃圾等之各種浮物不致侵入下

圖三　洪水入庫之滾水壩

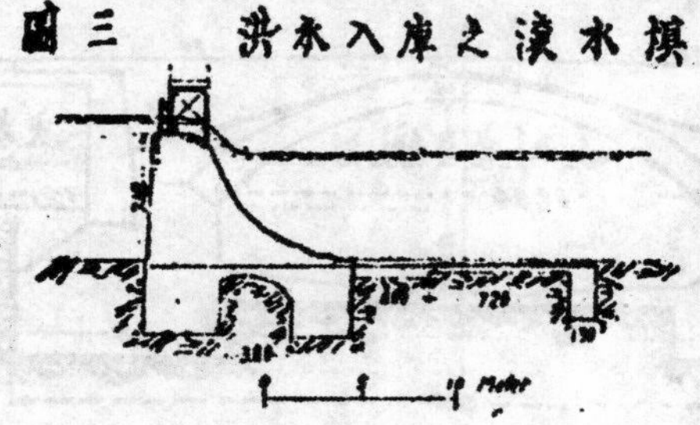

游爲害。柵上更築有小橋河供行走俾便洪水時打撈浮物之用。洪水庫計分七池，其中六池均沿維也納河，餘一池則沿毛兒河。兩池之間，隔以混凝土牆，且前池恆較後池高兩公尺，此與河底之傾斜度 5% 相當。蓋庫底之高度亦與河底相等也。至池水之排洩方法，則由池底所設水管，直輸河內。或則通入他池。水管設門，以資啓閉，放出與否，得如人意。洪水庫與維也納河啣接處，則築一混凝土牆爲界（圖五）牆高約 6 公尺

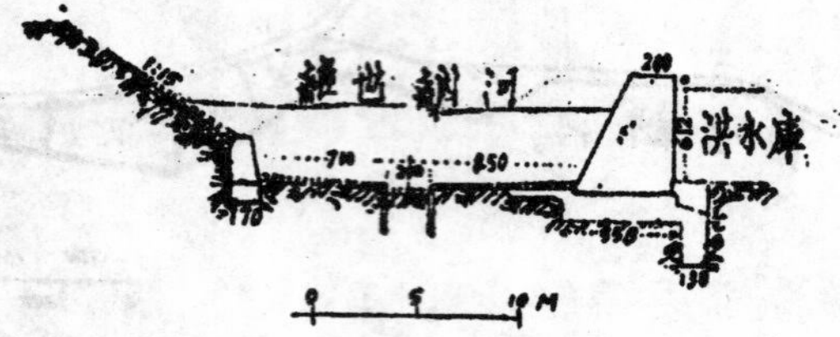

圖五　水庫與河流間之隔牆

至 8 公尺，頂寬爲 2 公尺。牆對庫之面，成垂直形，對河之面，則作傾斜狀，斜度爲 2.4:1。庫之依山面，山坡斜度爲 1:1.5，其處培植樹木，預防傾圮。水流急處則更鋪石板抵當之，石板厚度，約自三公寸至一公尺，鋪設高度則以鋪至洪水位以上半公尺爲準。

在毛兒河口所設之洪水池，長 250 公尺，容積爲 190,000 立方公尺，用以貯蓄最大洪水。池前河面使之較闊，亦裝有鐵柵，使河中所帶砂粒，得沈澱於此，而浮物則逗遛柵外，以便打撈。洪水之入池也，則經一 30 公尺長之滾水壩。壩頂高度，則以能維持下游水勢之安全爲標準，勿使其超過極大規定流量之外。庶一過安全標準，即自行流入洪水池內矣。

圖六　河床河蓋及火車道標準圖

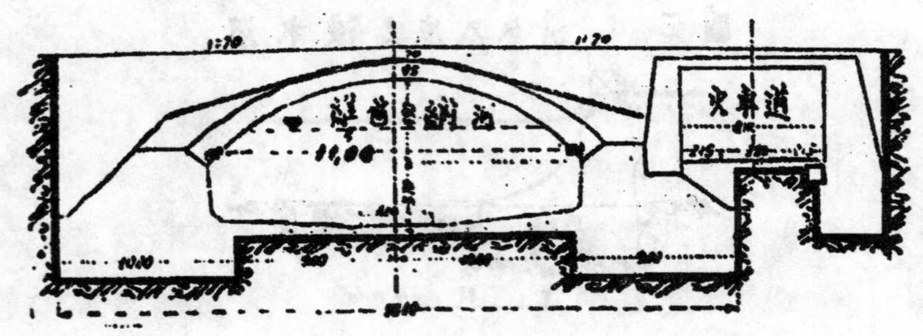

（二）河床之整理卽自上游洪水庫起以下均應治理因毛見河一入維也納河後河底驟深2.5公尺乃於其處築混凝土階形河底減殺水勢河底則槪舖砌石塊每隔25公尺則橫以混凝土或松木椹條用防急流之衝激在低水位之處則於河中央開一闊二公尺至三公尺之水槽（圖五）以增水深可免淤積河底更分段築低壩使卵石等物可以停留於此不致順流而下堆積一處其在河口等重要之地則壩之寬度特別放大此整理上段河流之大概情形也自都市公園起以上6.8公里長爲中段以此處流域較廣河流宣洩量每秒鐘爲600立方公尺根據此極大流量及流底之坡度乃決定河寬河深及河蓋之標準圖樣（圖六）此標準圖樣底面降坡由上而下漸次遞減卽自4.6%至1.7%其寬度則相反由上而下漸次遞增卽自15.5公尺至21公尺務使最高洪水位常在河蓋下1.7公尺之處此河深之增加所以較前須有0.5公尺至3公尺之多也河面蓋起之部在都市公園附近約有1350公尺其他如在貢本村Gumpendorf及興勃隆皇宮Schonbrunner Schlosse等處亦有若干部分蓋起矣總計全河業已蓋起者約有2300公尺之譜（圖一）兩岸河蓋拱座大抵用混凝土建築僅西岸一段以須設地下火車關係故用塊石砌成使火車道不致爲河水所浸其他預備舖蓋河面之河底亦悉用混凝土砌築拱形河蓋均用搗實混凝土建築惟都市公園附近一段因欲減少材料厚度起見故特採用硬磚亦有橋面之因急於完工而改用硬磚者拱形河蓋頂部之厚度由0.65至0.95公尺其拱脚則由1.1公尺至1.6公尺此各部厚度不同之原因乃基於河面寬度由下漸增之結果也在都市公園附近河蓋兩面裝置精巧頗呈美觀驟視之幾不知其爲河蓋也

自都市公園至多瑙運河一段爲下段其河面至今猶未蓋起乃預備將來舖設鐵蓋者是段河面在洪水部分特別放闊有數處約寬至5公尺之多自都市公園以下500公尺之河底坡度爲1.373%河面寬度則自23.24公尺至26公尺河底用混凝土舖設再下至馬爾克斯橋Ma-

28959

rzerbrücke 則其坡度爲 3.84‰，較上段爲大，故其河底作梯級式構造，共有五級，級長30公尺，每降一級則低.5公尺。混凝土底於此告終，以下河底概用塊石舖砌，直達多腦運河，其河底坡度爲 4‰，河面寬度則由26公尺至30公尺。

自都市公園起以下500公尺處築有一自動水閘，積蓄相當水量，供冬季作滑冰場之用，旁更設一管，使冬季上游有水時，可經該管直達閘之下游，以免侵入滑冰場內。閘之普通蓄水高度爲1.3公尺，如水位增至1.5公尺時，則自動水閘能立即放水。此外尚有機械設備，亦得將閘隨時啓閉，以資調節。

（三）兩旁污水溝渠之設置，在維也納河整理之初，已先行着手建築，使污水不致直達河內，以保持其河底之清潔。上游各鄉鎭之污水溝渠，亦均通入兩旁總管，故其總管之直徑甚大，數倍於前。同時對於市中心之污水溝渠亦大加整理。總管材料採用混凝土，而管底表面則用硬磚舖砌，以資耐久，（圖七）尚有極小部分亦有用普通磚塊者。市中污水系統採用合流制。左岸總管，長約6.9公里，坡度爲 0.4‰，在平常污水時期，總管當可完全容納，在大雨時期，雨水量爲污水量四倍以上時，則得自溢口流出。流出之水，先入一沉砂池，然後由此流入河中。此等溢口沿河設立，每遇一溝渠流入總管之處，即有一溢口之設置。其處雖遇大雨時期，工作人員亦得自由出入。右岸總管全長爲17.2公里，坡度在上游爲 0.8‰ 中游爲 0.6‰ 下游爲 0.4‰。埋設深度自7.5公尺至14.4公尺。最大斷面積寬8.1公尺高 4.6公尺（圖七）沿河分設溢口十八處，俾在雨時，雨水量超過污水量四倍以上時，得在此口溢出，以減總管容量。溢口管材料，因右岸有地下火車道關係，是以採用鐵質。其直徑爲一公尺，於地下火車軌下通入河底，沉砂池則在溢口外，因地下火車關係未能裝置，故特移於各溝管流入之總管前（圖八）上述各項工程，施工時頗感困難，因交通繁盛之區，不能使其片刻停頓也。

整理維也納河經費方面總計約五千萬克郎 Krone（約合美金

28960

爲一千二百萬元）乃由維也納市所在地省份及國庫共同分担，中間國庫及省庫各任一千萬克郎，其餘則均由維也納市府担任。其間洪水庫之造價，約爲美金一百五十萬元，每立方公尺容量約爲美金一元，蓋其地無天然之形勢，堪資應用，庫底多由人工開掘，是以所費獨高也。

圖七　市岸總管剖面

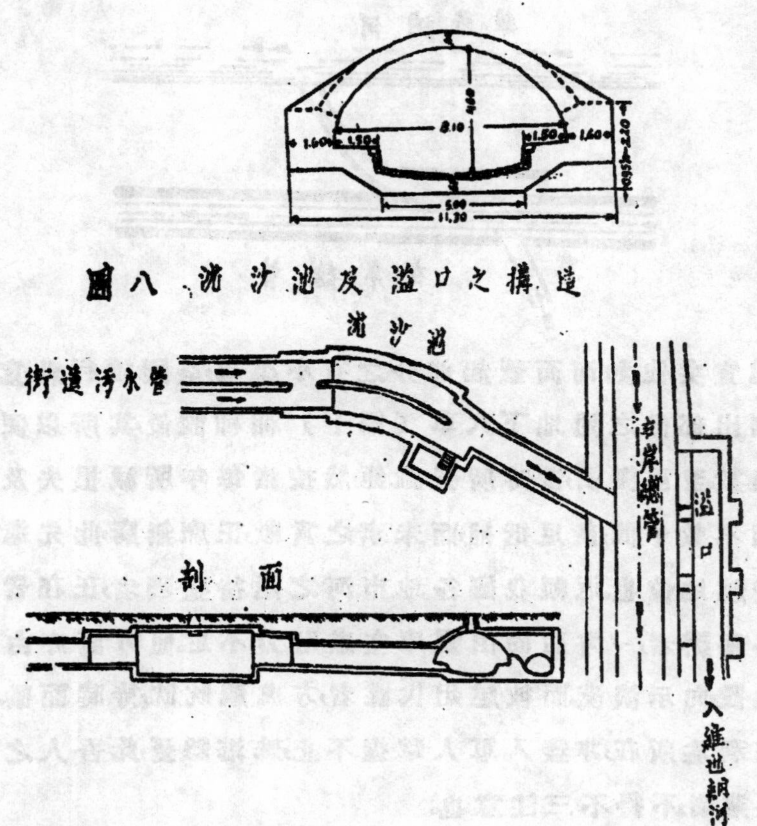

圖八　沈沙池及溢口之構造

管理方面，自1902年起，均歸維也納市府担任，內設官佐六人，看工五人，專司其事。其重要工作，卽在看守及注意洪水情形。中以官佐兩人及看工一人常駐梵林高村，蓋其地設有洪水庫也。其處備有房屋，以居住。並設有電話電報，直通市政府，救火會及沿河各處報告洪水情形及其他防禦消息以資迅於應付云。

維也納河在未經整理以前，時人稱曰虎烈拉河，其污穢情形及對於市區爲害之大概可知矣。市府當局，有鑒於此，乃不惜重貲，爲之整理。不特使每年幾成澤國疫癘橫行之市區一變而爲無上安全之樂園，且復利用河流，築滑冰場所，謀市民之健康。建都市公園，增地方之風雅。要爲市民謀身心上之愉快者，幾無微不至。市內死亡率之驟然減低，商業

圖九 雨水流出溢口入河途徑

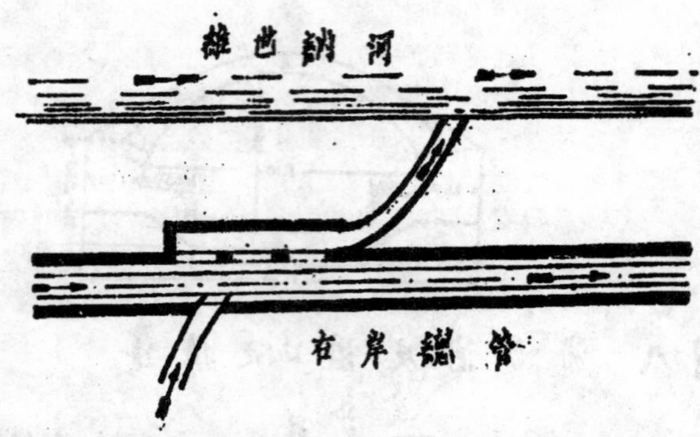

之突飛猛進宜矣。他如河面蓋起部分之有小菜場，全國旅行社，寬大馬路。河道旁劃出部份之通地下火車（圖十）種種設置，其所以便利市民者，更僕難數。至言經濟，當時所費雖鉅，然按諸每年所減損失及所得利益而計，則不數年間，良足抵補，而未來之貢獻，正廣無窮，此先進國家之所以處優越地位也。返觀我國各地市河之亟待整理者，在在皆是，而迄鮮有從事舉辦者，一方面固由國庫空虛，財力不足。他方面亦由人民對於地方建設，向示淡漠。而彼越俎代謀者，方虎視眈眈，待時而動。長此因循，恐國家利益所在，非盡入軍人掌握不止，殊堪隱憂，此吾人之從事研究建設事業者，不得不三注意也。

圖十 蓋覆後之維也納河

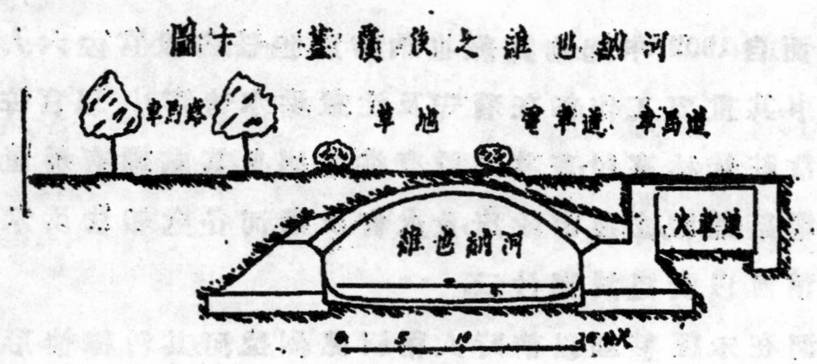

杭江鐵路木橋木樁裂開之研究

林　詩　伯

一、緒　言

杭江鐵路江蘭段木橋之木樁最近一年來，時有逐漸裂開之象。著者前曾服務於杭江路，曾奉命調查及研究木樁裂開之現狀及原因，並考求所以補救之法，因得對此問題詳加探求，得有相當結論。茲特將調查及研究結果，公之同志，俾建築木橋者，知所注意，以免木樁裂開之虞。

二、木樁裂開之現狀

本路木橋木樁之裂開，以大陳木橋及尖山大橋爲最，其裂開之形態，殊足以代表其他木橋裂開之狀況。茲略述之如下

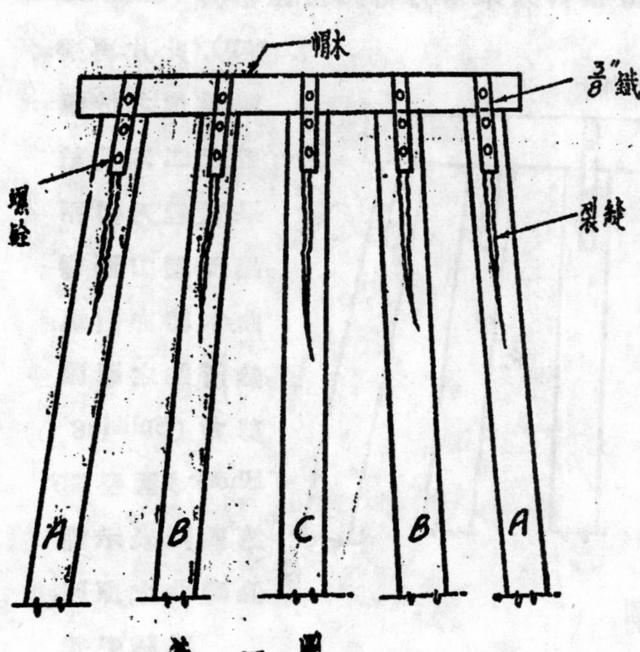

第一圖

(1)大陳大橋　在公里102+319處，橋長426尺，爲M式木橋。昌升公司包建，木墩木樁打入地下深自8尺至16尺，河底係沙及卵石冲積層，本橋木樁，裂開者約占20%，其裂開狀況分下列二種

(甲)沿螺銓線裂開，位置如第一圖

裂縫大小不等，最大者寬$\frac{3}{8}$"長4尺，以A，B二

種樁裂開最多。

(乙) 不沿螺線裂開，惟裂縫與該線平行，位置如第二圖此種裂縫以A種樁爲最多。

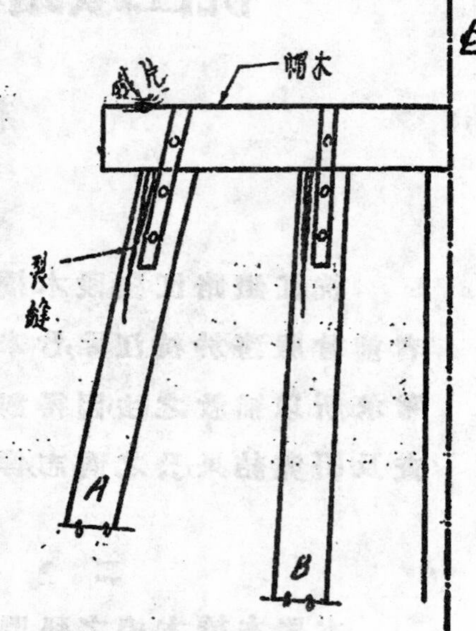

第二圖

(2) 尖山大橋　在公里30+920處，橋長489尺，爲M式木橋，及鋼鈑樑木墩橋。中南公司包建。木樁打入河底深自16尺至46尺。河底係泥沙。及小卵石冲積層。本橋木樁裂開多如第三圖所示。

裂縫之大者寬¼"長3尺許。

三、木樁裂開原因之推測。

於考察甲種裂縫時，余曾將連結木樁及鐵片之螺銓取出視察，此項螺銓多已彎曲由此可知木樁裂開之原因，乃由帽木及木樁頂接觸之處未臻平穩，由大樑 (Stringer) 所傳遞之載重，不能直接傳入木樁，乃傳入於鐵搭片 (Sneel Strap)，此片再將載重傳之於螺銓之二端，其結果螺銓乃因兩端受壓力而彎曲，木樁亦因螺銓所加之劈開剪力 (Spliting Shear) 而裂開，第四圖表示螺銓彎曲之原因。

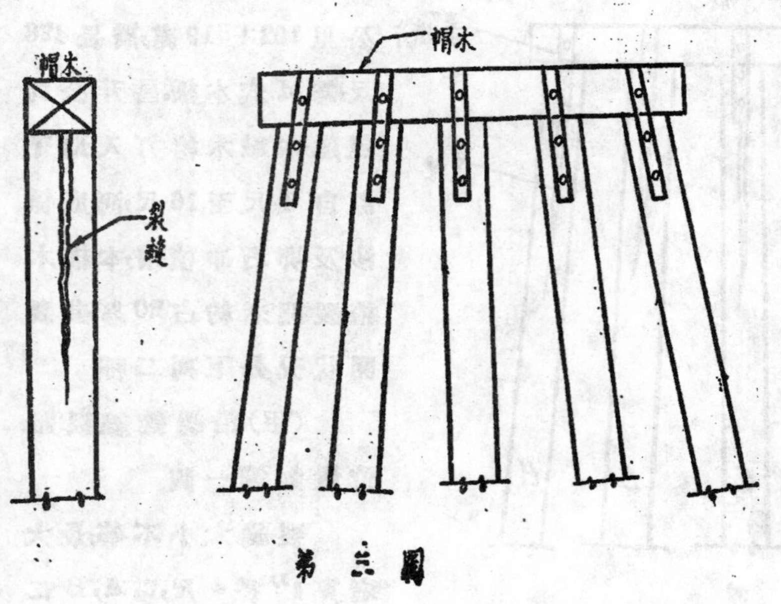

第三圖

乙種裂縫

考察之結果，發現凡裂開之木樁，其頂度與帽木接觸之處，多如第五圖所示，可知木樁之裂開，乃由樁頂未切水平以致發生Eccentricity of Loading，載重既集中於樁頂之一邊，其裂開固無疑義。

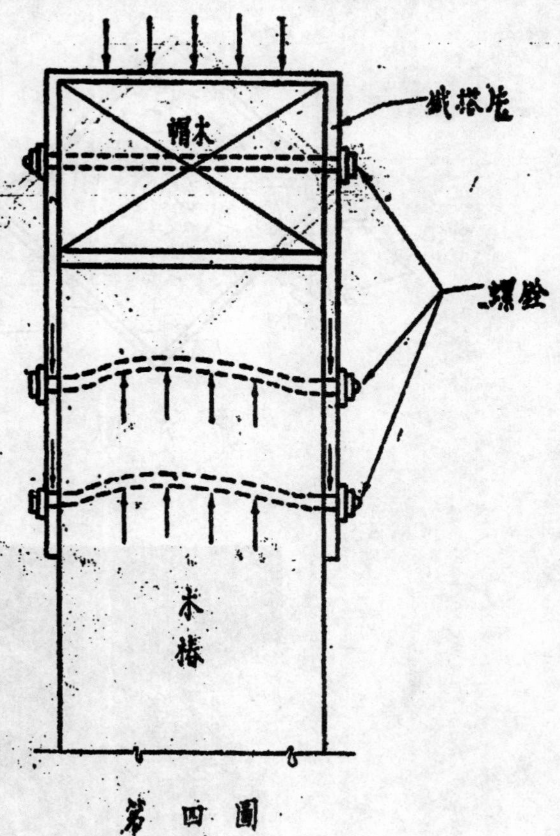

第四圖

尖山橋木樁之裂開，既不類似甲乙兩種裂縫，而由裂縫之情狀察之，又非溫度變更所致，以著者推測，或係由每墩木樁頂高低不平所致，如第五圖樁頂不平，則載重均集中於A樁，此樁乃因抗壓力(compressive Strength)不足而裂開。

四、擬定修理辦法

治本之法自宜將有裂縫之木樁更換，惟因路款告乏，且更換木樁，阻礙運輸甚鉅，木樁之裂開者，爲數不多，一時不至影響行車，因此乃擬一臨時修理辦法，係以麻絲調拌桐油擠入裂縫，再以木油及石膏之調拌物密塗之，以防雨水之浸入裂縫而生爛朽之虞，續乃用螺栓連結二張鐵片緊包裂開之木樁如第六圖所示

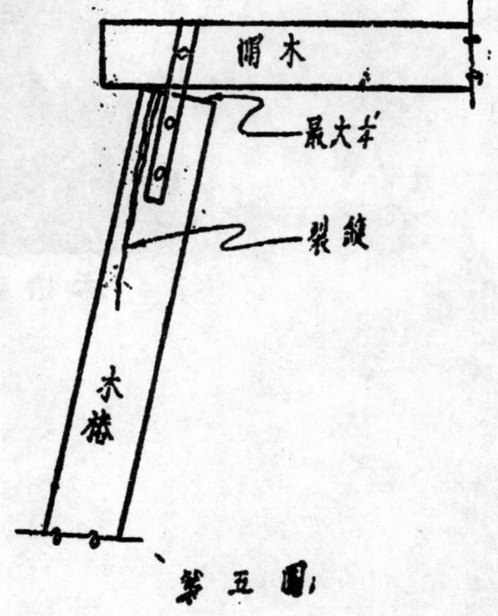

第五圖

28965

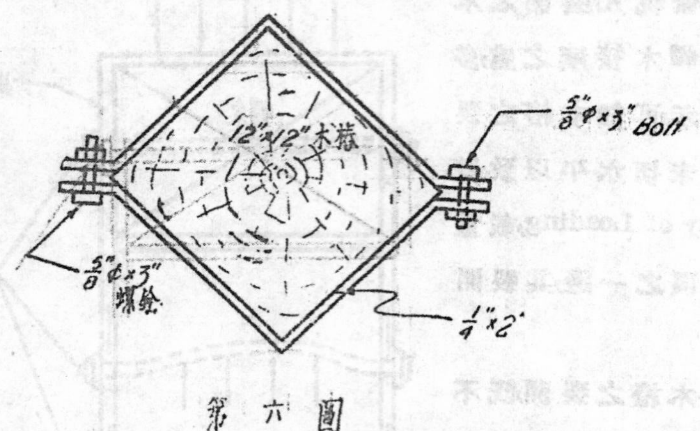

第六圖

木樁裂開攝影

Manning氏公式之另一圖解法

顧　濟　之

水力學中,以計算河槽流速之公式爲最繁複。如著稱之 Kutter 氏公式,其常數 c 中包含重疊之分數,方根及畸另之小數,且與水半徑 R,傾斜度 S,及粗糙系數 n,俱有關係,故佈算非易。尋常多藉圖表爲助,計算始較便利。惟欲求完備,列表恆不止一二頁,繪圖亦往往曲線交錯,檢閱甚難。而英呎制者與公尺制者,尚不可通用,故研究水利工程者,多引以爲憾事。

晚近之趨向,漸有捨繁就簡之意,於是 Manning 氏公式,遂有起而代 Kutter氏公式之勢。由該公式所得之結果,旣與Kutter氏公式所得者,相去甚近,且其立式之簡約,爲任何公式所不及,故其效用已漸著。

今將 Manning 氏公式舉之如下:

(a)應用於公尺制者　$v=\frac{1}{n}R^{\frac{2}{3}}S^{\frac{1}{2}}$

(b)應用於英呎制者　$v=\frac{1.486}{n}R^{\frac{2}{3}}S^{\frac{1}{2}}$

兩式中之 v 俱爲流速,在(a)式中以每秒公尺計,在(b)式中以每秒英呎計。n 俱爲粗糙系數,與 Kutter 氏公式中之 n 相同。R 爲水半徑,在(a)式中以公尺計,在(b)式中以英呎計。S 爲水面傾斜度。

上兩式俱各含四個變數,即 v, n, R 及 S 是也。欲根據此式排列成表,必須分成數組。先以其中之一變數爲假定值,然後分別算之。因此欲求完備,亦甚不易。

除列表之外,卽將此變數之關係,繪成曲線圖。雖有種種方法,但其結果不免使曲線交錯成網,檢閱維艱。且公尺制與英呎制者,尤須分別繪製,否則極易誤會。

玆所述者,乃Manning氏公式之另一圖解法,係根據於諾模術而製成者。此類作圖方法,先例甚多。惟著者已加以一番更動,使英呎制與公尺制之尺度,合併在同一圖上,故效用益廣。該圖之利點在簡明易查,無繁密之直綫及曲線,僅有數個對數尺度,等距排列。檢查時僅須三角板二枚,爲推平行線之用,一切計算手續,俱可省免。

試檢附圖,雖有三條平行線,附列六個尺度,但同時應用者,祇須四個尺度,因水半徑R及流速v,俱有英呎與公尺之分也。今先述製作時之原理如次:姑以公尺制之公式作準,則得　　$v=\frac{1}{n}R^{\frac{2}{3}}\cdot S^{\frac{1}{2}}$

兩邊各取對數而移項,遂得

$$\log v+\log n=\frac{2}{3}\log R+\frac{1}{2}\log S$$

若將S及v之尺度倒置,則$\log v$可改爲$-\log v$,而$\log S$可改爲$-\log S$,

於是得

$$-\log v+\log n=\frac{2}{3}\log R-\frac{1}{2}\log S。$$

所以須將S及v之尺度倒置者,僅爲省占地位計耳。實際上一律順置而變易各尺之位置,所得結果亦相同也。

今若以v及n之底數尺度爲單位,R之底數尺度爲其$\frac{2}{3}$倍,S之底數尺度爲其$\frac{1}{2}$倍,則上式中$\log R$前之系數$\frac{2}{3}$,及$\log S$前之系數$\frac{1}{2}$,俱已計入尺度之中。故以各尺配定在適當位置後,將R尺上之一點與S尺上之一點相連,其縱距差爲$\frac{2}{3}\log R-\frac{1}{2}\log S$;再以n尺上之一點,與v尺上之一點相連,其縱距差爲$\log n-\log v$。但因此四變數須適合於公式$v=\frac{1}{n}R^{\frac{2}{3}}S^{\frac{1}{2}}$,故知此二縱距差,應適相等。惟R尺與S尺,及v尺與n尺間之橫距,本係相等,於是知連接R尺與S尺,及連接n尺與v尺之兩直線,必相平行。

上述原理,爲本圖作法及用法之主要關鍵。製作時先列三平行線,其橫距離可任意酌定之。於是選定 v 之對數尺度，如圖所示，其一底數之長爲10公分。惟 v 尺係倒置，故其數值應自上而下。繼乃定 R 之對數尺度，因 R 尺須爲 v 尺之 $\frac{2}{3}$ 倍，故其一底數之長應爲6.667公分。惟係順置，故其數值自下而上。R 尺之位置，在垂直線內，可以任意高下，無關出入，但以便於運用爲度。其次定 S 及 n 之對數尺度，S 尺度須爲 v 尺之 $\frac{1}{2}$ 倍，故其一底數之長應爲 5 公分。n 之尺度與 v 尺度相同，不必變更。惟 S 尺係倒置，n 尺則順置耳。S 尺及 n 尺之位置，任垂直線內，須切合於一定條件。其實 S 尺仍不妨上下推移，惟 n 尺必須隨之作相反移動。即 S 尺向上移時，n 尺應向下移，或 S 尺向下移時，n 尺應向上移，不復能任意配置耳。今連 R 尺上之 1 與 v 尺上之 5 成一直線，則 S 尺上之 0.01，與 n 尺上之 0.02，皆應在此同一直線上。蓋此四值恰符原式，於是 S 尺及 n 尺之位置遂定。實際上雖並不限定如此位置，但以此位置爲最便利。否則 S 尺及 n 尺與此直線相交之點，皆不免爲畸另之數，或此兩尺須向上下伸展，不免占較多地位，皆非所宜。

以上所述作法，係根據於公尺制之公式，故 R 及 v 如均以公尺計者，則此圖已可敷用。若 R 及 v 均以英呎計者，則僅須將兩尺度上之公尺數，繪出其相當之英呎數即可。今於圖中，可知 R 尺度及 v 尺度垂直線之左邊，均爲公尺數，其右邊則爲英呎數。再以公式證之，因公尺制之公式爲

$$v=\frac{1}{n}R^{\frac{2}{3}}S^{\frac{1}{2}}$$

按 1 公尺等於 3.281 英呎，設以 v′ 及 R′ 爲 v 及 R 之英呎數，則得

$$\frac{v'}{3.281}=\frac{1}{n}\left(\frac{R'}{3.281}\right)^{\frac{2}{3}}S^{\frac{1}{2}} \qquad \text{或} \quad v'=\frac{1.486}{n}R'^{\frac{2}{3}}S^{\frac{1}{2}}$$

與英呎制之公式，蓋相符合。於是欲將 v 尺度及 R 尺度，由公尺制改爲英呎制，僅須將整個尺度，按本尺度上 3.281 之地位，向上及向下推移之即得。試細察圖中兩尺度之關係，極易明瞭。

今再述本圖應用方法，及一二實例，以作本文結束。本圖用法之簡，

爲任何圖表所勿逮。蓋凡已知三值,即可推定其餘一值。設已知R,S及n,求V值。法以R尺上之值與S尺上之值相連,成一直線,另於n尺上之值處,作一線與此線平行,交於V尺上之一點,即得V值。R尺度如用左邊公尺制者,V尺度亦用左邊,得每秒公尺數。R尺度如用右邊英呎制者,V尺度亦用右邊,得每秒英呎數。若已知值與此不同,其理亦儘可適用,方法更毫無窒碍,蓋三個已知值中,必有兩個可先連成一直線也。今舉數例如次:—

〔例一〕已知R=0.6公尺,S=0.0004及n=0.02,試求V值。

今將R=0.6公尺與S=0.0004之二點相連,成一直線a,再自n=0.02點作一直線a′,與直線a平行,交V尺度於一點,得V=0.71公尺/秒。

〔例二〕已知R=2.5公尺,n=0.034及V=2.98公尺/秒,試求S值。

今將n=0.034與V=2.98公尺/秒之二點相連,成一直線b,再自R=2.5公尺處,作一直線b′,與直線b平行,交S尺度於一點,得S=0.003

〔例三〕已知R=1.5英呎,S=0.004,及V=4.9英呎/秒,試求n值。

今以R=1.5英呎與S=0.004之二點相連,成一直綫c,再自V=4.9英呎/秒處作一直綫c′,與直綫c平行,交n尺度於一點,得n=0.03。

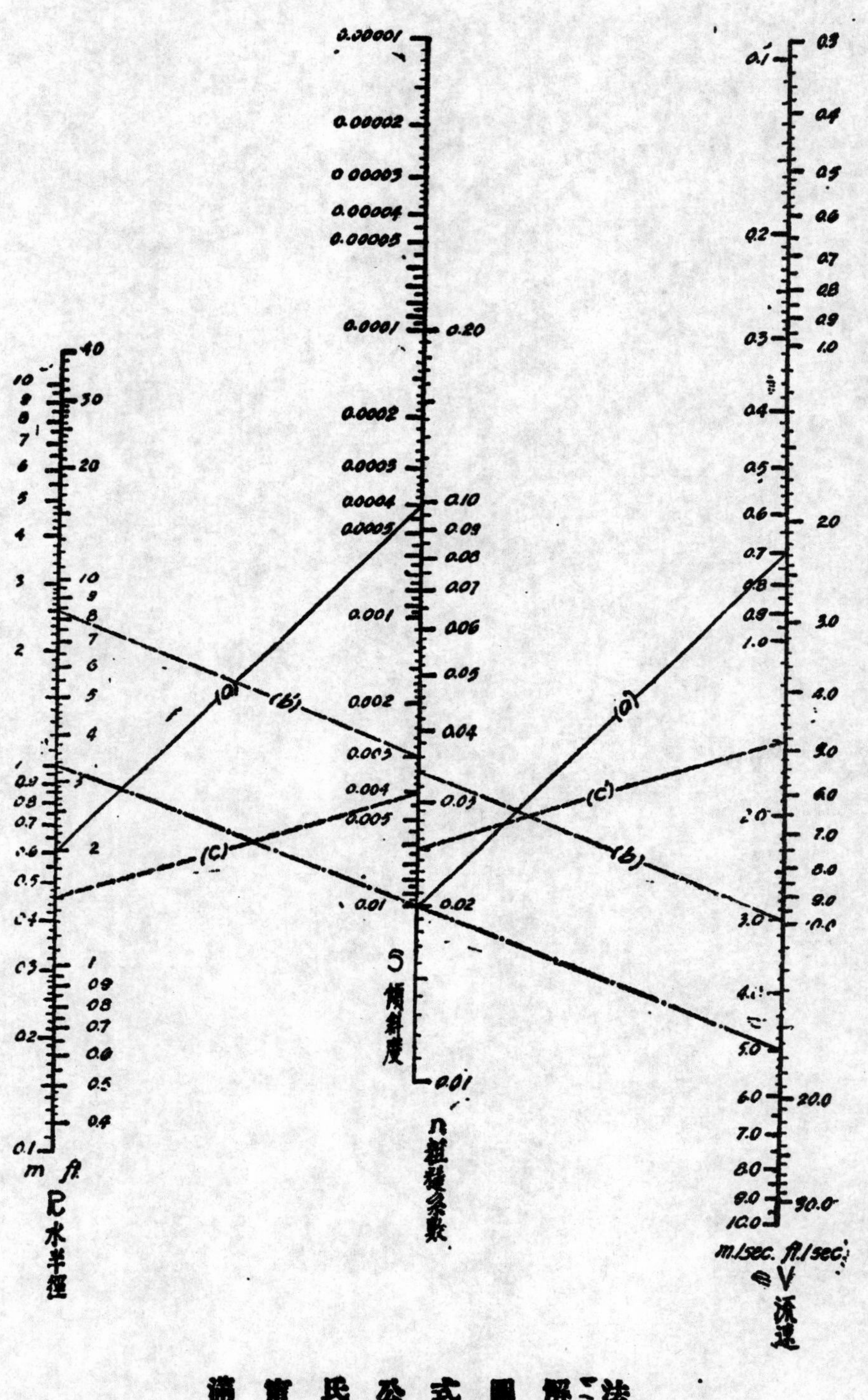

滿甯氏公式圖解法

反漾曲線之研究

吳　　琳

(一) 定　　義

水面常具平衡之勢，是以高處之水必向低處流動。惟河道中之水流與河床摩擦時，其水之勢能漸失，水面亦不能保持平衡狀態而漸漸下傾。在水位高漲或低落時，水方坡度 (Slope of River Surface) 亦略有變動。若河床內橫建一壩或橋墩或任何性質相同之建築物，要皆係阻止水流之暢洩，則在該處及其上游之水勢情形，將與平時不相一致。其最顯著者爲水位升高，自障礙建築之地點起，移向上游，均受影響；且在該處之水流，因是亦由均流 (Uniform Flow) 變爲不均流 (Non-uniform Flow)；但水面升高之程度，與離開障礙物之距，須憑所建之壩或他種障礙物之高度，河道之流量等情形而定。凡自此建有障礙物之點起，至上游水面不受其影響之點止，其所成水面之縱斷面，謂之反漾曲線 (Backwater Curve)；其新增之水面高度名爲反漾高 (Height of Backwater) 並自障礙物之上游，至反漾面終止處之距離，謂之反漾範圍 (Extent of Backwater)；其反漾水面與原水面重合之點謂之反漾極點 (Limit of Backwater)；由此以上之水面，則不受其影響矣。

(二) 原　　理

下圖所示係一河道之縱斷面。ab 爲原有之水面，D 爲原有之水深。若在任何之橫斷面處建一橫壩，或他種障礙物，則 A 處之橫斷面面積立即減小，因是阻力增大，其上游流下之水不能宣洩，均屯積於壩之上

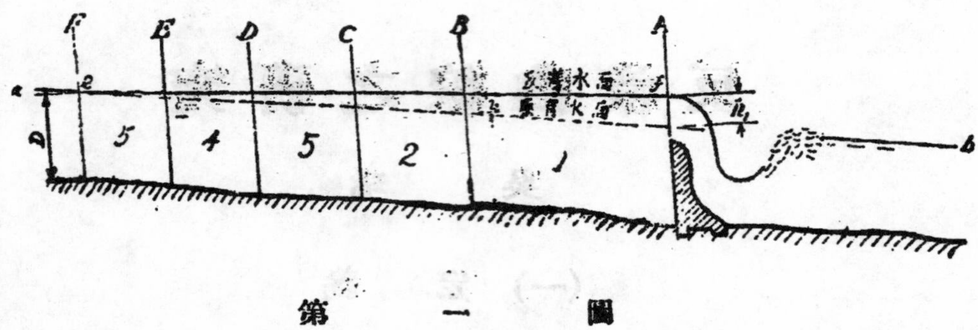

第　一　圖

游。但河道之流量(Q)不變,故在壩之上游之水深漸漸增高,至一定之高度時,A處所增之水深爲h_1,B處爲h_2等,則水卽越壩流去。其水深增高,卽橫斷面之面積增大,在河道流量一定情形之下,根據續流公式之原理(Equation of Continuity)

$$Q=A_1V_1=A_2V_2$$

於是水之流速(V)勢必減小,由是水面坡度亦漸漸減小。在反洪極點(e)處所增之深度爲零,故該處水之流速與坡度,均與原有者相同。由此以下水愈深,水面坡度愈小。在(f)處之水面坡度爲最小,故反洪面ef爲一曲線。

(三) 計算方法

通常之反洪問題,蓋係已知在某障礙物處之流量及測得或假定該處之水面高度而求其上游連續各段(Reach)之水面坡度。由是各段上端之高度,可由計算得之。

在天然河道內,開始計算反洪問題之前,必須先具有實測之河床地形圖及其地質情形,然後依照圖上河床之形勢,在沒有標尺(Gage)之處或在河床坡度變換之處,切一斷面,將全區劃分數段,如第一圖AB·BC·等,算出各段之平均橫斷面。其平均橫斷面之求法,倘不用計算,可以圖解法求之。如第二圖,在某段之縱斷面內擇一已知或假定之水

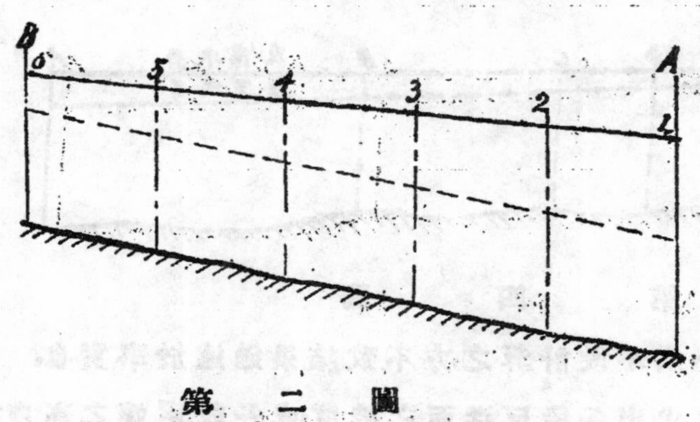

第二圖

面,作爲基本水位(Datum),將該段全長,再分爲多數相等之小部分,繪出每小部分之橫斷面。以各斷面之基本水位線互相重合,並將AB岸之各點,12……6,集於一點,如第三圖(P),連合繪成一圖,然後在第三圖上之各平均點連成一線,如ab,卽所求該段之平均橫斷面也。

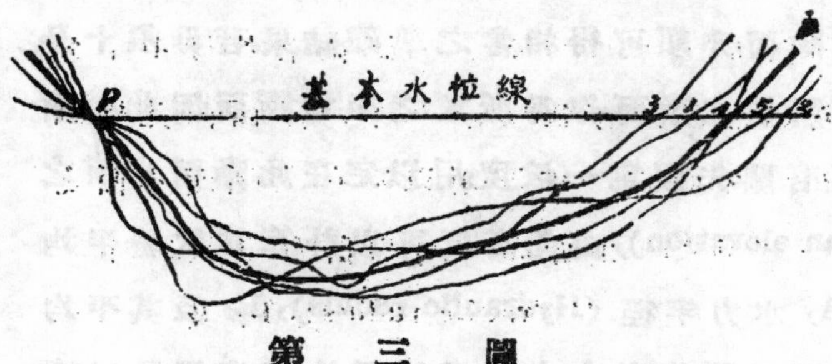

第三圖

第四圖(a)係一天然河道之地形圖,(b)係縱斷面圖,設MM爲建在等高線gg上之一橫壩,AB,BC,CD等爲欲求坡度之各段,其長度須依上述之條件所劃分。若河床整齊且坡度甚小,則各段之距離,不妨採用稍長者較爲便利。通常劃分各段之距離,自障礙物之處起由短而長,向上游劃分,因水面受反洪之影響,愈遠愈小故也。若河床之橫斷面有驟然改變者,

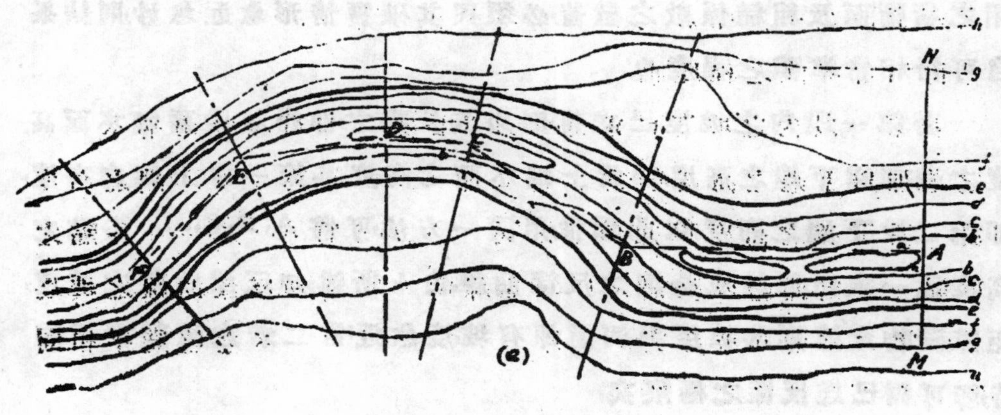

(a)

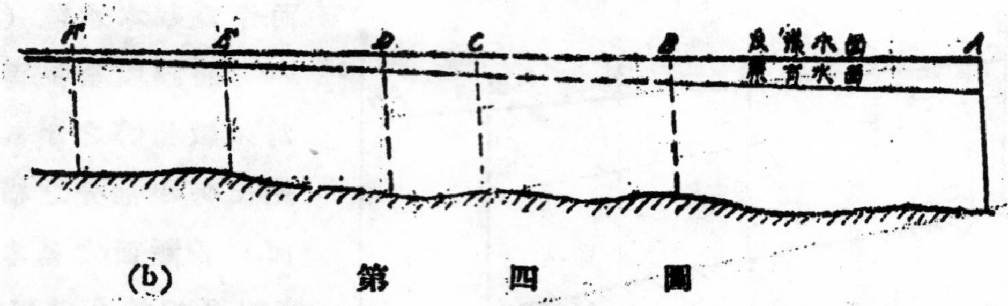

(b) 第四圖

則應在改變之處，再劃分為小段計算之，方不致結果過違於事實也。

反渫曲線之計算，係求出各段反渫面之坡度，或各段兩端之高度；其最常用者為孟氏公式(Manning Formula)，在河床情形較為整齊而無驟然放大或縮小之橫斷面，亦頗可得相當之準確結果。若毋須十分精確，則可以各點段中點所切之斷面，作為所求之平均斷面。因此橫斷面之面積，與水面之坡度有關。先假定一坡度，用以定在此斷面水面之試驗平均高度(Trial mean elevation)，由此高度可以計算其試驗平均面積(Trial mean area)，A，水力半徑(Hydraulic radius)，R，及其平均速度(Mean velocity)，V，再以所算出之水力半徑，平均速度，以及根據該段河床之情形所決定粗糙係數(Coefficient of Roughness)，N，之數值，用孟氏公式即可求得該段之反渫坡度矣。倘計算所得之坡度，與所假定者相差太大，則可將前者作為假定之坡度，再行計算一次，倘相差不遠，此步手續即可略去。如計算天然河道之反渫坡度時，應注意其所用之橫斷面及粗糙係數之數值，必須與其確實情形愈近愈妙，則結果自可得相當準確之程度也。

若第一段內之坡度已求得，則以其長乘之，即得該段兩端水面高度之差，加以下端之高度，即為上端水面之高度。其第一段上端之高度，即第二段下端之高度。以此類推，用同一方法，可將A，B，C……各點之高度逐一求出，而繪成全河之反渫曲線。由上所述，知反渫曲線之坡度，距障礙物愈遠，則其坡度與河道原有坡度愈近，當二者之值幾乎相同時，即可謂已達反渫之極限矣。

惟當高水位時，全部流量並非均由河道本身 (Main channel) 流出。如第五圖有一小部分係由洪水道 (Flood plain) 流出。此時計算其水面坡度，須分別爲之，因洪水道並非常有水流過，故其表面土質與河道本身之土質情形決不相同，因此所擇二者之粗糙係數亦各不一樣。普通由經驗所得，前者常較後者爲大。計算之法，俟各部之粗糙係數 (n) 決定後，依横斷面内河床本身之面積及洪水道之面積之大小，將總流量分爲兩部分，然後分别計算各部水面之坡度。若計算所得二部分之

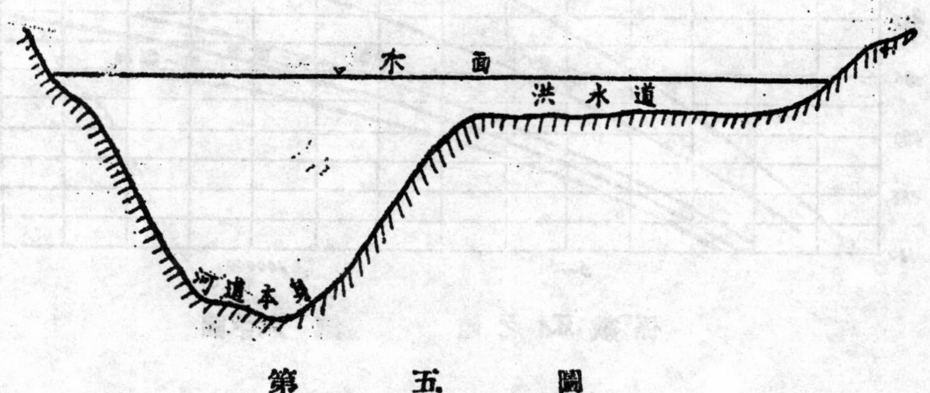

第　五　圖

結果，其下端之高度，遇有不同時，應重行計算之。此時可將流量互相增減之，如其高度之結果係較小者，則當增其所假定之部分流量，較大者反之。如是反覆行之，至其總流量分成之二部分，所算得各部該段下端之高度相同時為止。若遇河床情形頗不規則，而須將横斷面分成二部以上之部分者，亦須以前法每部分别計算之。惟計算時實不勝其繁雜也。在此種情形之下，且該河之反渫情形在水位之漲落各時期均須逐一研究者，則以李氏反渫問題計算新法 (Leach's New Methods for the solution of Backwater Problem) 求之頗爲簡捷。

李氏反渫問題計算新法

法以反渫範圍分爲若干段，以每段中央横斷面之面積，爲其平均横斷面之面積。若更欲精確，則以計算法或圖解法求之亦可。用歪氏公式改書爲

28977

$$S=\left(\frac{Q}{K_d}\right)^2$$

$$K_d=\frac{1.486}{n}AR^{\frac{2}{3}}$$

在公式內係數 K_d 之值在各河道內諸不相同。若某河道之粗糙係數已決定，其平均橫斷面與水力半徑均隨水面高低而變，故某河道中之各段，K_d 之數值與水面高度之關係，均可分別繪成不同之曲線，如第六圖。

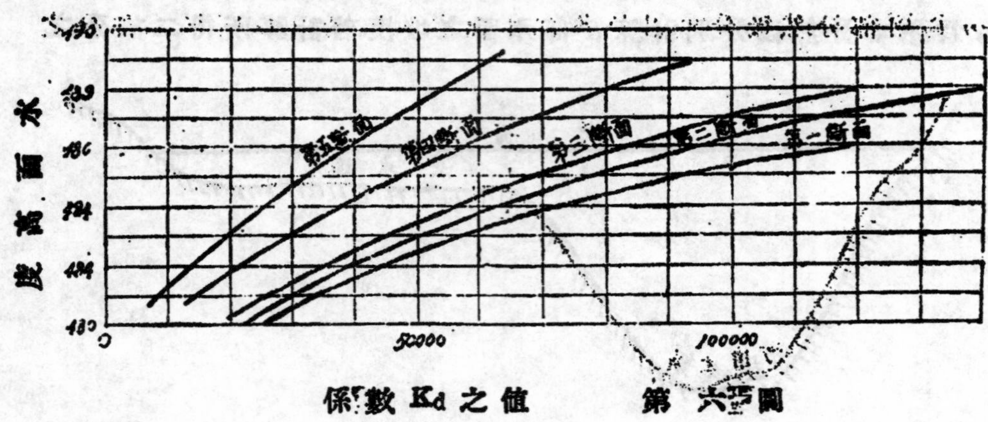

係數 K_d 之值　　第六圖

若用公尺制

$$K_d=\frac{1}{n}AR^{\frac{2}{3}}$$

由是不論任何時期水面高低至若何程度，該河之反漾面坡度均可隨時算出，實較他法爲簡易也。

凡天然河道之反漾情形須分別計算時，則 K_d 之值亦應各部分別計算，然後以各部所得 K_d 數值之和作爲全部分 K_d 之值，依照前法繪成曲線，則以後計算可毋須分開矣。計算之法，先測得河道之流量，將反漾範圍劃分數段，其第一段下端之高度必須先行測定，次假定該段中點水面之高度，由此在圖中第一段之曲線在橫座標內檢得 K_d 之值，依據 Q/K_d 之商，則第一段反漾面坡度（S）之值，即可由第二表檢得，將該段全長之半，以反漾面坡度乘之，其積加以下端之高度，則得該段中點之高度。倘此高度與所假定者相差甚大，則應重行假定，依照前法計算之。若二者相差極微，則複算可從略。反漾坡度既得，該段上下兩

28978

端高度之差,可以算出,加以下端之高度,卽爲上端之高度矣。其第一段上端之高度,卽第二段下端之高度,其上端之高度可用同法求之。如此逐一推算,各時期之反滲情形,均可應用此曲線計算之。是以此法於河床之不整齊,計算時須分成若干部分,及各個時期之反滲情形,均欲研究者最爲適用。

然有時欲研究一種反滲情形,在任何已知之流量,但第一段下端之水面高度,並不能測定,例如河水流過橫壩時受水閘之節制,或一河流流入他河道,或一河流流入水位變動之湖內,在此種情形之下,其反滲情形須每一流量,各別研究之。

此時之分段方法,求平均橫斷面,及係數 Kd 之曲線,皆與前法無異。如任何橫斷面內,在一定之流量及水面高度時,水面坡度亦屬不變。由是先假定某段平均橫斷面之水面高度,應用前法從 Kd 曲線計算

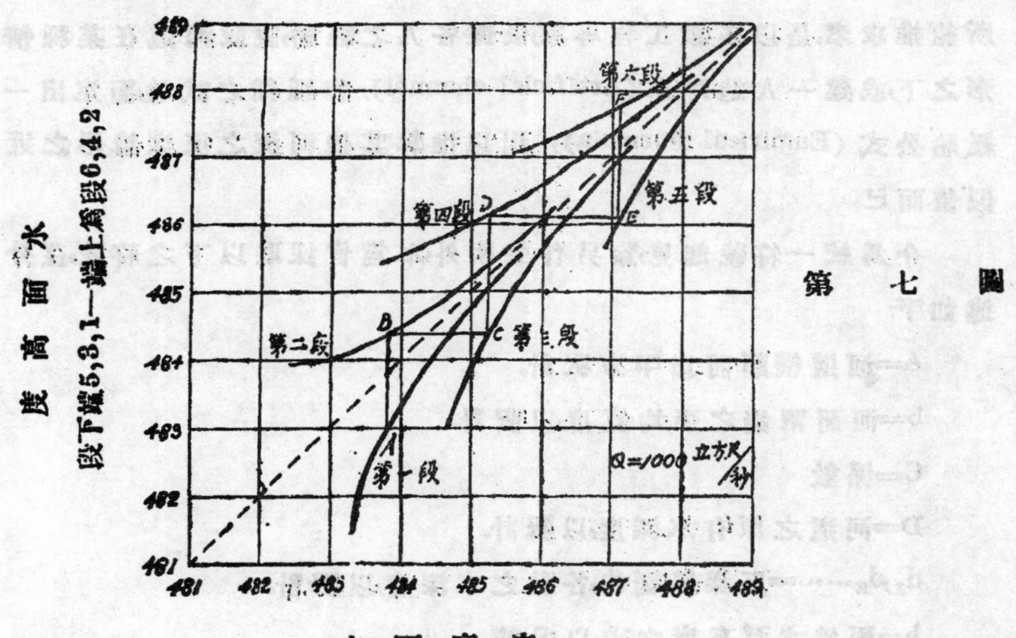

第七圖

水面高度
1,3,5段爲上端—2,4,6段爲下端

該段水面坡度,及其上下兩端之高度,因此上下兩端高度之關係,亦可

繪成一曲綫,如欲便於應用此種曲綫起見,可將算數各段之座標與變數各段之座標互相顯倒繪就之,如第七圖。於是不論如何所假定之水面高度,反涤曲綫之縱斷面立刻卽可定出矣。圖示 A,B,C 等之座標,卽第一第二第三等段上下兩端之高度。如第一段下端之高度爲 483.0;其上端之高度爲 483.6,卽第二段下端之高度,其上端之高度爲 484.4;餘者皆同。惟流量不同,則各段之曲綫亦不同,故應各個分別繪之。

(四) 近似公式

凡天然河道內,所有種種問題極形複雜。其最顯著有二,一爲河道橫斷面之不一律,一爲河床地質之不相同。如欲推演一完全合理之計算反涤曲綫之公式而適用於任何天然河道之反涤情形,乃不可能之事實。所幸者十分精確之結果,非今日所需要者,亦非能由已有之張本所能推求者。是以多數工程專家,根據各人之經驗,假設河道在某種情形之下,或建一人造河床 (Artificial channel),作種種之試驗,而定出一經驗公式 (Empirical Formula),用以推算其他河流之反涤情形之近似値而已。

今爲統一符號起見,除另有聲明外,本篇皆採取以下之符號,茲分述如下:

A=河道橫斷面以平方呎計。

b=河面兩端之平均寬度,以呎計。

C=係數

D=河道之原有水深度,以呎計。

d_1, d_2……=反涤範圍內,各點之水深度,以呎計。

h=兩端水面高度之差,以呎計。

L=每段河床之長度,以呎計。

o=任何二橫斷面間之距離,以呎計。

$m=\frac{d}{D}$。

n＝粗糙係數。

p＝河床之觸水週邊，以呎計。

Q＝河道之總流量，以每秒立方呎計。

R＝水力半徑以呎計，$=\frac{A}{p}$。

S＝反漾水面之坡度。

S_1＝原有水面之坡度或河床之坡度。

V＝平均流速以每秒呎計，$=\frac{Q}{A}$。

1. 孟氏 (Manning) 之流速公式

$$V=\frac{1.486}{n}R^{\frac{2}{3}}S^{\frac{1}{2}},$$

或

$$S=\frac{n^2V^2}{2.2082R^{\frac{4}{3}}}=K_r(nV)^2,$$

$$K_r=\frac{1}{2.2082R^{\frac{4}{3}}}$$

式內 K_r 之值係以 $R^{\frac{4}{3}}$ 為反比。如已知水力半徑之數值，則 K_r 之值可由後附第一表內檢得之；以 $(nV)^2$ 乘之，即得反漾曲線之坡度矣。其粗糙係數 n 之數值，倘係人造河牀，則與構造之材料及形狀有關，在天然河道內，則不盡然。此外尤須顧及河牀坡度之不一律，橫斷面之形狀各異，以及其面積之不同，均有增加 n 數值之可能性。其常用者有下列數種：

河牀之性質	n
刨光木材面	0.009
純水泥面	0.010
1：3 洋灰砂泥漿面	0.011
粗毛木材面	0.012
光磚面	0.013
毛磚面	0.015

亂石鋪面	0.017
石子鋪面	0.020
河牀整齊	0.025
河底有石子及水草	0.030
河牀不整齊	0.030

若不用上表,則各段河牀之粗糙係數,可就實地求之。在河道不受反渫影響之處,擇一適當之長度,測其流量,橫斷面,潤水週邊及摩擦水頭(Friction Head)等,應用支綏氏(Chezy)公式及孟氏公式求得之。

支綏氏公式

$$V = C\sqrt{R,S,} \qquad 或 \qquad C = \frac{V}{\sqrt{R,S,}}$$

從孟氏公式

$$C = \frac{1.486}{n}R^{\frac{1}{6}} \qquad 故 \qquad n = \frac{1.486}{C}R^{\frac{1}{6}}$$

2. 及勃生氏(Gibson)之反渫函數

當河牀內橫建一壩,或他種障礙物,水面卽起反渫現象,但反渫範圍內任何各點之深度(d)必比其原有深度(D)爲大,故二者之比($\frac{d}{D}$)常大於一,或等於(m),其所得之近似公式,茲書於下

$$\frac{S_1}{D}L = \left[m - \left(1 - \frac{2S_1}{f}\right)\left\{\frac{1}{6}\log_e\frac{m^2+m+1}{(m-1)^2} + \frac{1}{\sqrt{3}}\tan^{-1}\frac{2m+1}{\sqrt{3}}\right\}\right] + C_1$$

式內之

$$\left\{\frac{1}{6}\log_e\frac{m^2+m1}{(m-1)^2} + \frac{1}{\sqrt{3}}\tan^{-1}\frac{2m+1}{\sqrt{3}}\right\}$$

一項通常稱謂反渫函數(Backwater Function),可以ϕ (m)表之,則上式變爲

$$\frac{S_1}{D}L = m - \left(1 - \frac{2S_1}{f}\right)\phi(m) + C_1$$

或　$$S_1L = d - D\left(1-\frac{2S_1}{f}\right)\phi(m)+C_2$$

即　$$d = S_1L + D\left(1-\frac{2S_1}{f}\right)\phi(m)+C_2$$

式中 C_2 爲積分時所加之常數。若河牀某段兩端之水深爲 d_1 及 d_2，其長爲L，則

$$d_1-d_2=S_1L+D\left(1-\frac{2S_1}{f}\right)\left\{\phi(m_1)-\phi(m_2)\right\}$$

或　$$d_1-d_2=S_1L-D\left(1-\frac{2S_1}{f}\right)\left\{\phi(m_2)-\phi(m_1)\right\}$$

此即計算所用之公式也。式中係數 f 之值，普通採用者約如下表：

河牀之性質	f
光滑水泥面	0.0030
普通磚面	0.0037
毛礦面	0.0065
泥土	0.0120

至於 φ (m) 之值可根據 $\frac{d}{D}$ 之比，由第三表或其曲綫圖內檢得之。若已知某段內一端之水深，則他端即可按式求得矣。此公式於河道原有水面之坡度，在各段內並不相同，且河牀水面之寬度不整齊者，頗爲適用。

3. 安氏 (Angles) 公式

$$l=\frac{d_2-d_1}{S_1-\left(\frac{Q}{C}\right)^2\frac{b}{A^3}}$$

$$h=l\left(\frac{Q}{C}\right)^2\frac{b}{A^3}$$

$$S=\frac{h}{l}=\left(\frac{Q}{C}\right)^2\frac{b}{A^3}$$

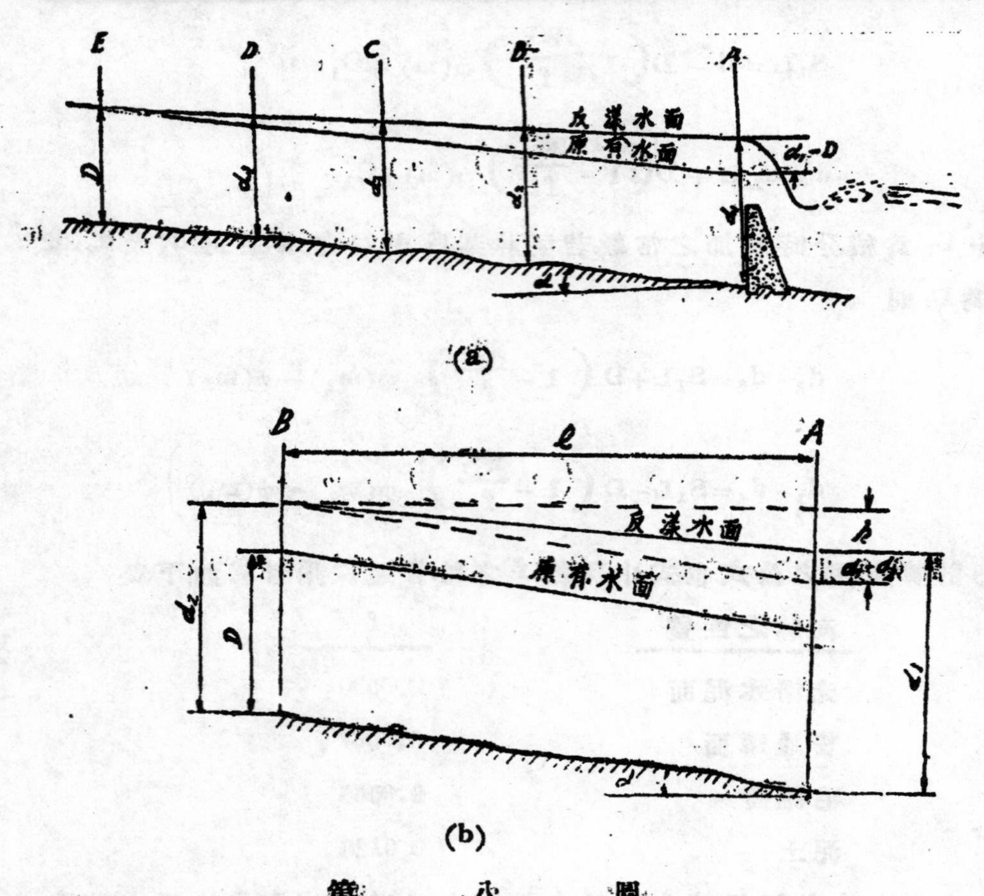

(b)

第　八　圖

在公式內 b 之值等於每段兩端水面寬度之平均數其常數 C 之值若計算時用英國單位制則可以後附第四表內由 R 之值檢之即孟氏公式內之 $C=\frac{1.486}{n}R^{\frac{1}{6}}$ 若用萬國度量衡制則可以後附之曲線圖根據各段之平均深度檢之。

(五) 實　例

1. 應用孟氏公式之計算

某河道之流量為20.000 立方呎/秒，原有水面之坡度為0.0005，並測得近壩處之水面高度為 512.60 呎其反漾水面各點之高度茲列表

計算於下:

段序	L	E_f	E_m	A	R	$V=\frac{Q}{A}$	n	S	h	E_h
1	5,300	512.60	512.9	6,461	11.9	3.09	0.30	0.00014	0.756	513.36
2	3,100	513.36	513.6	5,595	13.1	3.57	0.30	0.00017	0.527	513.89
3	1,70	513.89	514.1	5,697	8.9	3.51	0.30	0.00027	0.460	514.35
4	2,200	514.35	514.7	5,175	11.4	3.86	0.35	0.00032	0.705	515.05
5	2,300	515.05	515.5	4,815	9.1	4.15	0.30	0.00037	0.850	515.90
6	1,900	515.90	516.3	4,520	8.3	4.42	0.30	0.00047	0.893	516.79

表中: E_f 一行爲各段下端之高度。

E_h 一行爲各段上端之高度。

E_m 一行爲各段平均橫斷面之試驗平均高度。

2. 應用李氏 K_d 曲綫計算反涘水面之坡度

用上題求出水面高度與 K_d 之值之關係繪成曲綫如下圖。

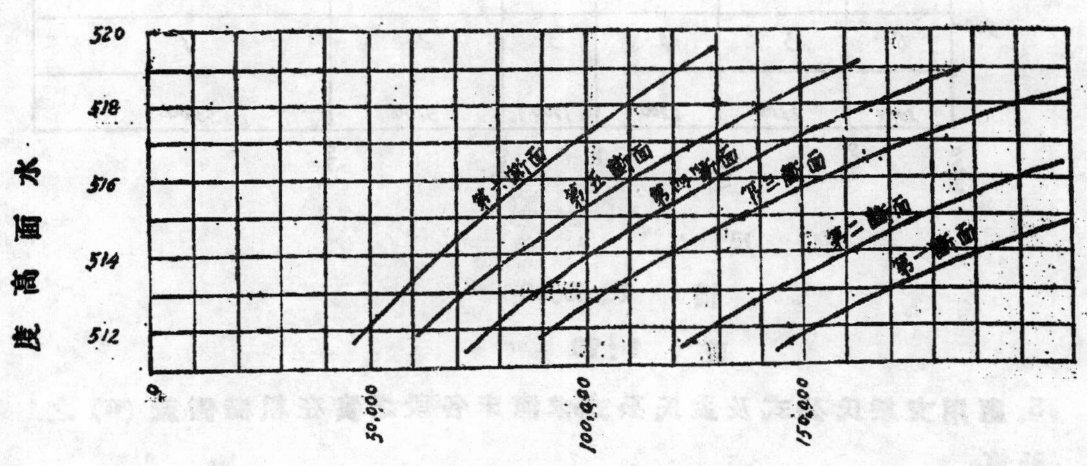

28985

段序	L	E_f	E_m	K_d	$\frac{Q}{K_d}$	S	h	E_h
1	5,300	512.60	512.9	167,000	0.012	0.00014	0.756	513.36
2	3,100	513.36	513.6	154,000	0.013	0.00017	0.527	513.89
3	1,700	513.89	514.1	131,000	0.016	0.00027	0.460	514.35
4	2,200	514.35	514.7	111,000	0.018	0.00032	0.705	515.05
5	2,300	515.05	515.5	104,000	0.019	0.00037	0.85	515.90
6	1,900	515.90	516.3	90,000	0.022	0.00047	0.893	516.79

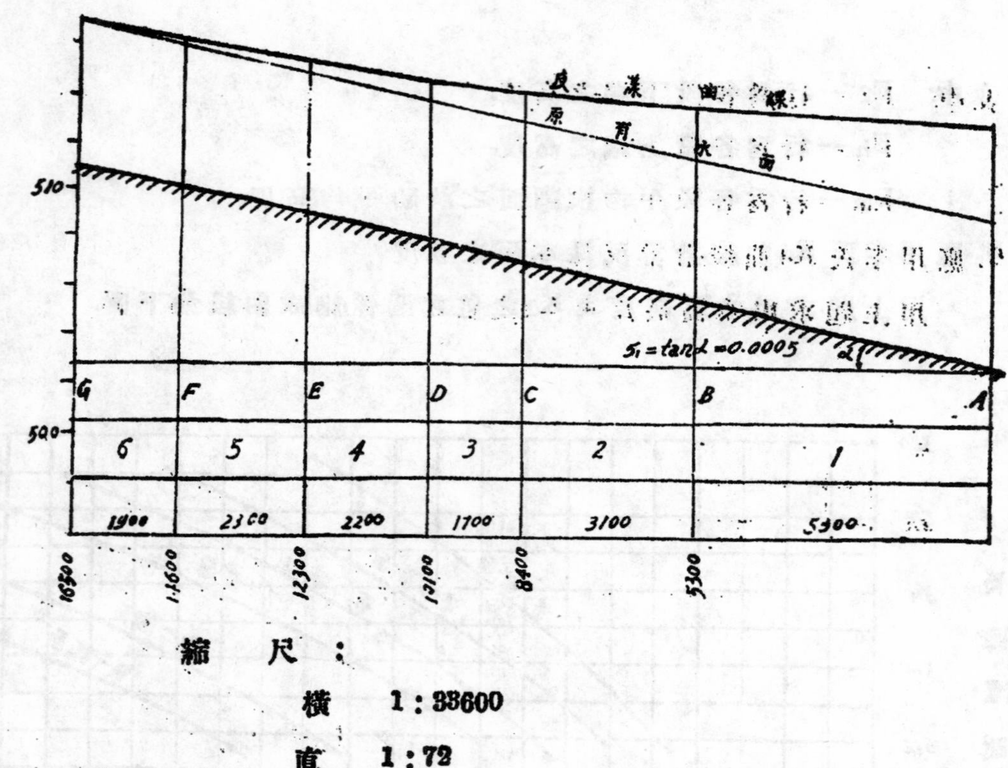

縮尺：

橫 1：33600

直 1：72

3. 應用支綏氏公式及孟氏公式求河床各段之實在粗糙係數(n)之計算。

該河之流量為 22.700 立方呎一秒

28986

斷面	L	A	h_f	p	R	V	C	n
0－1	5,200	5,350	2.50	730	7.33	4.25	71.5	0.029
1－2	2,800	4,170	2.38	459	9.10	5.44	61.8	0.035
2－3	4,800	6,500	1.13	660	9.85	3.49	72.5	0.030
3－4	5,000	10,700	0.54	1220	8.77	2.12	68.8	0.031
	17,800		6.55					

4. 反漾函數之應用

某河道闊爲300呎,深爲6呎,兩岸之坡度爲1:5,河牀之斜度爲0.0004。今在河心橫築一堰,並測得該處之水深爲10.2呎。設在反漾曲綫各點之水深爲9.0,7.8,6.9,6.42,6.18,6.09,6.03,及6.006呎,求各段之長。

先將上述之公式改寫爲:

$$L=\frac{1}{S_1}\left[(d_1-d_2)+D\left(1-\frac{2S_1}{f}\right)\left\{\phi(m_2)-\phi(m_1)\right\}\right]=\frac{K}{S_1}$$

式中　$K=\left[(d_1-d_2)+D\left(1-\frac{2S_1}{f}\right)\left\{\phi(m_2)-\phi(m_1)\right\}\right]$

則各段之長可依法求之矣,茲列表於後計算之:

斷面	段序	S_1	d_1	d_2	d_1-d_2	D	f	$1-\frac{2S_1}{f}$
A－B	1	0.0004	10.20	9.0	1.2	6.0	0.01	0.92
B－C	2	0.0004	9.0	7.8	1.2	6.0	0.01	0.92
C－D	3	0.0004	7.8	6.9	0.9	6.0	0.01	0.92
D－E	4	0.0004	6.9	6.42	0.48	6.0	0.01	0.92
E－F	5	0.0004	6.42	6.18	0.24	6.0	0.01	0.92
F－G	6	0.0004	6.18	6.09	0.09	6.0	0.01	0.92
G－H	7	0.0004	6.09	6.03	0.06	6.0	0.01	0.92
H－I	8	0.0004	6.03	6.006	0.024	6.0	0.01	0.92

斷面	段序	$\frac{d_1}{D}$	$\phi(m_1)$	$\frac{d_2}{G}$	$\phi(m_2)$	$\phi(m_2)-\phi(m_1)$	K	L
A－B	1	1.7	1.096	1.5	1.162	0.066	1.564	3910
B－C	2	1.5	1.162	1.3	1.280	0.118	1.851	4630
C－D	3	1.3	1.280	1.15	1.468	0.188	1.939	4850
D－E	4	1.15	1.468	1.07	1.697	0.229	1.742	4350
E－F	5	1.07	1.697	1.03	1.966	0.269	1.723	4310
E－G	6	1.03	1.966	1.015	2.266	0.300	1.746	4360
G－H	7	1.015	2.266	1.005	2.555	0.289	1.654	4130
H－I	8	1.005	2.555	1.001	3.090	0.535	2.979	7450
								37990

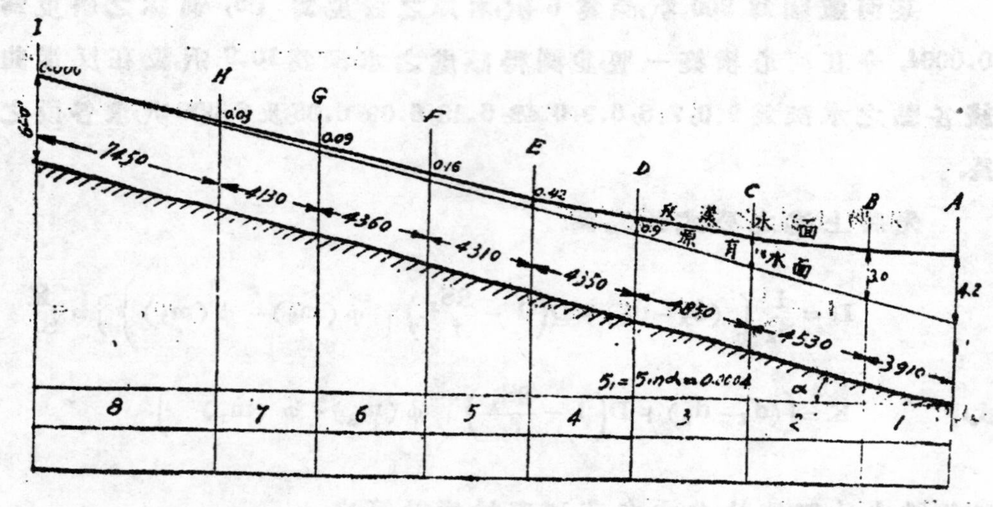

縮　尺：

橫—1：76800

直—1：120

4. 安氏公式之應用

某河道闊爲100.00公尺深爲1.0公尺兩岸之坡度爲1:5河床之斜度爲0.0004,在障礙物處之深爲2.2公尺設已知在反滲曲線上各點所增之高度爲 1.0,0.8,0.6,0.4,0.2,0.1,0.02,0.0004,公尺求各段之距離.

$V=C\sqrt{DS_1}$ ；　D＝1.0公尺

由後附之曲綫圖內,根據 D=1.0 公尺檢得 C=30.7

$V=30.7\sqrt{1.0\times0.0004}=0.614$ 公尺/秒

$A=100.00\times1.0=100.00$ 平方公尺

$Q=VA=100.00\times0.614=61.4$ 立方公尺/秒

斷面	d_1-d_2	b	A
A	1.2	112.0	227.2
B	1.0	110.0	205.0
C	0.8	108.0	183.2
D	0.6	106.0	161.8
E	0.4	104.0	140.8
F	0.2	102.0	120.2
G	0.1	101.0	110.1
H	0.020	100.2	102.0
I	0.0004	100.0	100.0

段序	h	b	A	$d=\frac{A}{b}$	C	S	S_1-S	1
1	0.2	111.0	216.1	1.95	40.2	0.000025	0.00038	526
2	0.2	109.0	194.1	1.78	39.3	0.000036	0.00036	556
3	0.2	107.0	172.5	1.61	38.3	0.000053	0.00035	571
4	0.2	105.0	151.3	1.44	36.8	0.000083	0.00032	625
5	0.2	103.0	130.5	1.27	34.6	0.000144	0.00026	769
6	0.1	101.5	115.1	1.13	32.6	0.000233	0.00017	586
7	0.08	100.6	106.0	1.05	31.5	0.000317	0.000083	964
8	0.0196	100.1	101.0	1.01	30.9	0.000376	0.000021	933

5.553

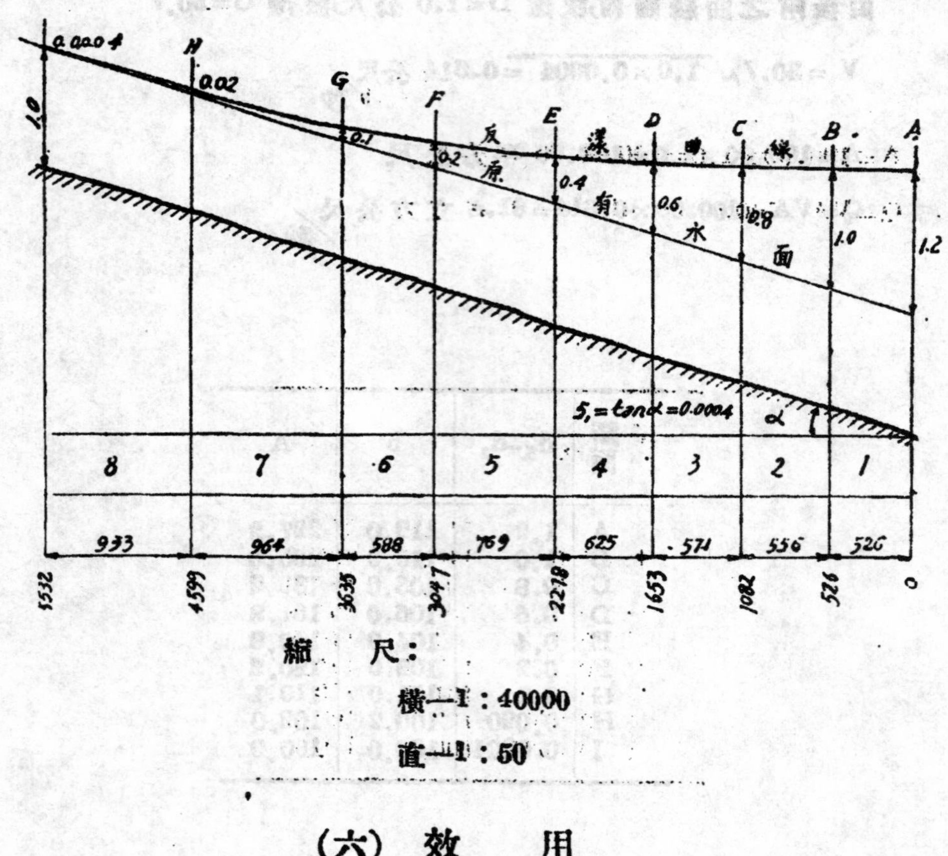

(六) 效　用

反漾曲綫之效用，雖不甚廣，但於建築堤壩等河道工程，實爲不可忽視之事。蓋在河內任意築壩堵流，或在兩岸高建堤防束水，每當春夏之際，淫雨連綿，水洪暴發，宣洩不暢，水面高漲，附近基圍因之崩陷，小則禾稼受害，大則生命財產，盡歸損失，於是水災成焉。此種情形，時有所聞。蓋昔日之測量不備，及沿岸之工商業，並未十分發達，故爲患不若近今之大且烈也。近數十年來，沿岸之建築，多有永久性者，而河道之治理，及河患之防禦，又日見切要，於是乎河道之反漾情形，不得不詳加討論，而求其精確之解決矣。反漾曲綫所解決之問題，其最要者厥唯築壩蓄水，用以得工業之原動力，及應灌溉之需。其他如河流受橋墩之阻擋，其上游即生反漾現象，以致橋孔內水流之速度增加，而礙航行，故橋墩上下游水面高度之差,不能超過一定數量,普通以各橋下通行船隻行駛之動力若何而定。當洪水暴發時,其反漾範圍內水流所經之地面,及兩岸產業之損害,尤須反複比較而詳為推究之。

第一表

$$K_2 = \frac{1}{2.2082K^{\frac{4}{3}}} \text{之值}$$

K	.0	.1	.2	.3	.4	.5	.6	.7	.8	.9
1	.453	.399	.355	.319	.289	.264	.242	.223	.207	.192
2	.180	.168	.158	.149	.141	.133	.127	.120	.115	.109
3	.1050	.1002	.0960	.0921	.0886	.0852	.0831	.0791	.0764	.0738
4	.0713	.0690	.0668	.0648	.0628	.0610	.0592	.0575	.0559	.0544
5	.0530	.0516	.0503	.0490	.0478	.0466	.0455	.0445	.0430	.0425
6	.0415	.0406	.0398	.0389	.0381	.0373	.0365	.0358	.0351	.0345
7	.0338	.0332	.0326	.0320	.0314	.0308	.0303	.0298	.0293	.0288
8	.0283	.0278	.0274	.0269	.0265	.0261	.0257	.0253	.0249	.0246
9	.0242	.0238	.0235	.0232	.0228	.0225	.0222	.0219	.0216	.0213
10	.0210	.0207	.0205	.0202	.0199	.0197	.0194	.0192	.0190	.0187
11	.0185	.0183	.0181	.0179	.0177	.0175	.0173	.0171	.0169	.0167
12	.0165	.0163	.0161	.0160	.0158	.0156	.0154	.0153	.0151	.0150
13	.0148	.0147	.0145	.0144	.0142	.0141	.0140	.0138	.0137	.0136
14	.0134	.0133	.0132	.0130	.0129	.0128	.0127	.0126	.0125	.0124
15	.0122	.0121	.0120	.0120	.0118	.0117	.0116	.0115	.0114	.0123
16	.0112	.0111	.0111	.0110	.0109	.0108	.0107	.0106	.0105	.0104
17	.0104	.0103	.0102	.0101	.0100	.0100	.0099	.0098	.0097	.0097
18	.0096	.0095	.0095	.0094	.0093	.0093	.0092	.0091	.0091	.0090
19	.0089	.0089	.0088	.0088	.0087	.0086	.0086	.0085	.0085	.0084
20	.0083	.0083	.0082	.0082	.0081	.0081	.0080	.0080	.0079	.0079
21	.0078	.0078	.0076	.0077	.0076	.0076	.0075	.0075	.0074	.0074
22	.0074	.0073	.0073	.0072	.0072	.0071	.0071	.0071	.0070	.0070
23	.0069	.0069	.0068	.0068	.0068	.0067	.0067	.0067	.0066	.0066
24	.0065	.0065	.0065	.0094	.0064	.0064	.0063	.0063	.0063	.0062
25	.0062	.0062	.0061	.0061	.0061	.0061	.0060	.0060	.0059	.0059
26	.0059	.0059	.0058	.0058	.0058	.0057	.0037	.0057	.0057	.0056
27	.0056	.0056	.0055	.0055	.0055	.0055	.0054	.0054	.0054	.0054
28	.0053	.0053	.0053	.0053	.0052	.0052	.0052	.0052	.0051	.0051
29	.0051	.0051	.0050	.0050	.0050	.0050	.0050	.0049	.0049	.0049
20	.0049	.0048	.0048	.0048	.0048	.0048	.0047	.0047	.0047	.0047

第二表

$$S=\left(\frac{Q}{K_d}\right)^2$$

附註： 由表中檢之值其前須另加0.00

$\frac{Q}{K_d}$	…0	…1	…2	…3	…4	…5	…6	…7	…8	…9
.001	00010	00012	00014	00017	00020	00023	00026	00029	00032	00036
.002	00040	00044	00048	00053	00058	00063	00068	00073	00078	00084
.003	00090	00096	00102	00109	00116	00123	00130	00137	00144	00152
.004	0016	0017	0018	0018	0019	0020	0021	0022	0023	0024
.005	0025	0026	0027	0028	0029	0030	0031	0032	0034	0035
.006	0036	0037	0038	0040	0041	0042	0044	0045	0046	0048
.007	0049	0050	0052	0053	0055	0056	0058	0059	0061	0062
.008	0064	0066	0067	0069	0071	0072	0074	0076	0077	0079
.009	0081	0083	0085	0086	0088	0090	0092	0094	0096	0098
.010	0100	0102	0104	0106	0108	0110	0112	0114	0117	0119
.01	0100	0121	0144	0169	0196	0225	0256	0289	0324	0361
.02	0400	0441	0484	0529	0576	0625	0676	0729	0784	0841
.03	0900	0961	102	109	116	123	130	137	144	152
.04	160	168	176	185	194	203	212	221	230	240
.05	250	260	270	281	292	303	314	325	336	348
.06	360	372	384	397	410	423	436	449	462	476
.07	490	504	518	533	548	563	578	593	608	624
.08	640	656	672	689	706	723	740	757	774	792
.09	810	828	846	865	884	903	922	941	960	980

第三表

反滲函數表

$\frac{d}{D}$	$\phi(m)$	$\frac{d}{D}$	$\phi(m)$	$\frac{d}{D}$	$\phi(m)$	$\frac{d}{D}$	$\phi(m)$
1.000	∞	1.020	2.098	1.10	1.587	2.20	1.015
1.001	3.090	1.025	2.025	1.15	1.468	2.50	0.989
1.002	2.860	1.030	1.966	1.20	1.387	3.0	0.963
1.003	2.725	1.036	1.908	1.30	1.280	4.0	0.939
1.004	2.629	1.044	1.843	1.40	1.211	5.0	0.927
1.005	2.555	1.050	1.803	1.50	1.162	7.0	0.915
1.007	2.445	1.056	1.763	1.60	1.125	10.0	0.911
1.010	2.326	1.060	1.745	1.70	1.096	15.0	0.909
1.012	2.266	1.070	1.697	1.80	1.073	20.0	0.908
1.015	2.192	1.080	1.656	2.00	1.039	50.0	0.907

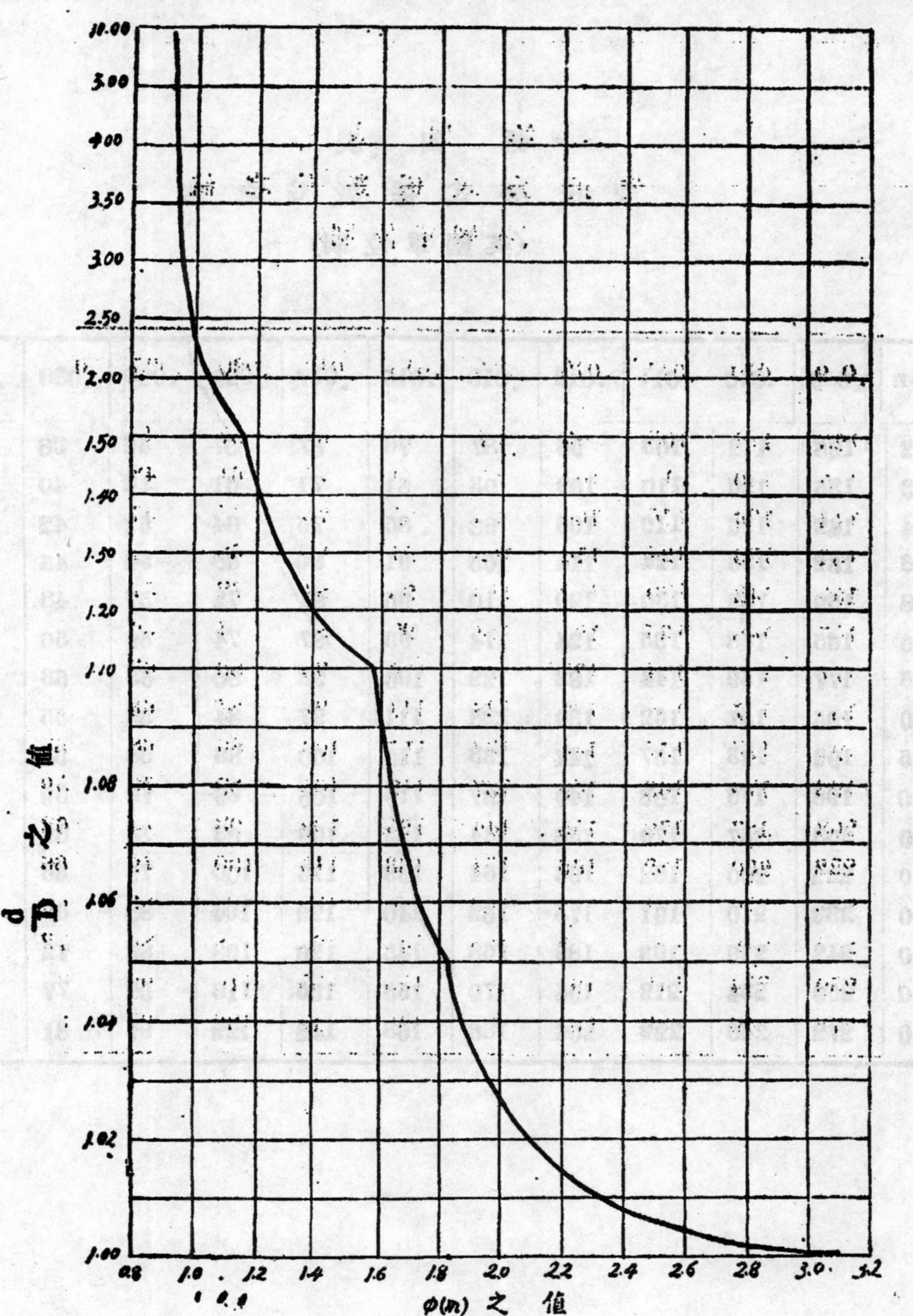

反涞函數曲線圖

28993

第四表

安氏公式係數C之值

(英國單位制)

R \ n	.009	.010	.011	.012	.013	.015	.017	.020	.025	.030	.035
0.2	125	112	103	95	87	76	67	57	46	28	32
0.3	135	120	110	102	93	81	71	61	48	40	35
0.4	142	126	116	106	98	85	75	64	51	42	36
0.6	152	136	124	114	105	91	80	68	54	45	39
0.8	159	142	130	120	110	96	84	72	57	48	41
1.0	165	148	135	124	114	99	87	74	59	50	43
1.5	177	159	144	133	122	106	93	80	63	53	46
2.0	185	167	152	139	128	111	97	84	66	55	48
2.5	192	173	157	144	133	115	100	86	68	57	49
3.0	198	178	163	149	137	119	105	89	70	59	51
4.0	208	187	170	156	144	125	109	93	74	62	53
6.0	222	200	182	166	154	133	116	100	79	66	57
8.0	233	210	191	175	162	140	122	104	83	69	60
10.0	242	218	198	182	168	145	126	108	86	72	62
15.0	259	234	212	194	179	155	135	116	92	77	66
20.0	272	246	222	204	188	163	142	122	97	81	69

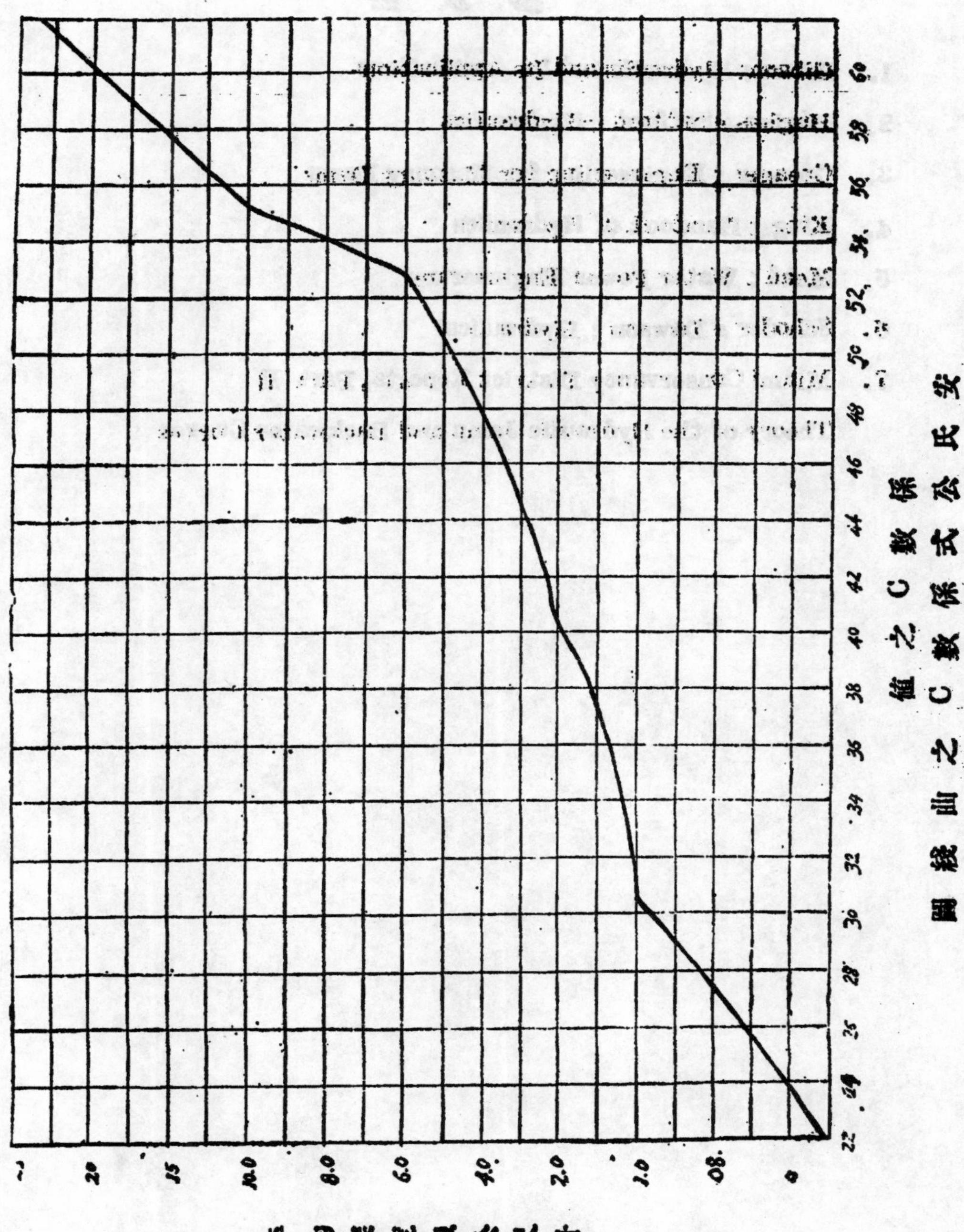
60
58
56
54
52
50
48
46
44
42
40
38
36
34
32
30
28
26
24
22
實氏公係數C之值
式係數C之曲線圖
20
15
10.0
8.0
6.0
4.0
2.0
1.0
.08
平均深度以公尺計

參攷書

1. Gibson: Hydraulis and Its Applications

2. Hughes & Safford : Hydraulics

3. Creager : Engineering for Masonry Dams

4. King : Handook of Hydraulics

5. Mead : Water Power Engineering

6. Schoder & Dawson : Hydraulics

7. Miami Conservancy District Reports, Part II
Theory of the Hydraulic Jamp and Backwater Curves

鋼筋混凝土桁樑厚薄與跨度之研究

朱墉莊　鮑光同

(一)緒言　　(五)樑之一端固定及一端支撐者
(二)單樑厚薄與跨度之比　　(六)三跨度連續樑厚薄與跨度之比
(三)懸臂樑厚薄與跨度之比　　(七)效用
(四)固定樑厚薄與跨度之比　　(八)實例

(一)緒　言

鋼筋混凝土在目前需用甚大,尤其在鋼鐵事業未發達時期之我國,一切建築材料均須仰給於此。取用既繁,糜金自巨。故使吾人對於經濟材料一層,不得不更加以深切之研究。目的在能以最經濟之材料,而得到最大之應力。本篇則秉承斯意,而研究桁樑在何種跨度與厚之比例之下,而能承受其所發生之最大剪力,Shear與最大撓曲力 Bending moment也。夫一桁樑之設計也,吾人咸知有根據剪力與撓曲力二種計算方法,完全不同,結果亦異。以一般言之,剪力設計宜於短樑,而撓曲力設計則宜於長樑也。但研究在何種情形之下,應適於二者之一,則實為一困難問題矣。設計者勢必兩者兼施,擇其安全者而用焉。費時荒日莫此為甚。作者未辭荒謬,實釋公式,算成樑之剪力與撓曲力相等 (Egual Strength in moment and Sheor)時之厚薄與跨度之比。並製就下列各表而補充手冊 Hand Book 中之未有,助設計者以便利焉。雖然載重情形種種不同,惟厚與跨度之比既知,則無論單樑,Simple Supported beam 懸臂樑,Cantilever 固定樑, Restrained beom 與連續樑, Contineous beom 應以剪力抑以橈曲力設計不難知也。

（二）單樑厚薄與跨度之比

1. 載均佈重 Uniform distributed load

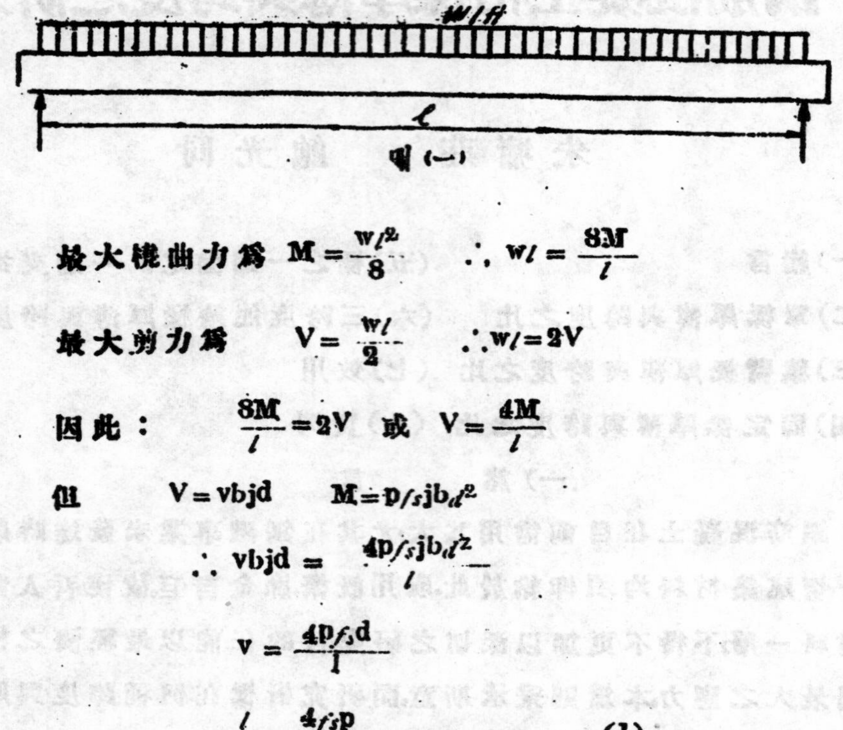

圖（一）

最大橈曲力為 $M=\frac{wl^2}{8}$　　∴ $wl=\frac{8M}{l}$

最大剪力為 $V=\frac{wl}{2}$　　∴ $wl=2V$

因此： $\frac{8M}{l}=2V$ 或 $V=\frac{4M}{l}$

但 $V=vbjd$　　$M=pf_sjbd^2$

$$\therefore vbjd=\frac{4pf_sjbd^2}{l}$$

$$v=\frac{4pf_sd}{l}$$

$$\frac{l}{d}=\frac{4f_sp}{v}\text{ ……………………(1)}$$

依據上列公式,可知 $\frac{l}{d}$ 之大小隨鋼筋之安全力 allowable working Stress 混凝土安全力及安全剪力而變化。今將普通所用之各安全力及安全剪力算出桁樑之厚薄與跨度之比例,并列表於下,以便設計時之應用。

第一表

f_s	f_c	p	v = 35 #/□" l/d	v = 40 #/□" l/d	v = 45 #/□" l/d
	500	0.0056	9.60	8.40	7.46

15000	500	0.0065	11.14	9.75	8.66
	600	0.0075	12.85	11.25	9.99
	650	0.0085	14.57	12.75	11.33
	700	0.0096	16.45	14.40	12.80
	750	0.0107	18.34	16.05	14.26
	800	0.0118	20.22	17.70	15.73
16000	500	0.0050	9.14	8.00	7.11
	550	0.0058	10.60	9.28	8.69
	600	0.0068	12.43	10.88	9.67
	650	0.0077	14.07	12.32	10.95
	700	0.0087	15.90	13.92	12.37
	750	0.0097	17.73	15.52	13.79
	800	0.0107	19.55	17.12	15.21

2. 集中重在中央者

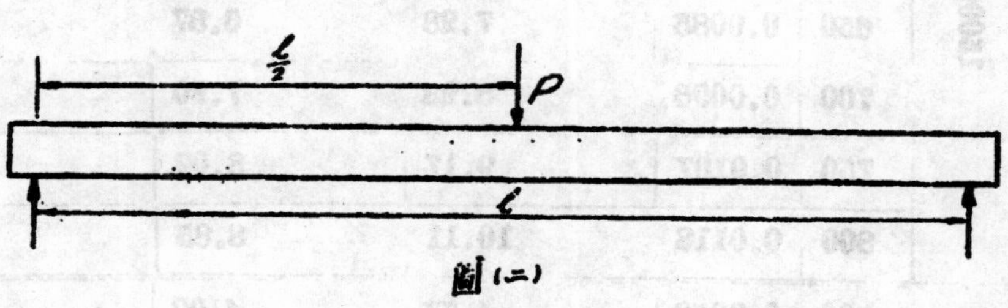

圖(二)

最大撓曲力為　$M=\frac{pl}{4}$　　$\therefore p=\frac{4M}{l}$

最大剪力為　$v=\frac{p}{2}$　　$\therefore p=2v$

因此：　$2v=\frac{4M}{l}$　或　$v=\frac{2M}{l}$

但 $V = vbjd \qquad M = pf_s jbd^2$

$$vbjd = \frac{2pf_s jbd^2}{l}$$

$$v = \frac{2pf_s d}{l}$$

$$\frac{l}{d} = \frac{2pf_s}{v} \cdots\cdots\cdots\cdots\cdots\cdots (2)$$

觀上公式,可知集中重在中央者,之$\frac{l}{d}$比載均佈重小一倍,換言之卽如桁樑厚薄相同,在載均佈重桁樑之跨度,可比以其原重量集中在中央時大一倍。

第 二 表

f_s	f_c	p	v = 35 #/口" l/d	v = 40 #/口" l/d	v = 45 #/口" l/d
15000	500	0.0056	4.80	4.20	3.73
	550	0.0065	5.57	4.87	4.33
	600	0.0075	6.42	5.62	4.99
	650	0.0085	7.28	6.37	5.66
	700	0.0096	8.23	7.20	6.39
	750	0.0107	9.17	8.02	7.13
	800	0.0118	10.11	8.85	7.86
16000	500	0.0050	4.57	4.00	3.55
	550	0.0058	5.30	4.64	4.14
	600	0.0068	6.21	5.44	4.83
	650	0.0077	7.04	6.16	5.47
	700	0.0087	7.95	6.96	6.18

	750	0.0097	8.86	7.76	6.90
	800	0.0107	9.78	8.56	7.61

3. 集中重在三分之一處者

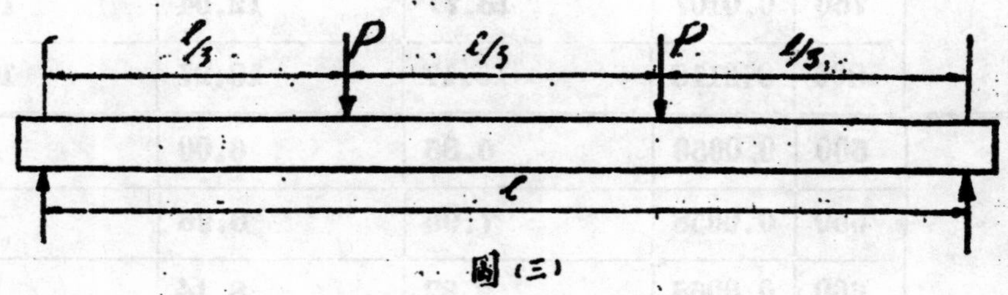

圖(三)

最大撓曲力　　$M=\frac{pl}{3}$　　$\therefore p=\frac{3M}{l}$

最大剪力　　$V=p$　　$\therefore V=\frac{3M}{l}$

但　　$V=vbjd$,　　$M=pf_sjbd^2$

$$\therefore vbjd=\frac{3pf_sjbd^2}{l}$$

$$\therefore v=\frac{3pf_sd}{l}$$

$$\frac{l}{d}=\frac{3pf_s}{v}\text{..................}(3)$$

由上公式,可知集中重在三分之一處者之$\frac{l}{d}$,比集中重在中央者大$\frac{1}{2}$倍。換言之,則如桁樑厚薄相同,在集中重在三分之一處之跨度可比在中央者大$\frac{1}{2}$倍。

第　三　表

f_s	f_c	p	$v=35\,\#/\square''$ l/d	$v=40\,\#/\square''$ l/d	$v=45\,\#/\square''$ l/d
	500	0.0056	7.20	6.30	5.69
	550	0.0065	8.35	7.31	6.49

15000	600	0.0075	9.64	8.44	7.50
	650	0.0085	10.92	9.56	8.49
	700	0.0096	12.34	10.80	9.60
	750	0.0107	13.77	12.04	10.69
	800	0.0118	15.17	13.27	11.79
16000	500	0.0050	6.85	6.00	5.33
	550	0.0058	7.95	6.96	6.22
	600	0.0068	9.32	8.14	7.25
	650	0.0077	10.56	9.24	8.21
	700	0.0087	11.93	10.44	9.28
	750	0.0097	13.27	11.64	10.34
	800	0.0107	14.67	12.84	11.42

（三）猿臂樑厚薄與跨度之比

1. 載均佈重 Uniformed distributed load

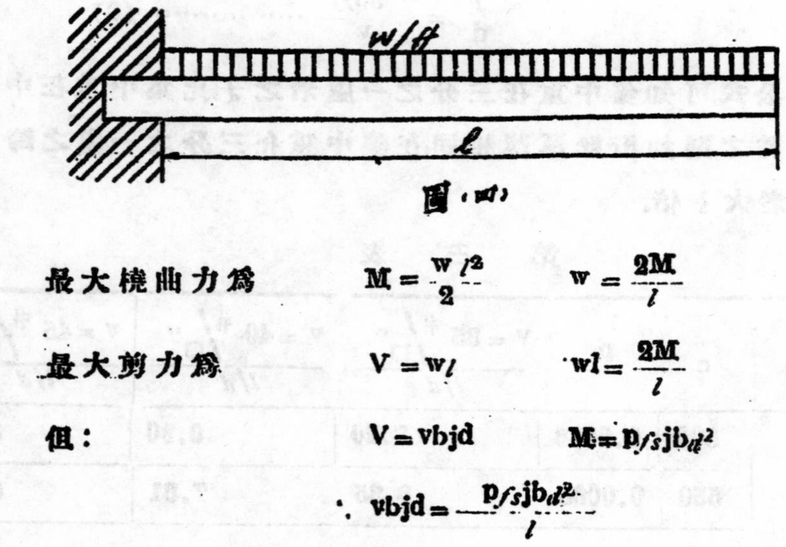

圖（四）

最大橈曲力為 $M = \frac{w}{2} l^2$ $w = \frac{2M}{l}$

最大剪力為 $V = wl$ $wl = \frac{2M}{l}$

但： $V = vbjd$ $M = p f_s j b d^2$

$$\therefore vbjd = \frac{p f_s j b d^2}{l}$$

$$v=\frac{2pf_s d}{l}$$

$$\frac{l}{d}=\frac{2pf_s}{v}\cdots\cdots\cdots\cdots\cdots(4)$$

按上演算,可知其厚薄與跨度之比,與單樑之集中重量在中央者完全相同。此處可省列表,設計時可參考第二表也。

2. 集中重在末端者

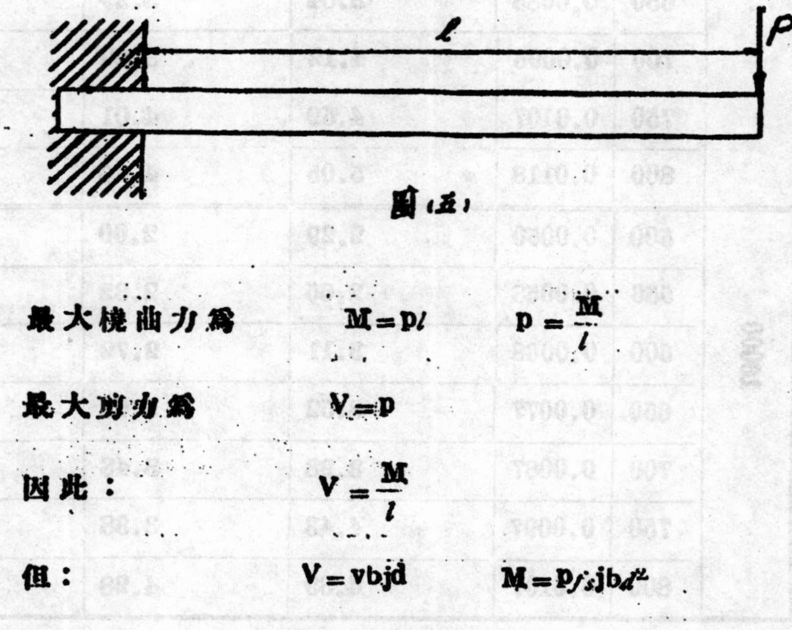

圖(五)

最大橈曲力為　$M=pl$　$p=\frac{M}{l}$

最大剪力為　$V=p$

因此：　$V=\frac{M}{l}$

但：　$V=vbjd$　$M=pf_s jbd^2$

$$\therefore vbjd=\frac{pf_s jbd^2}{l}$$

$$v=\frac{pf_s d}{l}$$

$$\frac{l}{d}=\frac{pf_s}{v}\cdots\cdots\cdots\cdots\cdots(5)$$

比較以上第四與第五二公式,可知在挺臂中其集中重在末端者之寸,比較均佈重小一倍。

29003

第四表

f_s	f_c	p	v = 35 #/□" l/d	v = 40 #/□" l/d	v = 45 #/□" l/d
15000	500	0.0056	2.40	2.10	1.87
	550	0.0065	2.79	2.44	2.17
	600	0.0075	3.21	2.81	2.49
	650	0.0085	3.64	3.29	2.83
	700	0.0096	4.12	3.60	3.20
	750	0.0107	4.59	4.01	3.57
	800	0.0118	5.05	4.43	3.93
16000	500	0.0050	2.29	2.00	1.78
	550	0.0058	2.65	2.32	2.07
	600	0.0068	3.11	2.72	2.42
	650	0.0077	3.52	3.08	1.74
	700	0.0087	3.98	3.48	3.09
	750	0.0097	4.43	3.38	3.45
	800	0.0107	4.89	4.28	3.81

3. 集中重在中央者

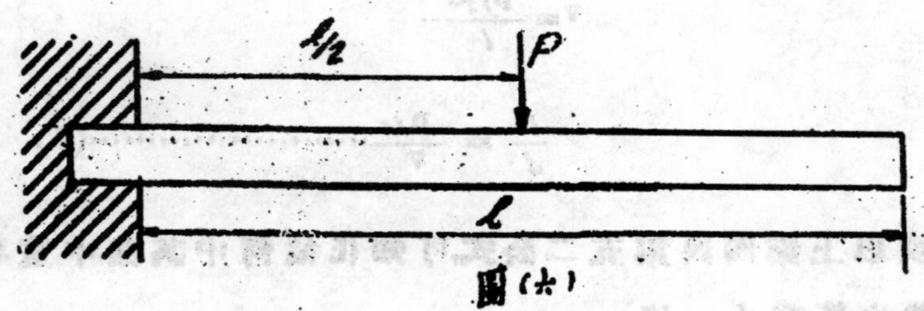

圖(六)

29004

最大撓曲力為　$M=\frac{pl}{2}$　　$p=\frac{2M}{l}$

最大剪力為　$V=p$

因此：　$\frac{2M}{l}=V$

但：　$V=vbjd$　　$M=pf_{s}jbd^{2}$

$$vbjd=\frac{2pf_{s}jbd^{2}}{l}$$

$$\frac{l}{d}=\frac{2pf_{s}}{v}\cdots\cdots\cdots\cdots(6)$$

第（6）式與（2）式完全相同其比例值可參觀第二表。

（四）固定樑厚薄與跨度之比

1. 載均佈重

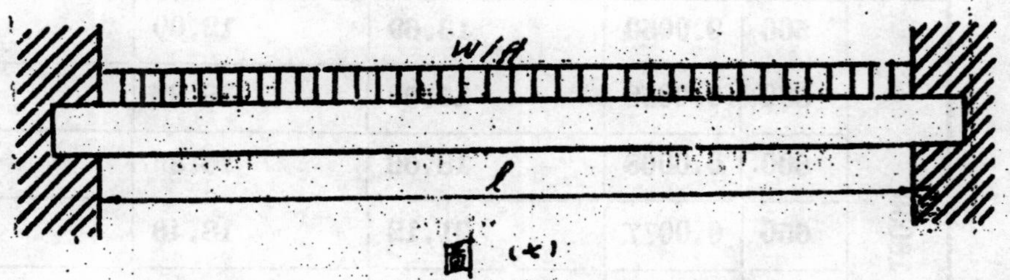

圖（七）

最大正撓曲力為$\frac{1}{24}wl^{2}$，最大負撓曲力為$\frac{1}{12}wl^{2}$，吾人演算公式概以較大者應用之

最大負撓曲力　$M=\frac{wl^{2}}{12}$　　$wl=\frac{12M}{l}$

最大剪力　$V=\frac{1}{2}wl$　　$wl=2V$

因此：　$\frac{12M}{l}=2V$

但：　$V=vbjd$　$M=pf_{s}jbd^{2}$

$$\frac{12pf_{s}jbd^{2}}{l}=2vbjd$$

$$\frac{l}{d}=\frac{6pf_{s}}{v}\cdots\cdots\cdots\cdots(7)$$

29005

第　五　表

f_s	f_c	p	v = 35 #/□" l/d	v = 40 #/□" l/d	v = 45 #/□" l/d
15000	500	0.0056	14.39	12.60	11.16
	550	0.0065	16.68	14.64	12.96
	600	0.0075	19.26	16.86	14.94
	650	0.0085	21.84	19.14	16.98
	700	0.0096	24.66	21.60	19.14
	750	0.0107	27.48	24.06	21.36
	800	0.0118	30.30	26.52	23.58
16000	500	0.0050	13.69	12.00	10.62
	550	0.0058	15.90	13.96	12.42
	600	0.0068	18.66	16.32	14.46
	650	0.0077	21.12	18.48	16.38
	700	0.0087	23.88	20.88	18.54
	750	0.0097	26.58	23.28	20.70
	800	0.0107	29.34	25.68	22.84

2. 集中重在中央者

圖（八）

最大橈曲力爲　$\frac{1}{8}pl=M$　　$p=\frac{8M}{l}$

最大剪力爲　$V=\frac{1}{2}p$　　$p=2V$

因此：　$\frac{8M}{l}=2V$　　or　$V=\frac{4M}{l}$

但：　$V=vbjd$　　$M=pf_sjbd^2$

$$vbjd=\frac{4pf_sjbd^2}{l}$$

$$\frac{l}{d}=\frac{4pf_s}{v}\cdots\cdots\cdots\cdots\cdots\cdots(8)$$

第(8)式與第(1)式完全相同故其比例值可參觀第一表。

(五) 樑之一端固定及一端支撑者

1. 載均佈重

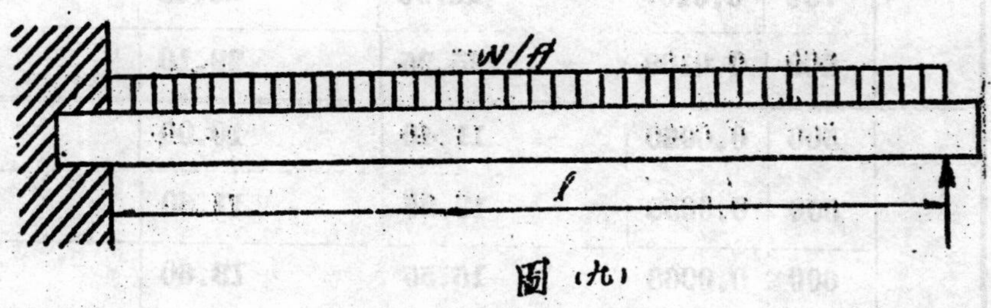

圖(九)

吾人知此種桁樑之最大正橈曲力爲$\frac{9}{128}wl^2$,發生於距離$\frac{3}{8}l$處。由支撑端算起最大負橈曲力爲$\frac{1}{8}wl^2$,發生於固定端。演算公式時以較大者用之。

最大負橈曲力爲　$M=\frac{wl^2}{8}$　　$\therefore wl=\frac{8M}{l}$

最大剪力爲　$V=\frac{5}{8}wl$　　$\therefore wl=\frac{8V}{5}$

因此：　$\frac{8V}{5}=\frac{8M}{l}$　　$V=\frac{5M}{l}$

但：　$V=vbjd$　　$M=pf_sjbd^2$

$$vbjd=\frac{5pf_sjbd^2}{l}$$

$$\frac{l}{d}=\frac{5pf_s}{v}\text{.........................(9)}$$

第 六 表

f_s	f_c	p	v=35 #/口" l/d	v=40 #/口" l/d	v=45 #/口" l/d
15000	500	0.0056	11.99	10.50	9.30
	550	0.0065	13.90	12.20	10.80
	600	0.0075	16.05	14.05	12.45
	650	0.0085	18.20	15.95	14.15
	700	0.0096	20.55	18.00	15.95
	750	0.0107	22.90	20.05	17.80
	800	0.0108	25.25	22.10	19.65
16000	500	0.0050	11.40	10.00	8.85
	550	0.0058	13.25	11.60	10.35
	600	0.0068	15.55	13.60	12.05
	650	0.0077	17.60	15.40	13.65
	700	0.0087	19.90	17.40	15.45
	750	0.0097	22.15	19.40	17.25
	800	0.0107	24.45	21.40	19.02

2. 集中重在中央者

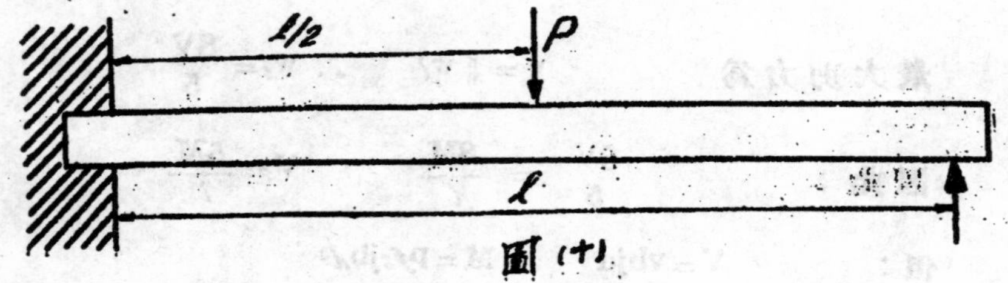

圖(十)

最大撓曲力在右端固定處為 $\frac{3}{16}pl$

最大剪力在右端固定處為 $\frac{11}{16}p$

$$M=\frac{3}{16}pl \qquad p=\frac{16M}{3l}$$

$$V=\frac{11}{16}p \qquad p=\frac{16V}{11}$$

因此：$\frac{16M}{3l}=\frac{16V}{11}$　　$V=\frac{11M}{3l}$

但：$V=vbjd$　　$M=pf_sjbd^2$

$$vbjd=\frac{11pf_sjbd^2}{3l}$$

$$\frac{l}{d}=\frac{11pf_s}{3v}\cdots\cdots\cdots\cdots\cdots\cdots(10)$$

第　七　表

f_s	f_c	p	v＝35 #/□" l/d	v＝40 #/□" l/d	v＝45 #/□" l/d
15000	500	0.0056	8.76	7.70	6.82
	550	0.0065	10.19	8.95	7.92
	600	0.0075	11.77	10.30	9.13
	650	0.0085	13.35	11.69	10.34
	700	0.0096	15.07	13.20	11.69
	750	0.0107	16.79	14.70	13.05
	800	0.0118	18.51	16.20	14.41
16000	500	0.0050	8.36	7.33	6.49
	550	0.0058	9.71	8.50	7.59
	600	0.0068	11.40	9.97	8.84

	650	0.0077	12.90	11.29	10.01
	700	0.0087	14.59	12.76	11.33
	750	0.0097	16.24	14.22	12.65
	800	0.0107	17.93	15.69	13.95

(六) 三跨度連續樑厚薄與跨度之比

1. 載均佈重

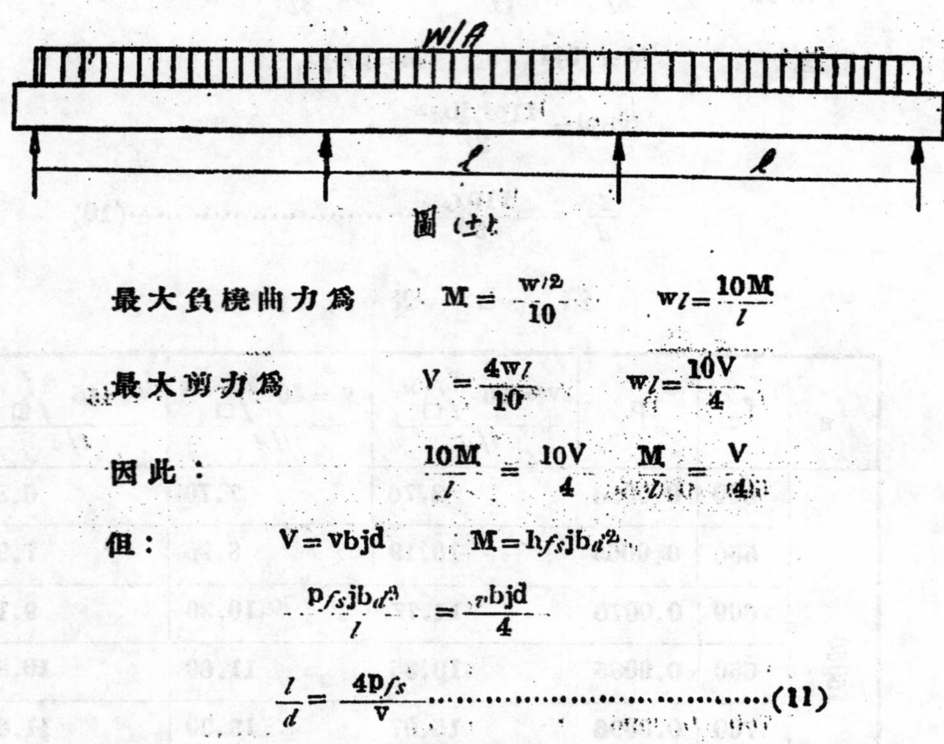

圖(十)

最大負橈曲力爲 $M=\frac{wl^2}{10}$ $wl=\frac{10M}{l}$

最大剪力爲 $V=\frac{4wl}{10}$ $wl=\frac{10V}{4}$

因此： $\frac{10M}{l}=\frac{10V}{4}$ $\frac{M}{l}=\frac{V}{4}$

但： $V=vbjd$ $M=pf_sjbd^2$

$$\frac{pf_sjbd^2}{l}=\frac{vbjd}{4}$$

$$\frac{l}{d}=\frac{4pf_s}{v}\quad\cdots\cdots(11)$$

第(11)式與第(1)式完全相同，其比例數值可參觀第一表。

(七) 效　　用

上列各表依照常明之 f_s, f_c 及 v 算成故查表時須先規定 f_s, f_c 及 v，然後樑之剪力與橈曲力相同 (Equal Strength in moment and Shear) 時之寸比例按表卽得。若樑之跨度已知，則該樑之剪力與橈曲相同時之厚度卽由寸比例中算出，如樑已假定之寸比，大於表中查出之寸，可

29010

知其樑之相關長度 Relative length 較長,即此樑應以橈曲力設計 Design for moment 反之則樑之相關長度較短,應以剪力設計 Design for Shear 也。設計時除樑之厚薄與跨度之比研究外,尙須適合樑之其他應有條件,如樑之闊不能勝過長之二十五分之一,在另一方面其所謂最佳形式之長方桁樑,Best Shafpd beam 則闊須等於厚之二分之一至四分之三之間也。

(八)實　　例

例(1)設有單樑長十呎,求其剪力與橈曲力設計設計相同時之厚度。

若　fs=16000 #/□"　　fc=650 #/□"　　v=40 #/□"

從第一表　得　$\frac{l}{d}=12.32$　l=10

$$d=\frac{l}{12.32}=\frac{10}{12.32}=0.81=9.7''$$

故剪力與橈曲力設計相同時之厚度爲 9.7"

例(2)設有單樑長十呎,厚六吋,問其樑應以剪力設計抑以橈曲力設計?若厚十吋應如何?　　fs=16000 #/□"　fc=650 #/□"　v=45 #/□"

從第一表　　得　$\frac{l}{d}=12.32$

(a)　　　　$l=10'$　　$d=6''=0.5'$

$$\therefore\quad \frac{l}{d}=\frac{10}{0.5}=20\ >\frac{l}{d}=12.32$$

因 $\frac{l}{d}>\frac{l}{d}$ 可知其相關長度較長,應以橈曲力設計

(b)　　　　$l=10'=120''$　　$d=10''$

$$\frac{l}{d}=\frac{120}{10}=12<\frac{l}{d}=1232$$

因 $\frac{l}{d}<\frac{l}{d}$ 可知其相關長度較短應以剪力設計

例(3)設有單樑長十呎,載均佈重 160 #/□ (樑之本身重量在內)求其

厚則. $fs=16000\ ^{\#}/_{\square}"$, $fc=650\ ^{\#}/_{\square}"$, $v=40\ ^{\#}/_{\square}"$

$$M=\frac{wl^2}{8}=\frac{160\times10^2\times12}{8}=24000\ ''\square$$

假定b=5" $d=\sqrt{\frac{M}{Kb}}=\sqrt{\frac{24000}{107.7\times5}}=6.''7$

從第一表 $\frac{l}{d}=12.32$

$l=10,\ d=6.7''=0'.56$

$$\therefore\ \frac{l}{d}=\frac{10}{0.56}=17.9>\frac{l}{d}=12.32$$

故以橈曲力設計爲是無須再以剪力設計校對(Check)也.

圓環之力幾分析

蕭開邦

圓環之力幾分析,可有二法,一用橫形原理 (Arch theory); 一用能力原理 (Energy theory); 此二者之立場各不相同,且其結果亦略有出入;作者本擬將二原理同時運用,以資比較,奈以時間不敷,篇幅所限,姑試用橫原理分解之;其另一方法,待後有機,當繼續討論。

假定: 設此圓環固定於底點(Invert)上,加任何荷重不致移動其原有位置與形式,然後依據橫形原理,次第分析。

力幾皆由荷重之不同而異,惟荷重之變化無窮,未能一一列入,僅擇其主要數種,逐一分解於后:

第一種: 集中荷重(Concentrated lood) P, 置於左半半徑中點之環上:(視圖一)

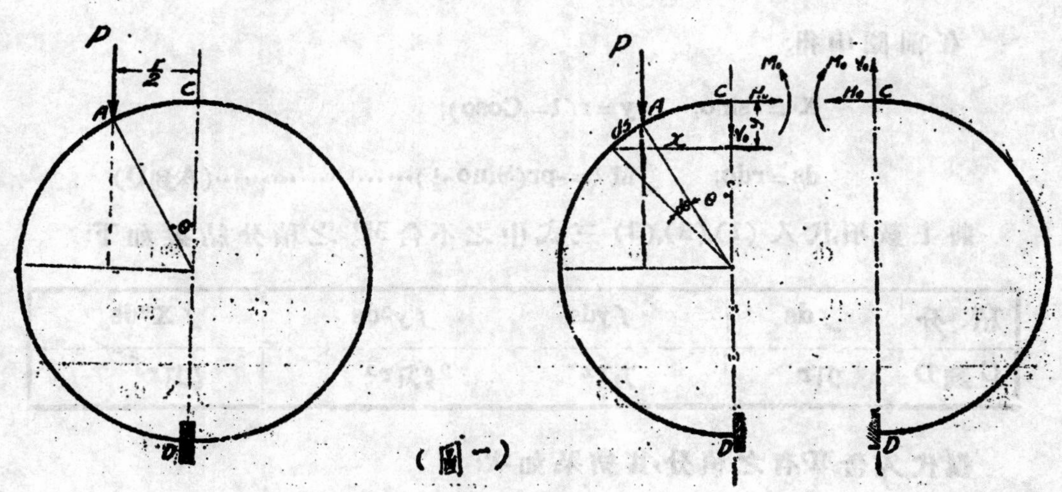

(圖一)

橫形原理中之主要方程式爲:

$$H_{o}=\frac{\int\frac{1}{2}ds\int M'yds-\int M'ds\int\frac{1}{2}yds}{2\left[\left(\int\frac{1}{2}yds\right)^{2}-\int\frac{1}{2}ds\int\frac{1}{2}y^{2}ds\right]}\cdots\cdots(1)$$

$$vo=\frac{\int M_{e}'Xds-\int M_{r}'Xds}{2\int\frac{1}{2}X^{2}ds}\cdots\cdots(2)$$

$$M_{o}=-\frac{\int M'ds+2H_{o}\int yds}{2\int\frac{1}{2}ds}\cdots\cdots(3)$$

$$(Mx=M'+M_{o}+H_{o}y\pm v_{o}X)\cdots\cdots(4)$$

上式中之 H_o 爲頂點 (Crown) 之橫壓力 (thrust)

v_o 爲頂點 (Crown) 之剪力 (shear)

M_o 爲頂點 (Crown) 之力幾 (moment)

M_h 爲圓環上任何一點之力幾

M' 爲圓環上任何一點之力幾,僅由外力所生者;(

M_c' 及 M_r' 者以視左右耳)·

在前圖中得:

$X=r\sin o$;　　$y=r(1-\cos o)$;

$ds=rdo$;　　$M'=-pr(\sin o-\frac{1}{2})\cdots\cdots$(A到D)

將上數項,代入 (1),(2),(3) 三式中之不含 M' 之積分結果如下:

積分	$\int ds$	$\int yds$	$\int y^2ds$	$\int X^2ds$
C到D	πr	πr^2	$\frac{3}{2}\pi r^3$	$\frac{1}{2}\pi r^3$

復代入含 M' 有之積分,其結果如次:

29014

積　分	$\int M'ds$	$\int yds$	$\int M'Xds$
C到A	O	O	O
A到D	$Pr^2\left(\frac{5\pi}{12}-\frac{\sqrt{3}}{2}-1\right)$	$-Pr^3\left(\frac{7}{8}-\frac{5\pi}{12}+\frac{\sqrt{3}}{2}\right)$	$-Pr^3\left(\frac{5\pi}{12}-\frac{\sqrt{3}}{8}-\frac{1}{2}\right)$

$$H_o=-\frac{P}{8\pi}\cdots\cdots=-0.0398p$$

$$v_o=-\frac{p}{2\pi}\left(\frac{5\pi}{6}-\frac{\sqrt{3}}{4}-1\right)\cdots\cdots=-0.1885p$$

$$M_o=-\frac{pr}{2\pi}\left(\frac{5\pi}{12}-\frac{\sqrt{3}}{2}-1\frac{1}{4}\right)\cdots\cdots=-0.1285pr.$$

再將上得三値代入(4)式或，$M_\theta=M'+M_o+H_or(1-Cos\theta)\pm v_orsin\theta$式中，便得各點之力幾茲列表於下，（力幾方程式中之正號用於右半環負號用於左半環。）

左半環上之力幾表 (1)

$$M_x=M'+M_o+H_or(1-Cos\theta)-v_orsin\theta$$

角度°	$Sin\theta$	$Cos\theta$	M_o (pr)	M' (pr)	$H_or(1-Cos\theta)$ (pr)	$-v_orsin\theta$ (pr)	力幾(pr)
0	0	1	+0.1285	0	0	0	+0.1285
15	0.259	0.966	+0.1285	0	−0.0011	+0.0488	+0.1772
30	0.500	0.866	+0.1285	0	−0.0053	+0.0942	+0.2174
45	0.707	0.707	+0.1285	−0.207	−0.0116	+0.1332	+0.0452
60	0.866	0.500	+0.1285	−0.366	−0.0199	+0.1632	−0.0862
75	0.966	0.259	+0.1285	−0.466	−0.0295	+0.1822	−0.1849
90	1.000	0	+0.1285	−0.500	−0.0398	+0.1884	−0.2229
105	0.966	−0.259	+0.1285	−0.466	−0.0501	+0.1822	−0.2054
120	0.866	−0.500	+0.1285	−0.366	−0.0597	+0.1632	−0.1340
135	0.707	−0.707	+0.1285	−0.205	−0.0679	+0.1332	−0.0112
150	0.500	−0.866	+0.1285	0	−0.0743	+0.0942	+0.1484
165	0.259	−0.966	+0.1285	+0.241	−0.0783	+0.0482	+0.3400
180	0	−1.000	+0.1285	+0.500	−0.0796	0	+0.5489

右半環上之力饗表 (2)

$$M_x = M' + M_o + H_o r(1-\cos\theta) + v_o r\sin\theta$$

角度°	Sinθ	Cosθ	M_o (pr)	M' (pr)	$H_o r(1-\cos\theta)$ (pr)	$+v_o r\sin\theta$ (pr)	力饗 (pr)
0	0	1	+0.1285	0	0	0	+0.1285
15	0.259	0.966	+0.1285	0	−0.0011	−0.0488	+0.0796
30	0.500	0.866	+0.1285	0	−0.0053	−0.0942	+0.0290
45	0.707	0.707	+0.1285	0	−0.0116	−0.1332	−0.0163
60	0.866	0.500	+0.1285	0	−0.0199	−0.1632	−0.0000
75	0.966	0.259	+0.1285	0	−0.0295	−0.1822	−0.0832
90	1.000	0	+0.1285	0	−0.0398	−0.1884	−0.0997
105	0.966	−0.259	+0.1285	0	−0.0501	−0.1822	−0.1038
120	0.866	−0.500	+0.1285	0	−0.0597	−0.1632	−0.0944
135	0.707	−0.707	+0.1285	0	−0.0679	−0.1332	−0.0726
150	0.500	−0.866	+0.1285	0	−0.0743	−0.0942	−0.0400
165	0.259	−0.966	+0.1285	0	−0.0783	−0.0488	−0.0014
180	0	−1.000	+0.1285	0	−0.0796	0	+0.0489

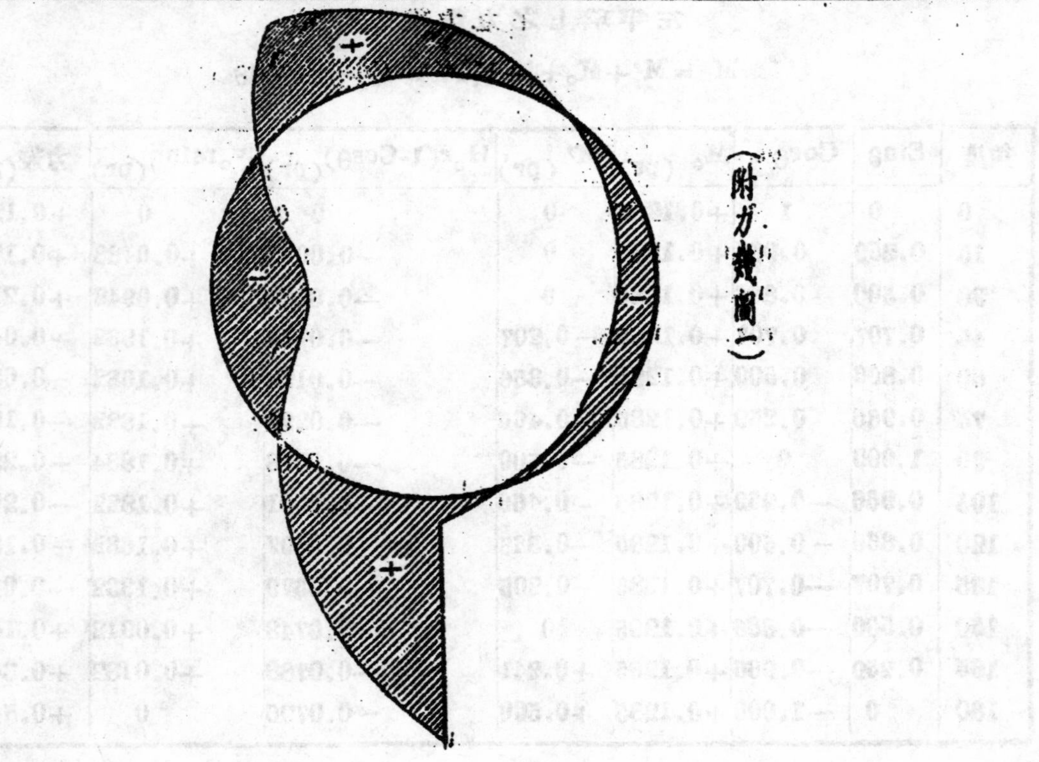

(附力饗圖二)

第二種　集中荷重P,置於左半半徑四分之一之環上（如圖二）

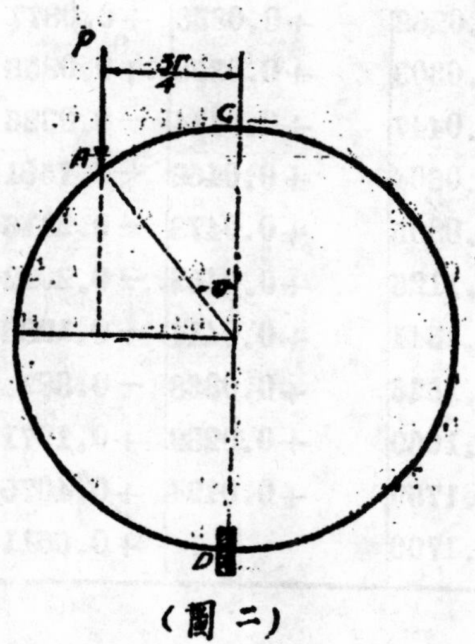

（圖二）

從左圖內可得下列數項：

$\theta = 48°36'$ or $= 0.848$ Rad.

$\mathrm{Sin}\theta = \frac{3}{4}r$

及, $M' = -pr(\mathrm{Sin}\theta - \frac{3}{4})$………………（A到D）;

與前相同各項不再重複;今仍照例將已知各項代入（1'),（2'),（3'）三式中含有M'之積分.（不含M'之積分與前同),其結果如次

積　分	$\int M'ds$	$\int M'yds$	$\int M'Xds$
A到D	$+0.059pr^2$	$+0.040pr^3$	$-0.150pr^3$

將表中三值代入（1),（2）及（3）三式

$$H_o = -0.0895p$$

$$v_o = -0.0478p$$

$$M_o = +0.0801pr$$

復如前,將上三值代入（4）或（5）式因可得二力幾表於下:

左半環上之力幾表（三）

$$M = M' + M_o + M_o r(1 - \mathrm{Cos}\theta) - v_o r\sin\theta$$

角度°	$\mathrm{Sin}\theta$	$\mathrm{Cos}\theta$	M_o pr	M' pr	$H_o r(1-\mathrm{Cs}\theta)$ pr	$-v_o r\sin\theta$ pr	力幾 pr
0	0	1	+0.0801	0	0	0	+0.0801
15	0.259	0.966	+0.0801	0	−0.0030	+0.0124	+0.0895
30	0.500	0.866	+0.0801	0	−0.0120	+0.0239	+0.0920

45	0.707	0.707	+0.0801	0	−0.0262	+0.0338	+0.0877
48°36′	0.750	0.661	+0.0801	0	−0.0303	+0.0358	+0.0856
60	0.866	0.500	+0.0801	−0.116	−0.0447	+0.0414	−0.0326
75	0.966	0.259	+0.0801	−0.216	−0.0664	+0.0462	−0.1561
90	1.000	0	+0.0801	−0.240	−0.0895	+0.0478	−0.2116
105	0.966	−0.259	+0.0801	−0.116	−0.1125	+0.0462	−0.2022
120	0.866	−0.500	+0.0801	−0.116	−0.1341	+0.0414	−0.1286
135	0.707	−0.701	+0.0801	0	−0.1526	+0.0338	−0.387
150	0.500	−0.866	+0.0801	+0.250	−0.1669	+0.0239	+0.1971
165	0.259	−0.966	+0.0801	+0.491	−0.1759	+0.0124	+0.4076
180	0	−1.000	+0.0801	+0.750	−0.1790	0	+0.6511

右半環上之力幾表（四）

$$M_{力}=M'+M_o^{\delta}+H_o r(1-\mathrm{Cos}\theta)+v_o r\sin\theta$$

角度	Sinθ	Cosθ	M_o pr	M′ pr	H_or1-(Cosθ)(pr)	$+v_o$rsinθ(pr)	力幾 pr
0	0	0	+0.0801	0	0	0	+0.0801
15	0.259	0.966	+0.0801	0	−0.0030	−0.0124	+0.0647
30	0.500	0.866	+0.0801	0	−0.0120	−0.0239	+0.0442
45	0.707	0.707	+0.0801	0	−0.0260	−0.0338	+0.0201
60	0.866	0.500	+0.0801	0	−0.0447	−0.0414	−0.0060
75	0.966	0.259	+0.0801	0	−0.0664	−0.0462	−0.0325
90	1.000	0	+0.0801	0	−0.0895	−0.0478	−0.0572
105	0.966	−0.259	+0.0801	0	−0.1125	−0.0462	−0.0782
120	0.866	−0.500	=0.0801	0	−0.1311	−0.0414	−0.0954
135	0.707	−0.707	+0.0801	0	−0.1526	−0.0338	−0.1063
150	0.500	−0.866	+0.0801	0	−0.1669	−0.0239	−0.1107
165	0.259	−0.966	+0.0801	0	−0.1759	−0.0124	−0.1082
180	0	−1.000	+0.0801	0	−0.1790	0	−0.0989

29018

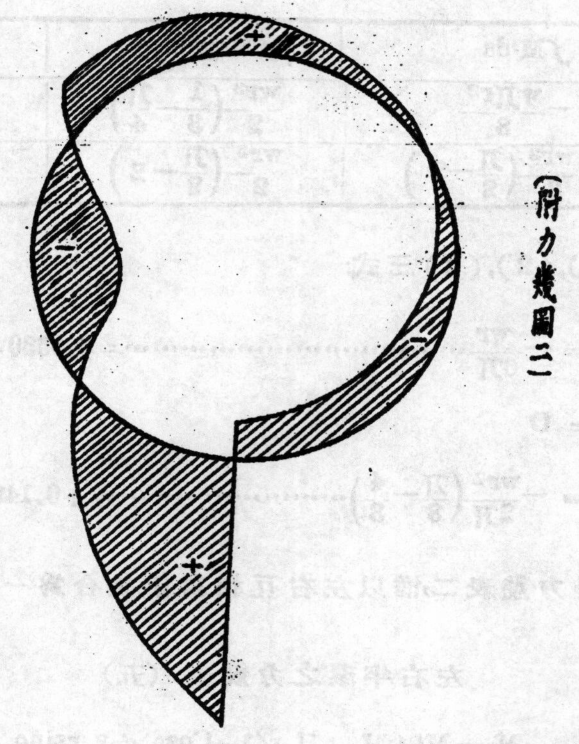

(附力幾圖二)

第三種　每單位長度重W之均佈荷重,分佈於圓環之上(如圖)

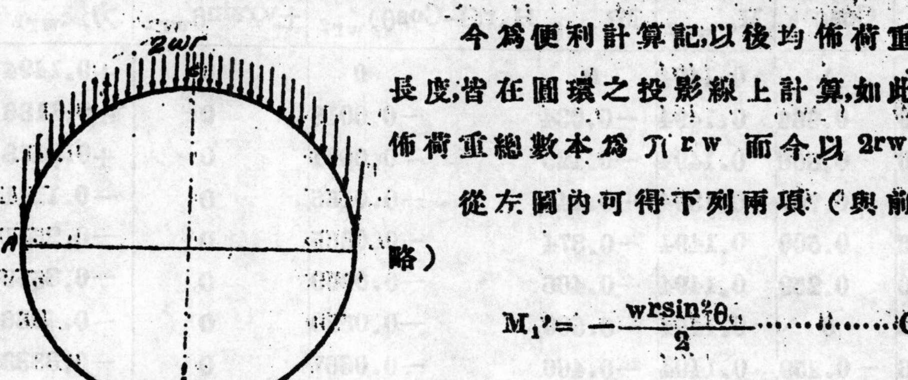

(圖三)

今為便利計算起,以後均佈荷重之單位長度,皆在圓環之投影線上計算,如此處之均佈荷重總數本為 πrw 而今以 $2rw$ 代之。從左圖內可得下列兩項(與前同者從略)

$$M_1' = -\frac{wr\sin^2\theta}{2} \cdots\cdots\cdots\cdots \text{C到A}$$

$$M_2' = \frac{wr}{2}(1-2\sin\theta) \cdots\cdots\cdots \text{A到D}$$

代入(1),(2),(3)三式,其中不含M'之積分仍不變而含有M'者另積如下:

積 分	$\int M'ds$	$\int M'yds$	$\int M'Xds$
C到A	$-\frac{w\pi r^3}{8}$	$\frac{wr^3}{2}\left(\frac{1}{3}-\frac{\pi}{4}\right)$	$-\frac{wr^3}{3}$
A到D	$\frac{wr^3}{3}\left(\frac{\pi}{2}-2\right)$	$\frac{wr^3}{2}\left(\frac{\pi}{2}-2\right)$	$\frac{wr^3}{2}\left(\frac{\pi}{2}-1\right)$

代入(1),(2),(3)三式

$$H_{\circ}=-\frac{wr}{6\pi}\cdots\cdots=0.0530wr$$

$$v_{\circ}=0$$

$$M_{\circ}=-\frac{wr^2}{2\pi}\left(\frac{\pi}{8}-\frac{4}{3}\right)\cdots\cdots=+0.1494wr^2$$

照例可得力幾表二,惟以左右互相對稱,故合爲一表

左右半環之力幾表(五)

$$M_x=M'+M_{\circ}+H_{\circ}r(1-\cos\theta)\pm v_{\circ}r\sin\theta$$

角度$_{\circ}$	$\sin\theta$	$\cos\theta$	$M_{\circ}\ _{wr^2}$	$M'\ _{wr^2}$	$H_{\circ}r(1-\cos\theta)_{wr^2}$	$\pm v_{\circ}r\sin\theta_{wr^2}$	力幾$_{wr^2}$
0	0	1	0.1494	0	0	0	+0.1494
15	0.259	0.966	0.1494	−0.034	−0.0018	0	+0.1136
30	0.500	0.866	0.1494	−0.125	−0.0071	0	+0.0173
45	0.707	0.707	0.1394	−0.248	−0.0155	0	−0.1141
60	0.866	0.500	0.1494	−0.374	−0.0265	0	−0.2511
75	0.966	0.259	0.1494	−0.466	−0.0393	0	−0.3559
90	1.000	0	0.1494	−0.500	−0.0530	0	−0.4036
105	0.966	−0.259	0.1494	−0.466	−0.0667	0	−0.3833
120	0.866	−0.500	0.1494	−0.366	−0.0795	0	−0.2961
135	0.707	−0.707	0.1494	−0.207	−0.0905	0	−0.1481
150	0.500	−0.866	0.1494	0	−0.0989	0	+0.0505
165	0.259	−0.966	0.1494	+0.241	−0.1042	0	+0.2862
180	0	−1.000	0.1474	+0.500	−0.1600	0	+0.4394

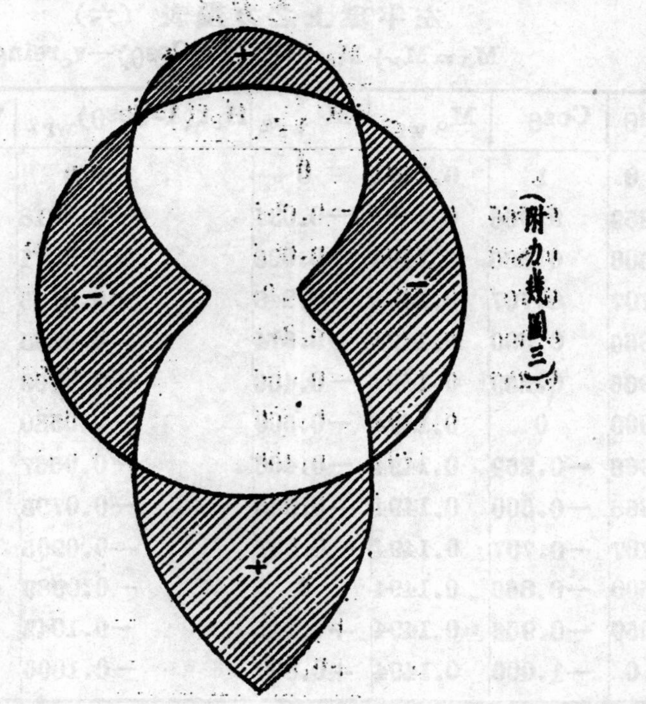

（附力幾圖三）

第四種　每單位長度重w之均佈荷重分佈於左半圓環上（如圖四）

欲求之公式,與前種無異,所不同者,僅v_0一項:

$$v_0 = \frac{wr}{2\pi}\left(1\frac{2}{3}-\frac{\pi}{2}\right) = \cdots\cdots\cdots\cdots +0.0158wr$$

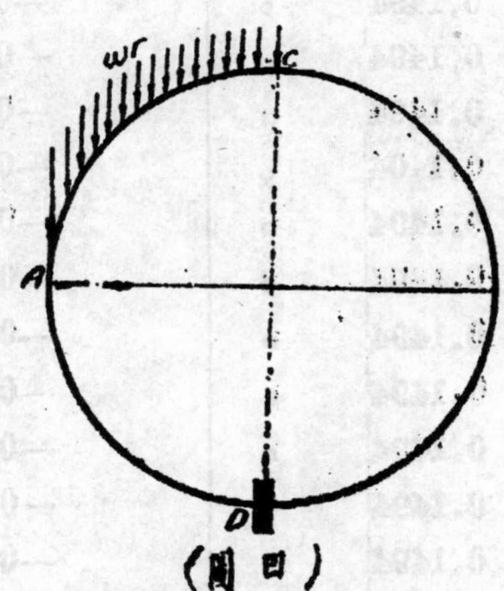

（圖四）

左半環上之力幾表（六）

$$M_x = M' + M_o + H_o r(1-\cos\theta) - v_o r\sin\theta$$

角度°	$\sin\theta$	$\cos\theta$	M_o wr^2	M' wr^2	$H_o r(1-\cos\theta)$ wr^2	$v_o r\sin\theta$ wr^2	力幾 wr^2
0	0	1	0.1494	0	0	0	+0.1494
15	0.259	0.966	0.1494	−0.034	−0.0018	−0.0040	+0.1096
30	0.500	0.866	0.1494	−0.025	−0.0071	−0.0077	+0.0104
45	0.707	0.707	0.1494	−0.248	−0.0155	−0.0108	−0.1249
60	0.866	0.500	0.1494	−0.374	−0.0265	−0.0132	−0.2643
75	0.966	0.259	0.1494	−0.466	−0.0393	−0.0148	−0.3707
90	1.000	0	0.1494	−0.500	−0.0530	−0.0153	−0.4189
105	0.966	−0.259	0.1494	−0.466	−0.0667	−0.0148	−0.3981
120	0.866	−0.500	0.1494	−0.366	−0.0795	−0.0132	−0.3093
135	0.707	−0.707	0.1494	−0.207	−0.0905	−0.0108	−0.1589
150	0.500	−0.866	0.1494	0	−0.0989	−0.0077	+0.0428
165	0.259	−0.966	0.1494	+0.241	−0.1042	−0.0040	+0.2822
180	0	−1.000	0.1494	+0.500	−0.1000		+0.4894

右半環之力幾表（七）

$$M_x = M' + M_o + H_o r(1-\cos\theta) + v_o r\sin\theta$$

角度	$\sin\theta$	$\cos\theta$	M_o wr^2	M' wr^2	$H_o r(1-\cos\theta)$ wr^2	$+v_o r\sin\theta$ wr^2	力幾 wr^2
0	0	1	0.1494	○	0	0	+0.1494
15	0.259	0.966	0.1494	○	−0.0018	+0.0040	+0.1516
30	0.500	0.866	0.1494	○	−0.0071	+0.0077	+0.1500
45	0.707	0.707	0.1494	○	−0.0155	+0.0108	+0.1447
60	0.866	0.500	0.1494	○	−0.0265	+0.0132	+0.1361
75	0.966	0.259	0.1494	○	−0.0393	+0.0148	+0.1249
90	1.000	0	0.1494	○	−0.0530	+0.0153	+0.1117
105	0.966	−0.259	0.1494	○	−0.0667	+0.0148	+0.0975
120	0.866	−0.500	0.1494	○	−0.0795	+0.0132	+0.0831
135	0.707	−0.707	0.1494	○	−0.0905	+0.0108	+0.0697
150	0.500	−0.866	0.1494	○	−0.0989	+0.0077	+0.0582
165	0.259	−0.966	0.1494	○	−0.1042	+0.0040	+0.0492
180	0	−1.000	0.1494	○	−0.1600	0	−0.0106

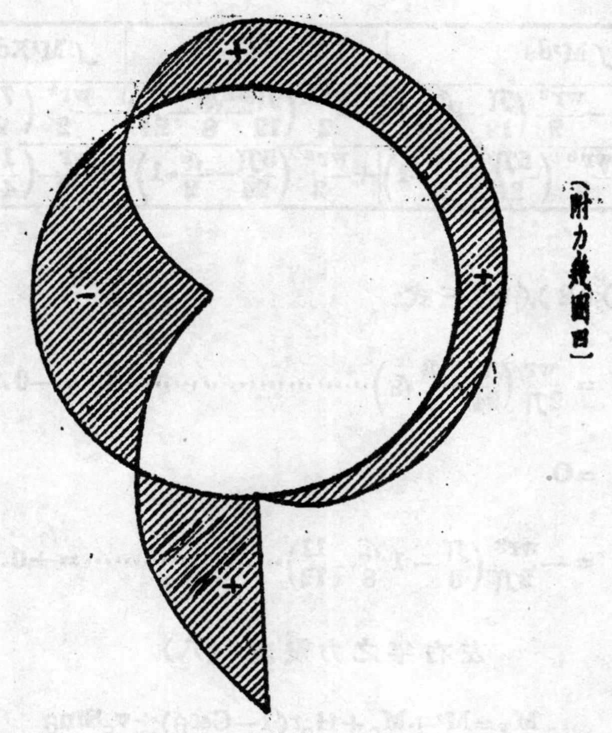

（附力幾（圖四））

（第五種）每單位長度重w之均佈荷重，分佈於左右半徑中點間之圓環上（如圖五）

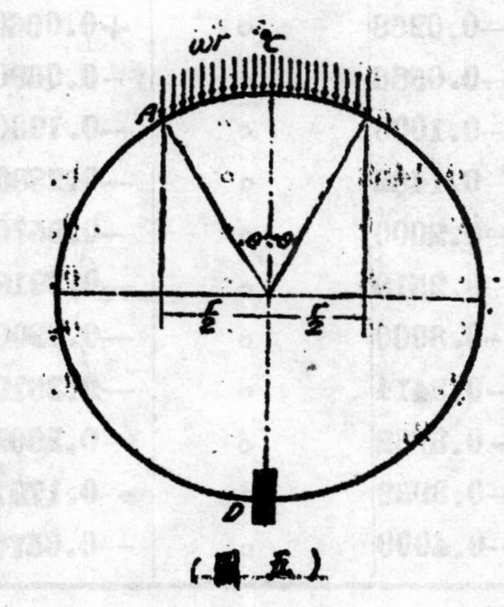

（圖五）

與前例不同者：

$$M_1' = -\frac{wr^2}{2}\mathrm{Sin}^2\theta \cdots\cdots\cdots\cdots (\text{C到A})$$

$$M_2' = -\frac{wr^2}{2}\left(\tfrac{1}{4}-\mathrm{Sin}\theta\right) \cdots\cdots\cdots (\text{A到D})$$

依次將上二式代入前三式中含有M'之積分式：

積 分	$\int M'ds$	$\int M'yds$	$\int M'Xds$
C到A	$-\frac{wr^3}{2}\left(\frac{\pi}{12}-\frac{\sqrt{3}}{8}\right)$	$-\frac{wr^4}{2}\left(\frac{\pi}{12}-\frac{\sqrt{3}}{8}-\frac{1}{24}\right)$	$-\frac{wr^4}{2}\left(\frac{7\sqrt{3}}{24}-\frac{2}{3}\right)$
A到D	$+\frac{wr^3}{2}\left(\frac{5\pi}{24}-\frac{\sqrt{3}}{2}-1\right)$	$+\frac{wr^4}{2}\left(\frac{5\pi}{24}-\frac{\sqrt{3}}{2}-1\right)$	$+\frac{wr}{2}\left(\frac{1}{4}-\frac{5}{12}\pi\right)$

代入(1),(2),(3)三式:

$$H_o=\frac{wr}{2\pi}\left(\frac{1}{24}-\frac{3}{4}\sqrt{3}\right)\cdots\cdots=-0.2000wr$$

$$v_o=0$$

$$M_o=-\frac{wr^2}{2\pi}\left(\frac{\pi}{8}-1\frac{\sqrt{3}}{8}-\frac{11}{12}\right)\cdots\cdots=+0.2180wr^2$$

左右半之力幾表(八)

$$M_v=M'+M_o+H_or(1-Cos\theta)\pm v_oSin\theta$$

角度$_o$	$Sin\theta$	$Cos\theta$	M_o $_{wr^2}$	M' $_{wr^2}$	$H_or(1-Cos\theta)_{wr^2}$	$\pm v_orsin\theta_{wr^2}$	力幾$_{wr^2}$
0	0	1	+0.2180	0	0	o	+0.2180
15	0.259	0.966	+0.2180	−0.033	−0.0068	o	+0.1777
30	0.500	0.866	+0.2180	−0.125	−0.0268	o	+0.0660
45	0.707	0.707	+0.2180	−0.228	−0.0586	o	−0.0690
60	0.866	0.500	+0.2180	−0.308	−0.1000	o	−0.1900
75	0.966	0.259	+0.2180	−0.358	−0.1482	o	−0.2880
90	1.000	0	+0.2180	−0.375	−0.2000	o	−0.3570
105	0.966	−0.259	+0.2180	−0.358	−0.2518	o	−0.3918
120	0.866	−0.500	+0.2180	−0.308	−0.3000	o	−0.3900
135	0.707	−0.707	+0.2180	−0.228	−0.3414	o	−0.3519
140	0.500	−0.866	+0.2180	−0.124	−0.3732	o	−0.2802
165	0.259	−0.966	+0.3180	−0.004	−0.3932	o	−0.1797
180	0	−1.000	+0.2180	+0.125	−0.4000	o	−0.0570

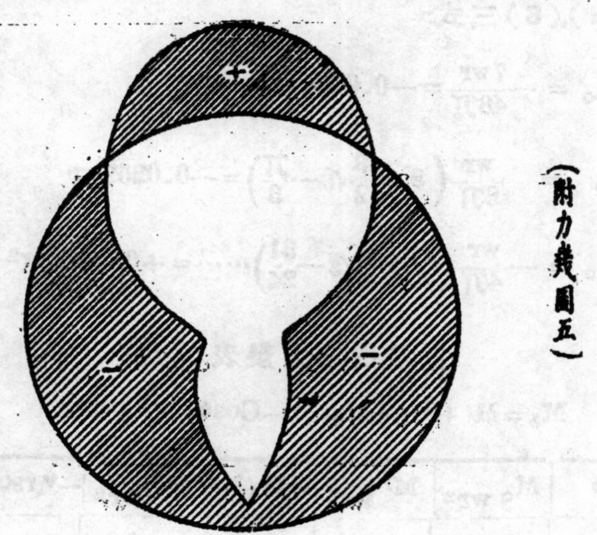

（附力幾圖五）

第六種　每單位長度重w之均佈荷重，分佈於左半徑中點至左端間之環上（如圖六）

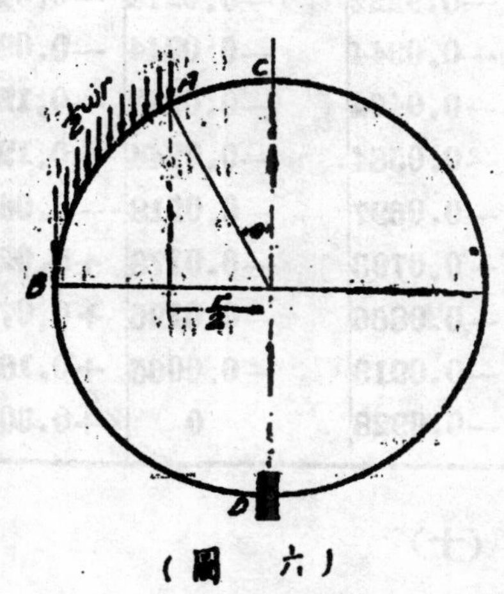

（圖　六）

與前不同者，

$$M' = -\frac{wr^2}{2}\left(\mathrm{Sin}\theta-\frac{1}{2}\right)^2 \cdots\cdots\cdots(\text{A到B})$$

$$M' = \frac{wr^2}{2}\left(\frac{3}{4}-\mathrm{Sin}\theta\right) \cdots\cdots\cdots(\text{B到D})$$

代入含有M之積分式得下列積分表：

積　分	$\int M'ds$	$\int M'yds$	$\int M'Xds$
C到A	○	○	○
A到B	$-\frac{wr^3}{2}\left(\frac{\pi}{4}-\frac{3}{8}\sqrt{3}\right)$	$-\frac{wr}{2}\left(\frac{\pi}{4}-\frac{3}{8}\sqrt{3}-\frac{1}{24}\right)$	$-\frac{wr^4}{2}\left(\frac{3}{8}\sqrt{3}-\frac{\pi}{6}\right)$
B到D	$+\frac{wr^3}{2}\left(\frac{3}{8}\pi-1\right)$	$+\frac{wr^4}{2}\left(\frac{3}{8}\pi-\frac{3}{4}\right)$	$+\frac{wr^4}{2}\left(\frac{3}{4}-\frac{\pi}{4}\right)$

代入(1),(2),(3)三式:

$$H_{\circ} = -\frac{7wr}{48\pi} = -0.0464wr$$

$$v_{\circ} = \frac{wr}{8\pi}\left(3 - \frac{3}{2}\sqrt{3} - \frac{\pi}{3}\right) = -0.0252wr$$

$$M_{\circ} = -\frac{wr}{4\pi}\left(\frac{\pi}{8} + \frac{3}{8}\sqrt{3} - \frac{31}{24}\right) \cdots\cdots = +0.0199wr^2$$

左半環之力幾表(九)

$$M_{\theta} = M' + M_{\circ} + H_{\circ}r(1-Cos\theta) - v_{\circ}rsin\theta$$

角度	Sinθ	Cosθ	$M_{\circ}$ wr^2	M' wr^2	$H_{\circ}r(1-Cos\theta)$ wr^2	$-v_{\circ}rsin\theta$ wr^2	力幾 wr^2
0	0	1	+0.0196	0	0	0	+0.0199
15	0.259	0.966	+0.0199	0	−0.0016	−0.0065	+0.0248
30	0.500	0.866	+0.0199	0	−0.0062	−0.0126	+0.0263
45	0.707	0.707	+0.0199	−0.021	−0.0139	−0.0178	+0.0027
60	0.866	0.500	+0.0199	−0.067	−0.9222	−0.0218	−0.0474
75	0.966	0.259	+0.0199	−0.109	−0.0344	−0.0244	−0.0987
90	1.000	0	+0.0199	−0.125	−0.0464	−0.0252	−0.1263
105	0.966	−0.259	+0.0199	−0.108	−0.0584	−0.0244	−0.1221
120	0.866	−0.500	+0.0199	−0.058	−0.0697	−0.0218	−0.0860
135	0.707	−0.707	+0.0199	+0.022	−0.0793	−0.0178	+0.0201
150	0.500	−0.866	+0.0199	+0.125	−0.0866	−0.0126	+0.0710
165	0.259	−0.966	+0.0199	+0.248	−0.0913	−0.0065	+0.1806
180	0	−1.000	+0.0199	+0.375	−0.0928	0	+0.3021

右半環之力幾表(十)

$$M_{\theta} = M' + M_{\circ} + H_{\circ}r(1-Cos\theta) + v_{\circ}rsin\theta$$

角度	Sosθ	Cosθ	$M_{\circ}$ wr^2	M' wr^2	$H_{\circ}r(1-Cos\theta)$ wr^2	$+v_{\circ}rsin\theta$ wr^2	力幾 wr^2
0	θ	1	+0.0199	0	0	0	+0.0199
15	0.259	0.966	+0.0199	0	−0.0016	+0.0065	+0.0118
30	0.500	0.866	+0.0199	0	−0.0062	+0.0126	+0.0011

29026

45	0.707	0.707	+0.0100	0	—0.0132	+0.0178	—0.0215
60	0.866	0.500	+0.0100	0	—0.0222	+0.0218	—0.0241
75	0.966	0.259	+0.0100	0	—0.0344	+0.0244	—0.0389
90	1.000	0	+0.0100	0	—0.0464	+0.0252	—0.0517
105	0.966	—0.259	+0.0100	0	—0.0584	+0.0244	—0.0628
120	0.866	—0.500	+0.0100	0	—0.0697	+0.0218	—0.0716
135	0.707	—0.707	+0.0100	0	—0.0793	+0.0178	—0.0772
150	0.500	—0.866	+0.0100	0	—0.0866	+0.0126	—0.0792
160	0.259	—0.966	+0.0199	0	—0.0913	+0.0065	—0.0779
180	0	Ⅲ1.000	+0.0199	0	—0.0928	0	—0.0729

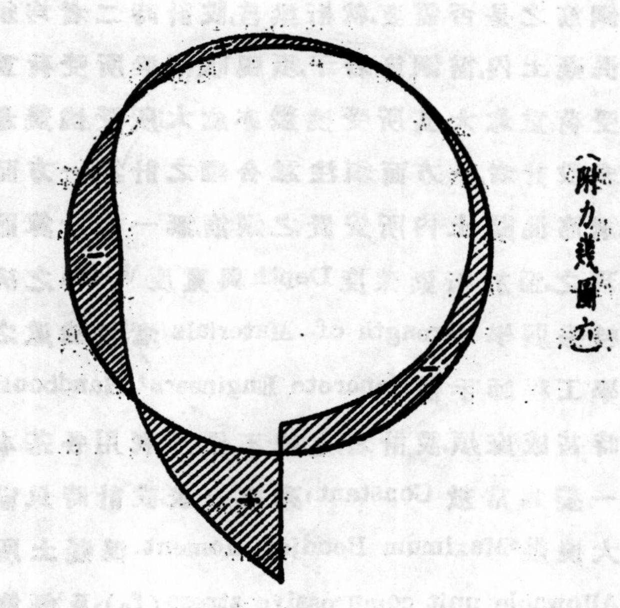

(附力幾圖六)

設計鋼筋混凝土平板桁梁及丁字桁梁之簡便計算法

趙家豫

鋼筋混凝土平板桁梁設計

鋼筋混凝土建築物之設計,須先知該建築物,除受壓力外,是否尤需受拉力,而決定鋼筋之是否需要。就桁梁言,設計時二者均須注意及之。故在一定體積混凝土內,需鋼筋若干,須視該桁梁所受荷重 load 而決定之。蓋桁梁所受荷重愈大,其所受撓幾亦愈大,所受撓幾愈大,則其所需鋼筋量自必多。設計者,一方面須注意合理之計算,一方面尤須注意經濟之道。因此,鋼筋混凝土內所安置之鋼筋,無一非計算而來,設計者決不能任意處理之。至於桁梁深度 Depth 與寬度 Width 之決定,其相互關係,凡曾習材料強弱學 Strength of Materials 者,皆能道之,無庸多贅。作者以混凝土學工程師手冊 Concrete Engineers' Handbook 中所載各基本公式計算時甚感麻煩,設計者尤感不便,乃利用各基本公式,互相代替,而使之一一變為常數 Constant,列成一表。設計時只需根據該建築物所受之最大撓幾* Maximum Bending Moment,混凝土所受之最大擠壓單位應力 Allowable unit compressive stress (f_c),及鋼筋平均牽引單位應力 Allowable unit tensile stress (f_s),而檢得表中之常數,則問題可迎刃而解矣。

---

*普通設計鋼筋混凝土平板及桁梁除跨度 Span 極短者用剪力設計外,大都根據其所受最大撓幾而設計之,其或更用剪力設計者,僅在校對而已。

(一)設計公式

設計鋼筋混凝土平板及桁梁時所用各基本公式,凡混凝土學書籍中,皆有詳細之證明,然作者需利用各基本公式之代替,故特錄之於后,其證明從略。

$$k=\sqrt{2pn+(pn)^2}-pn=\frac{1}{1+\frac{f_s}{nf_c}}=\frac{nf_c}{nf_c+f_s} \quad (1)$$

$$j=1-\tfrac{1}{3}k \quad (2)$$

$$p=\frac{A_s}{bd}=\frac{\frac{1}{2}}{\frac{f_s}{f_c}\left(\frac{f_s}{nf_c}+1\right)}=\frac{f_c k}{2f_s} \quad (3)$$

$$M_c=\tfrac{1}{2}f_c kj(bd^2),\quad \text{or}\quad bd^2=\frac{2M}{f_c kj},\ \text{or}\quad f_c=\frac{2M}{kjbd^2} \quad (4)$$

$$M_s=pf_s j(bd^2),\quad \text{or}\quad bd^2=\frac{M}{pf_s j},\ \text{or}\quad f_s=\frac{M}{A_s jd} \quad (5)$$

$$f_c=\frac{2f_s p}{k}\quad \text{or}\quad \frac{f_s\ k}{n\ (1-k)} \quad (6)$$

普通設計平板或桁梁,大都根據(4)(5)諸式,一一計算式中k,j及p諸數值,雖有表可查,然略而不詳,故在某種情形之下,k,j及p之數值,仍須依照公式一一計算,其麻煩可想而知。今特利用以上諸基本公式,互相代替,其結果如下:

自(4)式得　$bd^2=\dfrac{M}{\frac{1}{2}f_c kj}$

$$d^2=\frac{M}{\frac{1}{2}f_c kjb}$$

$$d=\sqrt{\frac{M}{b}}\cdot\sqrt{\frac{2}{f_c kj}}$$

$$d=\sqrt{\frac{M}{b}}\cdot\sqrt{\frac{2}{k(1-\frac{1}{3}k)f_c}}$$

以 $$r=\sqrt{\frac{2}{k(1-\frac{1}{3}k)f_c}}$$ (7)

即得 $$d=r\sqrt{\frac{M}{b}}.$$ (8)

因 $$j=1-\tfrac{1}{3}k,\qquad k=\frac{nf_c}{nf_c+f_s}$$

由此,可知r之值僅依f_s及f_c而變。

自(5)式得 $$A_s=\frac{M}{f_sjd}=\frac{M}{f_s(1-\frac{1}{3}k)d}$$

自(8)式得 $$A_s=\frac{M}{r\sqrt{\frac{M}{b}}\cdot f_s(1-\frac{1}{3}k)}$$

即 $$A_s=\frac{M^{\frac{1}{2}}b^{\frac{1}{2}}}{rf_s(1-\frac{1}{3}k)}=\frac{1}{rf_s(1-\frac{1}{3}k)}\sqrt{Mb}$$

以 $$t=\frac{1}{rf_s(1-\frac{1}{3}k)}$$ (9)

即得 $$A_s=t\cdot\sqrt{Mb}$$ (10)

附表中所列r及t之值,即根據(7)及(9)二式而算得者。

(二) 舉 例

(一)平板設計法 今用2,000磅混凝土,設計一6呎跨度Span長之平板Slab,其所受動荷重live load,爲每平方呎250磅,並規定該平板爲連續的僅一面用鋼筋者。

根據美國混凝土及鋼筋混凝土工程師聯合會之規定f_c爲每平方吋800磅,f_s爲每平方吋16,000磅,n=15.

(甲)普通計算法:

假設平板本身之重量Dead load爲每平呎50磅,其總荷重爲每平方呎300磅。

29030

$$M=\frac{wl^2}{12}=\frac{300\times6\times6\times12}{12}=10,800\text{吋—磅}$$

在該平板中,取一1呎闊之長條,爲設計該平板爲原則。

卽 $b=12$ 吋

自(5)式得　　$M=pf_sjbd^2$

查表得　　$p=0.0107$　　$j=0.857$

$$M=0.0107\times16,000\times0.857\times12d^2=10,800$$

故　$d=2.48$吋　　用$2\frac{1}{2}$吋

因 d 爲平板內部鋼筋之中心,至平板上面之距離,故在鋼筋中心以下加用1吋厚混凝土故平板之總厚爲$3\frac{1}{2}$吋。

自(3)式得　　$A_s=pbd$

故每1呎闊內鋼筋之剖面積爲

$A_s=0.0107\times12\times2.5=0.321$平方吋

用三根$\frac{3}{8}$—吋圓形鋼筋其總剖面積　$A_s=0.33$平方吋

鋼筋間之距離

$$^*S=\frac{0.110}{0.321}\cdot12=4\text{吋}$$

每立方呎混凝土之重量爲150磅

故平板本身之重量爲　$\frac{3.5\times12}{12\times12}\cdot150=44$磅/平方吋

由此可知,假設與設計之平板本身之重量,差將相等且假設者稍大於計算者,就安全之立場而言,該平板實無須再行設計。

(乙)簡便計算法:

根據已算得之最大撓冪　$M=10,800$吋—磅

及 $b=12$ 吋

---

*$\frac{3}{8}$—吋圓形鋼筋其剖面積爲0.110平方吋。

$f_c = 800$磅/平方吋，　$f_s = 16,000$磅/平方吋，　$n = 15$

自附表中檢得　$r = 0.08246$，　$t = 0.00089$.

自(8)式得　$d = r\sqrt{\frac{M}{b}} = 0.08246\sqrt{\frac{10,800}{12}} = 2.48$吋　用$2\frac{1}{2}$吋

在鋼筋中心以下,加用1吋厚混凝土故平板總厚爲$3\frac{1}{2}$吋。

自(10)式得　$A_s = t\sqrt{Mb} = 0.00089\sqrt{10,800 \times 12} = 0.32$平方吋

(二)桁梁設計法　今規定所用混凝土$E_c = 2,000,000$ $f_c = 600$磅/平方吋，

$f_s = 14,000$磅/平方吋,及其彈率$E_s = 30,000,000$　設計一10呎跨度長之桁梁Beam,其所受荷重爲4,880磅/呎(桁梁自身之重量,並未算入。)

(甲)普通計算法

假設桁梁自身之重量爲每呎長420磅,其總荷重爲每呎長5,300磅。

$$n = \frac{E_s}{E_c} = 15$$

查表得　$p = 0.0084$，　$k = 0.391$，　$j = 0.870$，

$$M = \frac{1}{8}wl^2 = \frac{5,300 \times 10 \times 10 \times 12}{8} = 795,000 \text{ 吋—磅}$$

自(5)式得　$bd^2 = \frac{M}{pf_sj}$

$$bd^2 = \frac{795,000}{0.0084 \times 14,000 \times 0.870} = 7,770.35$$

設　$b = 16$吋

$$d^2 = \frac{7,770.35}{16} = 485.64 \quad \text{或} \quad d = 22.04\text{吋}$$

用　$b = 16$吋 及 $d = 22$吋

在鋼筋中心以下,加用3吋厚混凝土,故桁梁總厚爲25吋,每立方呎混凝土之重量爲150磅

故桁梁自身之重量爲 $\frac{25\times16\times150}{12\times12}=417$ 磅/呎

由此可知,假設與計算之桁梁之自身重量,差將相等且計算者稍小於假設者,故此桁梁,無庸再行設計。

$$v=\frac{V}{bjd}=\frac{5,300\times5}{16\times0.87\times22}=87\text{磅/平方吋}$$

根據美國混凝土及鋼筋混凝土工程師聯合會之規定,其單位剪應力(v)unit shearing stress 之值,允許用40磅/平方吋,故尙需腹鋼筋Web reinforcment.

自(3)式得　$A_s=pbd=0.0084\times16\times22=2.957$ 平方吋

用十根 $\frac{5}{8}$ 一吋圓形鋼筋其總剖面積爲3.07平方吋

如將所需之鋼筋平放,且直伸至桁梁之兩端,則其單位粘合應力unit bond stress

$$u=\frac{V}{\Sigma ojd}=\frac{26,500}{1.964\times10\times0.87\times22}=71\text{磅/平方吋}$$

根據美國混凝土及鋼筋混凝土工程師聯合會之規定,u之值允許用80磅/平方吋;由此可知,桁梁內平放鋼筋,須直伸至桁梁兩端也。

(乙)簡便計算法:

根據已算得之最大撓幾　M=794,000 吋一磅

已知　$f_c=600$ 磅/平方吋　$f_s=14,000$ 磅/平方吋　$n=15$

自附表中檢得　$r=0.099$　$t=0.00083$

設　$b=16$ 吋

自(8)式得 $d=r\sqrt{\frac{M}{b}}=0.099\sqrt{\frac{795,000}{16}}=22.06$ 吋　用22吋

在鋼筋中心以下,加用3吋厚混凝土,故桁梁總厚爲25吋。

自(10)式得　$A_s=t\sqrt{Mb}=0.00083\sqrt{785,000\times16}=2.958$ 平方吋

觀上面計算結果:在平板設計中,A_s之值僅差至千分之一,而d之值甚至不差。在桁梁設計中,d之值差至百分之二,但A_s之值僅差至千分之一。其相差所以如是其小者,蓋(8)及(10)二式之由來,完全藉諸基本公式之代替,並無任何假設 assumption。凡曾習設計工程者,無不知此種相差,於設計時,固不能發生任何影響。作者以為能用(8)及(10)二式,設計鋼筋混凝土平板及桁梁比之用基本公式,簡便多矣。

尤有進者,設計鋼筋混凝土桁梁及平板,其計算抵抗幾 Resisting Moment 之公式,有根據混凝土及鋼筋之分,易言之,則基本公式中 M_s 及 M_c 之值,有所不同。如已知鋼筋混凝土桁梁內鋼筋過多,則其計算抵抗幾也,須用 M_c 之值。反之,如鋼筋過少,則須用 M_s 之值。又如已知桁梁之大小及其所受撓幾,而求其所需之鋼筋量,卽須併二式而計算之。

就(5)式言,$M_s=pf_sj(bd^2)$,卽$M_s=A_sf_sjd$。如式中M_s及f_s之值不變,則A_s之值視f_c值之大小而不同。依直線原理 Flexure Formulae for Working Loads—Straight-line Theory 而論,f_c之值等於零時,A_s之值仍存在,卽$f_c=0$, $j=1$, $A_s=\frac{M_s}{f_sd}$;但事實上決不如是也。以此而論,就某種情形之下,單藉一計算抵抗幾之公式,而計算其所需要之鋼筋量,其不適於用也,明矣。今欲使讀者易於明瞭起見,援再舉一例於下,俾作者前所證得之(8)及(10)二式,更得一層保障。

舉 例

今有一跨度長10呎之桁梁其所受勛荷重(桁梁自身重量已計算在內)為每呎長5,300磅,並規定$f_s=14,000$磅/平方吋。如桁梁深度(d)為22吋,寬度(b)為16吋。求其所需要之鋼筋(A_s)及混凝土之單位擠壓應力(f_c)各幾何?

(一)普通計算法:

$$M=\frac{1}{8}wl^2=\frac{1}{8}\times5,300\times100\times12=795,000\text{吋—磅}$$

假定　$f_c=800$ 磅/平方吋

查表得　$k=0.462$，$j=0.846$，$p=0.0132$

$$M_s=pf_sjbd^2=0.0132\times14{,}000\times0.846\times16\times22^2=1{,}206{,}000 \text{吋—磅}$$

$\therefore f_c=800$ 磅/平方吋爲不對

假定　$f_c=700$ 磅/平方吋

查表得　$k=0.429$，$j=0.857$，$p=0.0107$

$$M_s=0.0107\times14{,}000\times0.857\times16\times22^2=993{,}000 \text{吋—磅}$$

$\therefore f_c=700$ 磅/平方吋亦不對

假定　$f_c=600$ 磅/平方吋

查表得　$k=0.391$，$j=0.870$，$p=0.0084$

$$M_s=0.0084\times14{,}000\times0870\times16\times22^2=794{,}000 \text{吋—磅}$$

由此,知 M_s 與 M 之值頗相近,故 $f_c=600$ 磅/平方吋爲所求之數。

$$\therefore A_s=\frac{M}{f_sjd}=\frac{795{,}000}{14{,}000\times0.87\times22}=2.97 \text{平方吋}$$

（二）簡便計算法

根據已算得之最大撓灣　$M=795{,}000$ 吋磅

自(8)式得　$d=r\sqrt{\frac{M}{b}}$

卽

$$r=\frac{d}{\sqrt{\frac{M}{b}}}=\frac{22}{\sqrt{\frac{795{,}000}{16}}}=0.099$$

自附表中檢得　$f_s=14{,}000$ 磅/平方吋　$r=0.099$

$f_c=600$ 磅/平方吋爲所求之數

同時檢得　$t=0.00083$

自(10)式得　$A_s=t\sqrt{Mb}=0.00083\sqrt{795{,}000\times16}=2.97$ 平方吋

或　$A_s=pbd=0.0084\times16\times22=2.96$ 平方吋。

鋼筋混凝土丁字桁梁設計

及其設計公式

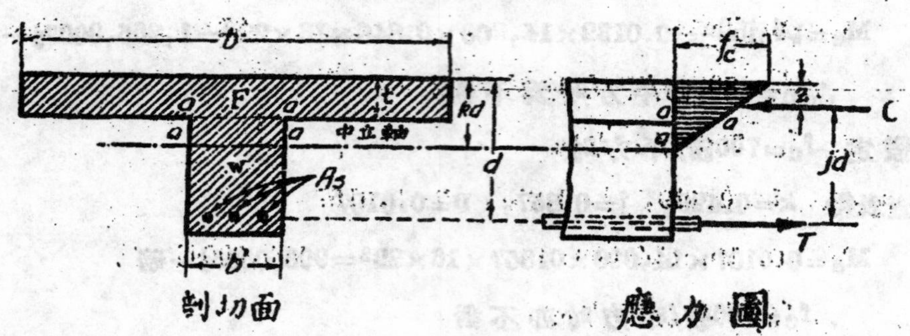

剖切面 應力圖

一丁字桁梁T-beam設計,須注意下列二點:

(一)中立軸在丁字桁梁上緣內。當中立軸 Neutral axis 在丁字桁梁上緣 Flong 內,一切計算公式,與設計普通桁梁者同,但須注意者,即b係指丁字桁梁上緣之寬度,而非指丁字桁梁腹部web之寬度也。如上圖所示 $p=\frac{A_s}{bd}$,非$\frac{A_s}{b'd}$也。

(二)中立軸在丁字桁梁腹部 Web 內,其腹部所受之壓力部份,aaaa 如上圖所示,與丁字桁梁上緣內所受壓力之比,其值甚小,故設計時,大抵略之,其公式之證明係假設應力變形為直線,及腹部所受壓力不算,得

$$k=\frac{1}{1+\frac{f_s}{uf_c}} \qquad (一)$$

$$kd=\frac{2ndA_s+bt^2}{2nA_s+2bt} \qquad (二)$$

$$k=\frac{pn+\frac{1}{2}\left(\frac{t}{d}\right)^2}{pn+\frac{t}{d}} \qquad (三)$$

$$z=\frac{3kd-2t}{2kd-t}\cdot\frac{t}{3} \qquad (四)$$

$$jd=d-z \qquad (五)$$

29036

$$j=\frac{6-6\left(\frac{t}{d}\right)+2\left(\frac{t}{d}\right)^{2}+\left(\frac{t}{d}\right)^{3}\left(\frac{1}{2pn}\right)}{6-3\frac{t}{d}} \tag{六}$$

$$\left.\begin{aligned}M_c&=f_c\left(1-\frac{t}{2kd}\right)bt\cdot jd\\M_s&=f_sA_sjd\end{aligned}\right\} \tag{七}$$

$$\left.\begin{aligned}f_s&=\frac{M}{A_sjd}\\f_c&=\frac{f_sk}{n(1-k)}\end{aligned}\right\} \tag{八}$$

上圖所示,知抵抗偶力力臂 Arm of resisting couple,不能比 $d-\frac{1}{2}t$ 更小,且其平均單位壓應力亦不能小於 $\frac{1}{2}f_c$,除非中立軸適在丁字櫝梁腹部之頂。準此理論,可得下列二近似公式 Approzimate Formulae,卽

$$M_c=\tfrac{1}{2}f_cbt(d-\tfrac{1}{2}t) \tag{九}$$

$$M_s=A_sf_s(d-\tfrac{1}{2}t),\quad 或\quad A_s=\frac{M}{f_s(d-\frac{1}{2}t)} \tag{十}$$

在設計丁字桁梁時,其上緣之寬度 Width of the flange,普通須照下列情形而定之。

(一) 凡丁字桁梁上緣之寬度,不得超過該桁梁跨度長之四分之一。 $b\leqq\frac{1}{4}l$

(二) 凡丁字桁梁上緣之寬度,不得超過其腹部之寬度(b')與平板厚度(t)之十六倍之和 $b\leqq b'+16t$

(三) 凡丁字桁梁上緣之寬度,不得超過其平板跨度之長(b_1)。$b\leqq b_1$

(四) 凡丁字桁梁上緣,僅有一端伸出者無論在該桁梁腹部之左方或右方,其寬度不得超過平板厚度之六倍 $b\leqq 6t$

普通設計丁字桁梁時,雖有近似公式之應用,然 kd 之值,必先假定。換言之,卽在設計丁字桁梁時,其中立軸是否在丁字桁梁上緣內,抑

在其腹部內,必先假定。故用此而設計丁字桁梁,實感無窮麻煩也。

德國鋼筋混凝土專家研究結果,其對於設計丁字桁梁之結論,如下:

"如$f_s=16,000$磅/平方吋;$f'c=\frac{1}{2}\sim\frac{2}{3}$ f_c Allowable,卽 $f'_c=300\sim500$磅/平方吋;在此假設之下,則普通設計桁梁深度之基本公式,可用之於設計丁字桁梁之深度。"

由此觀之,則作者前在桁梁設計中所證得之(8)式 $d=r\sqrt{\frac{M}{b}}$,亦可用之於設計丁字桁梁之深度,明矣。進一步言,丁字桁梁之深度,設計前旣可直接求得,則kd之值,不難決定;kd之值旣得,與平板深度(t)相比,則其中立軸之位置,一望而知。在設計丁字桁梁時,能先求得d及kd之值,則計算時之一切麻煩,皆可迎刃而解矣。

根據德國鋼筋混凝土專家,對於設計丁字桁梁之結論,可得二經驗公式 Empirical Formulae

$$d=r\sqrt{\frac{M}{b}}\qquad(十一)$$

以

$$x=kr\qquad(十二)$$

得

$$kd=x\sqrt{\frac{M}{b}}\qquad(十三)$$

附表中所列x之值,卽根據(十二)式而算得者。

舉例(一)

已知平板厚度(t)為$3\frac{1}{2}$吋,跨度(b_1)為4呎,桁梁跨度(l)為17呎,及其所受最大撓幾M=207,000吋一磅;今規定桁梁寬度(b')為8吋,$f_s=16,000$磅/平方吋,$f_c=500$磅/平方吋,n=15,求該丁字桁梁上緣寬度(b),深度(d),及所需鋼筋量(As)各幾何?

(一)普通計算法:

$$b=\frac{1}{4}l=\frac{17\times12}{4}=4'-3''$$

$b \leqq b' + 16t = 8 + 16 \times 3.5 = 5'-4''$

$b \leqq b_1 \geqq 4'-0''$

$\therefore b = 4'-0'' = 48''$

b.　假定　$d = 10\frac{1}{2}''$　$jd = 9\frac{1}{2}''$

自（八）或（十）任一公式即

$$A_s = \frac{M}{f_s jd} = \frac{207,000}{16,000 \times 9.5} = 1.37 \text{平方吋}$$

$$p = \frac{A_s}{bd} = \frac{1.37}{48 \times 10.5} = 0.00272$$

自（六）式得

$$j = \frac{6 - 6\left(\frac{t}{d}\right) + 2\left(\frac{t}{d}\right)^2 + \left(\frac{t}{d}\right)^3\left(\frac{1}{2pn}\right)}{6 - 3\frac{t}{d}}$$

$$= \frac{6 - 6\left(\frac{3.5}{60.5}\right) + 2\left(\frac{3.5}{10.5}\right)^2 + \left(\frac{3.5}{10.5}\right)^3\left(\frac{1}{0.00272 \times 15 \times 2}\right)}{6 - 3\left(\frac{3.5}{10.5}\right)} = 0.93$$

$$A_s = \frac{M}{f_s jd} = \frac{207,000}{16,000 \times 0.93 \times 10.5} = 1.32 \text{平方吋}$$

自（二）式得

$$kd = \frac{2ndA_s + bt^2}{2nA_s + 2bt} = \frac{2 \times 15 \times 10.5 \times 1.32 + 48 \times (3.5)^2}{2 \times 15 \times 1.32 + 2 \times 48 \times 3.5} = 2.7'' > 3.5''$$

中立軸在丁字桁梁上緣內

查表得　$K = 71.3$，　$k = 0.319$，　$j = 0.894$，　$p = 0.0050$.

$M = Kbd^2$，　$d = \sqrt{\frac{207,000}{48 \times 71.3}} = 7.78''$　用 $d = 8''$

$kd = 0.319 \times 8 = 2.55''$

$A_s = pbd = 0.005 \times 48 \times 8 = 1.92 \text{平方吋}$

（二）簡便計算法：

a.　求 b 之值如上法得　$b = 48''$

b. 已知 $f_s=16,000$磅/平方吋， $f_c=500$磅/平方吋， $n=15$

即 $f_s=16,000 \quad f_c'=\frac{1}{2}\sim\frac{2}{3}f_c=300$

自附表中檢得 $x=0.03978 \quad r=0.18083$

自(十三)式得 $kd=x\sqrt{\frac{M}{b}}=0.03978\sqrt{\frac{207,000}{48}}=2.6''$

中立軸在丁字桁梁上緣內

用 $f_s=16,000$， $f_c=500$， $n=15$

自附表中檢得 $r=0.11845 \quad t=0.00060$

自(8)式得 $d=r\sqrt{\frac{M}{b}}=0.11845\sqrt{\frac{207,000}{48}}=7.78''$ 用$d=8''$

自(10)式得 $A_s=t\sqrt{Mb}=0.0006\sqrt{207,000\times48}=1.9$平方吋

細觀上例決定kd之值，在普通計算法中，何等麻煩，而在簡便計算法中，何等便捷。既求得中立軸係在丁字桁梁上緣內，則根據已給之單位應力於附表中檢r及t之值，然後用作者所證得之(8)及(10)二式，分別求d及A_s之值，而問題立刻解決矣。如中立軸在丁字桁梁腹部，其計算方法，可於下例得之。

舉 例（二）

今有一丁字桁梁，其上緣 flange 寬度為24吋，厚4吋；並知此丁字桁梁能支持480,000吋一磅之撓幾。求此桁梁之深度d，及所需鋼筋量A_s。

$f_c=800$磅/平方吋， $f_s=16,000$磅/平方吋 $n=15$

(一)普通計算法：

(甲)假定 $d=14$吋， $jd=12$吋

自(八)或(十)任一公式，即

$$A_s=\frac{M}{f_s jd}=\frac{480,000}{16,000\times12}=2.50\text{平方吋}$$

$$p=\frac{A_s}{bd}=\frac{2.50}{24\times14}=0.00745$$

29040

自(六)式得 $j=\frac{6-6\left(\frac{t}{d}\right)+2\left(\frac{t}{d}\right)^2+\left(\frac{t}{d}\right)^3\left(\frac{1}{2pn}\right)}{6-3\frac{t}{d}}=0.865$

故A_s之實在需要量爲

$$A_s=\frac{480,000}{16,000\times14\times0.865}=2.49\text{平方吋}$$

自(二)式得 $kd=\frac{2ndA_s+bt^2}{2ndA_s+2bt}=5.38\text{吋}>4\text{吋}$

$d=14\text{吋}$， $k=0.385$

中立軸在丁字桁梁腹部，與假設者相符。

自(八)式得 $f_c=\frac{f_sk}{n(1-k)}=680$ 磅/平方吋

(乙)假定 $d=18\text{吋}$ $jd=16\text{吋}$

自(八)式得 $A_s=\frac{M}{f_sjd}=1.88\text{平方吋}$

$$p=\frac{A_s}{bd}=0.0043$$

自(六)式得 $j=\frac{6-6\left(\frac{t}{d}\right)+2\left(\frac{t}{d}\right)^2+\left(\frac{t}{d}\right)^3\left(\frac{1}{2pn}\right)}{6-3\frac{t}{d}}=0.910$

故A_s之實在需要量爲

$$A_s=\frac{M}{f_sjd}=1.83\text{平方吋}$$

自(二)式得 $kd=\frac{2ndA_s+bt^2}{2nA_s+2bt}=5.61\text{吋}>4\text{吋}$

$d=18\text{吋}$， $k=0.312$

觀此，可知此丁字桁梁之中立軸係在腹部，與假定者同。

自(八)式得 $f_c=\frac{f_sk}{n(1-k)}=485$ 磅/平方吋

在(甲)(乙)二假定之下，d之值，固皆合理而適於用，但d之

29041

值愈小，其所需要之鋼筋量必愈多。故就經濟問題而言，d之值以18吋爲佳也。

（二）簡便計算法：

已知　$f_s=16,000$磅/平方吋，　$f_c=800$磅/平方吋　$n=15$

卽　$f_s=16,000$，　$f_c'=\frac{1}{2}\sim\frac{2}{3}f_c=450$。

自附表中檢得　$x=0.03827$，　$r=0.12887$

自（十三）式得　$kd=x\sqrt{\frac{M}{b}}=0.03827\sqrt{\frac{480,000}{24}}=5.4$吋$>4$吋

丁字桁梁之中立軸係在腹部內。

自（十一）式得　$d=r\sqrt{\frac{M}{b}}=0.12887\sqrt{\frac{480,000}{24}}=18.2$吋　用$18\frac{1}{2}$吋

自（十）式得　$A_s=\dfrac{M}{f_s(d-\frac{1}{2}t)}=\dfrac{480,000}{16,000(18.5-\frac{1}{2}\cdot 4)}=1.82$平方吋

觀上述計算結果，（十三）式旣能決定丁字桁梁中立軸之位置，使計算時便於利用公式而（十一）式所求得之桁梁深度且能自然吻合經濟之道豈僅便於計算而已乎？

用簡便計算法求得丁字桁梁深度d，及鋼筋之需要量A_s後，如欲確知混凝土所受之最大擠壓單位應力（f_c）及鋼筋平均牽引單位應力（f_s），其校對程序及所應用之公式，藉上述簡便計算法之結果而校對之：

$$p=\frac{A_s}{bd}=\frac{1.82}{24\times 18.5}=0.0041$$

$$k=\frac{pn+\frac{1}{2}\left(\frac{t}{d}\right)^2}{pn+\frac{t}{d}}=\frac{0.0041\times 15+\frac{1}{2}\left(\frac{4}{18.5}\right)^2}{0.0041\times 15+\frac{4}{18.5}}=0.275$$

$$kd=0.275\times 18.5=5.1\text{吋}$$

$$j=\frac{6-6\left(\frac{t}{d}\right)+2\left(\frac{t}{d}\right)^2+\left(\frac{t}{d}\right)^3\left(\frac{1}{2pn}\right)}{6-3\frac{t}{d}}=0.914$$

29042

$jd=0.914\times 18.5=16.9$吋

$$f_s=\frac{M}{A_s jd}=\frac{480,000}{1.82\times 16.9}=15,600\ 磅/平方吋$$

$$f_c=\frac{f_s k}{n(1-k)}=\frac{15,600\times 0.275}{15(1-0.275)}=400\ 磅/平方吋$$

細審校對結果，f_s及f_c之值，皆在允許者以內，皆爲安全也。

結論

近二三十年來，世界各大建築物，大都採用鋼筋混凝土，蓋其受壓力也與時俱增。然至何時，其受壓力之程度乃變弱，或永與時間爲正比，雖從事此項試驗，已歷二十餘年，尚未能作肯定之論斷。其堅固耐用，實爲他種工程材料所不及。在此科學昌明之世，其能成專門學問，俾有志此道之士潛心研究，良有以也。

作者學問淺陋，自愧無研究任何學科之本能。斯篇之作，聊記心之所悟者而已。茲以時間關係，至鋼筋與混凝土二彈率之比率（n）爲12者，附表中尚付厥如，日後如有機會，當續成之。

二十二年十二月十八日稅稿

29043

n=15

f_c	f_s=20,000				f_s=19,000				f_s=18,000				f_c
	k	r	t	x	k	r	t	x	k	r	t	x	
1,000	0.429	0.07375	0.00078	0.03164	0.441	0.07292	0.00085	0.03216	0.455	0.07198	0.00091	0.03275	1,000
950	0.416	0.07665	0.00076	0.03189	0.428	0.07571	0.00081	0.03240	0.442	0.07474	0.00087	0.03304	950
900	0.403	0.07918	0.00073	0.03191	0.416	0.07875	0.00077	0.03276	0.429	0.07775	0.00083	0.03335	900
850	0.389	0.08351	0.00069	0.03249	0.402	0.08366	0.00073	0.03363	0.415	0.08116	0.00079	0.03368	850
800	0.375	0.08729	0.00065	0.03273	0.387	0.08612	0.00070	0.03333	0.400	0.08703	0.00074	0.03481	800
750	0.360	0.09175	0.00061	0.03313	0.372	0.09046	0.00066	0.03365	0.385	0.08914	0.00071	0.03432	750
700	0.344	0.09686	0.00058	0.03332	0.356	0.09591	0.00062	0.03414	0.368	0.09407	0.00067	0.03402	700
650	0.328	0.10263	0.00055	0.03366	0.339	0.10116	0.00059	0.03429	0.351	0.09963	0.00063	0.03497	650
600	0.310	0.10811	0.00052	0.03351	0.321	0.10784	0.00055	0.03462	0.333	0.10611	0.00059	0.03534	600
550	0.292	0.11745	0.00047	0.03450	0.303	0.11554	0.00051	0.03501	0.314	0.11573	0.00055	0.03571	550
500	0.273	0.12696	0.00043	0.03466	0.283	0.12493	0.00047	0.03526	0.294	0.12281	0.00050	0.03611	500
450	0.253	0.15851	0.00039	0.03504	0.262	0.12519	0.00044	0.03280	0.273	0.14026	0.00044	0.03529	450
400	0.216	0.14302	0.00037	0.03089	0.240	0.15048	0.00039	0.03612	0.250	0.14765	0.00041	0.03691	400
350	0.204	0.17336	0.00031	0.03457	0.216	0.16900	0.00033	0.03650	0.226	0.16536	0.00036	0.03737	350
300	0.184	0.19646	0.00025	0.03615	0.192	0.19260	0.00029	0.03698	0.200	0.18897	0.00032	0.03779	300
250	0.157	0.23188	0.00023	0.03641	0.165	0.22046	0.00025	0.03737	0.172	0.22213	0.00028	0.03821	250
200	0.130	0.28351	0.00018	0.03686	0.136	0.27752	0.00020	0.03774	0.143	0.27019	0.00022	0.03863	200

（接下頁）

29045

n=15

f_c	f_s=17,000				f_s=16,000				f_s=15,000				f_c
	k	r	t	x	k	r	t	x	k	r	t	x	
1,000	0.469	0.07109	0.00098	0.03334	0.484	0.07020	0.00106	0.03398	0.500	0.06925	0.00120	0.03463	1,000
950	0.456	0.07378	0.00094	0.03364	0.471	0.07281	0.00102	0.03429	0.487	0.07184	0.00111	0.03499	950
900	0.443	0.07671	0.00090	0.03398	0.458	0.07566	0.00096	0.03465	0.474	0.07462	0.00106	0.03536	900
850	0.429	0.08000	0.00086	0.03432	0.443	0.07894	0.00093	0.03497	0.459	0.07780	0.00101	0.03571	850
800	0.414	0.08370	0.00081	0.03465	0.429	0.08246	0.00089	0.03538	0.444	0.08024	0.00098	0.03563	800
750	0.398	0.08790	0.00077	0.03498	0.413	0.08660	0.00084	0.03577	0.428	0.08525	0.00091	0.03549	750
700	0.382	0.09255	0.00073	0.03535	0.396	0.09117	0.00079	0.03610	0.412	0.08961	0.00089	0.03692	700
650	0.365	0.09797	0.00068	0.03576	0.379	0.09588	0.00075	0.03634	0.394	0.09483	0.00081	0.03736	650
600	0.346	0.10436	0.00064	0.03611	0.360	0.10258	0.00070	0.03693	0.375	0.10079	0.00076	0.03780	600
550	0.327	0.11134	0.00059	0.03641	0.339	0.10999	0.00064	0.03728	0.355	0.10776	0.00070	0.03826	550
500	0.306	0.12065	0.00054	0.03692	0.319	0.11845	0.00060	0.03779	0.333	0.11624	0.00064	0.03871	500
450	0.284	0.13147	0.00049	0.03734	0.297	0.12887	0.00054	0.03827	0.310	0.12696	0.00059	0.03936	450
400	0.261	0.14485	0.00044	0.03780	0.273	0.14195	0.00048	0.03875	0.273	0.14195	0.00052	0.03876	400
350	0.236	0.16211	0.00039	0.03826	0.247	0.15878	0.00043	0.03927	0.259	0.15539	0.00047	0.04025	350
300	0.209	0.19012	0.00033	0.03973	0.220	0.18083	0.00037	0.03978	0.231	0.17683	0.00041	0.04085	300
250	0.181	0.21688	0.00029	0.03925	0.190	0.21702	0.00031	0.04123	0.200	0.20683	0.00035	0.04139	250
200	0.150	0.26491	0.00023	0.03974	0.158	0.26847	0.00026	0.04083	0.167	0.25181	0.00028	0.04205	200

（接下頁）

n=15

f_c	f_s=14,000				f_s=13,000				f_s=12,000				f_c
	k	r	t	x	k	r	t	x	k	r	t	x	
1,000	0.517	0.06833	0.00126	0.03533	0.536	0.06740	0.00139	0.03613	0.556	0.06645	0.00157	0.03695	1,000
950	0.505	0.07080	0.00122	0.03575	0.523	0.06982	0.00134	0.03652	0.543	0.06880	0.00148	0.03736	950
900	0.491	.07356	0.00116	0.03612	0.509	0.07251	0.00128	0.03691	0.530	0.07136	0.00131	0.03783	900
850	0.477	0.07658	0.00111	0.03653	0.495	0.07545	0.00122	0.03735	0.515	0.07427	0.00125	0.03825	850
800	0.462	0.07998	0.00106	0.03695	0.480	0.07874	0.00116	0.03780	0.500	0.07746	0.00120	0.03873	800
750	0.446	0.08380	0.00100	0.03737	0.464	0.08233	0.00113	0.03820	0.484	0.07851	0.00117	0.03800	750
700	0.428	0.08815	0.00095	0.03773	0.447	0.08632	0.00105	0.03859	0.467	0.08502	0.00107	0.03970	700
650	0.410	0.09314	0.0 089	0.03819	0.429	0.09145	0.00098	0.03923	0.448	0.09172	0.00098	0.04109	650
600	0.391	0.09900	0.00083	0.03871	0.409	0.09714	0.00092	0.03973	0.429	0.09522	0.00094	0.04085	600
550	0.332	0.10576	0.00077	0.03934	0.388	0.10375	0.00085	0.04026	0.407	0.10167	0.00088	0.04138	550
500	0.348	0.11388	0.00071	0.03963	0.366	0.11157	0.00078	0.04083	0.385	0.10918	0.00081	0.04203	500
450	0.325	0.12385	0.00065	0.04025	0.341	0.12123	0000072	0.03934	0.356	0.11902	0.00073	0.04237	450
400	0.300	0.13603	0.00053	0.04082	0.316	0.13299	0.00065	0.04202	0.333	0.12996	0.00069	0.04328	400
350	0.273	0.14396	0.00055	0.03930	0.288	0.14815	0.00057	0.04267	0.304	0.14463	0.00060	0.04397	350
300	0.243	0.17320	0.00044	0.04209	0.257	0.16842	0.00049	0.04328	0.273	0.16391	0.00052	0.04475	300
250	0.211	0.20195	0.00038	0.04261	0.224	0.19647	0.00042	0.04401	0.238	0.19107	0.00044	0.04547	250
200	0.180	0.24311	0.00031	0.04376	0.188	0.23822	0.00034	0.04479	0.200	0.23145	0.00036	0.08629	200

(接下頁)

29047

n=15

f_c	f_s=11,000				f_s=10,000				f_s=9,000				f_c
	k	r	t	x	k	r	t	x	k	r	t	x	
1,000	0.577	0.06551	0.00172	0.03780	0.600	0.06455	0.00194	0.03873	0.628	0.06346	0.00221	0.03985	1,000
950	0.564	0.06780	0.00165	0.03824	0.588	0.06674	0.00186	0.03924	0.613	0.06570	0.00213	0.04027	950
900	0.551	0.07041	0.00157	0.03880	0.575	0.06914	0.00179	0.03975	0.600	0.06800	0.00204	0.04080	900
850	0.537	0.07305	0.00152	0.03924	0.560	0.07187	0.00171	0.04025	0.586	0.07064	0.00195	0.04139	850
800	0.522	0.07615	0.00145	0.03975	0.545	0.07384	0.00165	0.04024	0.571	0.07354	0.00187	0.04199	800
750	0.506	0.07962	0.00137	0.04029	0.529	0.07823	0.00155	0.04138	0.555	0.07678	0.00178	0.04261	750
700	0.488	0.08366	0.00129	0.04083	0.512	0.08203	0.00147	0.04200	0.538	0.08044	0.00168	0.04328	700
650	0.470	0.08810	0.00122	0.04141	0.494	0.08635	0.00139	0.04266	0.520	0.08460	0.00159	0.04399	650
600	0.450	0.09335	0.00114	0.04201	0.474	0.09140	0.00130	0.04332	0.500	0.08941	0.00149	0.04471	600
550	0.429	0.09945	0.00107	0.04266	0.452	0.09733	0.00121	0.04399	0.475	0.09537	0.00138	0.04540	550
500	0.405	0.10394	0.00101	0.04210	0.429	0.10431	0.00122	0.04475	0.455	0.10180	0.00128	0.04632	500
450	0.380	0.11572	0.00090	0.04397	0.403	0.11288	0.00102	0.04549	0.429	0.10995	0.00118	0.04717	450
400	0.353	0.12269	0.00084	0.04331	0.375	0.12345	0.00092	0.04629	0.400	0.12000	0.00106	0.04800	400
350	0.323	0.14094	0.00072	0.04552	0.344	0.13700	0.00082	0.04713	0.361	0.13414	0.00094	0.04742	350
300	0.290	0.15952	0.00063	0.04626	0.310	0.15491	0.00072	0.04802	0.333	0.15000	0.00083	0.04995	300
250	0.254	0.18549	0.00054	0.04711	0.273	0.17983	0.00061	0.04909	0.294	0.17369	0.00071	0.05106	250
200	0.214	0.22432	0.00044	0.04800	0.231	0.21657	0.00050	0.05008	0.250	0.20388	0.00058	0.05222	200

(接下頁)

n=15

f_c	f_s=8,000				f_s=7,000				f_s=6,000				f_c
	k	r	t	x	k	r	t	x	k	r	t	x	
1,000	0.652	0.06260	0.00256	0.04082	0.682	0.06159	0.00300	0.04200	0.714	0.06063	0.00361	0.04329	1,000
950	0.644	0.06452	0.00247	0.04155	0.676	0.06341	0.00291	0.04267	0.704	0.06191	0.00351	0.04358	950
900	0.628	0.06689	0.00237	0.04201	0.658	0.06576	0.00278	0.04327	0.693	0.06451	0.00336	0.04471	900
850	0.614	0.06941	0.00228	0.04262	0.646	0.06811	0.00267	0.04400	0.650	0.06526	0.00333	0.04438	850
800	0.600	0.07217	0.00216	0.04302	0.632	0.07079	0.00253	0.04474	0.666	0.06946	0.00308	0.04626	800
750	0.584	0.07530	0.00206	0.04398	0.616	0.07400	0.00243	0.04558	0.652	0.07228	0.00295	0.04713	750
700	0.568	0.07875	0.00196	0.04473	00600	0.07715	0.00232	0.04629	0.636	0.07550	0.0280	0.04302	700
650	0.549	0.08282	00.0185	0.04547	0.582	0.08099	0.00219	0.04714	0.619	0.07914	0.00265	0.04899	650
600	0.530	0.08567	0.00170	0.04541	0.563	0.08537	0.00210	0.04806	0.600	0.08333	0.00250	0.05000	600
550	0.508	0.09281	0.00162	0.04715	0.543	0.09042	0.00193	0.04910	0.579	0.09252	0.00223	0.05357	550
500	0.484	0.09927	0.00150	0.04805	0.519	0.09654	0.00179	0.05010	0.555	0.09405	0.00217	0.05220	500
450	0.458	0.10704	0.00138	0.04902	0.491	0.10403	0.00164	0.05108	0.529	0.10099	0.00200	0.05342	450
400	0.429	0.11662	0.00125	0.05003	0.462	0.11310	0.00149	0.05225	0.500	0.10954	0.00183	0.05477	400
350	0.396	0.12893	0.00112	0.05106	0.429	0.12467	0.00134	0.05317	0.467	0.12049	0.00164	0.05627	350
300	0.360	0.14507	0.00099	0.05223	0.391	0.13800	0.00119	0.05396	0.429	0.13447	0.00145	0.05769	300
250	0.319	0.16722	0.00084	0.05835	0.349	0.16106	0.00100	0.05621	0.384	0.15457	0.00124	0.05936	250
200	0.273	0.20085	0.00068	0.05483	0.300	0.19245	0.00082	0.05774	0.333	0.18976	0.00102	0.06119	200

橫曲樑之撓幾及扭捩

朱墉莊意譯

本篇原文曾載於一九三二年五月號之美國混凝土雜誌中,譯者以其理論新穎,便於設計構造上之各種橫曲樑,(Horizontally Curved Beam) 故特意譯介紹之,以供同好,藉此或引起進一步探索之興趣,而發見其他理論,唯文句及公式方面照原文有所進出,蓋譯者引申公式有待增添,以供閱者之便利耳。

橫曲樑在房屋建築上及各種工程建築上應用甚廣,如戲院之看台,房屋之圓形洋台,及各種無柱之曲樑等,設計時多無理論可憑,普通乃常以懸樑 (Cantiievor) 代替之蓋樑力學上之理論所有者唯直樑 (Straiqnt Beam) 與拱樑 (Arched Beam) 而已。

橫曲樑兩端必須固定,除連續曲樑 (Continuous Curved Beom) 外,不能自由支持,故通式 (Generol Solution) 之未知素 (Redundant Elements) 終不能免,且通式之複雜更甚於有拱樑之處,蓋其荷重之分佈非在一平面,乃在空間,即依樑之曲度平面而分佈,因此通式為三軸式,(Solution in Tnree Dimensions) 職是之故欲得曲樑之通式殊非易事,除非加以假定條件,如本篇所假定支持處為完全固定,荷重為載均佈重,曲樑為圓形,如是則引申之公式只可應用於以上特別情形之下,或適用於四集中重以上之等距分佈者,本篇雖為特別情形,亦可推出橫曲樑之一般公式性質,故任何問題,若在假定條件內均可依法解之,本篇更爲設計上便利計,特引申實用公式,並從主要條件演算常數,爲設計者可自定樑之固定度,推算之,雖尚有小部工作,亦不無設計者之幸事也。

欲求橫樑之力幾 (Moment) 吾人須先知一端固定之懸樑力幾 (Cantilever Moment) 蓋其爲本文之基本原理也。

設 w= 單位載均佈重, Mb=撓幾, M_t=扭幾, r=圓之半徑尚有其餘記號見圖(一)

圓心至圓弧之重心點之距離:

$$=l=\frac{\sin\frac{\alpha}{2}}{\frac{\alpha}{2}}$$

撓幾之力距 (Lever arm) 爲:

$$l\sin\frac{\alpha}{2}=\frac{2r}{\alpha}\sin^2\frac{\alpha}{2}$$

扭幾之力距爲:

$$r-l\cos\frac{\alpha}{2}=r-\frac{2r}{\alpha}\sin\frac{\alpha}{2}\cos\frac{\alpha}{2}$$

圓弧AB之長度 $=r\alpha$

圓弧AB之總載重 $=wr\alpha$

故懸樑力幾爲:

$$Mb=wr\alpha\frac{2r}{\alpha}\sin^2\frac{\alpha}{2}\quad\cdots\cdots(1)$$

$$Mt=wr\alpha\left(r-\frac{2r}{\alpha}\sin\frac{\alpha}{2}\cos\frac{\alpha}{2}\right)=2wr^2\left(\frac{\alpha}{2}-\sin\frac{\alpha}{2}\cos\frac{\alpha}{3}\right)\cdots\cdots(2)$$

圖(一)

今設曲樑爲兩端固定,見圖(二)載重爲W如前,並假定樑之兩面條件相似,如兩端之固定度相同,則中心點C之扭幾與剪力等於零。

吾人若將樑之BC部分,當作C之一端爲懸空,B端爲固定,如此則BC之作用屬力學上可解之懸樑,不然在實際條件上則C點之力幾Mc

為問題中難决條件,

Redundant Condition

按此吾人在梁之BC部分選定任何點Q則此點之實在撓幾及扭幾為:

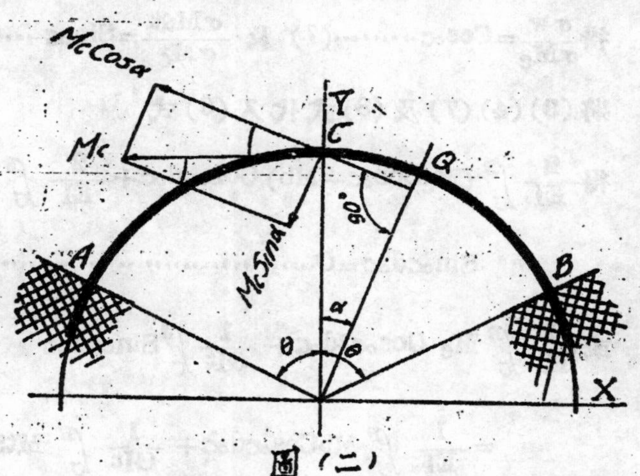

圖(二)

$$M_Qb = McCos\alpha - Mb = McCos\alpha - 2wr^2\sin^2\frac{\alpha}{2} \cdots\cdots\cdots\cdots (3)$$

$$M_Qt = Mc\,Sin\,\alpha - Mb = Mc\,Sin\alpha - 2wr^2\left(\frac{\alpha}{2} - Sin\frac{\alpha}{2}Cos\frac{\alpha}{2}\right) \cdots (4)$$

(上式　M_Qt=Q點之扭幾, M_Qb=Q點之撓幾

M_c=C點之力幾(未知)

欲求M_c之值無簡單捷法須必應用能力原理(Fnergy Theory or Theoram of Least work)才可,假定溫度與剪力不計,則曲梁AB內之總工作為:

$$W = \frac{1}{EI}\int_C^B M_Qb^2 d\alpha + \frac{1}{GIt}\int_C^B M_Qt^2 d\alpha \cdots\cdots\cdots\cdots (5)$$

F=直接應力之彈率 Mcdulus of Elasticty for Direct Stress

G = 剪力之彈率　I= 撓安幾 (Eguatorial moment of inertia)　It=扭安幾 (Torsional momert of inertia)

依據 Leibnizs Rule (註一) 吾人可將W與M_c微分,並將微分商等於零:

$$\frac{\sigma w}{\sigma M_c} = \frac{2}{EI}\int_C^B M_Qb\frac{\sigma M_Qb}{\sigma M_c}b\alpha + \frac{2}{GIt}\int_C^B M_Qt\frac{\sigma M_Qt}{\sigma M_c}d\alpha = O \cdots\cdots (6)$$

從(3)(4)兩式偏微分

29051

得 $\frac{\sigma W}{\sigma M_c} = \cos\alpha$ ……(7) 及 $\frac{\sigma M_t}{\sigma M_c} = \sin\alpha$ ……(8)

將(3)(4)(7)及(8)式代入(6)式

得 $$\frac{2}{EI}\int_C^B (M_c\cos\alpha - M_b)\cos\alpha\, d\alpha + \frac{2}{EI}\int_C^B (M_c\sin\alpha - M_t)\sin\alpha\, d\alpha = 0 \quad \cdots\cdots(9)$$

或 $$\frac{1}{EI}\int_C^B M_c\cos\alpha^2 d\alpha + \frac{1}{GI_t}\int_C^B \sin\alpha\, d\alpha = \frac{1}{EI}\int_C^B M_b\cos\alpha\, d\alpha + \frac{1}{GI_t}\int_C^B M_t\sin\alpha\, d\alpha \quad \cdots\cdots(10)$$

或 $$\frac{M_c}{FI}\int_C^B \cos^2\alpha\, d\alpha + \frac{M_c}{GI_t}\int_C^B \sin^2\alpha\, d\alpha = \frac{2wr^2}{EI}\int_C^B \sin^2\frac{\alpha}{2}\cos\alpha\, d\alpha + \frac{wr}{GI_t}\int_C^B \alpha\sin\alpha\, d\alpha - \frac{2wr^2}{GI_t}\int_C^B \sin\frac{\alpha}{2}\cos\frac{\alpha}{2}\sin\alpha\, d\alpha \quad \cdots\cdots(11)$$

由圖(二)B之極限值(Limit)爲θ, C之極限值爲θ

(11)式之積分爲:

$$\frac{M_c}{EI}\int_0^\theta \cos^2\alpha\, d\alpha + \frac{M_c}{GI_t}\int_0^\theta \sin^2\alpha\, d\alpha = 2\frac{wr^2}{EI}\left(\int_0^\theta \frac{1}{2}\cos\alpha\, d\alpha - \int_0^\theta \frac{1}{2}\cos^2\alpha\, d\alpha\right) + \frac{wr^2}{GI_t}(\sin\theta - \theta\cos\theta) - \frac{wr^2}{GI_t}\int_C^B \sin^2\alpha\, d\alpha \quad \cdots\cdots(12)$$

$$\left(\frac{M_c}{EI} + \frac{wr^2}{EI}\right)\int_C^B \cos^1\alpha\, d\alpha + \frac{M_c + wr^2}{GI_t}\int_C^B \sin^2\alpha\, d\alpha = \frac{wr^2}{EI}\int_C^B \cos\alpha\, d\alpha + \frac{wr^2}{GI_t}(\sin\theta - \theta\cos\theta) \quad \cdots\cdots(13)$$

$$\frac{M_c + wr^2}{EI}\left(\frac{\theta}{2} + \frac{1}{2}\sin\theta\cos\theta\right) + \frac{M_c + wr^2}{GI_t}\left(\frac{\theta}{2} - \frac{1}{2}\sin\theta\cos\theta\right) = \frac{wr^2}{EI}\sin\theta + \frac{wr^2}{GI_t}(\sin\theta - \theta\cos\theta) \quad \cdots\cdots(14)$$

設將 $$K = \frac{EI}{GI_t} \quad \cdots\cdots(15)$$

則(14)式爲 $(M_c+wr^2)(\theta+\sin\theta)\cos\theta+K(M_c+wr^2)(\theta-\sin\theta\cos\theta)$

$$=2wr^2(\sin\theta+K\sin\theta-K\theta\cos\theta)\cdots\cdots\cdots(16)$$

或 $M_c[\theta(1+K)+(1-K)\sin\theta\cos\theta]=2wr^2[-\theta(1+K)+(K-1)$

$$\sin\theta\cos\theta+\sin\theta]\cdots\cdots\cdots(17)$$

$$\therefore\ M_c=2wr^2\left\{\frac{(1+K)\sin\theta+K\theta\cos\theta}{(K+1)\theta-(K-1)\sin\theta\cos\theta}-1\right\}\cdots\cdots\cdots(18)$$

若
$$U=\frac{2(K+1)\sin\theta-K\cos\theta}{(K+1)\theta-(K-1)\sin\theta\cos\theta}\cdots\cdots\cdots(19)$$

$$\therefore\ M_c=wr^2(U-1)\cdots\cdots\cdots(20)$$

自(20)幾 M_c 卽可依已知條件求出，(15)式之 K 數值卽爲斷面及彈率之常數 M_c 旣由已知數表明則力幾之通式更寫於下：

$$M_\alpha b=wr^2\left\{(U-1)\cos\alpha-2\sin^2\frac{\alpha}{2}\right\}=wr^2(U\cos\alpha-1)\cdots\cdots\cdots(21)$$

及 $M_\alpha t=wr^2\left\{(U-1)\sin\alpha-2\left(\frac{\alpha}{2}-\sin\frac{\alpha}{2}\cos\frac{\alpha}{2}\right)\right\}$

$$=wr^2(U\sin\alpha-\alpha)\cdots\cdots\cdots(22)$$

若 $\alpha=\theta$ 則支持處之力幾爲：

$$M\beta b=wr^2(U\cos\theta-1)\cdots\cdots\cdots(23)$$

$$M\beta t=wr^2(U\sin\theta-1)\cdots\cdots\cdots(24)$$

圖（三）

29053

從上列(12)至(16)各式,吾人若U之數值已知,各斷面之力幾立可求出,同時力幾之極數(Critcal value)亦可依法算定,若得最大撓幾,可將(21)式之微分商等於零:

力幾數字

$\frac{l}{r}=2$	$\theta=\frac{\pi}{4}$
K=3.25	U=1.139
$M_c=0.139wr^2$	$M\beta b=0.431wr^2$
$M\alpha t=0.046wr^2$ 最大	$M\beta t=0.061wr^2$
$\alpha b=28°34'$	$\alpha t=50°05'$

$$\frac{dM\alpha b}{d\alpha} = -wr^2 U \sin\alpha = 0$$

故 $\sin\alpha=0$ $\alpha=0$ ……(25)

故最大撓幾在梁之中點C

$$MaxM\alpha b=M_c=wr^2 (U-1) \quad \text{……(26)}$$

同時在支持處亦有最大撓幾,唯此不能從微分而得,蓋在此點之力幾曲線(Moment Cnrve)爲不連續(Discontinuous)曲線。

支持處之最大撓幾爲:

$$M_{ax}\ M\alpha b=wr^2 (U\cos-\theta 1) \quad \text{……(27)}$$

同樣最大扭捩可從(22)式微分得之:

$$\frac{M\alpha t}{d\alpha} = wr^2 (U\cos\alpha-1)=0$$

故 $\cos\alpha=\frac{1}{U}$ ……(28)

$$M_{ax}M\alpha t=wr^2 \left(\sqrt{U2=1}-\cos^{-}\frac{1}{U}\right) \quad \text{……(29)}$$

(29)式不甚實用,在計算時可先由(28)式求出α,代入(22)式,卽$M\alpha t$較爲便利。

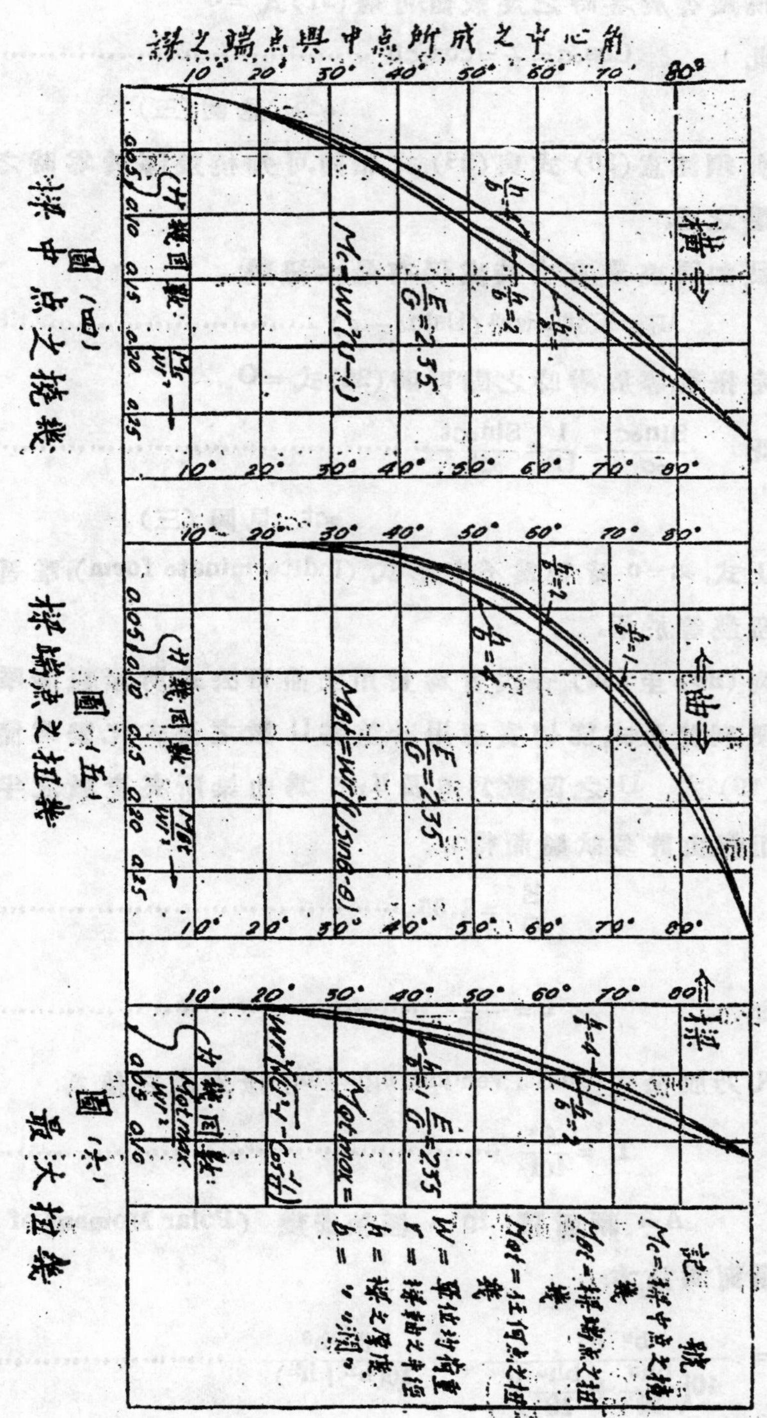
樑之端点與中点所成之中心角
10°　20°　30°　40°　50°　60°　70°　80°
圖(四) 樑中点之撓變
圖(五) 樑端点之扭變
圖(六) 最大扭變

求撓彎等於零時之彎數值,可將(21)式=O

因此 $\cos\alpha = \frac{1}{U} = \cos\alpha b$ ……(30)

αb 見圖(三)

在此須注意(30)式與(23)式相同,可知撓彎等於零時之點即是最大扭彎之處。

扭彎如同撓彎,在支持處仍有最大扭彎:

$$M_{ax}\ M_{\theta}t = wr^2 (U\sin\theta - \theta) \cdots\cdots(31)$$

欲定扭彎等於零時之點可將(22)式=O

因此 $\frac{\sin\alpha}{\alpha} = \frac{1}{U} = \frac{\sin\alpha t}{\alpha t}$ ……(32)

αt 見圖(三)

按上式,$\alpha = 0$ 時,雖爲不定形式 (Indeterminate form),唯吾人即知此點之扭彎等於零。

上列(20)至(32)各式皆爲實用上簡單公式,所繁複者唯U數而已,今爲便利諸公式能切實應用計,故將U數之公式化繁爲簡。

由(19)式 U之函數爲 θ 及K, θ 爲曲梁所夾度數之半,K則依 EGIIt 而變,由許多試驗而得:

$$\frac{E}{G} = 2.35 \cdots\cdots(33)$$

更知 $I = \frac{bh^3}{12}$ ……(34)

由凡乃脫公式 de St. venonts eguation 扭安彎之值爲:

$$I_t = \frac{A^4}{40 I_p} \cdots\cdots(35)$$

A= 斷面積 Ip = 極軸安彎 (Polar Moment of Inertia)

設斷面爲長方:

$$I_t = \frac{b^4 h^4}{40\left(\frac{bh^3}{12} + \frac{bh^3}{12}\right)} = \frac{3b^3h^3}{10(b^2+h^2)} \cdots\cdots(36)$$

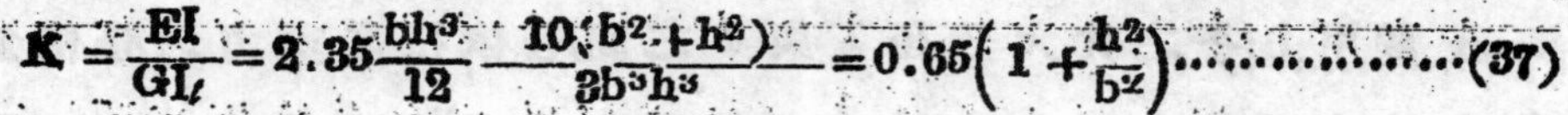

$$K=\frac{EI}{GI_t}=2.35\frac{bh^3}{12}\cdot\frac{10(b^2+h^2)}{3b^3h^3}=0.65\left(1+\frac{h^2}{b^2}\right)\cdots\cdots\cdots\cdots(37)$$

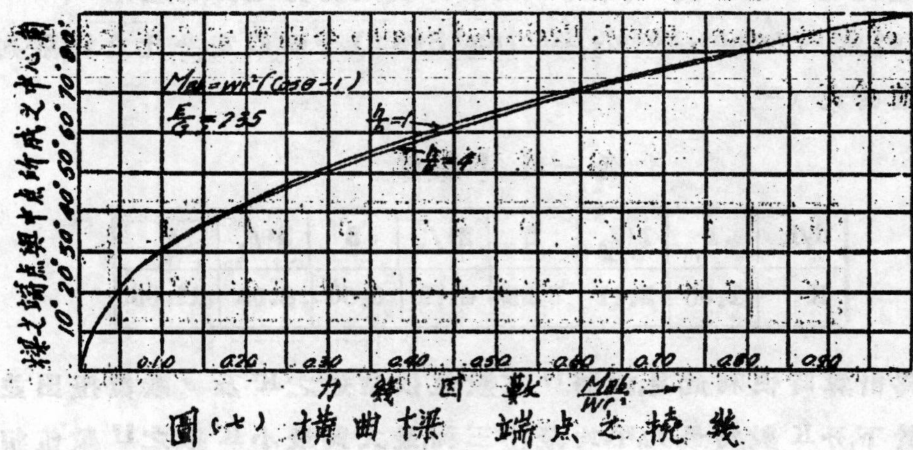

圖(七) 横曲樑　端点之撓幾

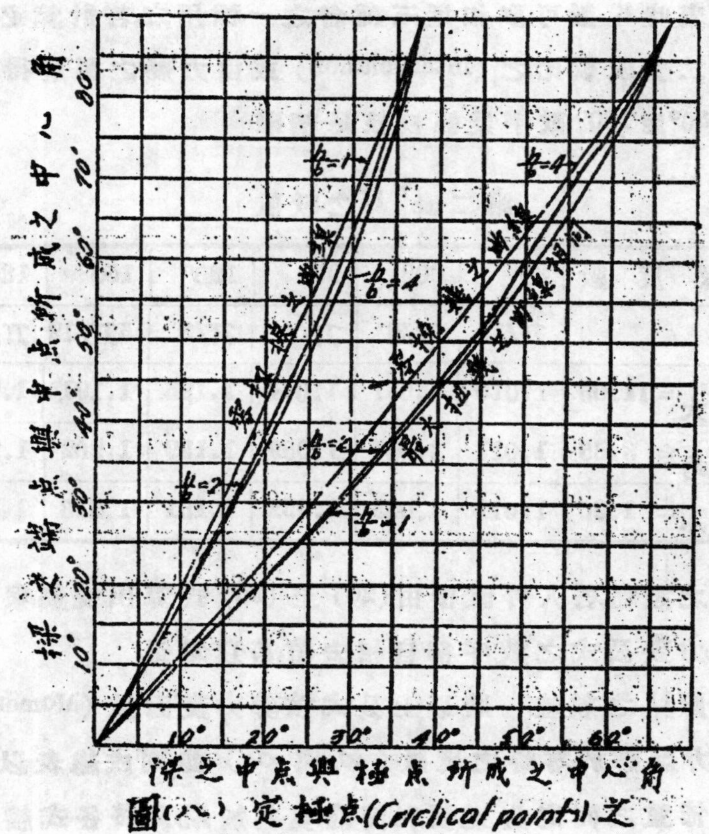

圖(八) 定極点(Criclical points)之圖解

在實用上，$\frac{d}{h}$之比大致在1與4之間，若依扭變剪力之分佈爲標準，$\frac{d}{h}$之比亦不能小於1大於4，（欲詳扭變剪力之分佈，參看（The works of de st venant, Foppl, Bach, and Swain）今固假定$\frac{d}{h}$比之極限列K之値於表（一）

第一表 K數値

d/h	1	$1^1/_2$	2	$2^1/_2$	3	$3^1/_2$	4
K	1.30	2.11	3.25	4.72	6.50	8.63	11.05

爲計算時便利起見，故將U之數値依常遇之K及θ數値扭出並列表於下，分K數爲最大，平均最小三種，最大與最小K數之U數値相差甚微，故查表時K數可取相近三種者之一種用之，若計算必須十分精確，可由第二表依數比之（Interpolahon）或由力變之圖解得之，表內θ之度數自30°至180°，數字業經校核足精確。

第二表 U之數値

曲梁度數	30°	60°	90°	120°	150°	180°
θ	π/12	π/6	π/4	π/3	5π/12	π/2
$K_{最大}$=11.05	1.010	1.037	1.074	1.125	1.191	1.273
$K_{平均}$= 3.25	1.011	1.041	1.089	1.139	1.202	1.273
$K_{最小}$= 1.30	1.011	1.043	1.092	1.151	1.213	1.273

依據U之數値，吾人可直接由(20)至(30)式算出撓變與扭變，唯當θ＝$\frac{\pi}{2}$時，力變公式之數字卻自相去消，甚以爲奇。

今更按此U之數値，將以上公式演算力變因數（Moment Factor）及算定力變等於零時之度數（$\propto_l$與$\propto_b$）並列成總表以助設計及分析載均佈重之固定曲梁，便利簡捷，莫甚於斯，又將各式繪成曲綫，俾比數（Interpolahon）時得有所依。

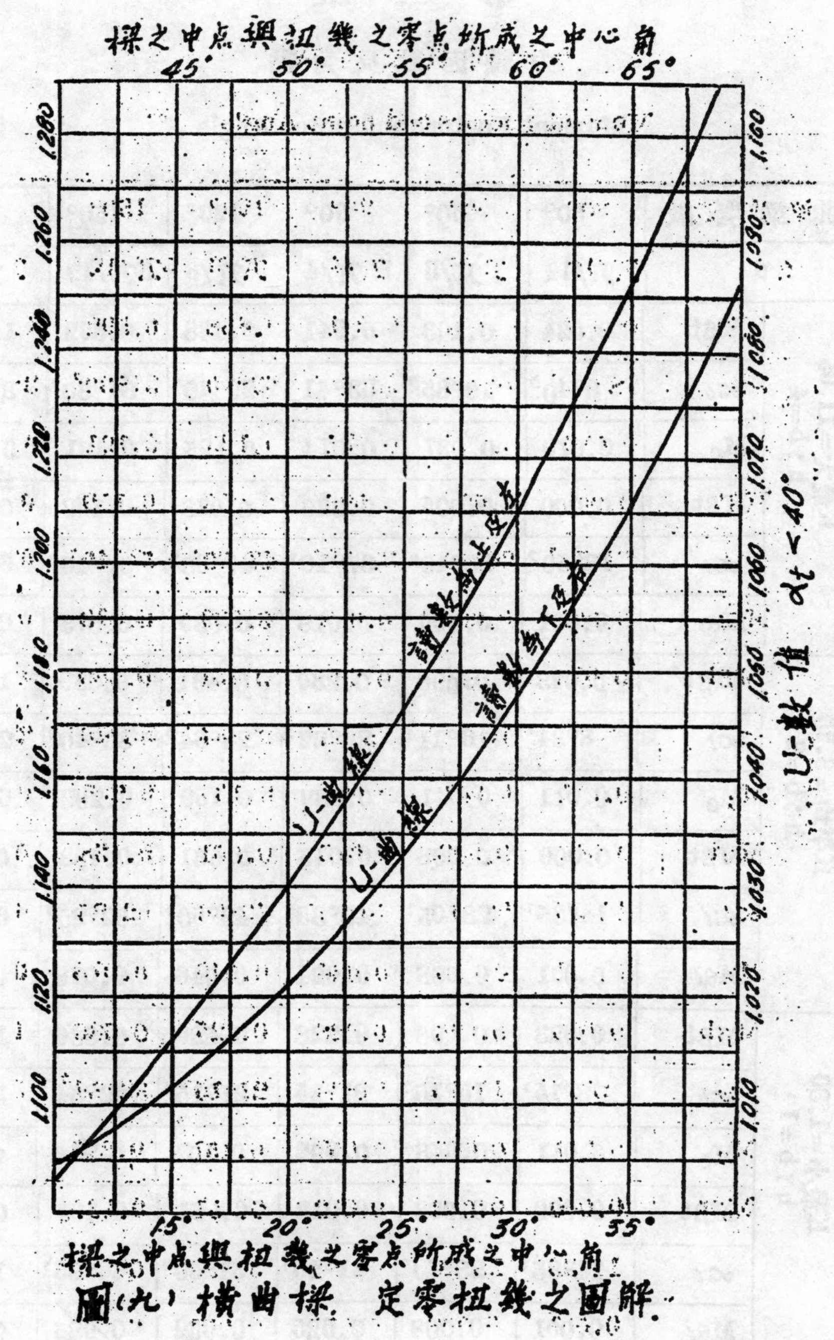

圖(九) 橫曲樑 定零扭幾之圖解

第三表

力幾因數及角點

Moment Factors and point Angle

曲梁度數		30°	60°	90°	120°	150°	180°
θ		π/12	π/6	π/4	π/3	5π/12	π/2
K最大=11.05 h:b=4	Mβb	0.024	0.103	0.241	0.438	0.592	1.000
	∝b	8°40'	16°35'	33°41'	29°40'	34°30'	38°14
	Mc	0.010	0.037	0.074	0.125	0.191	0.273
	Mβt	0.000	0.005	0.026	0.073	0.159	0.298
	∝t	13°50'	26°40'	37°10'	47°30'	57°40'	67°25'
	Mθt	0.001	0.006	0.018	0.039	0.073	0.112最大
K平均=3.25 h:b=2	Mβb	0.023	0.098	0.230	0.431	0.689	1.000
	∝t	8°34'	16°11'	23°22'	28°34'	33°40'	28°14'
	Mc	0.011	0.041	0.089	0.139	0.202	0.273
	Mβt	0.000	0.003	0.015	0.061	0.138	0.298
	∝t	14°35'	28°05'	40°35'	49°50'	62°25'	67°25'
	Mθt	0.001	0.008	0.024	0.046	0.078	0.112最大
K最小=1.30 h:b=1	Mβb	0.023	0.096	0.228	0.425	0.686	1.000
	∝b	8°15'	15°15'	21°25'	27°15'	32°54'	38°14'
	Mc	0.011	0.043	0.092	0.151	0.213	0.273
	Mβt	0.000	0.002	0.013	0.051	0.137	0.298
	∝t	14°35'	28°40'	41°20'	51°50'	60°25'	17°25'
	Mθt	0.001	0.008	0.025	0.052	0.085	0.112

支持處力彎卽在曲梁軸之支持點支持處常以楣梁 (Lintel Beom) 及橫梁 (Cross Beam) 固定之,職是之故,此兩梁必須堅固 (Stiffness) 與力强 (Strength) 在計算時支持處之力彎及反力彎 (Reacticn moment) 最好用圖解表明,爲抵抗曲梁伸入部份 (Overhange) 之力彎,卽楣梁橫梁不得堅固與力强且堅固之緊要又更甚於力强也。

註(一) 原文係用 Method of Costigiano 解之,譯者以其式之變換與應用高等微積分內之 Liebnizs Rule 無異,故含前取後,用特更正。

29061

杭州市附近地質調查記略

邵 二 南

地質學科名詞複雜,不易記憶,普通參考標本,然此細小之片粒,亦難能介人洞悉全局深入印象,至若地層變化之情形,每出人意表,更非實地觀摩不可;本校地質學班有鑑於斯,爰定每隔三星期出外調查一次,藉資參考,復可收集標本;惟限於時間,不能遠行,因祗就杭市附近山脈作一有統系之調查,茲將所見所得略記於下:

第一次由本校二龍頭經六和塔閘口而至玉皇山,四眼井。自二龍頭至六和塔,臨錢塘江一帶多為黃褐色之成層巖,以漸以久經風化,中含鐵質,故呈黃褐色,間含極少量之石英,其地一部巖石,已經開採,堆置於旁,尚有他部巖石則其風化程度比較更甚,以手觸之卽頹然下墮;中有黃褐色之沉澱巖一條寬約寸許橫亙其間,更可證明此黃褐色之沉澱巖,較之其旁之沉澱巖年代為近,故乘地層有裂縫之時滲積其間;在閘口江邊堆有大量之弗石(CaF_2),名螢石,為本省二大富源之一(其他一種為明礬),多產於嵊縣,屬等軸晶完面像晶族,其結晶形狀大部呈不整齊,間亦有整齊者,此外又有可劈開之塊狀粒狀及土狀等體,色澤不一,有綠黃紫褐等色,條痕呈白色,劈開面完全,斷口為半介殼狀,性脆,體透明至半透明,硬度三左右,可用以製造氟酸及作煉礦時之鎔媒;自閘口北行沿大路登玉皇山,時山脚有石工多人正在開採,則均為淺灰色之石灰石,採作碑石,因其質細而軟,易於雕刻字跡,古今多用之;由此登山,沿路所見皆為淺灰色之石灰石,將及半山,有紫來洞一,廣逾數室,深及數丈,四壁皆爲石灰石,曾人工開鑿,爲湖山之點綴,間有六塊石灰石,因其凹凸多空,構成各種奇形怪狀,頗饒興趣,故堆以爲假山,按石灰石屬成層岩細緻粒狀岩石也,由方解石之他形體集合而成,顏色除灰色外,尙有白黃紅黑等色,含石灰質較多者可用以燒石灰,質較細軟,硬度不過三等,歷代碑石欲其字蹟完美,刻畫容易,故多採用之,惟石灰石一遇酸類卽易溶解,而天然雨水經大氣而達地面含有極少量之酸質,浸入石灰石層中,久而久之,亦可使岩石溶解,結果使岩石中成巨大之洞穴,或呈各種凹凸之現象,且富有曲線性,極少鋒角銳露之狀,因知石灰岩爲成層岩之一種,尙含多少之生物遺體,如軟體動物類腕足類之介殼等,余等卽於其開鑿處之石堆中悉心尋覓,結果僅得化石一小片,北至九曜山,則亦爲同樣之石灰岩,南折大慈山至四眼井,則所見爲黃色之砂岩,表面已起風化作用。

第二次路線沿杭富路至四眼井水陸,黃龍煙霞各洞經翁家山大頭山九溪茶場而返,自四眼井至黃龍洞均爲灰色之石灰岩,洞頂則有鐘乳石數塊,大如覆盆,泉水自石隙時時下滴,南行至水陸洞,洞口廣,長可數十丈,洞尾高可五六尺,可謂杭市附近石灰岩穴之最大者,四壁有紅褐色方解石甚多,呈碎片狀,以刀擊之

水陸洞前

卽下墜,洞頂更多鐘乳石,凡見泉水流過處均爲堅硬之乳石,或蜿延似長蛇,或分布如樹枝,寺僧名爲佛手,善男信女之往遊者,必引前觀摩,余等以斧鑿取一小片,石作黃褐色,頗堅硬,洞中更有磬石一塊,大約二方尺,懸於洞旁,質分細緻,色深褐,扣之聲音清澈,鏗然作金玉音,寺僧名之曰石鼓,按磬石其成份與普通石灰石無大差異,惟此重特高,達2.898,

普通石灰石重者 2.878，輕者 2.115，江蘇淮陰之漁溝鎮乃安徽之婺縣多產之石灰岩爲成層岩炭酸鹽岩科及細緻至細粒岩石也，由方解石之他形個體集合而成，硬度不過一至四，因其中含有養化鐵，養化錳瀝青等，故呈黃灰白，青灰等顏色，其化學成份約炭酸鈣 77%，養化鐵養化錳石英及其他 23%，若遇鹽酸即起激烈泡沸作用，加醋酸則溶解，以經風化作用，其炭酸鈣溶解殆盡，遺下硅質及黏土質物，往往成一種紅色黏土硅質物，石炭岩尋常爲自生方解石所成，然有時亦含泥土質碎屑質膠結物，或含有多少生物之遺骸，如珊瑚蟲及軟體動物之介殼等，離水陸洞西行沿途所見爲石灰岩，至煙霞洞附近，岩石現碎裂狀態，已不如前所者見者之新鮮，蓋已稍有風化，洞口高約二十尺，以石塊砌成拱形，以防洞口之下塌，洞深不過十餘丈，亦爲石灰岩洞，間或有小片之方解石，成褐色蓋其中含有養化鐵也，按方解石屬石質礦物類炭鹽酸類成分爲炭酸鈣 $CaCo_3$ 往往帶有炭酸鐵錳等同樣之混合物，屬六方晶系分菱狀柱狀錐狀之晶形，性脆，體透明至不透明，有時微呈多色性，硬度三，比重 2.72 在火中燒之不熔，惟變爲不透明之鹼性物，遇冷淡之酸，亦能速熔，且起強烈之泡沸作用，可爲裝飾品彫刻材料及作冶工熔媒之用，洞頂有鐘乳石二十餘塊或大如覆盆，或琳瑯下垂，青苔附其上，作翠綠色，水珠徐徐下滴，宛如張燈結綵，鐘乳石岩在歐洲以意大利之阿爾卑山爲最著，杭市附近，恐以此爲最大矣，按鐘乳石 Stalactite，常發現於石灰洞之頂部，因洞頂下滴之水，由蒸發作用漸漸凝結而成石筍 Stalagmite 與鐘乳石同，亦由石灰洞頂之水滴下地面，自下而上，結成筍狀，煙霞洞以北一帶，均爲灰色之石灰岩，洞南一帶則均爲深褐色之砂岩，離煙霞洞經翁家村，則所見均爲深褐色之砂岩，沿溪南行，溪中皆爲砂質礫石，蓋岩石因溪水之衝擊，其不能支持之部份，已被沖刷殆盡，所餘者必爲堅硬之砂石，或石英，間或有少數量之石灰石，至大頭山畔，其地適有工人採石作爲路材，因得見其岩石真實之狀態，該地仍爲深褐色之砂岩，質頗重，亦有深褐紋路與圓球狀，可見其中含有多量之

29064

養化鐵質惟此種岩石已有裂痕甚多,其色澤亦不甚新鮮當已略有風化自此以南達江邊則均爲此種砂岩綠杭市附近山巒,植樹林者甚少,岩石直接受大氣之侵蝕,溫度變遷劇烈故岩石多起風化作用也。

第三次參觀寶石山北面一帶在棲霞嶺之北端　自錢塘門西行其右曰彌陀山,爲冲積岩,與錢塘江畔所見者相似,其左爲寶石山,其地正在採取礦石,毗連共有四處,工人二百除名,從事人工採石此山一帶均爲淺紅色之石英粗面岩,略含雲母,更有紫紅色之石英及綠色淡黃色之蛋白石,時時可以發見然質量甚少,光澤似脂肪,質堅硬,小刀不能刻痕,其硬度當在五六左右,查蛋白石Opal爲氧化物類成分含水養化硅 SiO_2+nH_2O 遇火不熔,變爲不透明

寶石山頂火山礫

體,並生水分,遇弗化鉀能完全熔解,多見於火成岩之罅裂中,或石灰岩或黏土層中,因其色彩及構造之不同可分種類甚多在石礦中更可見岩中有黑色條紋之松林石甚多此黑色條紋實爲養化鐵或養化錳質,因其形似松針,故名。查石英粗面岩 Liparite 一名流紋岩,屬噴出岩類,爲花岡岩質岩漿生成之噴出岩,顏色分灰,黃,淡紅等數種,因其爲第三紀後之新火山岩,故與石英斑岩不同,自寶石山以東至葛嶺均爲同樣岩石,於寶石山後發見岩石之罅縫,與地平約成70度角,岩石二部完全中斷,其二面相接處,異常光滑,呈黑色,可知該山因地殼之變動,一面岩石下陷,與另一面岩石發生極大之磨擦力,使二面磨光而成黑色,且向下陷之方,帶有凹凸之紋。

第四次由岳坟後面北登棲霞嶺沿途所見均爲海綿狀之浮石,表面呈深灰色,內部色微紅即爲石英粗面岩,按浮石 Pumic 屬噴出岩類,

爲少斑晶而呈海綿狀之玻質石英粗面岩,含有多少不一之水份,不成獨立岩體,而祗爲岩流面上之皮結物,或成火山彈火山礫等之疏鬆噴出物,至紫雲洞,此洞爲火成岩洞,其形狀及構成原因,與前所見之石灰岩洞各異,因其一部地殼之下陷,但其上

紫雲洞中

面之岩石連成一大拱,並不與之同時下陷,遂成一岩穴,紫雲洞高約十餘丈,廣可數室,洞之四週均爲成堆之大塊亂石,洞頂則爲一大塊之石英粗面岩,斜覆其上,形勢雄壯,與石灰岩因雨水之浸入而造成之洞,完全各異,離紫雲洞循山巔北行,至葛嶺寶石山,途中所見之岩石,表面多呈灰色已略有風化作用,在寶石山頂尚有火山礫數塊,卓立其間,

第五次自徐村西至五雲山過瑯璫嶺而達飛來峯　自徐村北至五雲山,所見爲黃色泥盆紀之砂岩,因其地樹林稀少,故此黃色之砂石,已略有風化作用,而呈褐色,過瑯璫嶺天竺山而至北高峯下,所見均爲同樣之砂石,折東至飛來峯,廣不過千餘畝,不意此纖纖小峯,爲石灰岩所成與其旁之岩石不同,民十三年朱庭祜君調查浙省地質

飛來峯

時,首先發見本山石灰岩之地層,其後凡視與飛來峯同時期之石灰岩,即名之曰飛來峯石灰岩,飛來峯以東均爲層成岩,似無脈胳相連,名曰飛來,亦具深趣也,岩石上部已呈風化狀,峯下更有石洞。

綜合以上數次調查所得,杭市南部如秦望山,翁家山,琅璫嶺,天馬山,及鳳子山等,均為泥盆紀砂岩,深褐色,以至黃色,其東部質沉重,當含有氧化鐵甚多,惟表面大部已呈風化狀態,沿錢塘江一帶,及杭市北部,均為沖積岩,惟沿江一帶之表面,隨時可見風化狀態,其大部份尚新鮮可用,色黃褐,杭市以此二種岩石分佈為最廣大,其他如紫陽山,將台山,玉皇山,南屏山,及飛來峯,在西湖東南部,均為二疊紀石灰岩,亦名之曰飛來峯石灰岩,因風化程度不一,而其上更無較新地層掩蓋之,故厚薄亦各處不同,如飛來峯之本山,其上部及中部之上段已風化殆盡,九曜山玉皇山等處,則其上部尚有留存之處,風化較輕,棲霞嶺為杭市唯一之火山岩,屬噴出岩類,南端尚可見浮石及(ash),因此有人嘗以西湖為一火山口,然試觀四週他處,則均不屬火山岩,可知此說恐難成立也.

民二三級暑期測量實習記略

趙立羣

引言

本校位於六和塔西首，秦望山頸，山下爲杭富公路，錢江更環繞其下，所謂"一水抱邨萬山橫翠"者，之江實當之而無愧矣。常人祇知之江風景之佳，而不知亦一宜於測量實習之地址也。近數年來，他校之來此間作測量實習者，無一年無之。其地址之妙，於此可想見一斑。

暑期測量實習，其所含門類之多少，每因各校環境之不同而稍異。本校對於測量，除平日讀該課程時有簡單之實習外，在此暑期測量中，均一一規定有系統之實習，俾同學能得到真正之測量經驗，斯亦幸矣。本級此次測量實習，分下列八門：

測量隊出發時留影
中立者爲本系教授顧濟之先生

(一) 儀器校正 Adjustment of Instruments.

(二) 精密水準測量 Precise Leveling Surveying

(三) 基線測量 Base Line Measurement.

(四) 三角測量 Triangulation.

(五) 河道測量 Hydrographical Surveying.

（六）　天文測量 Astronomical surveying.

（七）　鐵道測量 Railroad Surveying.

（八）　地形測量 Topographical Surveying.

本系既規定暑期測量實習分爲八門，以一門所佔時間爲一星期計，共需八星期。是則本系規定暑期測量時間爲七月三號起，至八月二十六日止，良有以也。驟視之，對此八星期之暑期測量實習，似覺太長，然經此次測量實習以後，方知此八星期之時間實不可減少。蓋本校對於測量實習，其所需之成績，非以一組或一隊爲單位，而以一人爲單位者。由此以觀，可知每門測量中每一種工作，非親自擔任一次不可，或竟倍之。至於每日工作時間，雖規定上午七時至十一時，下午三時至六時，然實際上每次測量實非延長半時或一時不可。其顯而易見者，爲基線測量及三角網測量，自晨間出發後，直至黃昏才返。每星期工作五天，雨天規定在室內計算及繪圖等工作。星期六及星期日爲休息，俾精神得以調養。

測量生活之一

測量實習狀況

（一）儀器校正　儀器校正，爲本屆暑期測量實習開始後，第一步工作。其地址則在本校懷思堂前草地上。視每一儀器校正法之繁簡，而分爲數人或一人爲一組。被校正之儀器，有下列數種：

1. 普通經緯儀 Transit.
2. 一等經緯儀 Direct Instrument.

3. 固定水準儀 Dumpy Level.

4. 活動水準儀 Wye Level. (又名Y水準儀)

5. 精密水準儀 Precise Level.

分別校正其交會系 Goss Hair. 及水準泡 Bubble 等等此外尚有鋼呎 Steel Tape 之校正備基線測量之用者也。

(二) 精密水準測量 精密水準測量分爲二隊第一隊擔任精密水準測量共四人一人司儀器一人司記載二人司標尺第二隊擔任活動水準測量共三人一人司儀器一人司記載一人司標尺各項工作每人擔任半天順序輪流每次測量時精密水準隊在先Y水準隊在後蓋其目的在核對也。

全部水準測量共分四段自六和塔山底杭富路邊浙江省水利局水準標第五號(吳淞零點以上高度9.268米突合英制爲30.4074呎)起至頭龍頭山麓東首杭富路邊之江水準標第六號止爲第一段自之江水準標第六號起至二龍頭(秦望山)山麓西首杭富路邊之江水準標第七號止爲第二段自之江水準標第七號起至王衙山脚(三龍頭)大操場西南角杭富路邊之江水準標第八號止爲第三段自之江水準標第七號起至秦望山上憬思堂東首之江水準標第五號止爲第四段每段皆在大氣情形不同下施行進回測。

測量生活之二

(三) 基線測量 基線測量地址定在小天竺至進龍橋間之杭富路邊距離若千份呎頗宜實習惟其地時有車輛及牛馬往來恐各種設備受

其影響故於二日內將全部工作實習完畢。

在基線之南端點（進龍橋）及北端點（小天竺）二點固定後於兩端點間之直線中，原擬每距百呎打一徑若四吋之節樁，（因所用之鋼尺為一百呎長）惟該路之路基，為碎石塊舖成，故打樁時頗感困難，常使距離縮短。在每節樁中心並打一徑約三吋之支持樁。各樁高出地面約二呎，在測知各節樁高度以後旋將支持樁鋸平，使與旁二節樁在同一斜度上。在各節樁之頂，釘一約六吋方之白鐵片，根據基線兩端點之直視線內並列釘二小釘，相距約半吋於各樁樁頂，以備量時鋼呎常在一直線中。測量時司引張器者二人，司溫度者二人，司觀測者二人，司記載及計時者一人，各項工作，順序輪流，共量十四次方告竣事。每次所費時間，平均約十五分鐘。

(四) 三角測量　三角測量地址，選點在大慈山，白塔嶺，進龍橋，及小天竺。成一有兩對角線之四邊形，蓋此形為三角網中校正條件最多者。造架於大慈山白塔嶺兩三角點上，使各點可互相觀測。憶從事三角測量時，天氣酷熱，達華氏寒暑表一百三十度以上。實習時因陽光太强，鏡子交會系不甚清晰，且山下田水被陽光猛射而蒸發上升，波動空氣，觀測困難莫甚於此。是亦測量實習時之特殊情形也。

角度測量 Angle Measurement，共分二隊，每隊二人，一司儀器，一司記載。一隊用覆測法 Repeating Method 觀測，一隊用直接法 Direction Method 觀測。每施測一法，為時一日，而每一三角點其所需測之角度，則併二法測之。

(五) 河道測量　河道測量普通可分流量測量 Quantity Discharge，及水深測量 Sounding；前者為確定天然河道每單位時間經過之水量，後者為確知河床之性質，Character of the bed of the river，易言之，爲確知河床之地形也。

1. 流量測量　本屆河道測量，為設備便利起見，除自定一基線外，條均借用浙江省水利局已設立水標，目標，測船，及其他施測用具。八

29071

儀器：
- 六分儀 Sextant兩架。
- 鉛錘一袋。
- 電氣流速計 Curent Meter 全套。

工作分配：
- 測夾角者二人。
- 記載者二人。
- 測深者一人。
- 測流速者二人：
  - 一人管理流速計之深度。
  - 一人計流速計之迴轉數及所需之時間。

測量生活之三

上列任務，並非固定，乃隨時輪流之。每測一點，須先下錨，固定船身，（因錢江對岸，已設立標架四根，成直角形，其中三根在一直線上，且與錢江江身平行，測船前進，必須對標架瞄準，使船身常在一直線上進行）然後分別測深及夾角，次則依據所得之深度，測量流速 Velocity 凡水深約在三米突 Meter 者在0.6深度處測一點，在三米突以下者，分別在 0.2 及0.8深度處測二點，凡水深在十米突以下者，則分別在每深入十分之一深度處，測流速一次，備作流速曲線之用。

2. 水深測量　普通水深測量，測船之位置，有循一直線者，有隨意選點者。惟前者設備較繁，後者較易，因不顧一切施測之困難，及繪圖之不便，乃毅然採用後者。且施測時交會法 Intersectionpoint Method 與三點法 Three-point Method 同時並用，以便核對。

全部工作，分為兩隊，一隊在岸上，共四人，分兩組，每組二人，分別在基線兩端點，施測交會法，一司經偉儀，一司記載。一隊在船上，共五人，測深一人，記載一人，司六分儀者二人，司時間及記號者一人。然本級僅七人，不敷之數，由指導員及[illegible]兼之。且工作時，須極迅速，測交會法者，其工作尚可輪流。但在船上測三點法者，其工作一經分配，便不宜調動矣。

(六) 天文測量　天文測量範圍頗廣。惟測量所實用者，僅限於四大問題之測定：曰時辰測定，Determination of time 曰方位測定，Determination of Azimuth 曰經度測定，Determination of Longitude 曰偉度測定，Determination of Latitude 故本隊實習亦以此四大問題為目標而依次進行。惟對於經度測定，現時最精確之方法，乃利用無線電報告，以得經度，故雖有用經緯儀觀測月球以定經度之方法，而本隊略之。今將本隊實習者分列於下：

(一)用六分儀觀測太陽高度以定時辰法

Time Observation on the Sun's Altitude At Any Time By Sextant.

(二)用經緯儀觀測恆星以定時辰法

Determination of Time By B Cassiopeiar.

(三)用經緯儀觀測太陽高度以定時辰及方位法

Time and Azimuth Observation on Sun with Transit.

(四)觀測北極星以定方位法

Determination of Azimuth by Polaris of Any Hour Angle.

(五)觀測恆星以定緯度法

Determination of Lotitude of Hongchow by SUrsa Major.

(Once tor half vertical arc transitwitn direct version, ondonce for the complete vertical arc transit with inverse version.)

(六)觀測北極星呈於東極時以定方位法

Azimuth Determination by Polaris of Eastern Elongation.

本隊對於天文測量實習時間，原預定於一星期內分配之。惟恐在此規定時間內，適逢陰雨，星象及太陽俱不能見，測量工作，勢必停頓，故常利用他種測量之暇，分組工作；自七月十三日起至八月四日夜止，乃將上列各種測定之方法，依次完成。

(七)鐵道測量　普通實施鐵道測量可分為下列四步

29073

1. 踏勘測量 Reconnoissance.

2. 定線測量 Preliminary Surveying.

3. 實施測量 Location Surveying.

4. 工程測量 Construction Surveying.

此四部進行之程序既不可亂，而其性質亦復迥異。此次暑期測量，限於時間及其他種種關係，僅實習定線測量、實施測量及工程測量之一部。茲將各部測量實習時之狀況分述如下：

甲、定線測量　定線測量為踏勘測量以後之工作，即以踏勘測量所得之結果，以為定線測量之根據。（事實上踏勘測量為鐵道測量中最重要者。易言之，該鐵路之是否需要，須視踏勘測量所得之結果而轉移。鐵路如此，公路亦如此。故此項踏勘工作，非富有經驗之工程師，必不能勝任。）定線測量，由本校西齋前東北行，經憶思亭，沿山麓而上，至第一蓄水池止。距離雖短，然山勢崎嶇，樹木繁茂，視線時多阻礙，進行頗感不便，而以地形測量 Topographical Surveying 為尤甚，然以測量實習之眼光觀之，未始非幸事也。茲將定線測量所包括之四隊及其工作時組織、儀器，並依其次序列表如下：

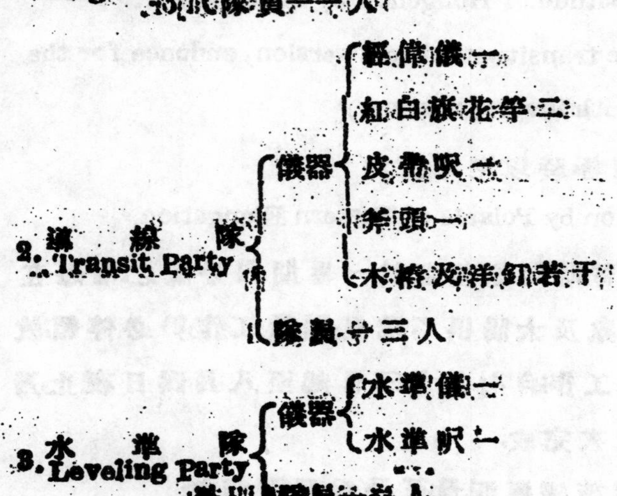

4. 地形隊 Topography Party
- 儀器
  - 袖珍水準儀一 Hand-level
  - 地形呎一
  - 皮帶呎一
- 隊員一二人

乙.實施測量　定線測量既竣應將所測得之結果製成縱斷面圖 Profile, 及地形圖藉此決定最後之路線及應連曲線。然後由測量隊將此決定之路線於地上實測之。卒以時間短促故於實施測量中僅用偏角法 Method of Deflection Angles 實習簡單曲線 Simple Curve 之計算及測定而已。

實施測量時分二隊進行工作,一為四人,一為三人。每隊所用儀器經緯儀一,鋼呎一,掛錘一 Plumb Bulb, 斧一,紅白旗花桿三,木樁及洋釘若干。

測量生活之四

丙.工程測量　工程測量為鐵道測量中最後工作,其內容包括土方測量,站屋測定,橋台測定,隧道測定等等。然以時間關係,故所實習者,僅土方測量及站屋房屋之測定。

土方測量,為計算填挖土方 Embackment or Excavation 之用者也。測量時分兩隊,其組織及所用儀器如下:

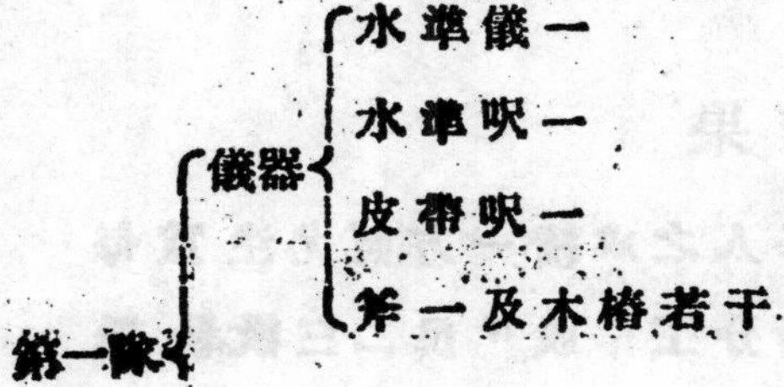

第一隊
- 儀器
  - 水準儀一
  - 水準呎一
  - 皮帶呎一
  - 斧一及木樁若干

隊員 水準儀一人
斧手一人,皮帶呎一人
水準呎兼皮帶呎一人

第二隊之組織及儀器與第一隊同;惟斧手及皮帶呎由一人兼之。實施此項工作時,其應注意者為測定零樁 Zero Station;蓋此點往往易於遺忘也。

校舍房屋測定,其法至簡,目的在將擬造房屋之各角點,用 Batter Boards 方法,定之於地上,為建築時承造者造墻礎之準繩。其所用儀器為經偉儀,鋼呎,板條,木樁,鐵釘及麻繩等等。

(八) 地形測量　地形測量,為藉儀器之能力,以縮小無論山川河流原野岡阜於紙上也。一切互相關係,不為變動,與真實者無異。同時仍須測得各點之高度,以同高者連絡之,則能表出地勢之高下,並非僅表示平面圖已也。實施地形測量時,分為二隊;一隊用平板儀 Plane Table 一隊用經偉儀;每項工作,互相輪流,此隊工作完畢,轉入他隊。測地則指定之江山上,以其峯巒路轉,高下天然;且多建築物,可作其他地形測量中之附帶工作練習。

吾人以時間人力關係,不克實地從基線測量做起,故不得不任定數點為假設之三角點。平板儀由山上子午線 Meridian Line (此係天文測量時所測定者。) 南端點起測,經偉儀則由北端點起測,規定高度係為一百呎。平板儀之測程,為沿慎思堂東首上山,經圖書館,及李院長住宅,橫穿山腰,過羅教授住宅,曲折過環,繞都克堂東首而下,至原處止。測線長里許,蓋地約數畝。經偉儀之測程則尤多發展,舉凡儀東齋,健身房,游泳池及西齋,亦無不至焉。

測量實習結果

本屆暑期測量實習,一方面既注重每人之成績;一方面尤注重每項測量實習之系統。測量實習既竣,吾人乃分工作成"民二三級暑期測量報告"一書,呈存本系,以為本屆暑期測量之成績,凡各項測量實習結果,皆可於報告書中得之,故不附載於此,祈閱者諒之.

結論

全部測量實習,得徐顧二先生之計劃,並在二先生指導之下,完成本屆整個之暑期測量實習,使每一同學,在此測量實習期間,得到不少經驗,此為本級同學所引為欣幸者也。吾人既知測量為土木工程中主要課程,則平時對於測量學中之種種原理,應加意研求,在暑期測量實習中,尤需用全副之精神,審慎之觀測,及周密之計算,養成測量中諸美善習慣,以為他日服務工程界中之用。本系規定暑期測量實習,為期三月,正暗示吾人事實求是之意,吾人其好自為之。

二十二年十一月十四日

趙立羣記

29077

之江土木工程學會會史

邢定氛

民十八年秋吾校復興，謀以應社會之亟需，與夫學校之發展，爰增設土木工程系，本會之成立亦則於翌年開始。同儕自創立以來，屢因人事變遷，邦家多難，故會務之進行，時遭頓躓，然卒賴諸會員羣策羣力，同心一致，慘淡經營，以達於成，迄今已四越寒暑矣！

復校初，社會人士鮮有知吾校辦土沐工程系者，故會員祇二十餘人。年來辦理勤勉，漸爲外界所重視，而負笈來學者亦日衆，及今年春本會會員已增至一百二十餘人矣，濟濟蹌蹌，盛極一時，會務蒸蒸日上，諒不難駬驥千里，遐舉可期也。

去夏會員畢業者凡六人，現皆供職於江浙兩省各工程機關，閱一年來工作之努力，服務之認眞，深河當局之信任與贊譽云。

學貴務實，切忌空談，故本會之工作尤重研究，考查，出版諸事宜，且歷來舉行研究，考查亦略具成效，惟出版以困於經濟，逼於時艱，遲至今春始克付梓，然自思草率舛誤難勉，倘新海內賢達有以教正則本會前途幸甚。本會會員幸甚

二十三年三月

本會第七屆職員：　主席兼會計　邢定氛

研究　蔣保貽　體育　朱隆群

考查　朱埔莊　文書　徐芝森

出版　邢二南　庶務　董有方

29078

編後

本會自建議出版會刊後,蒙諸　師長及會員之踴躍惠賜大作,以底於成;足徵本會會員愛護本刊之熱心,於課條之暇,猶能作課外之研究,以收觀摩之效。

本刊稿件齊集後,卽於本年三月間付印,以期早日出版。辛因杭地印刷公司,對於數學符號鉛子之缺乏,輾轉因循,逾期至二月之久,此不但有負諸會員之殷望,抑亦本會同人引以爲憾者也。

至言經濟本會自成立迄今,雖逾時四載,然每期所收會費,殆無盈餘。今旣有出版會刊之建議,乃於全體大會中正式通過每會員各捐助出版費洋伍角;並得土木工程系捐洋肆十元,已畢業同學各捐洋伍元,本學期畢業同學共捐洋貳十元,至是出版經費,纔堪應付;是亦本會同人,對於捐助諸君,銘感無窮也。

本刊以篇幅所限,來稿未能全部登載,深爲歉仄,惟有待於日後繼續刊登,以答我會員愛護之誠。

本刊封面,承本系助敎何鳴歧先生設計,特此鳴謝。

編者

附錄

畢業同學概況

姓名	籍貫	服務機關
王祖烈	浙江東陽	南京導淮委員會
沙日昌	廣東	無錫錫滬路工程處
吳琳	江蘇宜興	淸江浦運河工務處
金述賢	浙江杭縣	鎭江江蘇土地局
徐澤南	江蘇宜興	太倉縣政府
嚴志彰	江蘇無錫	浙江閘口之江文理學院

之江土木工程學會

出版委員會

主席 邵二南

秘書 陳爾靖

總編輯	趙家豫	總幹事	朱隆祥
編輯	朱墉莊	財務	邢定氣
	李夢生	印刷	邵二南
	程昌國		吳志悠
	鮑光同	推銷	徐芝壽
	蕭開邦		童有方
校對	林宣豪	廣告	林洪彬
	祝定一		周大賓
	徐功懋		蔣寶貽

民國二十三年五月

之江土木工程學會會刊

創刊號

每冊定價洋三角

杭州之江文理學院

土木工程學會

出版委員會

29081

杭州市

長興信記印刷公司

營業要目

承印

中西書籍　文憑股單　大小報章　發票定單

講義雜誌　五彩石印　簿記表册　彩色圖畫

精製

照相銅版　大小花邊　鉛線書邊　中西鉛字

鋅版鉛版　洋裝簿記　各種銅圖　燙金劃綫

開設　杭州市開元路二十五號

自動電話一〇五〇號